高职高专大数据技术与应用专业系列教材

# Hadoop 技术与应用

主　编　魏　迎

副主编　张莉彬　胡文杰

西安电子科技大学出版社

## 内 容 简 介

本书采用“理论+实战”的形式编写，将企业需求分解为单独的项目，全面系统地讲解了 Hadoop 大数据的相关知识及应用。全书共 12 个项目，首先介绍了大数据技术的发展、Hadoop 生态圈的组成、Hadoop 集群部署、采集数据上传到 HDFS；接着具体介绍了为提高集群的可持续服务，在分布式协调组件 ZooKeeper 的协助下，部署 HDFS 的 HA 集群和 YARN 的 HA 集群的方法；然后讲解了 MapReduce、HBase 和 Hive 的实际应用，并具体讲解了通过 Flume 监听 Hadoop 集群日志，以及使用 Sqoop 实现数据在 MySQL 和 HDFS 之间的相互传输；最后介绍如何借助 Ambari 工具一站式部署、管理 Hadoop 集群，并展望了大数据未来的发展方向。

本书适合作为高职高专院校大数据技术课程的教学用书，也适合作为培训机构和大数据技术爱好者的参考用书。


**图书在版编目(CIP)数据**

Hadoop 技术与应用 / 魏迎主编. —西安：西安电子科技大学出版社，2021.3(2023.4 重印)
ISBN 978-7-5606-5983-1

Ⅰ. ①H… Ⅱ. ①魏… Ⅲ. ①数据处理软件 Ⅳ. ①TP274

中国版本图书馆 CIP 数据核字(2021)第 023903 号

策　　划 高　樱
责任编辑 阎　彬
出版发行 西安电子科技大学出版社(西安市太白南路 2 号)
电　　话 (029)88202421　88201467　　邮　　编 710071
网　　址 www.xduph.com　　电子邮箱 xdupfxb001@163.com
经　　销 新华书店
印刷单位 陕西天意印务有限责任公司
版　　次 2021 年 3 月第 1 版　2023 年 4 月第 3 次印刷
开　　本 787 毫米×1092 毫米　1/16　印 张　20
字　　数 468 千字
印　　数 5001～8000 册
定　　价 49.00 元
ISBN 978 - 7 - 5606 - 5983 - 1 / TP

**XDUP 6285001-3**

# 前　言

2020 年新年来临之际，新型冠状病毒肺炎疫情爆发，全国人民展开了一场轰轰烈烈的疫情防控阻击战。在大数据技术的协助下，相关部门可以追踪疾病接触人员动态，探析数据背后隐藏的疫情规律，为精准施策提供科学的参考依据。大数据技术在这次疫情防控阻击战中做出的突出贡献，让更多的行业感受到了大数据技术的便利，也让更多的人加入到了学习大数据技术的队伍中。

本书采用“理论+实践”的方式，共设置了 12 个单独项目，按照人类认知的发展规律，引导读者从易到难、循序渐进地学习 Hadoop 大数据的相关知识及应用。本书首先介绍了大数据技术的发展、Hadoop 生态圈的组成、Hadoop 集群的部署、采集数据上传到 HDFS；接着具体介绍了为提高集群的可持续服务，在分布式协调组件 ZooKeeper 的协助下，部署 HDFS 的 HA 集群和 YARN 的 HA 集群的方法；然后讲解了 MapReduce、HBase 和 Hive 在实际中的应用，并具体讲解了通过 Flume 监听 Hadoop 集群日志，如何了解集群运行状况，还详细介绍了使用 Sqoop 实现数据在分布式数据库与传统数据库之间的相互传输；最后介绍如何借助 Ambari 工具一站式部署、管理 Hadoop 集群，并展望了大数据未来的发展方向。

本书的主要特色包括：

1. 融入思政元素

将思政元素融入项目学习中，实现思想政治教育与知识体系教育的有机统一，让读者在学习 Hadoop 相关知识的同时，切身感受祖国的强大，养成良好的职业习惯。

2. 采用思维导图知识结构

在每个项目中采用思维导图的方式，梳理项目实施所需的知识点和技能点，便于读者快速理解该项目的学习内容，突出重点和难点。

3. 从易到难，逐步提升

鉴于大数据平台部署过程比较繁杂，不易于记忆，本书从内容编排上由浅入深，每个项目设置任务实施和能力拓展，课后设置项目小结和课后习题，有助于学生循序渐进地学习相关技能。

4. 融入“1+X”职业技能标准

本书将“1+X”证书中职业技能等级标准、大数据技术行业标准以及大数据技术与应用专业教学标准进行融合，在一定程度上实现了“书证融合”，以期提高读者的职业技能和职业素养。

5. 与岗位实际接轨

本书采用“项目导向，任务驱动”，融“教、学、做”为一体的工学结合模式。读者可以通过每个项目的知识准备了解项目需求，通过任务实施、能力拓展提高分析和解决实际问题的能力，养成良好的项目开发习惯。

本书由咸阳职业技术学院魏迎主编，西安航空职业技术学院张莉彬和咸阳职业技术学院胡文杰担任副主编。其中，项目 1～5、项目 11 由魏迎编写，项目 6、7、8 由张莉彬编写，项目 9、10、12 由胡文杰编写。全书由魏迎统稿、定稿。

本书在编写过程中参考了不少互联网资料，由于网络上资料众多，引用复杂，无法一一注明原出处，特在此声明：原文版权属于原作者。其他参考文献在本书后列出。由于作者水平有限，书中难免存在疏漏和不妥之处，恳请读者批评、指正，作者不胜感激。

课程资源的百度网盘地址：https://pan.baidu.com/s/1A6Mw4GSurhLcfHY2TCBrcA；提取码：zhxp。

魏　迎

2020 年 10 月

# 目　　录


**项目 1　大数据平台部署前的环境准备**........1
任务 1　大数据技术及应用........3
任务描述........3
知识准备........3
一、大数据简介........3
二、大数据的特征........3
三、大数据相关概念........5
四、大数据的典型应用........5
任务实施　通过思维导图展示大数据技术的应用........6
任务 2　获取 Hadoop 资源........7
任务描述........7
知识准备........7
一、Hadoop 的起源........7
二、Hadoop 的特点........8
三、Hadoop 生态圈........8
四、Hadoop 版本演变........9
五、常见 Hadoop 的发行版本........11
任务实施　通过 Hadoop 官网下载 Hadoop 软件........11
能力拓展　Hadoop 部署前的环境配置........12
项目小结........24
课后习题........24
**项目 2　部署 Hadoop 集群**........26
任务 1　部署单机模式 Hadoop........28
任务描述........28
知识准备........28
一、Hadoop 的安装方式........28
二、安装 JDK........28
任务实施　安装单机模式 Hadoop........30
任务 2　部署伪分布模式 Hadoop........33
任务描述........33
知识准备........33
一、Hadoop 集群........33
二、Hadoop 目录介绍........33
任务实施　部署伪分布模式 Hadoop........34
能力拓展　部署 Hadoop 集群........41
项目小结........53
课后习题........53
**项目 3　采集数据到 HDFS**........55
任务 1　通过 Shell 采集数据到 HDFS........56
任务描述........56
知识准备........57
一、HDFS 简介........57
二、HDFS 的优势........57
三、HDFS 的局限性........57
四、HDFS 的架构........58
五、HDFS 的工作机制........61
六、HDFS 的容错........63
七、访问 HDFS........64
任务实施　通过 Shell 命令采集数据到 HDFS........66
任务 2　通过 Java API 采集数据到 HDFS........72
任务描述........72
知识准备........73
一、文件读取........73
二、文件写入........73
三、安装 Java 开发环境........74
任务实施　通过 Java API 采集数据到 HDFS........79

能力拓展　通过数据流采集数据到 HDFS........84
项目小结........86
课后习题........86
项目 4　部署 HDFS 的 HA 集群........89
任务 1　安装 ZooKeeper 服务........91
任务描述........91
知识准备........91
一、ZooKeeper 简介........91
二、ZooKeeper 的特性........92
三、ZooKeeper 的工作原理........92
四、ZooKeeper 的工作模式........93
五、ZooKeeper 的角色........93
任务实施　安装 ZooKeeper 服务........94
任务 2　访问 ZooKeeper 服务........98
任务描述........98
知识准备........98
一、读写机制........98
二、数据模型........98
三、监听通知机制........99
四、典型应用场景........99
任务实施　访问 ZooKeeper 服务........100
任务 3　部署 HDFS 的高可用集群........103
任务描述........103
知识准备........104
一、HDFS HA 机制........104
二、HDFS Federation 机制........106
任务实施　部署 HDFS 的 HA 集群........107
项目小结........118
课后习题........118
项目 5　部署 YARN 的 HA 集群........120
任务 1　部署 YARN 集群........122
任务描述........122
知识准备........122
一、YARN 产生背景........122
二、YARN 的优点........124
三、YARN 的组成及架构........124
四、YARN 工作流程........126
五、YARN 容错性........127
任务实施　部署 YARN 集群........127
任务 2　部署 YARN 的高可用集群........129
任务描述........129
知识准备........129
一、YARN HA 机制........129
二、RM 的状态存储........130
任务实施　部署 YARN 的 HA 集群........131
项目小结........137
课后习题........137
项目 6　MapReduce 应用........139
任务　MapReduce Java API 编程........140
任务描述........140
知识准备........141
一、MapReduce 核心思想........141
二、MapReduce 工作流程........142
三、MapReduce API 编程........146
任务实施　利用 WordCount 统计单词数........151
能力拓展　用 MapReduce 实现平均成绩的计算........155
项目小结........160
课后习题........161
项目 7　部署开源数据库 HBase........166
任务 1　部署 HBase 服务........168
任务描述........168
知识准备........168
一、HBase 概述........168
二、HBase 数据模型........169
三、HBase 功能组件........171
四、HBase 运行机制........174
任务实施　安装部署 HBase........176
任务 2　访问 HBase 服务........179
任务描述........179
知识准备........179
一、HBase 常用 Shell 命令........179

二、HBase Java API 的应用 181
三、HBase 过滤器 182
任务实施　HBase Java API 编程实践 184
能力拓展　创建自定义过滤器 190
项目小结 193
课后习题 194
项目 8　部署数据仓库 Hive 196
任务 1　部署 Hive 服务 198
任务描述 198
知识准备 198
一、Hive 概述 198
二、Hive 的系统架构 199
三、Hive HA 的基本原理 201
四、Hive 的工作原理 201
五、Hive 的安装模式 203
任务实施　部署 Hive 的相关工具 204
任务 2　访问 Hive 服务 207
任务描述 207
知识准备 207
一、Hive 的管理 207
二、Hive 的数据模型 208
三、Hive 的数据类型 209
四、Hive 的基本操作 210
任务实施　通过 Hive 实现 WordCount 215
能力拓展　Hive 实现分组排序 215
项目小结 220
课后习题 221
项目 9　利用 Flume 监听数据 223
任务 1　监听端口数据并输出到 Flume 控制台 225
任务描述 225
知识准备 225
一、Flume 简介 225
二、Flume Event 的概念 225
三、Flume 的优势和特征 226
四、Flume 的环境搭建 227
五、Flume 三大组件 227
任务实施　监听端口数据并输出到 Flume 控制台 231
任务 2　监听 Hive 日志文件并输出到 Flume 控制台 234
任务描述 234
知识准备 234
一、Exec Source 234
二、HDFS Sink 235
三、Hive Sink 236
任务实施　监听 Hive 日志文件并输出到 Flume 控制台 237
能力拓展　Flume 监听 Hive 日志文件并输出到 HDFS 241
项目小结 246
课后习题 246
项目 10　Sqoop 实现数据传输 248
任务 1　数据从 MySQL 导入 HDFS 250
任务描述 250
知识准备 250
一、Sqoop 简介 250
二、Sqoop 的环境搭建 251
三、Sqoop 的常用命令 253
四、Sqoop import 命令的常用参数 253
任务实施　数据从 MySQL 导入 HDFS 254
任务 2　数据从 HDFS 导出到 MySQL 261
任务描述 261
知识准备 261
Sqoop export 命令的常用参数 262
任务实施　数据从 HDFS 导出到 MySQL 262
能力拓展　用 Sqoop 将 HDFS 数据导出到 MySQL 数据表指定的列 268
项目小结 272
课后习题 273
项目 11　Ambari 部署 Hadoop 集群 274
任务　Ambari 的安装 275

任务描述 ........ 275
知识准备 ........ 276
一、Ambari 简介 ........ 276
二、Ambari 的作用 ........ 276
三、Ambari 的架构及工作流程 ........ 276
四、软件下载 ........ 279
任务实施　利用 Ambari 部署、管理 Hadoop 集群 ........ 281
能力拓展　在 Ambari 中启用 HDFS 的 HA ........ 297
项目小结 ........ 301
课后习题 ........ 302
**项目 12　大数据的未来** ........ 303
任务　大数据的未来 ........ 304
任务描述 ........ 304
知识准备 ........ 305
一、医疗领域 ........ 305
二、智慧城市领域 ........ 306
三、教育领域 ........ 307
四、人工智能领域 ........ 308
五、大数据与 5G 通信 ........ 309
项目小结 ........ 310
课后习题 ........ 310
**参考文献** ........ 312

# 项目 1 大数据平台部署前的环境准备

## 项目概述

在 2020 年的新冠病毒防控工作中，科技战“疫”方面，大数据技术发挥了重要的作用。为了随时掌握学生的学习、生活状态，我们决定部署大数据平台，采集学生的相关信息，并对这些数据进行分析，以此为依据更好地为每个学生提供学习指导及就业指导。

## 项目背景

需要了解大数据技术的相关概念和特征，了解 Hadoop 的起源、特点，掌握 Hadoop 生态圈常用组件及功能，做好部署 Hadoop 大数据平台前的准备工作。

## 项目演示

通过 Hadoop 官网下载需要的 Hadoop 软件，做好 Hadoop 大数据平台部署前的环境配置。

## 思政聚焦

新型冠状病毒肺炎疫情爆发以来，在大数据技术的协助下，全国人民上下同心，全力落实习近平总书记“坚定信心、同舟共济、科学防治、精准施策”的总要求。

通过大数据技术追踪疾病接触人员动态，探析数据背后隐藏的疫情规律，为精准施策提供科学的参考依据；通过疫情数据的实时播报，帮助人民进行心理疏导，配合各种疫情防控措施。在全国人民的努力下，一定能打赢这场疫情防控阻击战。

## 项目主要内容

- 大数据技术概论、特征。
- 大数据在生产实际中的典型应用。
- Hadoop 的起源、特点及其生态圈。
- Hadoop 的版本演变。

## 思维导图

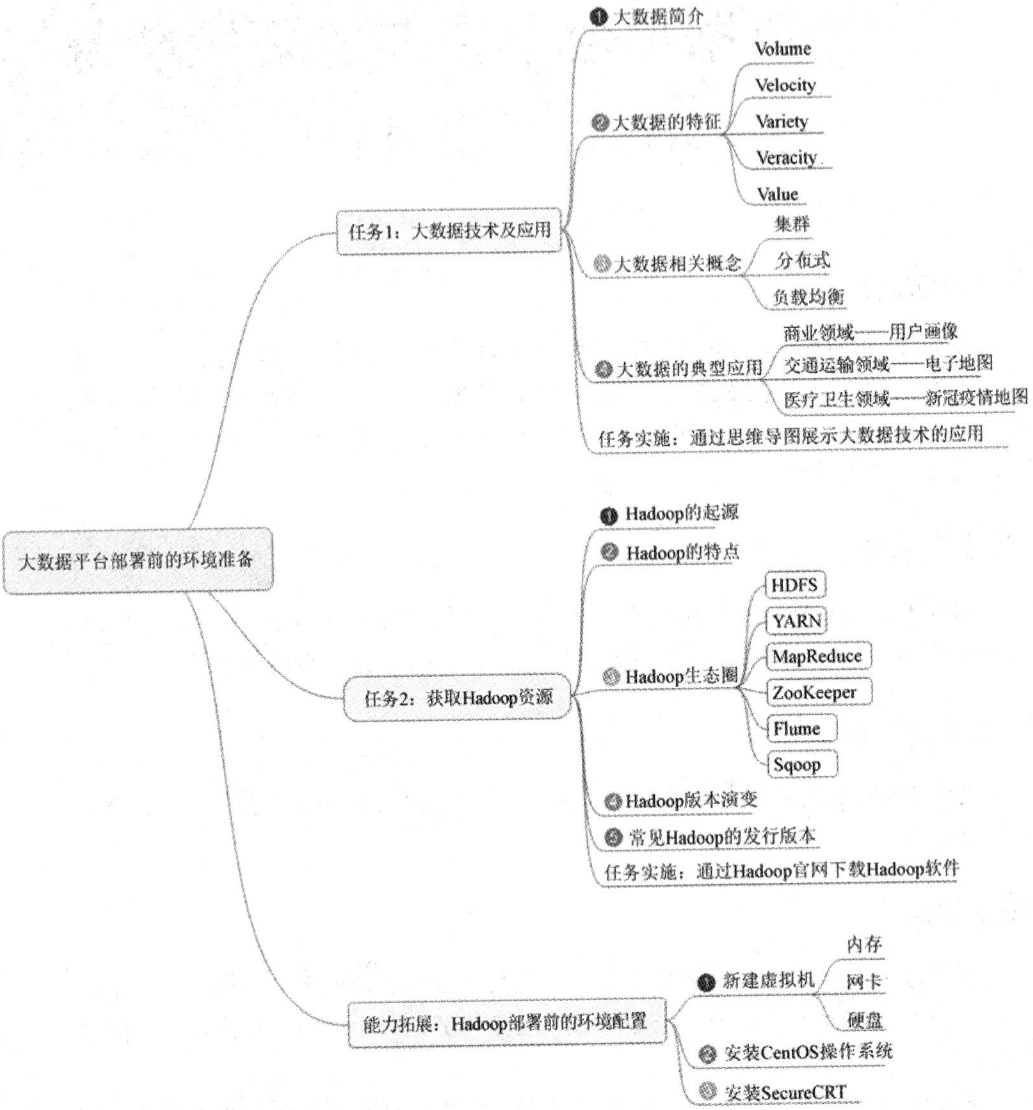


## 教学大纲

### 能力目标

◎ 能描述大数据生态圈各组件及其功能。

◎ 能根据大数据相关技术解决生产实际问题。

◎ 能做好大数据平台部署前的环境配置。

### 知识目标

◎ 熟悉大数据技术的概念和特征。

◎ 熟悉 Hadoop 的起源以及各版本的特点。

◎ 熟悉 Hadoop 生态圈。

**学习重点**

◎ 大数据的典型应用。

◎ Hadoop 的版本演变及其特点。

**学习难点**

◎ Hadoop 生态圈各组件及其功能。

◎ 获取需要的 Hadoop 发行版本。

◎ 大数据平台部署前的环境配置。

# 任务1　大数据技术及应用

## 任务描述

借助网络资源、图书资料学习大数据技术的相关知识，了解大数据基本概念、特征以及大数据在各行各业中的应用，进而思考部署大数据平台需要做的准备工作。

## 知识准备

### 一、大数据简介

2020 年春节，新型冠状病毒肺炎疫情突然爆发，为了阻止疫情蔓延，做好疫情防控工作，大数据在疫情监测分析、病毒溯源、防控救治、资源调配等一系列环节中都发挥了巨大的支撑作用。

最早提出“大数据”时代到来的是全球知名咨询公司麦肯锡。麦肯锡公司称：“数据，已经渗透到当今每一个行业和业务职能领域，成为重要的生产因素。人们对于海量数据的挖掘和运用，预示着新一波生产率增长和消费者盈余浪潮的到来。”

大数据(Big Data)，指无法在一定时间范围内使用常规软件工具进行捕捉、管理和处理的数据集合，是需要新处理模式才能具有更强的决策力、洞察力、发现力和流程优化能力的海量、高增长率及多样化的信息资产。

大数据的战略意义不在于掌握庞大的数据信息，而在于对这些含有意义的数据进行专业化处理。也就是说，提取大数据价值的技术是根据特定目标，经过数据收集与存储、数据筛选、算法分析与预测、数据分析结果展示等为精准施策提供依据的。

### 二、大数据的特征

大数据具有“5V”特征，即 Volume(大量)、Velocity(高速)、Variety(多样)、Veracity(真实性)和 Value(价值)。其核心在于对这些含有意义的数据进行专业化处理。

### 1. 数据体量巨大(Volume)

移动互联网的核心网络节点是人，不再是网页，人人都可以成为数据制造者，短信、微博、照片、录像都是其数据产品。数据来自无数自动化传感器、自动记录设施、生产监测、环境监测、交通监测、安防监测等；来自自动流程记录仪、刷卡机、收款机、电子不停车收费系统、互联网点击、电话拨号等设施以及各种办事流程登记等。2018 年 11 月互联网数据中心(Internet Data Center，IDC)白皮书《Data Age 2025》指出，全球数据量总量将从 2018 年的 33 ZB 增至 2025 年的 175 ZB，信息数据呈快速增长态势。到 2025 年，全球数据总量的近 20%将成为影响日常生活的关键数据，近 10%将成为超关键数据。数据已经成为社会和生活正常运行的必要因素，对关键基础架构、医疗设备甚至自动驾驶汽车等方面而言至关重要。

数据量的最小基本单位是 bit(位)，按从小到大的顺序排列的数据单位依次为 bit、B(Byte，字节)、KB、MB、GB、TB、PB、EB、ZB、YB、BB、NB、DB。它们之间的换算关系是：

| | |
|---|---|
| 1 B = 8 bit | 1 EB = $2^{60}$ B |
| 1 KB = $2^{10}$ B | 1 ZB = $2^{70}$ B(全球数据总量级别) |
| 1 MB = $2^{20}$ B | 1 YB = $2^{80}$ B |
| 1 GB = $2^{30}$ B | 1 BB = $2^{90}$ B |
| 1 TB = $2^{40}$ B(普通用户数据级别) | 1 NB = $2^{100}$ B |
| 1 PB = $2^{50}$ B(企业级数据级别) | 1 DB = $2^{110}$ B |

### 2. 数据处理速度快(Velocity)

数据增长速度越快，处理速度也就越快，对时效性的要求也会变高。比如，搜索引擎要求几分钟前的新闻能够被用户查询到。大数据技术遵循“1 秒定律”，可从各种类型的数据中快速获得高价值的信息。在高速网络时代，企业不仅需要了解如何创建实时数据流，还需要知道如何对数据进行快速处理、分析并返回给用户，以满足他们的实时需求。未来，越来越多的数据挖掘趋于前端化，即提前感知预测并直接给所需要的对象提供服务。这也需要大数据具有迅速的处理速度。

### 3. 数据类型多(Variety)

现在的数据不仅是文本、图片、视频、音频，还包括网络日志、社交媒体、互联网搜索、手机通话记录等。这意味着大数据会呈现出多变的形式和类型。相比传统的业务数据，大数据存在不规则和模糊不清的特性，造成很难甚至无法使用传统的应用软件进行分析。大数据不仅是处理巨量数据的利器，更为处理不同来源、不同格式的多元化数据提供了可能。

### 4. 数据真实性高(Veracity)

随着社交数据、企业内容、交易与应用数据等新数据源的兴起，传统数据源的局限被打破，企业愈发需要有效的信息治理以确保其真实性及安全性。数据的真实性和质量是获得真知和思路最重要的因素，是制定成功决策最坚实的基础。

### 5. 数据商业价值高(Value)

因数据采集不及时、不全面等，可能导致数据失真或可用的数据较少，造成数据价值密度低。以视频为例，一小时的视频在不间断的监控过程中，可能有用的数据仅仅只有一两秒。

大数据最大的价值在于从大量不相关的各种类型的数据中挖掘出对未来趋势与模式预测分析有价值的数据，并通过机器学习方法、人工智能方法或数据挖掘方法深度分析，发现新规律和新知识，运用于农业、金融、医疗等各个领域，从而最终达到改善社会治理、提高生产效率、推进科学研究的效果。

## 三、大数据相关概念

### 1. 集群

集群(Cluster)是一组相互独立的、通过高速网络互联的计算机，它们构成了一个组，在单一系统的管理下，共同协作完成同一个任务。集群中每一个计算机叫作节点，每个节点都实现相同的业务，但是每个节点并不是缺一不可的。其主要作用是缓解并发压力和进行单点故障转移。

集群一般被分为三种类型：高可用集群、负载均衡集群和高性能运算集群。

### 2. 分布式系统

分布式系统是将不同功能或不同地点、拥有不同数据的多台计算机通过网络连接起来，由控制系统统一管理，完成大规模信息处理的计算机系统。在分布式文件系统中，一种业务拆分成多个子业务，部署在多台计算机节点上，对外提供服务。其主要作用是大幅度地提高效率，缓解服务器的访问和存储压力。

常见的分布式系统有分布式文件系统、分布式数据库和分布式计算系统。

### 3. 负载均衡

负载均衡(Load Balance)是指将负载(工作任务)进行平衡，分摊到多个操作单元上进行运行，例如 FTP 服务器、Web 服务器、企业核心应用服务器和其他主要任务服务器等，从而协同完成工作任务。

负载均衡构建在原有网络结构之上，它提供了一种透明且廉价有效的方法用于扩展服务器和网络设备的带宽，加强网络数据处理能力，增加吞吐量，提高网络的可用性和灵活性。负载均衡中每个节点分配到的任务基本均衡。

## 四、大数据的典型应用

今天，大数据已经广泛应用于各个行业中。例如，金融、汽车、餐饮、电信、能源、体育和娱乐等社会各行各业都已经融入了大数据的印迹。

### 1. 商业领域

在激烈而又庞大的电商市场中，电商们迫切想知道的就是用户需求。他们需要在用户登录网站的瞬间，就能猜出这个用户今天为何而来，然后从电商的商品库里将合适的商品找出来并推荐给他，进而展现出符合客户需求的产品都有哪几款。这就是商业领域的“用户画像”分析，如图 1-1 所示，它抽象地描述了一个用户的信息全貌，即用户的属性及行为特征。“用户画像”是进行个性化推荐、精准营销、广告投放等应用的基础。在每年的“双十一”购物狂欢节中，淘宝等众多电商 APP 的成交额逐年创新高，一定程度上也要归功于推荐算法逻辑的不断完善，在提高推荐精准度的同时，甚至能做到根据用户实时行为快速修正“画像”，从而推荐最新的清单。除了购物，资讯、视频、音乐、社交等众多 APP 都非常重视个性化推荐技术的使用，做到千人千面。

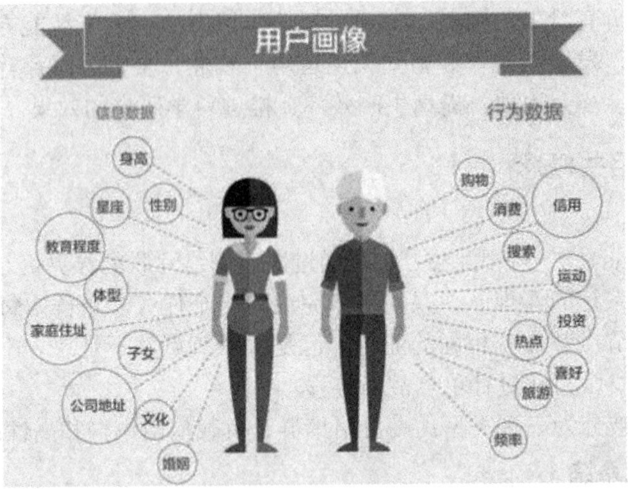


图 1-1　用户画像

### 2. 交通运输领域

匀数据在交通运输领域中最典型的应用就是电子地图，通过采集车辆在行驶过程中的 GPS 数据获取车辆行驶速度、实时路况信息，为客户推荐最佳路径和传送前方的路况信息，并计算出到达目的地所需花费的时间。通过优化交通路线，不仅可以节约燃料消耗，还可以极大程度地降低交通运输成本，提高运输效率，加强车队和资源分配管理。

### 3. 医疗卫生领域

乾2020 年的新型冠状病毒肺炎疫情防控中，大数据分析出人群聚集热点分布、人群跨区域流动、疫情追踪溯源、路径传播等信息，帮助相关部门尽早发现疑似病患、密切接触者，有助于及时隔离、治疗，切断传染源。通过对疫情数据进行建模分析，可以提前预测疫情发展趋势，指导医疗资源的合理调度，为科学决策提供依据。从线上紧急开发的为疫情防控服务的平安智慧城市专区，到线下的智慧交通出行、自动体温监测，大数据在防控疫情方面发挥了重要作用。

□

## 任务实施

### 通过思维导图展示大数据技术的应用

□阅资料，通过思维导图的方式探讨大数据技术在各行各业的具体应用(如图 1-2 所示)。

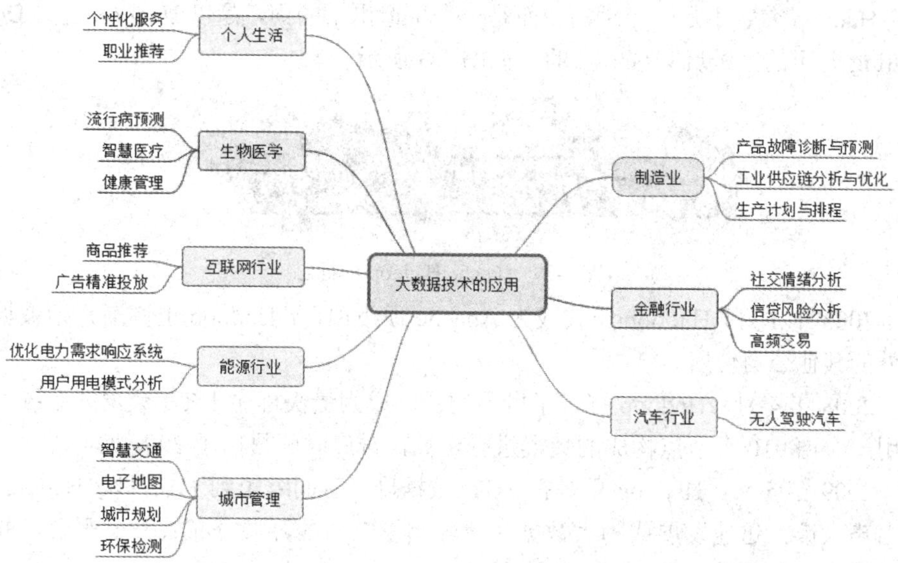


图 1-2　大数据技术的具体应用

# 任务 2　获取 Hadoop 资源

## 任务描述

借助网络资源与图书资料等，学习 Hadoop 的相关知识，了解 Hadoop 各版本的特点，选择合适的 Hadoop 发行版本，并做好 Hadoop 大数据平台部署前的准备工作。

## 知识准备

### 一、Hadoop 的起源

Hadoop 最早起源于 Lucene 的子项目 Nutch。Doug Cutting 团队设计 Nutch 项目的目标是构建一个大型的全网搜索引擎，包括网页抓取、索引、查询等功能，但随着抓取网页数量的增加，他们遇到了数据存储和数据索引等问题。正当他们陷入困境中时，Google 于 2003 年和 2004 年分别将解决思路以论文的形式发表出来，这两篇论文就是 GFS 论文和 MapReduce 论文，其中 GFS 用于处理海量网页的存储，MapReduce 用于处理海量网页的索引计算问题。Doug Cutting 团队看到后，通过 Java 将 GFS 和 MapReduce 的核心思想开源地实现，即 NDFS(Nutch Distributed File System)，也就是 HDFS 的前身和 MapReduce。

2006 年 2 月，Nutch 中的 NDFS 和 MapReduce 开始独立出来，成为 Lucene 项目的一个子项目，称为 Hadoop。同时，Doug Cutting 加盟了雅虎。

Hadoop 名字不是一个缩写，而是一个生造出来的词，是以 Hadoop 之父 Doug Cutting 儿子的毛绒玩具象命名的，如图 1-3 所示。

图 1-3　Apache Hadoop 的标志

2008 年 1 月，Hadoop 正式成为 Apache 顶级项目，Hadoop 也逐渐开始被雅虎之外的其他公司使用。

2008 年 4 月，Hadoop 打破了世界纪录，成为最快排序 1 TB 数据的系统，它采用一个由 910 个节点构成的集群进行运算，排序时间只用了 209 秒。

2009 年 5 月，Hadoop 更是把 1 TB 数据排序时间缩短到了 62 秒。Hadoop 从此名声大震，迅速发展成为大数据时代最具影响力的开源分布式开发平台，并成为实际上的大数据处理标准。

## 二、Hadoop 的特点

Hadoop 是一个能够让用户轻松架构和使用的分布式计算平台。用户可以轻松地在 Hadoop 上开发和运行处理海量数据的应用程序。它主要有以下几个优点：

(1) 高可靠性。由于 Hadoop 假设计算元素和存储会失败，因此它维护多个工作数据副本，以确保能够针对失败的节点重新分布处理。

(2) 高扩展性。Hadoop 是在可用的计算机集群间分配数据并完成计算任务的，所以集群可以很容易地进行节点的扩展，扩大集群，并能够处理 PB 级数据。

(3) 高效性。Hadoop 能够在节点之间动态地移动数据，并保证各个节点的动态平衡，因此处理速度非常快。

(4) 高容错性。Hadoop 能够自动保存数据的多个副本，并且能够自动将失败的任务重新分配。

(5) 低成本。Hadoop 通过普通廉价的机器组成服务器集群来分发以及处理数据，以至成本很低。

Hadoop 带有用 Java 语言编写的框架，因此运行在 Linux 生产平台上是非常理想的。Hadoop 上的应用程序也可以使用其他语言编写，比如 C++语言。

## 三、Hadoop 生态圈

狭义上的 Hadoop 适合大数据分布式存储和分布式计算的平台，主要包括三部分内容：HDFS、MapReduce、YARN。其中：HDFS 用于存储海量数据；MapReduce 用于对海量数据进行计算；YARN 是一个通用的资源调度框架。

广义上的 Hadoop 为一个生态圈，泛指与大数据技术相关的开源组件或产品。每个组件或者产品只负责解决某一特定的问题，如 HBase、Hive、Spark、Pig、ZooKeeper、Flume、Sqoop 等，如图 1-4 所示。

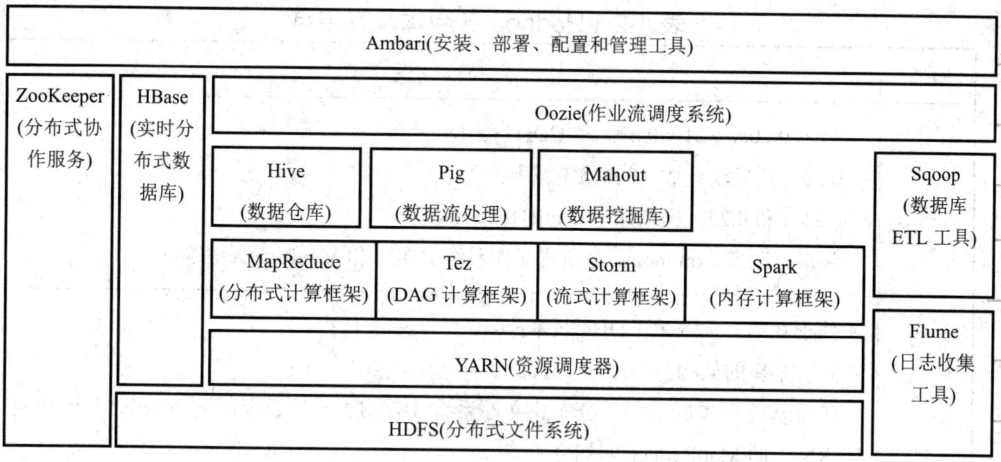


图 1-4　Hadoop 生态圈

Hadoop 生态圈的常用组件及其功能如表 1-1 所示，生态圈中的这些组件相互之间会有依赖，但又各自独立。比如，Hbase 会依赖 ZooKeeper，Hive 会依赖 MapReduce。

**表 1-1　Hadoop 生态圈的常用组件及其功能**

| 组件 | 功　能 |
|---|---|
| HDFS | 分布式文件系统，用于存储海量数据 |
| YARN | 提供资源管理和调度 |
| MapReduce | 分布式计算框架，用于对海量数据进行计算 |
| Tez | Apache 最新开源的支持 DAG 作业的计算框架 |
| Storm | 流计算框架，类似于 Hadoop 的实时处理框架，为毫秒级 |
| Spark | 类似于 Hadoop MapReduce 的通用并行框架，用于完成各种各样的运算 |
| HBase | Hadoop 上的非关系型的分布式数据库，提供类似于 Big Table 规模的服务 |
| Hive | Hadoop 上的数据仓库，用于进行数据提取、转化和加载 |
| Pig | 一个基于 Hadoop 的大规模数据分析平台，提供类似 SQL 的查询语言 Pig Latin |
| Flume | 一个高可用的、高可靠的、分布式的海量日志采集、聚合和传输的系统，用于收集数据 |
| Sqoop | 用于在 Hadoop 与传统的数据库(MySQL、postgresql 等)之间进行数据传递 |
| ZooKeeper | 提供分布式协调一致性服务 |
| Ambari | Hadoop 快速部署工具，支持 Apache Hadoop 集群的供应、管理和监控 |
| Mahout | 提供一些可扩展的机器学习领域的经典算法 |
| Oozie | Hadoop 上的工作流管理系统，用于协调多个 MapReduce 作业的执行 |

## 四、Hadoop 版本演变

Hadoop 经历了三代版本演变，如表 1-2 所示。其中，Hadoop 2.x 是目前主流版本。

表 1-2 Hadoop 各版本及其特点

| 版本 | 特点 |
| --- | --- |
| 1.x | 基于 0.20.x/0.21.x/0.22.x 和 CDH3 版本；<br>0.20.x 最后演化成 1.0.x 稳定版本；<br>0.21.x 和 0.22.x 则增加了 NameNode HA；<br>包括基础库 Common、分布式文件系统 HDFS 和 MapReduce 三部分 |
| 2.x | 基于 0.23.x、2.x 和 CDH4 版本；<br>具有全新的架构；<br>包含基础库 Common、分布式文件系统 HDFS、资源调度框架 YARN 和运行在 YARN 上的 MapReduce 四部分 |
| 3.x | 支持多个 NameNode；<br>HDFS 可擦除编码；<br>MR 进行 Task 级别的本地优化，性能提升 30%；<br>YARN 基于 cgroup 的内存和磁盘 I/O 隔离；<br>支持更改分配容器的资源 |

与 Hadoop 1.0 相比，Hadoop 2.0 最大的改进是加入了资源调度框架 YARN、HDFS 的 Federation(联邦)、HA(High Availability，高可用)等。它们各自生态圈如图 1-5 所示。

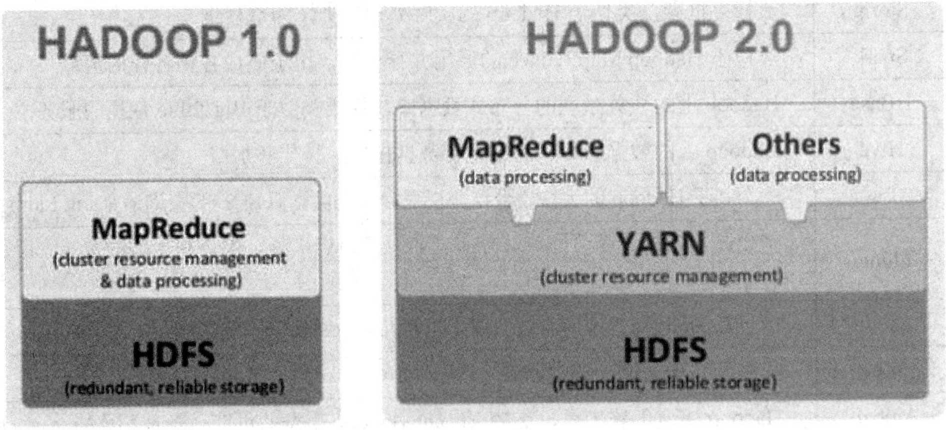


图 1-5 Hadoop 1.0 和 Hadoop 2.0 生态圈比较

Hadoop 3.0 中引入了一些重要的功能和优化，可总结如下：

(1) JDK 版本的最低依赖从 1.7 变成了 1.8；

(2) HDFS 支持纠编码 Erasure Encoding；

(3) 配置 Timeline Server v2 版本；

(4) hadoop-client 依赖分为 hadoop-client-api 和 hadoop-client-runtime 两个依赖；

(5) 支持随机 container 和分布式调度；

(6) MR 进行了 Task 级别的本地优化，性能提升 30%；

(7) 支持多个 Standby 状态的 NameNode；

(8) 多个端口被改动；

(9) 支持微软的 Azure 分布式文件系统和阿里的 aliyun 分布式文件系统；

(10) DataNode 内部添加了负载均衡。

## 五、常见 Hadoop 的发行版本

Hadoop 的发行版本除了社区的 Apache Hadoop 外，Cloudera、Hortonworks、MapR、华为、DKhadoop 等公司都提供了自己的商业版本。具体如下：

(1) Apache 版：最原始(最基础)的版本，适合于入门学习。

(2) DKhadoop 版：DKhadoop 有效地集成了整个 Hadoop 生态系统的全部组件，并深度优化，重新编译为一个更完整、更高性能的大数据通用计算平台，实现了各部件的有机协调。因此，相比开源的大数据平台，DKhadoop 在计算性能上提升了高达 5 倍(最大)。DKhadoop 不仅将复杂的大数据集群配置简化至三种节点(主节点、管理节点、计算节点)，还极大地简化了集群的管理运维，增强了集群的高可用性、高可维护性及高稳定性。

(3) CDH 版：CDH(Cloudera's Distribution Including Apache Hadoop)是 Cloudera 公司的 Hadoop 发行版，它完全开源，且比 Apache Hadoop 在兼容性、安全性、稳定性上都有所增强，通常在大型互联网企业中使用较多。

(4) HDP 版：HDP (Hortonworks Data Platform)也同样是 100%开源的产品，其文档较好。HDP 包括稳定版本的 Apache Hadoop 的所有关键组件，还包括一个现代化的、直观的用户界面的安装和配置工具 Ambari。

(5) MapR 版：MapR 有免费和商业两个版本，免费版本的功能有所减少。

(6) 华为版：华为的 Hadoop 版本基于自研的 Hadoop HA 平台，构建了 NameNode、JobTracker、HiveServer 的高可用功能，进程故障后系统会自动故障切换，无需人工干预。这也是对 Hadoop 的一种修补，但远不如 MapR 解决得彻底。

### 任务实施

#### 通过 Hadoop 官网下载 Hadoop 软件

登录 Hadoop 官网 http://hadoop.apache.org/，单击下载，再单击镜像站点 mirror site 进行超链接，跳转到版本选择的界面，如图 1-6 所示。单击图 1-7 中所需要的版本，里面有两个文件，其中 src 是源码安装，在这里下载 hadoop-2.7.7.tar.gz 文件。

通过 Hadoop 官网下载 Haoop 软件

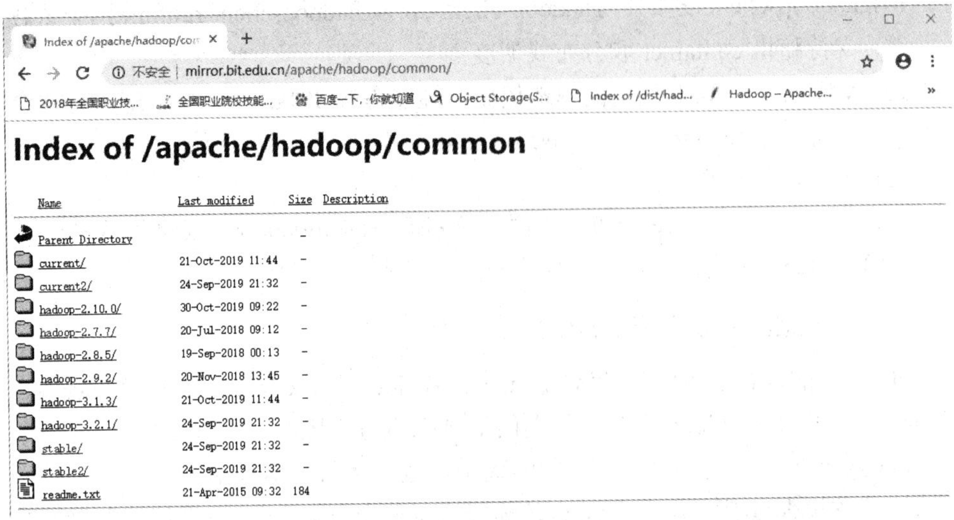


图 1-6 Hadoop 版本列表

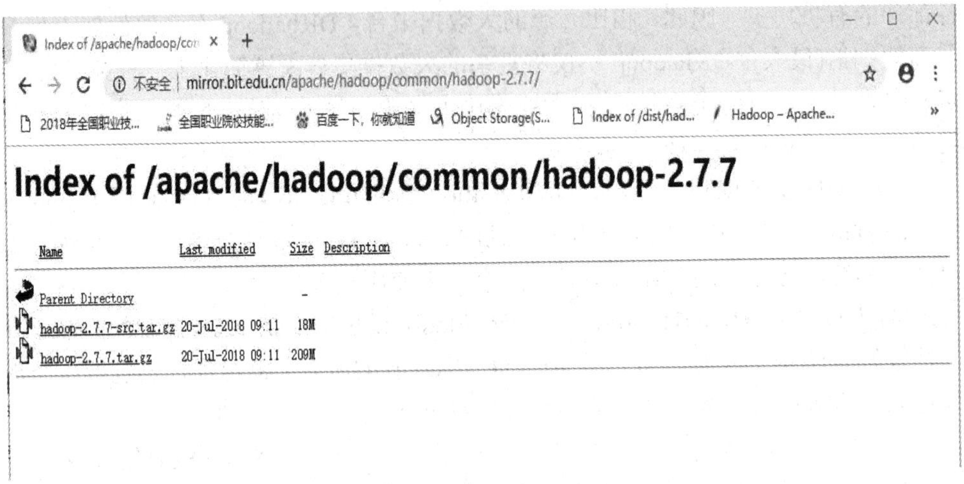


图 1-7 下载 Hadoop 软件

Hadoop 部署前的环境配置

## 能力拓展 Hadoop 部署前的环境配置

大数据处理的数据一般来自企业内部的服务器，而服务器采用的操作系统大多为 Linux 操作系统，所以在部署 Hadoop 大数据平台之前，需要安装 Linux 系统。

### 1. 新建虚拟机

VMware Workstation 是 VMware 公司销售的商业软件产品之一，它可以在一台机器上同时运行两个或多个操作系统，一个是原始的操作系统，其他操作系统运行于虚拟机上。运行于虚拟机上的操作系统不需要重新划分磁盘空间，不会破坏原有的系统结构，可以同时运行多个操作系统而不需要重新启动计算机。

(1) 下载并安装 VMware Workstation Pro 15.5.0。

(2) 新建虚拟机。

在“VMware Workstation”中选择“文件”→“新建”→“虚拟机”项，在弹出的窗口中选择“自定义(高级)”项，如图 1-8 所示，单击“下一步”按钮。

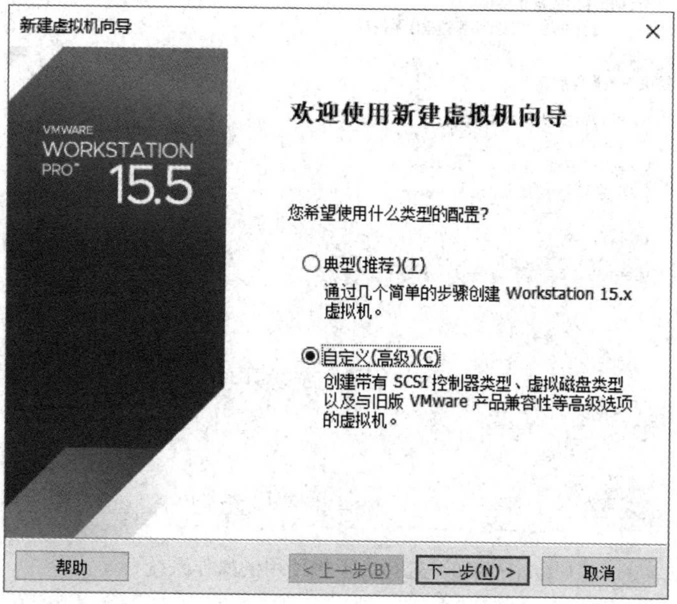


图 1-8　新建虚拟机

(3) 在安装客户机操作系统界面中选择“稍后安装操作系统”项，单击“下一步”按钮，可以在虚拟机建立完成后再放入光盘，如图 1-9 所示，再单击“下一步”按钮。

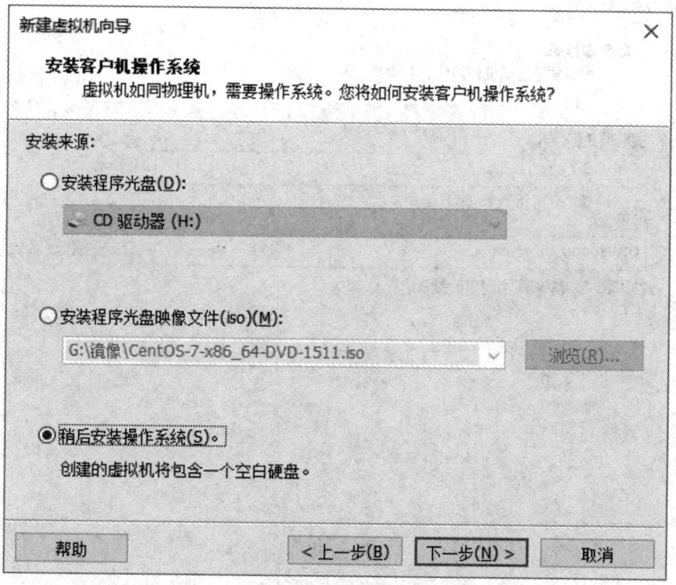


图 1-9　安装虚拟机使用的操作系统

(4) 选择客户机操作系统。单击选中“Linux”项，并选中“CentOS 7 64 位”，如图 1-10 所示，单击“下一步”按钮。

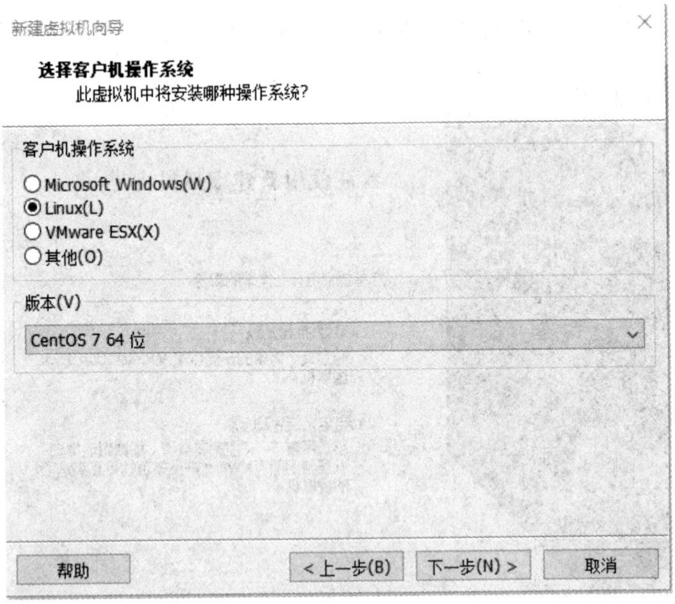


图 1-10 选择虚拟机使用的操作系统

(5) 命名虚拟机。这是在 VMware Workstation 中显示的标签名，并不是虚拟机的主机名。虚拟机的所有文件都存在宿主主机的硬盘中，可以选择恰当的位置来存放，最好选择一个有空余空间的磁盘分区来安装，选择“D:\hadoop”，如图 1-11 所示，完成后单击“下一步”按钮。

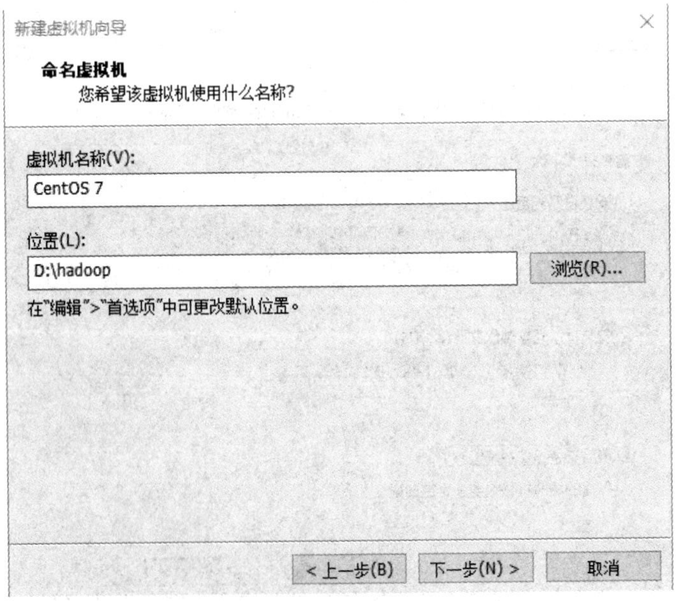


图 1-11 虚拟机标签及保存位置

(6) 处理器配置，可采用默认值，也可以调整处理器的数量，如图 1-12 所示，完成后单击“下一步”按钮。

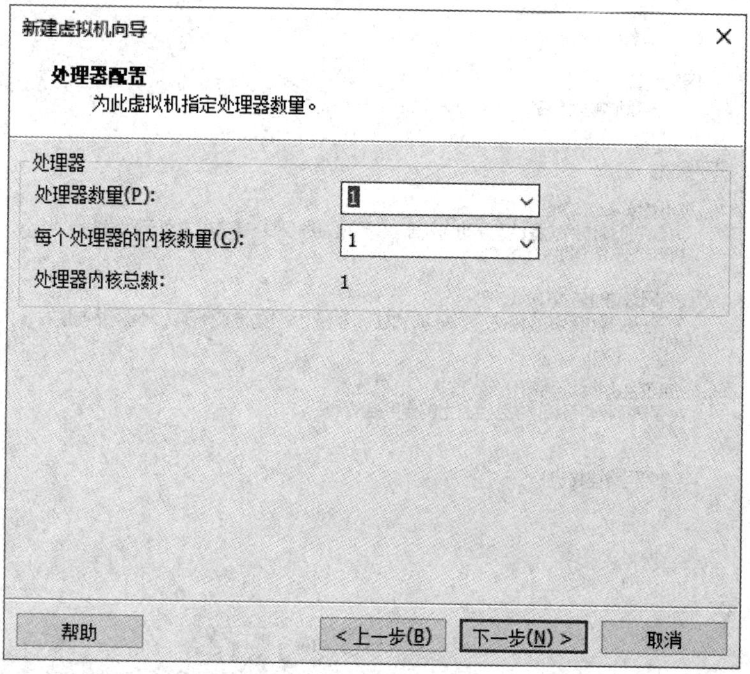


图 1-12　处理器的配置

(7) 选择虚拟机所使用的内存大小，这里使用 2048MB，如图 1-13 所示，完成后单击“下一步”按钮。

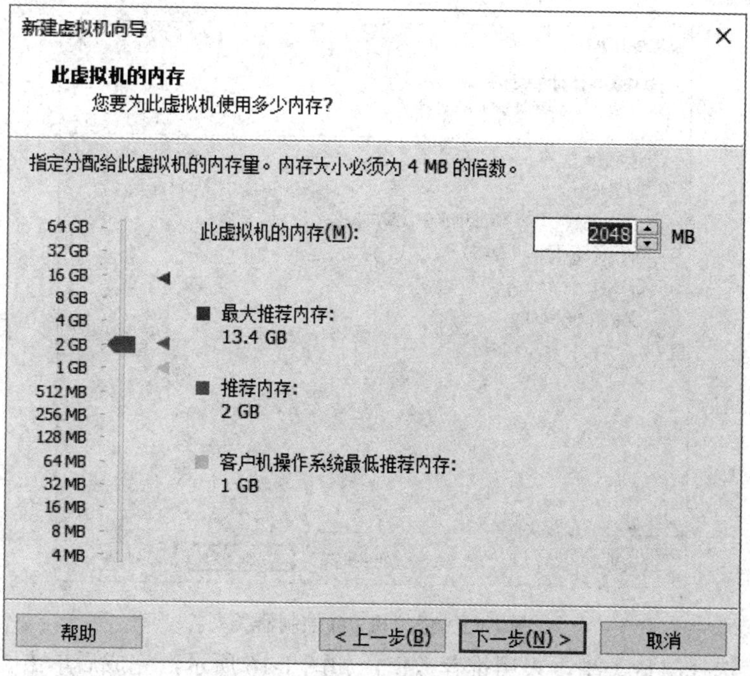


图 1-13　虚拟机的内存

(8) 选择网络类型，这里我们选择“使用网络地址转换(NAT)”，如图 1-14 所示，完成后单击“下一步”按钮。

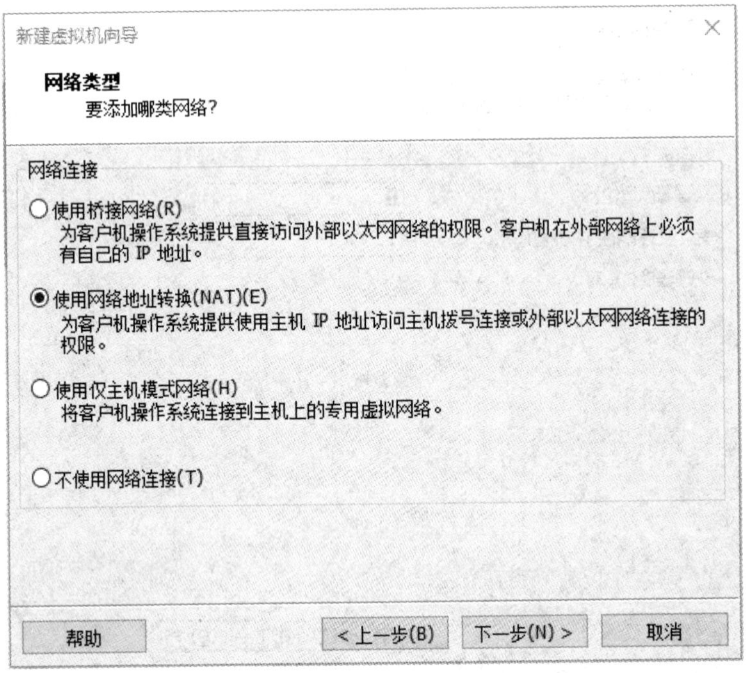


图 1-14　网络类型

(9) 选择 I/O 控制器类型，采用推荐数值，如图 1-15 所示，完成后单击“下一步”按钮。

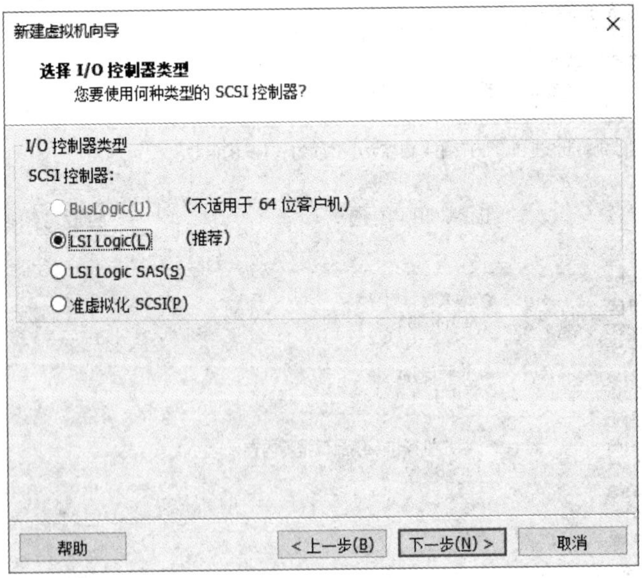


图 1-15　虚拟机 I/O 控制器类型

(10) 选择磁盘类型，采用推荐数值，如图 1-16 所示，完成后单击“下一步”按钮。

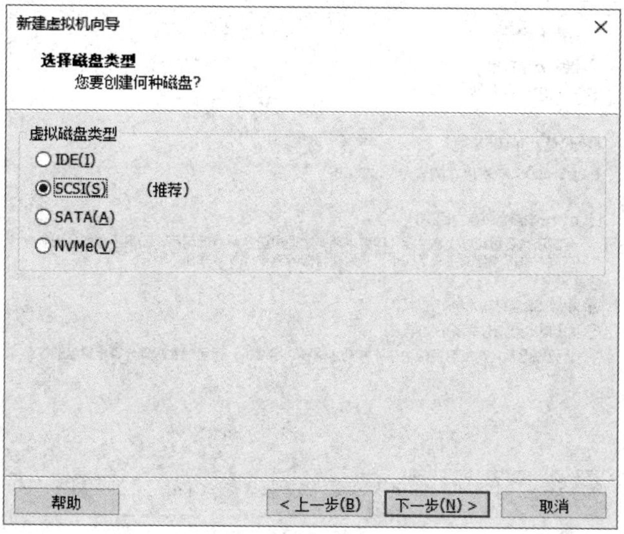


图 1-16　磁盘类型

(11) 选择“创建新虚拟磁盘”项，为虚拟机建立一个新的虚拟磁盘，如图 1-17 所示，完成后单击“下一步”按钮。

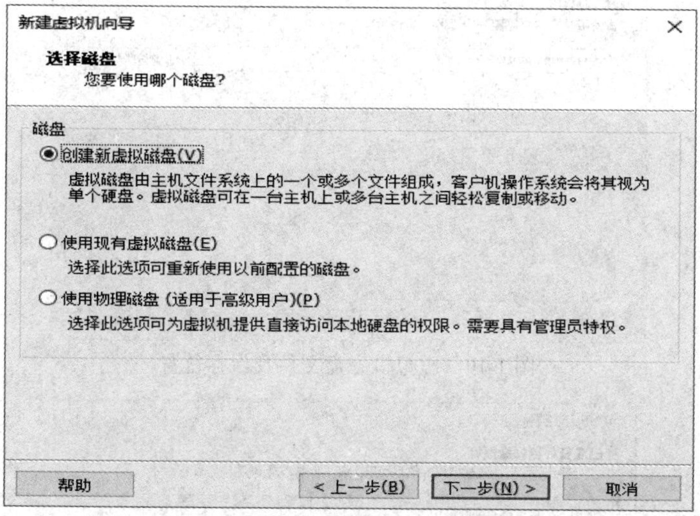


图 1-17　新建虚拟机磁盘

(12) 输入虚拟机的磁盘容量。虚拟磁盘占用磁盘的实际大小是以虚拟机中保存数据的大小为准的，这里设置最大的磁盘大小为 200 GB，并选择“将虚拟磁盘存储为单个文件”，如图 1-18 所示，完成后单击“下一步”按钮。

(13) 选择磁盘文件的存储位置。默认情况下，磁盘文件保存在虚拟机所在的目录即 D:\hadoop 中，如图 1-19 所示，完成后单击“下一步”按钮。

(14) 完成以上配置后，单击图 1-20 中的“自定义硬件”按钮打开硬件对话框，选择“新 CD/DVD(IDE)”项，并在右侧选择“使用 ISO 映像文件”项，再选择 CentOS-7-x86_64-DVD-1511.iso 安装文件，如图 1-21 所示，完成后单击“关闭”按钮。

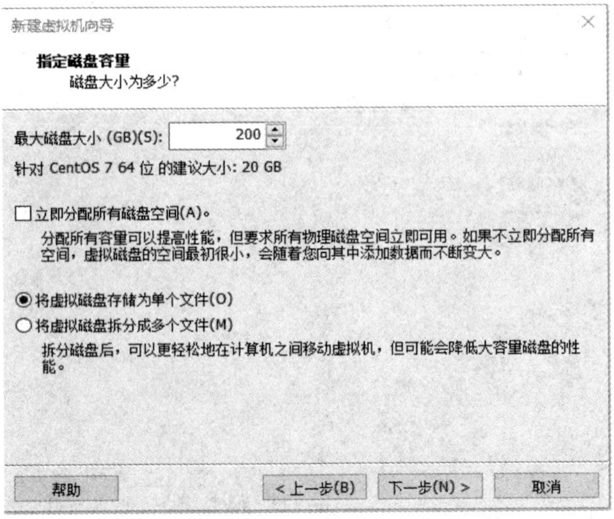


图 1-18　虚拟机磁盘容量

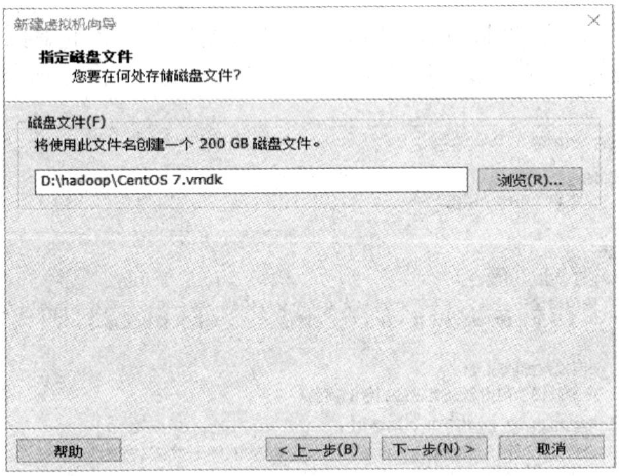


图 1-19　虚拟机磁盘文件及保存位置

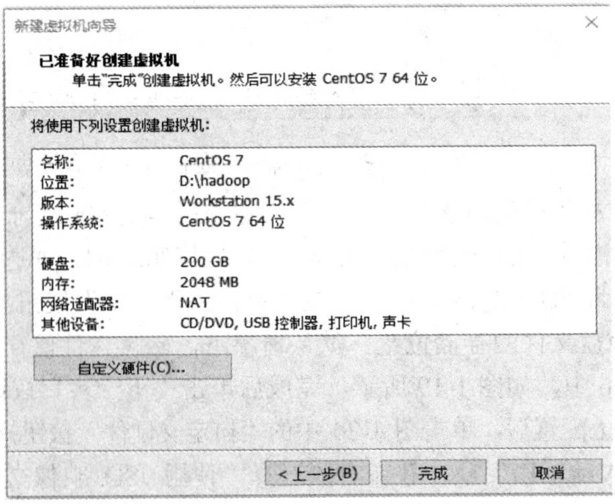


图 1-20　完成虚拟机建立

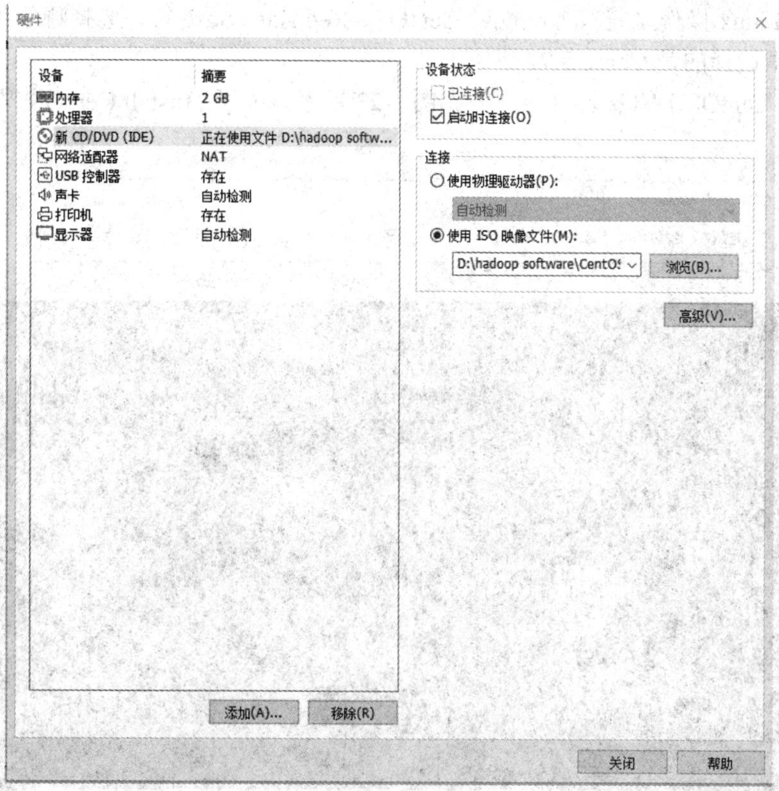


图 1-21　虚拟机硬件

(15) 完成虚拟机的建立后，可以单击图 1-22 中的“开启此虚拟机”按钮来运行虚拟机。

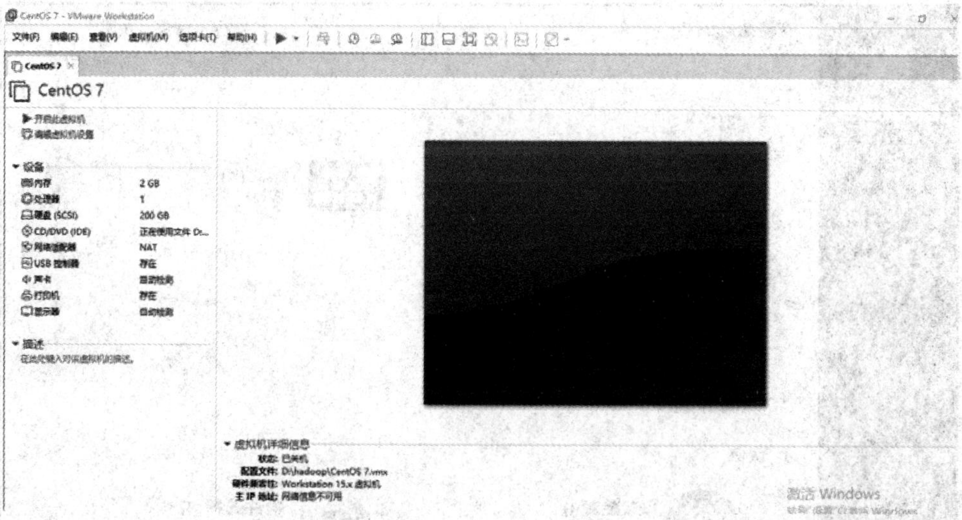


图 1-22　运行虚拟机

## 2. 安装 CentOS 操作系统

Linux 操作系统是开源的多用户、多任务、支持多线程和多 CPU 的操作系统。

主流的 Linux 操作系统有 Ubuntn、CentOS、Red Hat、Suse 等，选择哪个版本都可以。这里选择的是 CentOS 7。

(1) CentOS 7 的安装引导界面如图 1-23 所示，选择“Install CentOS 7”并按回车键。

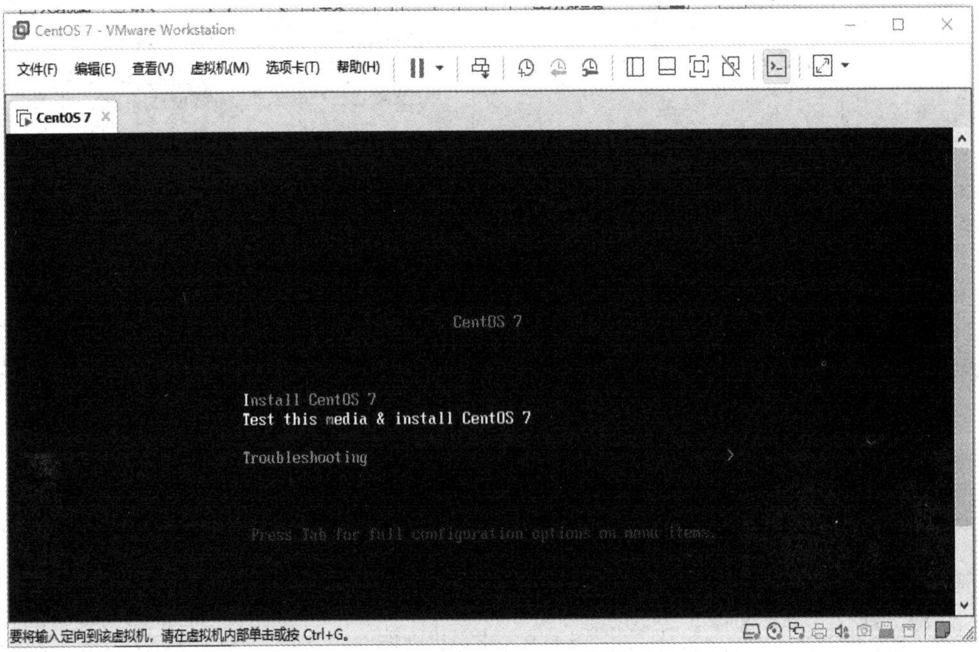


图 1-23　安装引导界面

(2) 进入“安装信息摘要”界面，如图 1-24 所示。

图 1-24　“安装信息摘要”界面

(3) 打开“软件选择”界面，如图 1-25 所示。CentOS 7 安装的基本环境分最小安装、基础设施服务器、文件及打印服务器、基本页面服务器、虚拟化主机和带 GUI 的服务器六种，每种都会有所选环境的附加选项，用于准确选择其功能。

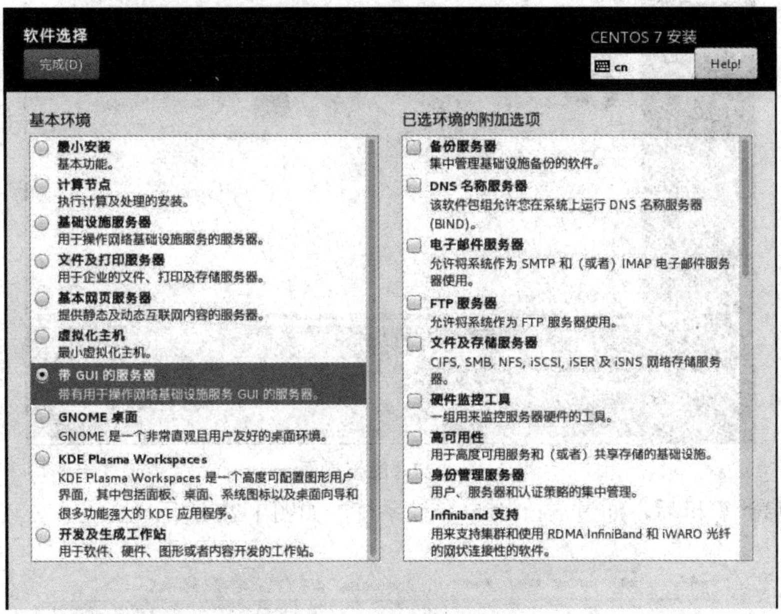

图 1-25　“软件选择”界面

(4) 在“安装信息摘要”界面选择安装位置，再选择“我要配置分区”项，手动分区，这里注意要增大/home 分区。具体分区如图 1-26 所示。

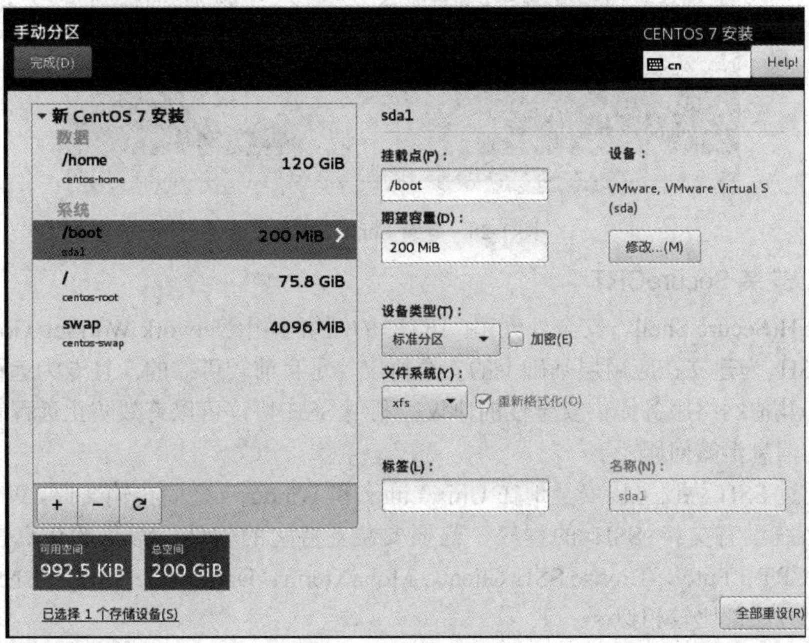

图 1-26　选择安装位置

(5) 在“安装信息摘要”界面单击“开始安装”按钮，再单击“ROOT 密码”选项设置 root 密码，并创建普通用户 hadoop(设置密码为 000000)，如图 1-27 所示。

图 1-27 配置界面

重启计算机后，通过 root 用户登录系统，如图 1-28 所示。

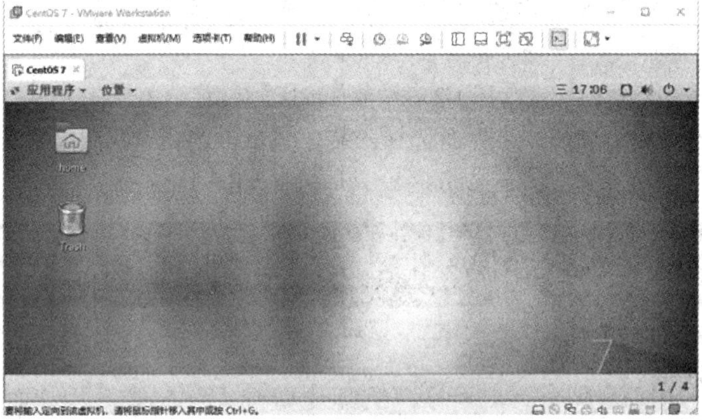


图 1-28 登录 CentOS 系统

### 3. 安装 SecureCRT

SSH(Secure Shell，安全外壳)由 IETF 的网络小组(Network Working Group)制定。SSH 为建立在应用层基础上的安全协议，是目前较可靠的，且专为远程登录会话和其他网络服务提供安全性的协议。利用 SSH 协议可以有效防止远程管理过程中的信息泄露问题。

通过 SSH 协议可以安全地在 Unix/Linux 和 Windows 之间传输文件。Windows 操作系统没有支持 SSH 的程序，需要安装支持它的软件。常见的仿真软件有 SecureCRT、Putty、Bitvise SSH Client、MobaXterm、DameWare SSH、Xshell 等，其使用方法都比较相似。

(1) 安装并打开 SecureCRT 软件。

(2) 选择“文件”→“快速连接”命令，打开“快速连接”对话框，如图 1-29 所示。在“快速连接”对话框中选择连接远程主机的协议(一般情况下选择 SSH2)，输入远程主机的主机名或 IP 地址端口号(22)，输入 CentOS 系统的用户名(root)，单击“连接”按钮，连接成功后打开“新建主机密钥”警告框，如图 1-30 所示。单击“接受并保存”按钮，打开“输入安全外壳密码”对话框，如图 1-31 所示。

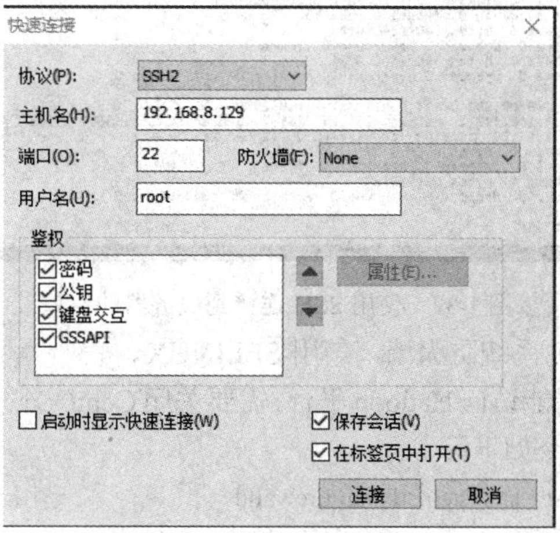


图 1-29　“快速连接”对话框

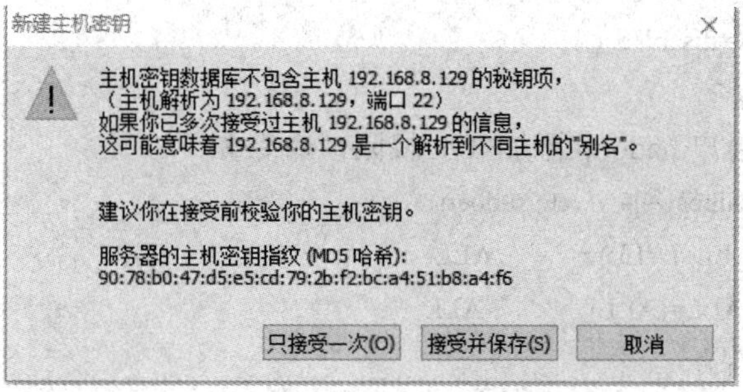


图 1-30　“新建主机密钥”警告框

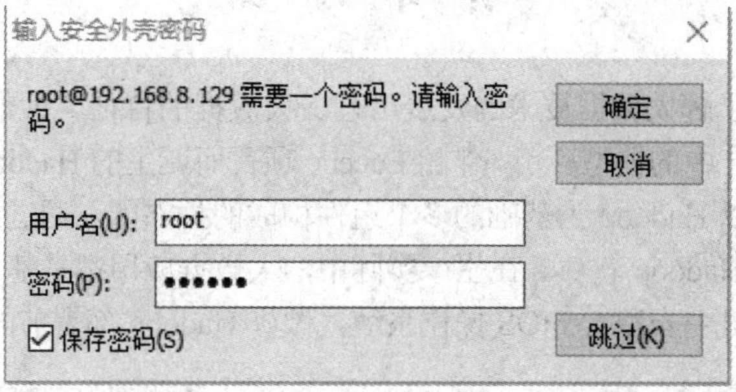


图 1-31　“输入安全外壳密码”对话框

(3) 在图 1-31 所示的对话框中输入用户密码，单击“确定”按钮打开连接到远程主机的窗口，如图 1-32 所示。在该窗口中可以方便地进行命令的复制、对话的克隆等操作。

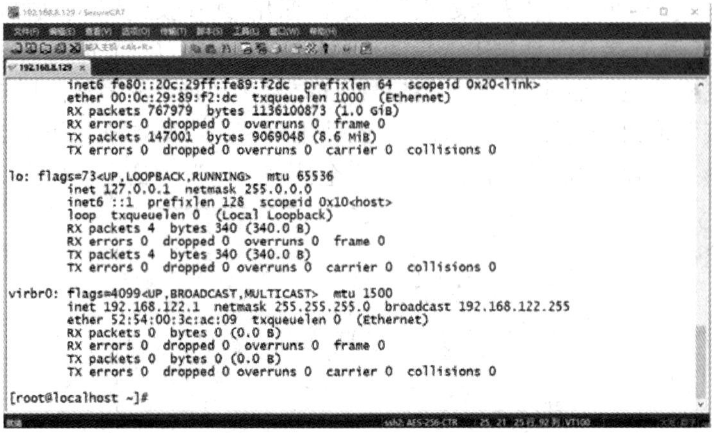


图 1-32　使用 SSH 连接到服务器的窗口

(4) 关闭 CentOS 系统防火墙，禁用 SELINUX。

为了保证客户端能访问 Hadoop 平台，需要关闭 CentOS 防火墙，并将 SELINUX 设置为 disabled。命令如下：

```
[root@localhost ~]# systemctl stop firewalld
[root@localhost ~]# systemctl disable firewalld
[root@localhost ~]# vi /etc/selinux/config
SELINUX=disabled
```

保存并退出。

(5) 为普通用户 hadoop 添加 root 权限，命令如下：

```
[root@localhost ~]# vi /etc/sudoers
root      ALL=(ALL)       ALL
hadoop    ALL=(ALL)       ALL
```

通过 wq!保存。

## 项 目 小 结

通过学习，了解大数据技术的发展历程、大数据的特征、大数据的相关概念及大数据在实际生产中的典型应用。伴随 Lucene 项目而诞生的 Hadoop，其功能也在逐步完善，形成了以 Hadoop 为基础的多个组件构成的生态圈。通过 Hadoop 官网可以获取下载需要的 Hadoop 软件。在生产实际中，大数据应用都是基于企业服务器的，所以需要在计算机中安装 CentOS 操作系统，做好 Hadoop 部署前的环境配置。

## 课 后 习 题

### 一、选择题

1. 当前大数据的基础是由(　　)首先提出来的。

A. 谷歌　B. 百度　C. 微软　D. 阿里巴巴

2. 大数据的特性有(　　)。

A. 数据量大　B. 数据种类繁多

C. 计算速度快　D. 价值密度低

3. Hadoop 大数据的两大核心技术是(　　)。

A. 分布式存储　B. 数据采集　C. 可视化　D. 分布式处理

4. Hadoop 之父是(　　)。

A. Martin Fowler　B. Kent Beck　C. Doug Cutting

5. 大数据时代，数据使用最关键的是(　　)。

A. 数据收集　B. 数据存储　C. 数据分析　D. 数据再利用

6. Hadoop 名字的来源是(　　)。

A. 由一个大象玩具而来　B. 由一个汽车玩具而来

C. 由一篇报纸而来　D. 由灵感想象而来

## 二、填空题

1. 大数据的核心问题是_______和_______，这两个核心问题分别对应 Hadoop 的_______和_______两项技术。

2. Google 不仅建立了一个很好很强大的搜索引擎，还在于它创造了三项革命性技术：_______、_______和_______，即所谓的 Google 三驾马车。

3. Hadoop 源自于 2002 年的 Apache _______项目。

4. Hadoop 1.0 包括_______和_______两部分。

5. Hadoop 2.0 最大的改进是加入了资源调度框架_______。

6. 1 ZB =___________GB。

## 三、简答题

1. 大数据的定义是什么？

2. 大数据有哪些特征？

## 四、拓展练习

1. 详细阐述大数据、云计算和物联网三者之间的区别与联系。

2. 举例说明大数据、云计算和物联网的联系。

# 项目 2
# 部署 Hadoop 集群

## 项目概述

通过前面的学习，了解了大数据技术的实际应用、Hadoop 的生态圈组件及其功能，并准备好了部署 Hadoop 的服务器。本项目中需要通过三台主机部署 Hadoop 集群，实现数据的分布式存储和计算。

## 项目背景

了解部署 Hadoop 的方法及特点，并根据实际需求选择合适的部署方式，以及分析部署 Hadoop 集群的步骤及每个配置项的含义。

## 项目演示

需要克隆三台主机，作为 Hadoop 集群的主从节点。

## 思政聚焦

面对突如其来的新冠肺炎疫情，全国人民展开了一场轰轰烈烈的疫情防控阻击战。在这个没有硝烟的战场，不断涌现出各条战线的最美“逆行者”，他们不顾安危、冲锋在前，用自己的仁爱、坚守与奉献构筑起一道道健康和生命防线，汇聚起人间有大爱的磅礴力量。大数据技术在这次疫情防控阻击战中做出了突出贡献，作为大数据技术的学习者，我们感到自豪，唯有学好科学技术，才能在国家需要的时候贡献自己的力量。

## 项目主要内容

- Hadoop 部署模式及其特点。
- 部署单机模式的 Hadoop。
- 部署伪分布模式的 Hadoop。
- Hadoop 相关的配置文件以及相关属性的含义。
- 部署完全分布式模式的 Hadoop。

## 思维导图

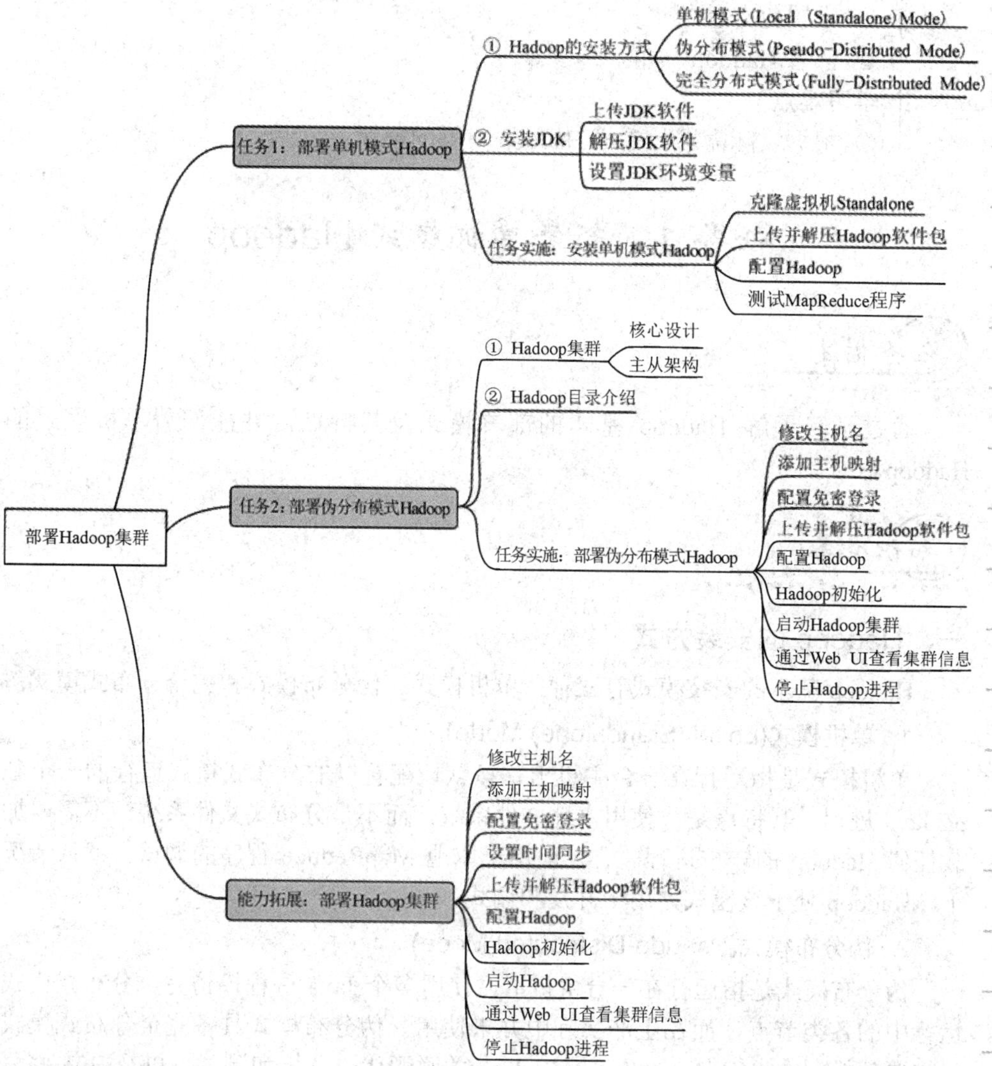


## 教学大纲

### 能力目标

◎ 能部署 Hadoop 单机模式。
◎ 能部署 Hadoop 伪分布模式。
◎ 能部署 Hadoop 完全分布式模式。

### 知识目标

◎ 了解 Hadoop 的三种部署模式及其特点。
◎ 掌握部署 Hadoop 集群的步骤。
◎ 掌握 Hadoop 配置文件的作用以及相关属性的含义。

**学习重点**

◎ 设置 JDK、Hadoop 环境变量。

◎ 设置免密登录。

◎ 部署 Hadoop 集群。

**学习难点**

◎ 根据实际需求，完成 Hadoop 集群的部署。

# 任务 1 部署单机模式 Hadoop

## 任务描述

通过学习了解 Hadoop 基本的部署模式及其特点，并能部署单机模式的 Hadoop。

## 知识准备

### 一、Hadoop 的安装方式

Hadoop 基本的安装模式有三种：单机模式、伪分布模式和完全分布式模式。

#### 1. 单机模式(Local (Standalone) Mode)

单机模式是指运行在一台主机上，按默认配置以非分布式模式运行的一个独立 Java 进程。其特点是：使用本地文件系统，而不是分布式文件系统，不需要加载任何 Hadoop 的守护进程。它一般用于本地 MapReduce 程序的调试。默认情况下，Hadoop 处于该模式，用于开发和调式。

#### 2. 伪分布模式(Pseudo-Distributed Mode)

伪分布模式是指运行在一台主机上，使用多个 Java 进程模仿完全分布式模式运行中的各类节点，而在生产实际中并未使用。伪分布模式具备完全分布式模式的主要功能，作为 Hadoop 及 MapReduce 关联源代码分析和测试，以及 Bug 修复时使用的最佳环境。因此，这种模式常用于开发测试 Hadoop 程序的执行是否正确，或用于个人学习测试。

#### 3. 完全分布式模式(Fully-Distributed Mode)

完全分布式模式也叫集群模式，是将 Hadoop 运行在多台机器中，各个机器按照相关配置运行相应的 Hadoop 守护进程。完全分布式模式是真正的分布式环境，用于实际的生产环境中。

### 二、安装 JDK

由于 Hadoop 是由 Java 语言开发出来的，因此 Hadoop 正常运行就需要安装 Java 运行时的环境。目前，JDK 版本种类比较多，这里采用的是 jdk-linux-x64.tar.gz。在实际生产中，企业不适用 root 用户登录，而采用普通用户登录 Linux 系统。这里通过普通用户 hadoop 登录 CentOS。

### 1. 上传 JDK 软件

通过 SecureCRT 将 JDK 软件包上传至 CentOS 系统中的用户目录中，如图 2-1 所示。

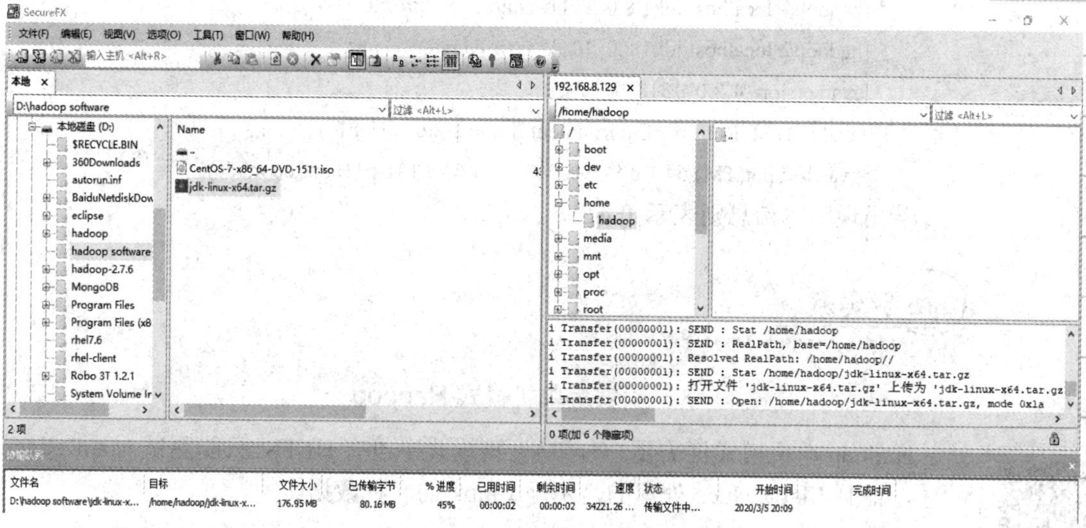

图 2-1　上传 JDK 软件包

### 2. 解压 JDK 软件

上传成功后，在 CentOS 系统查看，并解压 JDK 软件包到普通用户 hadoop 的 /home 目录下。命令及输出结果如下：

```
[hadoop@localhost ~]$ ls
jdk-linux-x64.tar.gz
[hadoop@localhost ~]$ tar -xzvf jdk-linux-x64.tar.gz
[hadoop@localhost ~]$ ls
jdk1.8.0_131    jdk-linux-x64.tar.gz
```

### 3. 设置 JDK 环境变量

(1) 在 Linux 下设置环境变量的文件有以下三个：

/etc/profile：系统环境变量，针对所有用户的。

/home/hadoop/.bashrc：用户环境变量，针对当前用户。

/home/hadoop/.bash_profile：用户环境变量，针对当前用户。

这三个文件的优先级顺序为/etc/profile、.bashrc、.bash_profile。

读取 JDK 所在的目录：

```
[hadoop@localhost ~]$ cd jdk1.8.0_131/
[hadoop@localhost jdk1.8.0_131]$ pwd
/home/hadoop/jdk1.8.0_131
```

通过文件 /etc/profile 设置 JDK 的环境变量：

```
[hadoop@localhost jdk1.8.0_131]$ sudo vi /etc/profile
```

在最后两行添加：

```
export JAVA_HOME=/home/hadoop/jdk1.8.0_131
export PATH=$PATH:$JAVA_HOME/bin
```

(2) 生效环境变量，并检验 JDK 是否安装成功：

```
[hadoop@localhost jdk1.8.0_131]$ source /etc/profile
[hadoop@localhost jdk1.8.0_131]$ java -version
java version "1.8.0_131"
Java(TM) SE Runtime Environment (build 1.8.0_131-b11)
Java HotSpot(TM) 64-Bit Server VM (build 25.131-b11, mixed mode)
```

若出现版本信息则表示 JDK 安装成功。

## 任务实施

### 安装单机模式 Hadoop

安装单机模式
Hadoop

Hadoop 单机模式仅需要一台主机，该模式下没有 HDFS，只能测试 MapReduce 程序，而且 MapReduce 处理的是本地 Linux 的文件数据。

#### 1. 克隆虚拟机 Standalone

通过前面虚拟机 CentOS 7 克隆一台主机 Standalone，用于部署单机模式的 Hadoop。关闭 CentOS 客户机，选择虚拟机标签“CentOS”，单击右键，在弹出的下拉菜单中选择“管理”→“克隆”项，如图 2-2 所示。

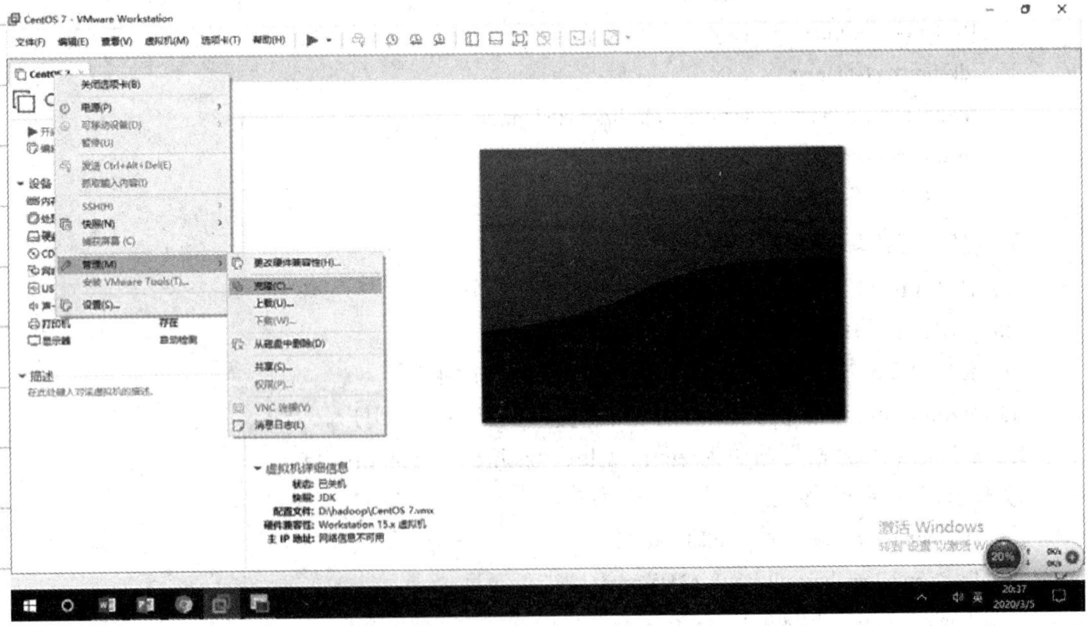


图 2-2　打开克隆菜单

在打开的克隆虚拟机向导窗口中，选择克隆类型为“创建完整克隆”，如图 2-3 所示，完成后单击“下一步”按钮。

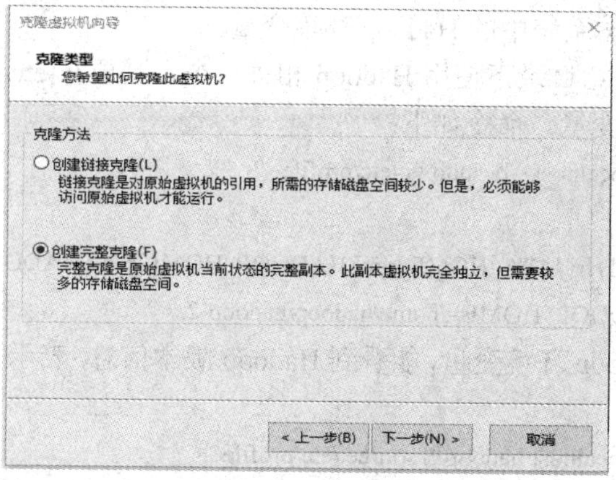


图 2-3　克隆类型

为虚拟机创建名称“Standalone”，并设置存储位置“D:\hadoop\Standalone”，如图 2-4 所示，单击“完成”按钮，等待克隆完成。

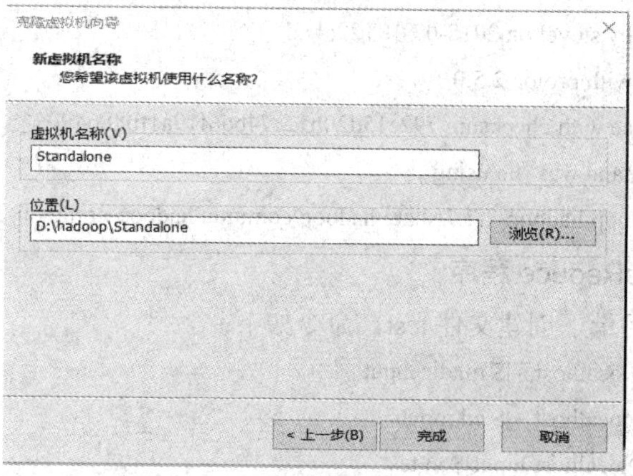


图 2-4　创建虚拟机 Standalone

### 2. 上传并解压 Hadoop 软件包

通过 SecureCRT 上传 hadoop-2.7.7.tar.gz 至普通用户 hadoop 的/home 目录，并解压到当前目录下。命令如下：

```
[hadoop@localhost ~]$ ls
hadoop-2.7.7.tar.gz   jdk1.8.0_131   jdk-linux-x64.tar.gz
[hadoop@localhost ~]$ tar -xvzf hadoop-2.7.7.tar.gz
[hadoop@localhost ~]$ ls
hadoop-2.7.7   jdk1.8.0_131   hadoop-2.7.7.tar.gz  jdk-linux-x64.tar.gz
```

### 3. 配置 Hadoop

(1) 修改 Hadoop 的环境变量文件 hadoop-env.sh。hadoop-env.sh 是所有 Hadoop 运行的系统环境脚本。命令如下：

```
[hadoop@localhost ~]$ cd hadoop-2.7.7/etc/hadoop/
[hadoop@localhost hadoop]$ vi hadoop-env.sh
export JAVA_HOME=/home/hadoop/jdk1.8.0_131
```

(2) 配置 Linux 系统中的 Hadoop 环境变量。

为了可以在任意目录下使用 Hadoop 相关命令，需要在 etc/profile 文件后面追加 Hadoop 的环境变量。命令如下：

```
[hadoop@localhost ~]$ sudo vi /etc/profile
export
PATH=$PATH:$JAVA_HOME/bin:$HADOOP_HOME/bin:$HADOOP_HOME/sbin
export HADOOP_HOME=/home/hadoop/hadoop-2.7.7
```

(3) 生效 Hadoop 环境变量，能看到 Hadoop 版本信息，表示 Hadoop 配置成功。命令如下：

```
[hadoop@localhost hadoop]$ source /etc/profile
[hadoop@localhost hadoop]$ hadoop version
Hadoop 2.7.7
Subversion Unknown -r c1aad84bd27cd79c3d1a7dd58202a8c3ee1ed3ac
Compiled by stevel on 2018-07-18T22:47Z
Compiled with protoc 2.5.0
From source with checksum 792e15d20b12c74bd6f19a1fb886490
This command was run using
/home/hadoop/hadoop-2.7.7/share/hadoop/common/hadoop-common-2.7.7.jar
```

#### 4. 测试 MapReduce 程序

(1) 在当前目录下创建文件 test，命令如下：

```
[hadoop@localhost ~]$ mkdir input
[hadoop@localhost ~]$ cd input/
[hadoop@localhost input]$ vi test
hello world
hello hadoop
```

(2) 运行 MapReduce WordCount 案例，命令如下：

```
[hadoop@localhost input]$ cd ~/hadoop-2.7.7/share/hadoop/mapreduce/
[hadoop@localhost mapreduce]$
hadoop jar hadoop-mapreduce-examples-2.7.7.jar   wordcount ~/input/test ~/output
```

(3) 查看单词统计结果，命令如下：

```
[hadoop@localhost mapreduce]$ cd ~
[hadoop@localhost ~]$ cd output/
[hadoop@localhost output]$ ls
part-r-00000   _SUCCESS
[hadoop@localhost output]$ cat part-r-00000
hadoop    1
hello     2
world     1
```

# 任务 2　部署伪分布模式 Hadoop

## 任务描述

通过学习了解 Hadoop 集群的框架结构，以及 Hadoop 配置目录中各子目录的含义；能根据实际需求，通过修改 Hadoop 配置文件以及相关属性，部署 Hadoop 集群。

## 知识准备

### 一、Hadoop 集群

Hadoop 是一种分析和处理大数据的软件平台，是 Appach 的一个用 Java 语言所实现的开源软件的框架，在大量计算机组成的集群中实现了对海量的数据进行的分布式计算。Hadoop 框架最核心的设计就是：HDFS(Hadoop Distributed File System，分布式文件系统)和 MapReduce。HDFS 为海量的数据提供存储，MapReduce 为海量的数据提供计算。

Hadoop 集群框架透明地为应用提供了可靠性和数据移动。它实现了名为 MapReduce 的编程范式：应用程序被分割成许多小部分，而每个部分都能在集群中的任意节点上运行或重新运行。此外，Hadoop 还提供了分布式文件系统，用于存储所有计算节点的数据，这为整个集群带来了非常高的带宽。MapReduce 和 HDFS 的设计使得整个框架能够自动处理节点故障，并且使应用程序与成千上万独立计算的计算机和 PB 级的数据连接起来。

分布式文件系统 HDFS 采用 master/slave 架构。一个 HDFS 集群是由一个 NameNode 和一定数目的 DataNodes 组成。NameNode 是一个中心服务器，负责管理文件系统的名字空间(Namespace)以及客户端对文件的访问。集群中的 DataNode 一般是一个节点一个，负责管理它所在节点上的存储。

HDFS 采用 Java 语言开发，因此任何支持 Java 的机器都可以部署 NameNode 或 DataNode。由于采用了可移植性极强的 Java 语言，因此 HDFS 可以部署到多种类型的机器上。一个典型的部署场景是一台机器上只运行一个 NameNode 实例，而集群中的其他机器分别运行一个 DataNode 实例。

### 二、Hadoop 目录介绍

Hadoop 的安装包解压后，在其目录 hadoop-2.7.7 中包含了 Hadoop 全部的管理脚本和 JAR 包。

```
[hadoop@localhost~]$ cd hadoop-2.7.7/
[hadoop@localhost hadoop-2.7.7]$ ls
bin etc include lib libexec   LICENSE.txt   NOTICE.txt   README.txt   sbin   share
```

各目录的功能如下：

bin：存放管理脚本和使用脚本的目录。这些脚本是 sbin 目录下管理脚本的基础实现。用户可以直接使用这些脚本管理和使用 Hadoop。

sbin：Hadoop 管理脚本所在目录。其主要包含 HDFS 和 YARN 中各类服务的启动或停止。

etc：存放 Hadoop 的一些配置文件。

lib：该目录包含了 Hadoop 对外提供的编程动态库和静态库，与 include 目录中的头文件结合使用。

logs：该目录存放的是 Hadoop 运行的日志。查看日志对寻找 Hadoop 运行错误非常有帮助。

include：对外提供的编程库头文件(具体动态库和静态库在 lib 目录中)。这些头文件均是用 C++ 语言定义的，通常用于 C++ 语言访问 HDFS 或者编写 MapReduce 程序。

libexec：各个服务对应的 shell 配置文件所在的目录，可用于配置日志输出、启动参数(比如 JVM 参数)等基本信息。

share：Hadoop 各个模块编译后的 Jar 包所在的目录。

## 任务实施

部署伪分布模式的 Hadoop

### 部署伪分布模式 Hadoop

在前面单机模式 Hadoop 的基础上继续克隆一台虚拟机 Pseudo-Distributed，部署伪分布模式的 Hadoop。伪分布模式是完全分布式模式的一种特例，涉及有关 Hadoop 的配置文件以及含义，如表 2-1 所示。

表 2-1　伪分布模式的配置

| 配置文件 | 属　性 | 参考值 | 含　义 |
|---|---|---|---|
| hadoop-env.sh | JAVA_HOME | /home/hadoop/jdk1.8.0_171 | 设置 JDK 路径 |
| core-site.xml | fs.defaultFS | hdfs://pseudo-distribute-d:9000 | 配置 NameNode 地址，9000 是 RPC 通信端口 |
| hdfs-site.xml | dfs.replication | 1 | 副本数 |
| mapred-site.xml | mapreduce.framework.name | yarn | 设置 MapReduce 运行在 YARN 框架上 |
| yarn-site.xml | yarn.nodemanager.aux-services | mapreduce_shuffle | NodeManager 上运行的附属服务 |

具体配置步骤如下。

### 1. 修改主机名

命令如下：

```
[hadoop@localhost ~]$ hostnamectl set-hostname Pseudo-Distributed
[hadoop@localhost ~]$ bash
```

### 2. 添加主机映射

命令如下：

```
[hadoop@pseudo-distributed ~]$ sudo vi /etc/hosts
127.0.0.1      localhost localhost.localdomain localhost4 localhost4.localdomain4
::1            localhost localhost.localdomain localhost6 localhost6.localdomain6
192.168.8.131 Pseudo-Distributed
```

### 3. 配置免密登录

管理人员通过 SSH 访问其他服务器时，需要知道服务器的账号和密码。如果管理员同时管理多个服务器，每次通过 SSH 访问时，都需要输入账号和密码，这无形中增加了管理的工作量。通过配置 SSH 免密登录，管理员就可以在每次登录中省去输入密码的步骤。通过 ssh-keygen 在本机生成一个密钥对(公钥和私钥)，并将公钥发送给所有主机进行认证，即可实现主机之间的免密登录。密钥与用户有关，需要切换到所需用户下，这里切换到 hadoop 用户下。

(1) 生成密钥。

```
[hadoop@pseudo-distributed ~]$ ssh-keygen
```

在用户 hadoop 的 /home 目录下将会自动生成 .ssh 文件：

```
[hadoop@pseudo-distributed ~]$ cd .ssh/
[hadoop@pseudo-distributed .ssh]$ ls
id_rsa    id_rsa.pub
```

(2) 发送密钥。

即使是本机也得发送密钥给主机 pseudo-distributed，命令如下：

```
[hadoop@pseudo-distributed .ssh]$ ssh-copy-id    pseudo-distributed
```

在 .ssh 目录下，生成认证文件 authorized_keys，其中包含 id_rsa.pub 的内容。命令如下：

```
[hadoop@pseudo-distributed .ssh]$ ls
authorized_keys    id_rsa    id_rsa.pub    known_hosts
```

(3) 免密登录测试。

执行 ssh pseudo-distributed 命令，首次登录需要输入“yes”，以后就不需要输入任何信息了。

```
[hadoop@pseudo-distributed .ssh]$ ssh pseudo-distributed
Last login: Mon Mar    9 09:31:33 2020 from 192.168.8.1
[hadoop@pseudo-distributed ~]$ exit
```

退出免密登录：

```
Connection to pseudo-distributed closed.
[hadoop@pseudo-distributed .ssh]$
```

免密登录之前的路径是“.ssh”，免密之后的路径是“~”。退出免密登录，又回到目录“.ssh”中。

#### 4. 上传并解压 Hadoop 软件包

命令如下：

```
[hadoop@pseudo-distributed .ssh]$ cd ~
[hadoop@pseudo-distributed ~]$ ls
hadoop-2.7.7.tar.gz   jdk1.8.0_131   jdk-linux-x64.tar.gz
[hadoop@pseudo-distributed ~]$ tar -xvzf hadoop-2.7.7.tar.gz
```

配置 Linux 系统中的 hadoop 环境变量：

```
[hadoop@pseudo-distributed ~]$ sudo vi /etc/profile
export
PATH=$PATH:$JAVA_HOME/bin:$HADOOP_HOME/bin:$HADOOP_HOME/sbin
export HADOOP_HOME=/home/hadoop/hadoop-2.7.7
```

这一步在单机模式下已经完成，此处可以省略。

#### 5. 配置 Hadoop

安装 Hadoop 伪分布模式，需要修改五个文件：hadoop-env.sh、core-site.xml、hdfs-site.xml、mapred-site.xml 和 yarn-site.xml。这些配置文件位于配置文件 HADOOP_HOME/etc/hadoop 中，如图 2-5 所示。

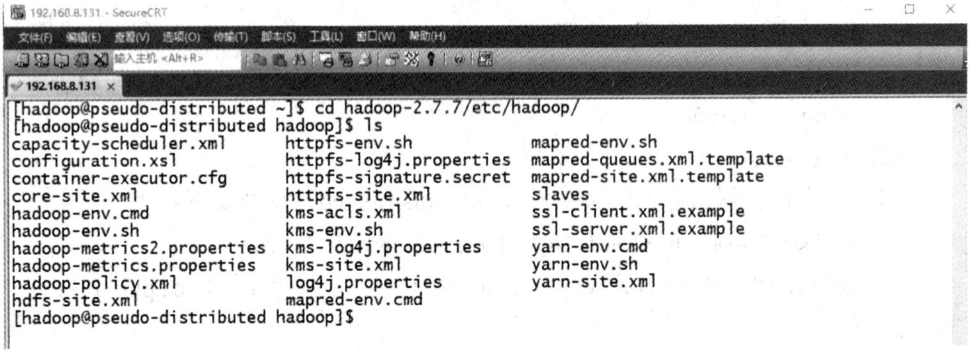


图 2-5　Hadoop 配置文件

(1) 设置环境变量 hadoop-env.sh，命令如下：

```
[hadoop@pseudo-distributed hadoop]$ vi hadoop-env.sh
export JAVA_HOME=/home/hadoop/jdk1.8.0_131
```

(2) 设置核心组件 core-site.xml。

core-site.xml 是 Hadoop 的核心配置，设置 Hadoop 分布式文件系统 NameNode 运行的主机和端口。NameNode 使用的端口号为 9000。设置核心组件的命令如下：

```
[hadoop@pseudo-distributed hadoop]$ vi core-site.xml
<configuration>
```

```
    <property>
        <name>fs.defaultFS</name>
        <value>hdfs://pseudo-distributed:9000</value>
    </property>
</configuration>
```

fs.defaultFS 属性：一般默认文件系统的 URI 地址。格式为 hdfs://master:9000，协议为 hdfs，主机为 master，端口为 9000。

(3) 设置文件系统 hdfs-site.xml。

该文件对 Hadoop 分布式文件系统的运行环境进行设置，命令如下：

```
[hadoop@pseudo-distributed hadoop]$ vi hdfs-site.xml
<configuration>
    <property>
        <name>dfs.replication</name>
        <value>1</value>
    </property>
</configuration>
```

dfs.replication 属性：默认值是 3，因为伪分布模式只有一个节点，所以设置为 1。

(4) 设置计算框架 mapred-site.xml。

复制 mapred-site.xml.template 为 mapred-site.xml，并修改 mapred-site.xml 文件。命令如下：

```
[hadoop@pseudo-distributed hadoop]$ cp   mapred-site.xml.template   mapred-site.xml
[hadoop@pseudo-distributed hadoop]$ vi mapred-site.xml
<configuration>
    <property>
        <name>mapreduce.framework.name</name>
        <value>yarn</value>
    </property>
</configuration>
```

mapreduce.framework.name 属性：设置在 YARN 上运行 MapReduce 作业。

(5) 设置 YARN 资源系统 yarn-site.xml，命令如下：

```
[hadoop@pseudo-distributed hadoop]$ vi yarn-site.xml
<configuration>
    <property>
        <name>yarn.nodemanager.aux-services</name>
        <value>mapreduce_shuffle</value>
    </property>
</configuration>
```

yarn.nodemanager.aux-services 属性：作为节点管理器的辅助服务器，默认值为空，设置为 mapreduce_shuffle。

通过上述五个文件的设置，完成了 Hadoop 伪分布模式的配置。其实，Hadoop 可以配置的属性非常多，配置过程中可以通过官网查询相关属性或者查看 *-default.xml 文件中的默认属性。

查找 core-default.xml 文件所在位置，命令如下：

```
[hadoop@pseudo-distributed ~]$ locate core-default.xml
/home/hadoop/hadoop-2.7.7/share/doc/hadoop/hadoop-project-dist/hadoop-common/core-default.xml
```

或者

```
[hadoop@pseudo-distributed ~]$ find -name core-default.xml
./hadoop-2.7.7/share/doc/hadoop/hadoop-project-dist/hadoop-common/core-default.xml
```

通过 vi 查看 core-default.xml 文件，查找相关属性的配置，命令如下：

```
[hadoop@pseudo-distributed ~]$ vi /home/hadoop/hadoop-2.7.7/share/doc/hadoop/hadoop-project-dist/hadoop-common/core-default.xml
```

还可以通过 Hadoop 官网查看相关文件和属性的配置，如图 2-6 所示。

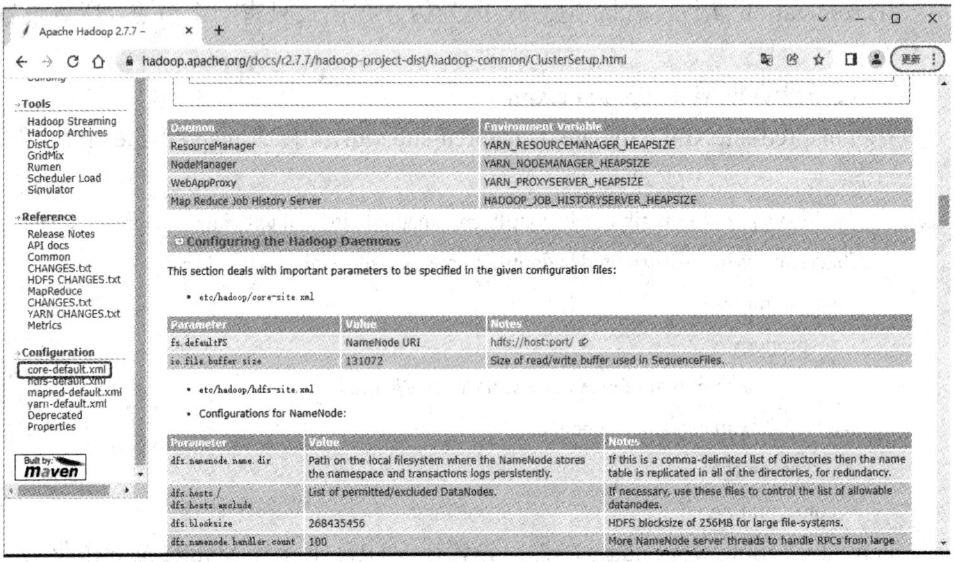


图 2-6　相关文件和属性的配置

### 6. Hadoop 初始化

启动 Hadoop 分布式文件系统之前，需要初始化文件系统自带的元数据，经过 format 的过程后才能使用文件系统。在 Hadoop 中，NameNode 管理目录的构造并存储文件的 DataNode 的元数据。进行元数据初始化时，需要向 NameNode 传达 format 的执行命令。例如：

```
[hadoop@pseudo-distributed hadoop]$ hadoop namenode -format
```

成功的格式化只能进行一次。在格式化的过程中，会创建 NameNode 存储数据的相关目录。

(1) 生效环境变量，查看 hadoop 版本信息，命令如下：

```
[hadoop@pseudo-distributed hadoop]$ source   /etc/profile
[hadoop@pseudo-distributed hadoop]$ hadoop version
```

(2) 格式化 namenode，命令如下：

```
[hadoop@pseudo-distributed hadoop]$ hadoop namenode -format
```

### 7. 启动 Hadoop 集群

(1) 启动 HDFS。

如果只启动 Hadoop 分布式文件系统，则需要使用 start-dfs. sh 脚本。例如：

```
[hadoop@pseudo-distributed ~]$ cd hadoop-2.7.7/sbin/
[hadoop@pseudo-distributed sbin]$ start-dfs.sh
```

当构建伪分布模式时，一个主机中的所有节点都在运行。Hadoop 分布式文件系统由 NameNode、DataNode 和 SecondaryNameNode 构成。

要确认所有的节点是否正常工作，可以通过 jps(Java Virtual Machine Process Status Tool)进行确认。

执行 jps 进行工作状态确认，命令如下：

```
[hadoop@pseudo-distributed sbin]$ jps
8448 NameNode
9075 SecondaryNameNode
9317 Jps
8750 DataNode
```

通过以上信息，可以确认 NameNode、DataNode、SecondaryNameNode 已经被启动，节点名称前面的编号代表 Linux 进程号。

(2) 启动 YARN，命令如下：

```
[hadoop@pseudo-distributed sbin]$ start-yarn.sh
```

YARN 的 ResourceManager 负责整个集群资源的管理协调，NodeManager 负责本地的资源管理协调。命令如下：

```
[hadoop@pseudo-distributed sbin]$ jps
8448 NameNode
9075 SecondaryNameNode
9875 Jps
9364 ResourceManager
9498 NodeManager
8750 DataNode
```

start-dfs.sh 和 start-yarn.sh 可以合并成下面的一条命令：

```
[hadoop@hadoop sbin]$ start-all.sh
```

一般不建议使用 start-all.sh，建议单独启动 Hadoop 的相关进程。

### 8. 通过 Web UI 查看集群信息

(1) 通过 http://192.168.8.131:50070 查看 NameNode 和 DataNode 的信息，如图 2-7 所示。

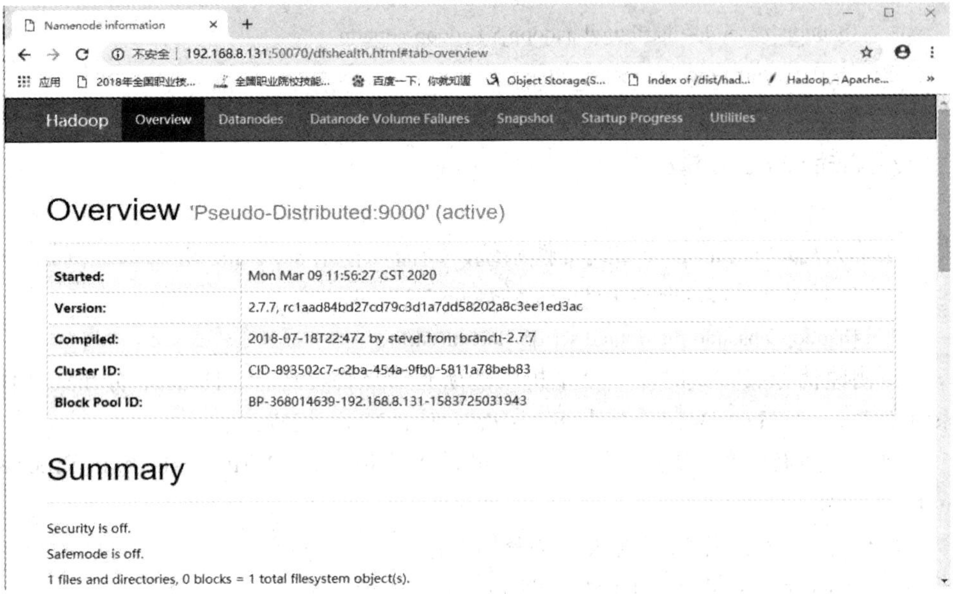


图 2-7　NameNode 和 DataNode 的信息

(2) 通过 http://192.168.8.131:50090 查看 SecondaryNameNode 的信息，如图 2-8 所示。

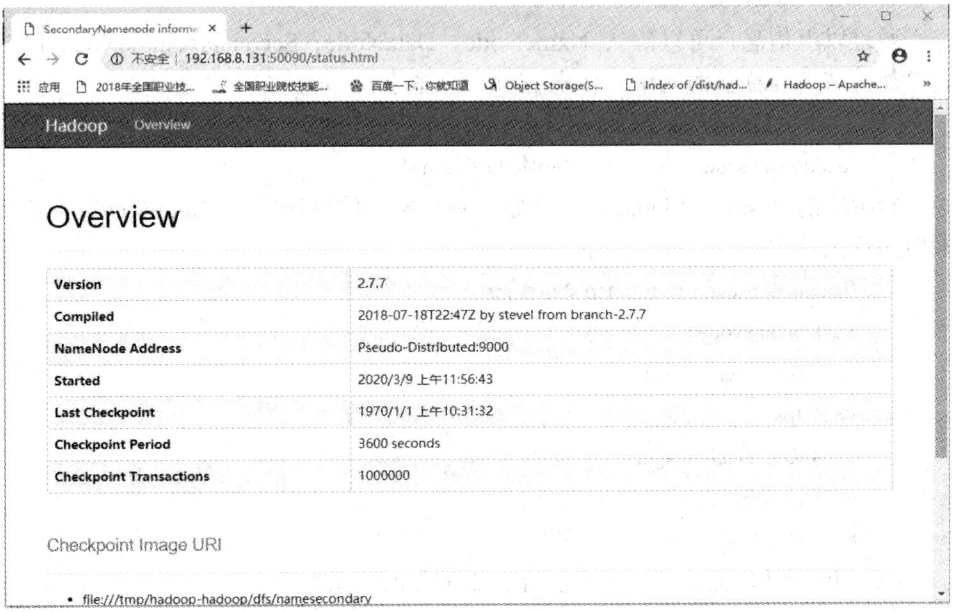


图 2-8　SecondaryNameNode 的信息

(3) 通过 http://192.168.8.131:8088 访问 YARN 资源，查看应用程序、节点等信息，如图 2-9 所示。

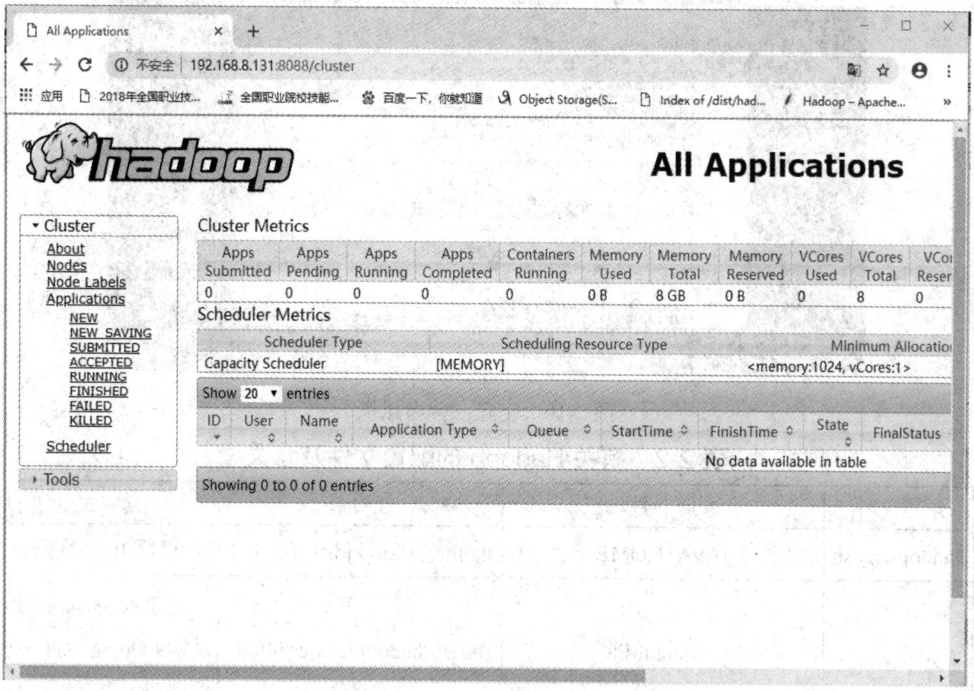


图 2-9　YARN 界面

### 9. 停止 Hadoop 进程

(1) 使用以下命令单独关闭 HDFS 和 YARN。

```
[hadoop@pseudo-distributed sbin]$ stop-dfs.sh
[hadoop@pseudo-distributed sbin]$ stop-yarn.sh
```

(2) 使用以下命令关闭所有进程。

```
[hadoop@pseudo-distributed sbin]$ stop-all.sh
[hadoop@pseudo-distributed sbin]$ jps
12692 Jps
```

部署 Hadoop 集群

## 能力拓展　部署 Hadoop 集群

在前面单机模式 Hadoop 的基础上克隆三台虚拟机 HadoopMaster、HadoopSlave 和 HadoopSlave1，以部署集群模式的 Hadoop，如图 2-10 所示。

有关 Hadoop 的配置文件及含义如表 2-2 所示。

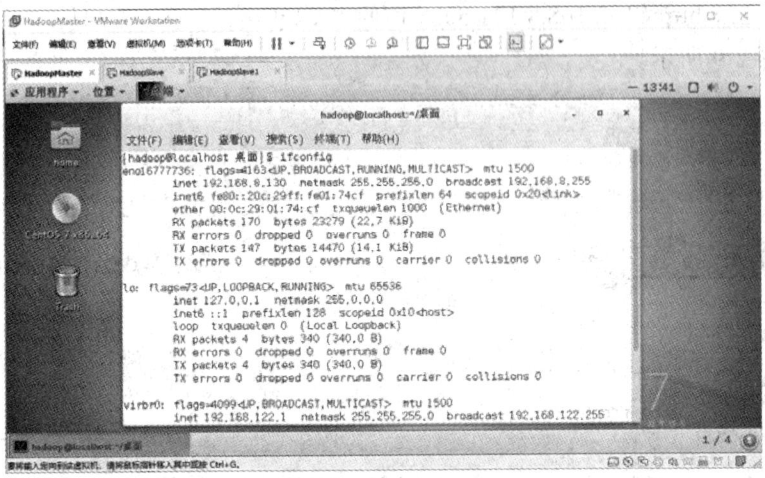


图 2-10 克隆三台虚拟机

**表 2-2 有关 Hadoop 的配置文件及含义**

| 配置文件 | 属 性 | 参考值 | 含 义 |
|---|---|---|---|
| hadoop-env.sh | JAVA_HOME | /home/hadoop/jdk1.8.0_171 | 设置 JDK 路径 |
| core-site.xml | fs.defaultFS | hdfs://hadoopmaster:9000 | 配置 NameNode 地址，9000 是 RPC 通信端口 |
| | hadoop.tmp.dir | /home/hadoop/data/hadoopdate | HDFS 数据保存的目录，默认值是 Linux 的/tmp 目录 |
| hdfs-site.xml | dfs.replication | 2 | 副本数，默认是 3 |
| | dfs.secondary.http.address | hadoopslave:50090 | SecondaryNameNode Web 管理端口 |
| mapred-site.xml | mapreduce.framework.name | yarn | 设置 MapReduce 运行在 YARN 框架上 |
| yarn-site.xml | yarn.resourcemanager.hostname | hadoopslave1 | ResourceManager 的主机名 |
| | yarn.nodemanager.aux-services | mapreduce_shuffle | NodeManager 上运行的附属服务 |
| slaves | DataNode 节点 | HadoopMaster | DataNode 的主机名 |
| | | HadoopSlave | |
| | | HadoopSlave1 | |

在进行集群部署之前，查看各个主机的 IP 地址。接着做简单集群规划，主机 HadoopMaster 为主节点，主机 HadoopSlave 和主机 HadoopSlave1 为从节点。集群节点规划如表 2-3 所示。

**表 2-3　集群节点规划**

| 主机名 | IP 地址 | 角色 | 运行的进程 |
|---|---|---|---|
| HadoopMaster | 192.168.8.130 | 主节点 | NameNode、NodeManager、DataNode |
| HadoopSlave | 192.168.8.132 | 从节点 | DataNode、SecondaryNameNode、NodeManager |
| HadoopSlave1 | 192.168.8.133 | 从节点 | DataNode、ResourceManager、NodeManager |

具体配置步骤如下。

### 1. 修改主机名

分别将三台主机名修改为 HadoopMaster、HadoopSlave 和 HadoopSlave1。

(1) 修改主机名为 HadoopMaster：

```
[hadoop@localhost ~]$ hostnamectl set-hostname hadoopmaster
[hadoop@localhost ~]$ bash
[hadoop@hadoopmaster ~]$
```

(2) 修改主机名为 HadoopSlave：

```
[hadoop@localhost ~]$ hostnamectl set-hostname hadoopslave
[hadoop@localhost ~]$ bash
[hadoop@hadoopslave ~]$
```

(3) 修改主机名为 HadoopSlave1：

```
[hadoop@localhost ~]$ hostnamectl set-hostname hadoopslave1
[hadoop@localhost ~]$ bash
[hadoop@hadoopslave1 ~]$
```

### 2. 添加主机映射

(1) 添加主机 HadoopMaster 的映射：

```
[hadoop@hadoopmaster ~]$ sudo vi /etc/hosts
[sudo] password for hadoop:
192.168.8.130    hadoopmaster
192.168.8.132    hadoopslave
192.168.8.133    hadoopslave1
```

(2) 将/etc/hosts 文件复制到主机 HadoopSlave 和 HadoopSlave1 上：

```
[hadoop@hadoopmaster ~]$ sudo scp /etc/hosts 192.168.8.132:/etc/hosts
[hadoop@hadoopmaster ~]$ sudo scp /etc/hosts 192.168.8.133:/etc/hosts
```

(3) 在主机 HadoopSlave 上查看主机映射：

```
[hadoop@hadoopslave ~]$ cat /etc/hosts
127.0.0.1      localhost localhost.localdomain localhost4 localhost4.localdomain4
::1            localhost localhost.localdomain localhost6 localhost6.localdomain6
192.168.8.130  hadoopmaster
192.168.8.132  hadoopslave
192.168.8.133  hadoopslave1
```

(4) 在主机 HadoopSlave1 上查看主机映射：

```
[hadoop@hadoopslave1 ~]$ cat /etc/hosts
127.0.0.1      localhost localhost.localdomain localhost4 localhost4.localdomain4
::1            localhost localhost.localdomain localhost6 localhost6.localdomain6
192.168.8.130  hadoopmaster
192.168.8.132  hadoopslave
192.168.8.133  hadoopslave1
```

(5) 为了在 Windows 系统中也能通过主机名访问虚拟机，编辑 C:\Windows\System32\drivers\etc\hosts 文件如下：

```
192.168.8.130  hadoopmaster
192.168.8.132  hadoopslave
192.168.8.133  hadoopslave1
```

### 3. 配置免密登录

在完全分布式模式下，集群中任意一台主机可免密登录集群内所有主机。免密登录的设置方法与伪分布模式一样，需要将公钥发送给所有主机进行认证。这里要注意的是，各节点的普通用户都要相同，密码也要相同。

(1) 为主机 HadoopMaster 配置免密登录：

```
[hadoop@hadoopmaster ~]$ ssh-keygen
[hadoop@hadoopmaster ~]$ ssh-copy-id hadoopmaster
[hadoop@hadoopmaster ~]$ ssh-copy-id hadoopslave
[hadoop@hadoopmaster ~]$ ssh-copy-id hadoopslave1
```

(2) 验证免密登录。

各节点之间都需要进行相互验证，通过主机名称可以判断当前主机。

```
[hadoop@hadoopmaster ~]$ ssh hadoopmaster
[hadoop@hadoopmaster ~]$ ssh hadoopslave
[hadoop@hadoopmaster ~]$ ssh hadoopslave1
```

仿照主机 HadoopMaster 的设置，在主机 HadoopSlave 和 HadoopSlave1 上进行同样的设置，并进行验证。

4. 设置时间同步。

在集群中大型文件分块存储在不同的节点上，当用户需要访问这些文件时，集群会从不同的节点上分别拿出数据，然后在内存中进行临时的组合。如果这些节点上时间不一致，就会导致在拿块数据的时候出现不同的延迟，导致访问文件时间很长甚至失败。所以在部署集群时一定要设置时间同步。

配置时间同步有两种方法：

(1) 当主机不能连网时，通过以下命令手动指定系统时间。

```
[hadoop@hadoopmaster ~]$ sudo date -s "2022-12-23 11:11:11"
```

或者在集群中部署 NTP 服务器实现时间同步。

(2) 当主机能连网时，通过互联网中公用的时间服务器，让所有节点的时间和互联网中的时间保持一致。可以选择国际上一个标准时间服务器 cn.pool.ntp.org，也可以选择阿里云提供的某个时间服务器 ntp1.aliyun.com。

主机 HadoopMaster 的时钟与 ntp1.aliyun.com 时钟保持同步：

```
[hadoop@hadoopmaster ~]$ sudo ntpdate ntp1.aliyun.com
```

主机 HadoopSlave 的时钟与 ntp1.aliyun.com 时钟保持同步：

```
[hadoop@hadoopslave ~]$ sudo ntpdate ntp1.aliyun.com
```

主机 HadoopSlave1 的时钟与 ntp1.aliyun.com 时钟保持同步：

```
[hadoop@hadoopslave1 ~]$ sudo ntpdate ntp1.aliyun.com
```

最终三台主机的时钟都与 ntp1.aliyun.com 时钟保持同步。可通过 date 查看三台主机当前时间，如图 2-11 所示。

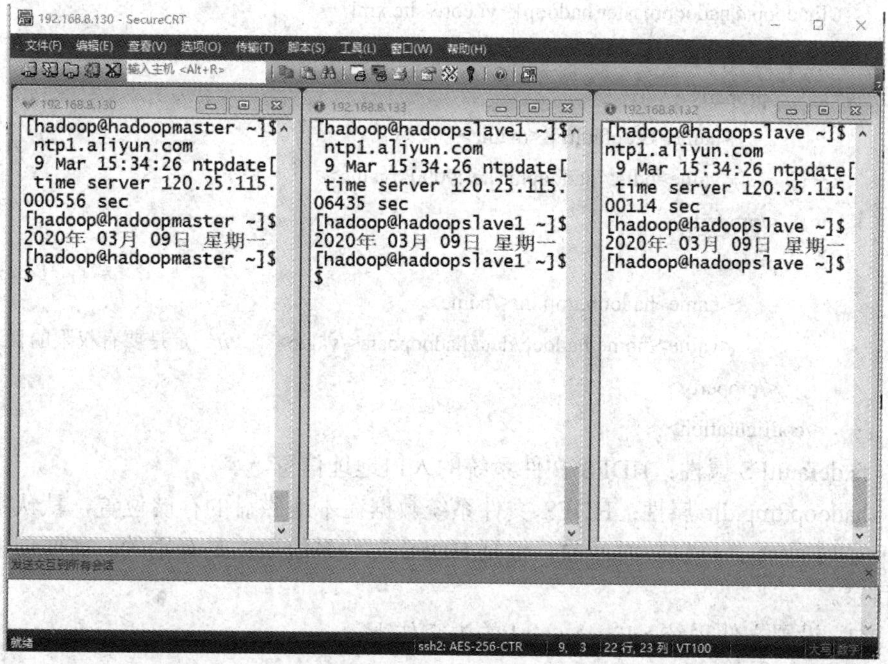


图 2-11　时间同步

### 5. 上传并解压 Hadoop 软件包

命令如下：

```
[hadoop@hadoopmaster ~]$ ls
hadoop-2.7.7.tar.gz    jdk1.8.0_131    jdk-linux-x64.tar.gz
[hadoop@hadoopmaster ~]$ tar -xvzf hadoop-2.7.7.tar.gz
```

在文件/etc/profile 中添加 Hadoop 环境变量：

```
[hadoop@hadoopmaster ~]$ sudo vi /etc/profile
export
PATH=$PATH:$JAVA_HOME/bin:$HADOOP_HOME/bin:$HADOOP_HOME/sbin
export HADOOP_HOME=/home/hadoop/hadoop-2.7.7
```

这一步在单机模式下已经完成，在此处可以省略。

### 6. 配置 Hadoop

部署 Hadoop 集群时，每个节点上的 Hadoop 配置基本相同，只需要在 HadoopMaster 节点操作，配置完成后复制到 HadoopSlave 和 HadoopSlave1 节点上就可以。

在主机 HadoopMaster 中进行以下设置：

(1) 设置环境变量 hadoop-env.sh 的内容如下：

```
[hadoop@hadoopmaster ~]$ cd hadoop-2.7.7/etc/hadoop/
[hadoop@hadoopmaster hadoop]$ vi hadoop-env.sh
export JAVA_HOME=/home/hadoop/jdk1.8.0_131
```

(2) 设置核心组件 core-site.xml 的内容如下：

```
[hadoop@hadoopmaster hadoop]$ vi core-site.xml
<configuration>
    <property>
        <name>fs.defaultFS</name>
        <value>hdfs://hadoopmaster:9000</value>
    </property>
   <property>
        <name>hadoop.tmp.dir</name>
        <value>/home/hadoop/data/hadoopdata</value>      //一定是要有权限的目录
    </property>
</configuration>
```

fs.defaultFS 属性：HDFS 文件系统的入口地址信息。

hadoop.tmp.dir 属性：HDFS 文件系统数据在本地磁盘的存储位置，默认是在/tmp(临时目录)，可以随时回收，但是 HDFS 文件系统数据是有用的，需要创建临时目录。

(3) 设置文件系统 hdfs-site.xml 的内容如下：

```
[hadoop@hadoopmaster hadoop]$ vi hdfs-site.xml
```

```
<configuration>
    <property>
        <name>dfs.namenode.name.dir</name>
        <value>/home/hadoop/data/hadoopdata/name</value>
        <description>为了保证元数据的安全一般配置多个不同的目录
        </description>
    </property>
    <property>
        <name>hadoop.tmp.dir</name>
        <value>/home/hadoop/data/hadoopdata/data</value>
        <description>datanode 的数据存储目录</description>
        </property>
        <property>
        <name>dfs.replication</name>
        <value>2</value>
    </property>
    <property>
        <name>dfs.secondary.http.address</name>
        <value>hadoopslave:50090</value>
    </property>
</configuration>
```

dfs.replication 属性：在 Hadoop 集群中，主节点是不存储数据副本的，数据的副本都存储在从节点上。由于现在 Hadoop 集群中，从节点只有两台，因此这里设置为 1 或者 2。

(4) 设置 YARN 资源系统 yarn-site.xml 的内容如下：

```
[hadoop@hadoopmaster hadoop]$ vi yarn-site.xml
<configuration>
    <property>
        <name>yarn.resourcemanager.hostname</name>
        <value>hadoopslave1</value>
    </property>
    <property>
        <name>yarn.nodemanager.aux-services</name>
        <value>mapreduce_shuffle</value>
    </property>
</configuration>
```

yarn.resourcemanager.hostname 属性：设置资源管理器的主机。

(5) 设置计算框架 mapred-site.xml 的内容如下：

```
[hadoop@hadoopmaster hadoop]$ cp mapred-site.xml.template    mapred-site.xml
```

```
[hadoop@hadoopmaster hadoop]$ vi mapred-site.xml
<configuration>
    <property>
        <name>mapreduce.framework.name</name>
        <value>yarn</value>
    </property>
</configuration>
```

(6) 设置 Hadoop 集群中的从节点 slaves 的内容如下：

```
[hadoop@hadoopmaster hadoop]$ vi slaves
hadoopmaster
hadoopslave
hadoopslave1
~
```

(7) 远程发送 Hadoop 配置文件至集群中其他节点。

远程发送 Hadoop 配置文件到 HadoopSlave 和 HadoopSlave1 的当前目录下，命令如下：

```
[hadoop@hadoopmaster ~]$ scp -r hadoop-2.7.7 hadoopslave:$PWD
[hadoop@hadoopmaster ~]$ scp -r hadoop-2.7.7 hadoopslave1:$PWD
```

在节点 HadoopSlave 上生效环境变量，并查看 Hadoop 配置。命令如下：

```
[hadoop@hadoopslave ~]$ source /etc/profile
[hadoop@hadoopslave ~]$ hadoop version
```

在节点 HadoopSlave1 上生效环境变量，并查看 Hadoop 配置。命令如下：

```
[hadoop@hadoopslave1 ~]$ source /etc/profile
[hadoop@hadoopslave1 ~]$ hadoop version
```

### 7. Hadoop 初始化

Hadoop 集群中，格式化必须在主节点 HadoopMaster 上执行，也就是运行 NameNode 节点。例如：

```
[hadoop@hadoopmaster ~]$ hadoop namenode -format
```

### 8. 启动 Hadoop

(1) 启动 HDFS。

在集群任意节点上都可以启动 HDFS。例如：

```
[hadoop@hadoopslave ~]$ start-dfs.sh
```

可在各个节点查看启动结果：

```
Starting namenodes on [hadoopmaster]
hadoopmaster: starting namenode, logging to /home/hadoop/hadoop-2.7.7/logs/hadoop-hadoop-namenode-hadoopmaster.out
```

hadoopslave1: starting datanode, logging to /home/hadoop/hadoop-2.7.7/logs/hadoop-hadoop-datanode-hadoopslave1.out

hadoopslave: starting datanode, logging to /home/hadoop/hadoop-2.7.7/logs/hadoop-hadoop-datanode-hadoopslave.out

hadoopmaster: starting datanode, logging to /home/hadoop/hadoop-2.7.7/logs/hadoop-hadoop-datanode-hadoopmaster.out

Starting secondary namenodes [hadoopslave]

hadoopslave: starting secondarynamenode, logging to /home/hadoop/hadoop-2.7.7/logs/hadoop-hadoop-secondarynamenode-hadoopslave.out

在各个节点查看启动结果：

```
[hadoop@hadoopmaster hadoop]$ jps
12440 DataNode
12698 Jps
12251 NameNode
[hadoop@hadoopslave ~]$ jps
12853 Jps
12684 SecondaryNameNode
12413 DataNode
[hadoop@hadoopslave1 ~]$ jps
12547 Jps
12199 DataNode
```

(2) 启动 YARN。

启动 YRAN 时，必须在 YARN 的主节点上执行，并查看相关进程。命令如下：

[hadoop@hadoopslave1 ~]$ start-yarn.sh

starting yarn daemons

starting resourcemanager, logging to /home/hadoop/hadoop-2.7.7/logs/yarn-hadoop-resourcemanager-hadoopslave1.out

hadoopslave: starting nodemanager, logging to /home/hadoop/hadoop-2.7.7/logs/yarn-hadoop-nodemanager-hadoopslave.out

hadoopmaster: starting nodemanager, logging to /home/hadoop/hadoop-2.7.7/logs/yarn-hadoop-nodemanager-hadoopmaster.out

hadoopslave1: starting nodemanager, logging to /home/hadoop/hadoop-2.7.7/logs/yarn-hadoop-nodemanager-hadoopslave1.out

```
[hadoop@hadoopslave1 ~]$ jps
12740 NodeManager
12199 DataNode
12599 ResourceManager
```

```
12969 Jps
[hadoop@hadoopslave ~]$ jps
13216 Jps
12684 SecondaryNameNode
12413 DataNode
12975 NodeManager
[hadoop@hadoopmaster hadoop]$ jps
13028 Jps
12440 DataNode
12794 NodeManager
12251 NameNode
```

9. 通过 Web UI 查看集群信息。

(1) 通过 http://hadoopmaster:50070 查看 NameNode 和 DataNode 信息，如图 2-12 所示。

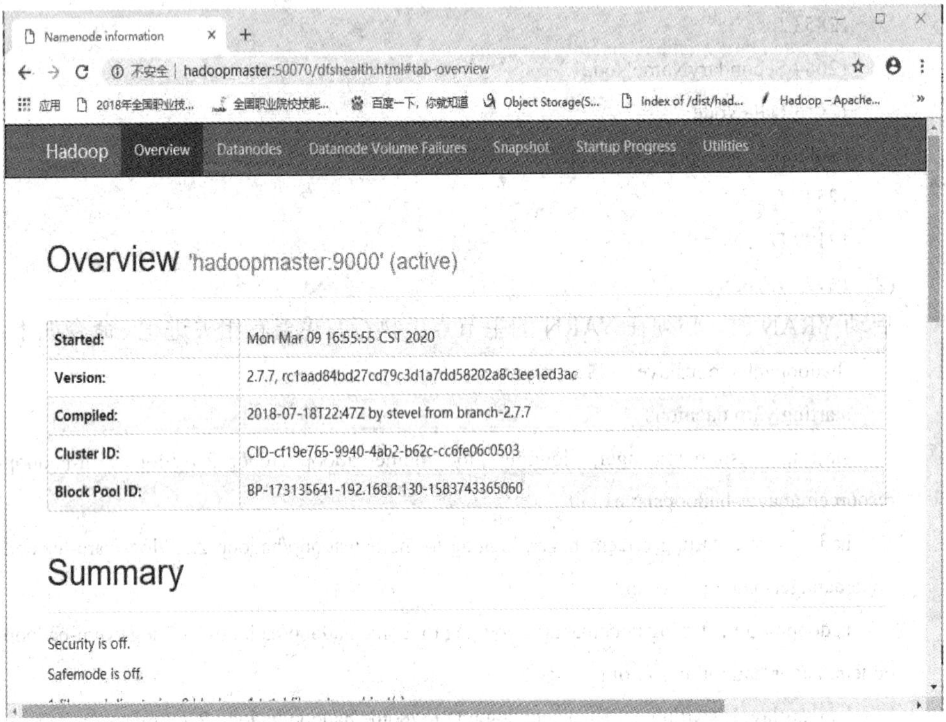


图 2-12 集群中查看 NameNode 和 DataNode 信息

(2) 通过 http://hadoopslave:50090/status.html 查看 SecondaryNameNode 信息，如图 2-13 所示。

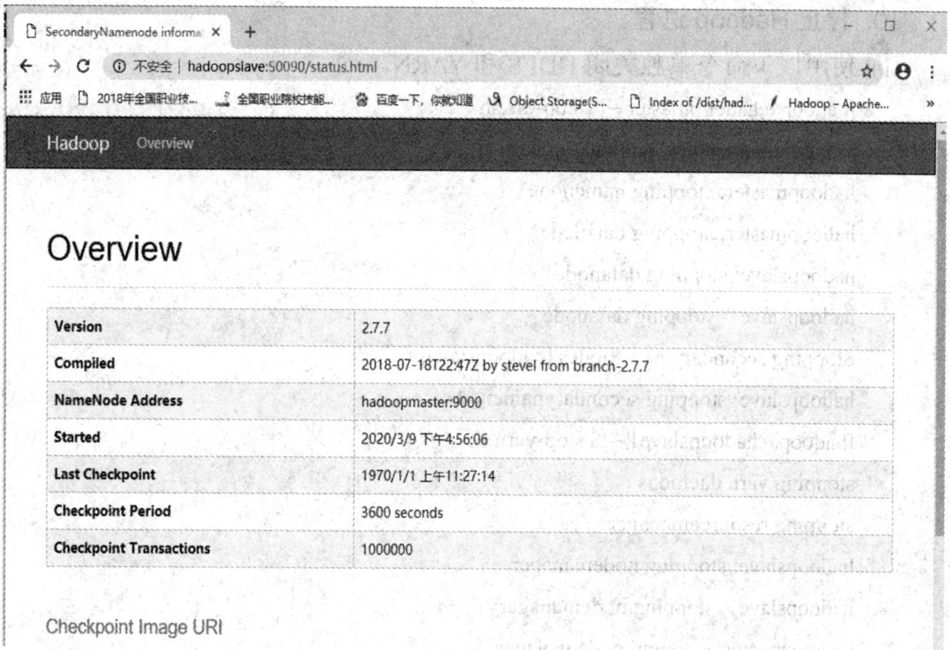


图 2-13　查看 SecondaryNameNode 信息

(3) 通过 http://hadoopslave1:8088 查看集群中节点及应用程序的相关信息，如图 2-14 所示。

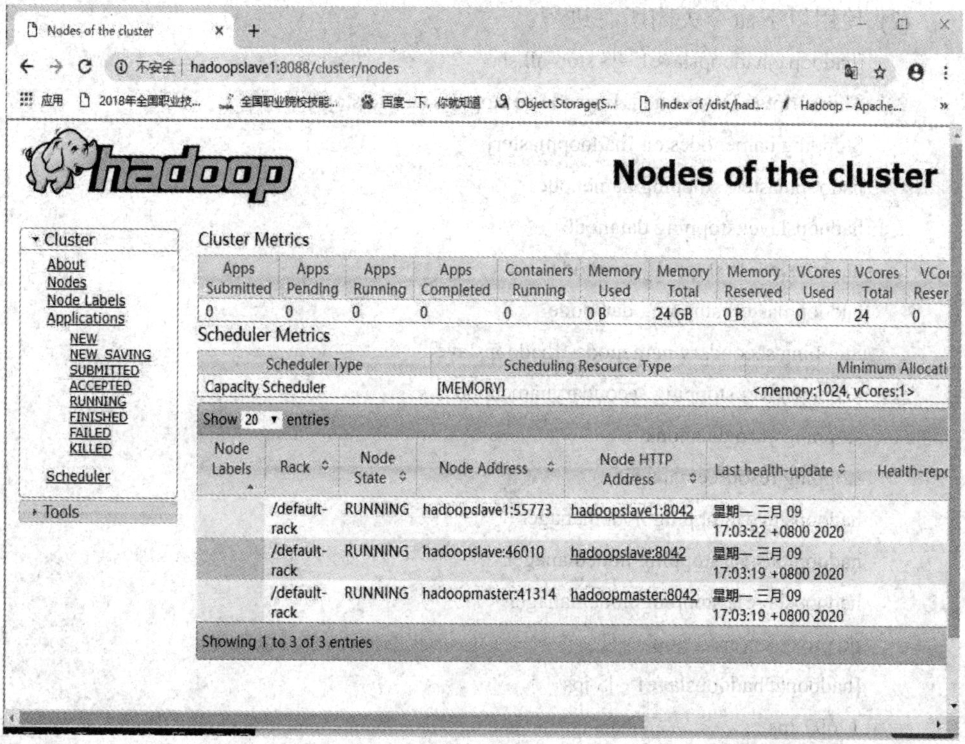


图 2-14　YARN 界面

10. 停止 Hadoop 进程。

(1) 使用以下命令单独关闭 HDFS 和 YARN。

```
[hadoop@hadoopmaster ~]$ stop-dfs.sh
Stopping namenodes on [hadoopmaster]
hadoopmaster: stopping namenode
hadoopmaster: stopping datanode
hadoopslave: stopping datanode
hadoopslave1: stopping datanode
Stopping secondary namenodes [hadoopslave]
hadoopslave: stopping secondarynamenode
[hadoop@hadoopslave1 ~]$ stop-yarn.sh
stopping yarn daemons
stopping resourcemanager
hadoopslave: stopping nodemanager
hadoopslave1: stopping nodemanager
hadoopmaster: stopping nodemanager
hadoopslave1: nodemanager did not stop gracefully after 5 seconds: killing with kill -9
no proxyserver to stop
```

(2) 使用以下命令关闭所有进程。

```
[hadoop@hadoopslave1 ~]$ stop-all.sh
This script is Deprecated. Instead use stop-dfs.sh and stop-yarn.sh
Stopping namenodes on [hadoopmaster]
hadoopmaster: stopping namenode
hadoopslave: stopping datanode
hadoopslave1: stopping datanode
hadoopmaster: stopping datanode
Stopping secondary namenodes [hadoopslave]
hadoopslave: stopping secondarynamenode
stopping yarn daemons
stopping resourcemanager
hadoopslave: stopping nodemanager
hadoopmaster: stopping nodemanager
hadoopslave1: stopping nodemanager
no proxyserver to stop
[hadoop@hadoopslave1 ~]$ jps
12692 Jps
```

## 项 目 小 结

熟悉部署 Hadoop 的三种基本模式：单机模式、伪分布模式和完全分布式模式。单机模式使用的是本地文件；伪分布模式可以看作在一个节点中运行的完全分布式模式，主要用于个人学习使用。本项目重点是，应熟练掌握部署完全分布式模式的 Hadoop，并掌握部署过程中的每个步骤以及各配置项的含义，能根据生产实际部署所需具有多个节点的 Hadoop 集群。

## 课 后 习 题

### 一、选择题

1. Hadoop 开发过程中一般采用(　　)类型的用户登录。

A. root　　B. guest
C. 普通用户　　D. 任意

2. 生效环境变量的命令是(　　)。

A. vi　/etc/profile　　B. source /etc/profile
C. cat /etc/profile　　D. vim/etc/profile

3. Linux 下启动 HDFS 的命令是(　　)。

A. hdfs　　B. start dfs
C. start-dfs.sh　　D. start-dfs cmd

4. 将公钥追加到授权文件的命令是(　　)。

A. ssh-copy-id　　B. ssh-add
C. ssh　　D. ssh-keygen

5. Hadoop 完全分布式模式配置免密登录是要(　　)。

A. 实现主节点到其他节点免密登录
B. 实现从节点到主节点的免密登录
C. 主节点和从节点任意两个节点之间免密登录
D. 以上都不是

6. 配置主机名和 IP 地址映射的文件位置是(　　)。

A. /home/hosts　　B. /usr/local/hosts
C. /etc/host　　D. /etc/hosts

### 二、填空题

1. hadoop.tmp.dir 属性位于 Hadoop 的____________配置文件中。
2. 端口 50090 默认是 Hadoop 的____________服务的端口。
3. 启动 YARN 后会出现____________和____________进程。

## 三、简答题

在一台操作系统为 CentOS 7 的机器上部署 Hadoop 伪分布模式环境。要实现下面功能需要输入 Linux 什么命令？

(1) 修改主机名为 pseudo-Distributed。

(2) 免密登录到本机。

(3) 检查 Hadoop 进程是否存在。

(4) 查看 SSH 服务的 22 端口是否在监听(Listen)。

## 四、拓展练习

启动 Hadoop 后，执行 jps 命令发现某些进程启动不了，该怎么办？

# 项目 3
# 采集数据到 HDFS

## 项目概述

在新冠肺炎疫情防控期间，很多社区、街道等基层组织手工记录了大量与疫情有关的数据，现需要将这些数据采集到大数据平台，以便后续在实际应用中大数据能提供精准指导。

## 项目背景

了解 Hadoop 的基础组件分布式文件系统 HDFS 的架构以及主要组成部分；掌握 HDFS 为保证数据的可靠性所提供的机架感知、冗余副本策略、心跳机制以及安全模式等工作机制，并深入理解 HDFS 中文件读取和写入的过程，掌握访问 HDFS 的方式。

## 项目演示

通过 Shell 采集数据到 HDFS。

通过 Java API 采集数据到 HDFS。

## 思政聚焦

在新冠肺炎疫情防控中，通过大数据技术可以快速跟踪疾病患者的行动轨迹、接触的人员；同时，根据基层提供的大量疫情数据分析出疫情发展的规律，为相关部门制订疫情防控策略提供精准指导，也为打赢疫情防控阻击战提供强大科技支撑。

## 项目主要内容

- HDFS 的主从架构。
- HDFS 的工作机制。
- HDFS 常见的容错方法。
- HDFS 文件读取和写入过程。
- HDFS 的访问方法。

## 思维导图

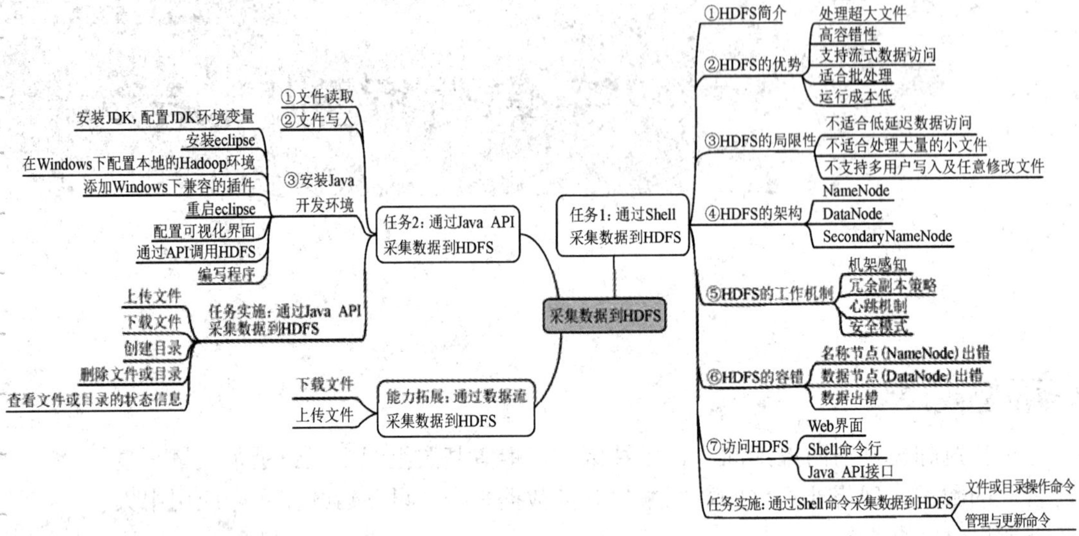


## 教学大纲

**能力目标**

◎ 能应用 HDFS 的主从架构解决实际问题。

◎ 能通过 Shell 采集数据到 HDFS。

◎ 能通过 Java API 采集数据到 HDFS。

**知识目标**

◎ 理解 HDFS 的架构。

◎ 掌握 HDFS 的工作机制。

◎ 掌握 HDFS 文件读取和写入原理。

**学习重点**

◎ HDFS 主要组成部分及其功能。

◎ HDFS 提供的可靠性策略。

◎ HDFS 文件读取和写入。

**学习难点**

◎ HDFS 主要组成部分及其功能。

◎ 采集数据到 HDFS。

# 任务 1 通过 Shell 采集数据到 HDFS

## 任务描述

了解 HDFS 的主从架构组成及其各部分功能，理解 HDFS 工作机制以及常见的容错方法，掌握访问 HDFS 的方法，并能通过 Shell 将需要的数据采集到 HDFS 平台。

## 知识准备

### 一、HDFS 简介

分布式文件系统是指将超大文件分割成多个部分，分别存储在多个地点的多台节点上，每个节点通过网络进行节点间的通信和数据传输。人们在使用分布式文件系统时，无需关心数据是存储在哪个节点上或者是从哪个节点获取的，只需要像使用本地文件系统一样管理和存储文件系统中的数据。HDFS 作为 Hadoop 生态系统中的基本组件，主要完成最底层的分布式存储，它与现有的分布式文件系统有很多相似之处。

HDFS(Hadoop Distributed File System)源自于 2003 年 10 月 Google 发表的一篇 GFS 论文，它是 GFS 分布式文件系统思想的开源实现。HDFS 是基于流式数据访问模式的分布式文件系统，支持海量数据的存储，允许用户将成百上千的计算机组成存储集群。HDFS 可以运行在低成本的硬件之上，提供高吞吐量、高容错性的数据访问，非常适合大规模数据集上的应用。

### 二、HDFS 的优势

(1) 处理超大文件。HDFS 可以处理 GB、TB 甚至 PB 级数据，或者百万规模以上的文件数量。

(2) 高容错性。HDFS 将数据自动保存了多个副本，副本丢失后会自动恢复，从而实现数据的高容错性。

(3) 支持流式数据访问。HDFS 适合一次写入、多次查询(读取)的情况。一个文件经过创建、写入和关闭之后就不需要再改变。因为对一个超大文件中的某一小部分进行修改的意义不大。在生产实际中，数据集生成后会被复制并分发到不同的存储节点中，再在此数据集上进行各种分析，如用户画像、新冠肺炎疫情趋势预测等。HDFS 一次写入多次读取的访问模式，跟实际业务的需求紧密联系在一起。它屏蔽了频繁修改且提供了高效的多次读取，使高吞吐量的数据访问成为可能，保证了数据的一致性。

(4) 适合批处理。移动计算的代价比移动数据的代价低。一个应用请求的计算，离它操作的数据越近就越高效，这在数据达到海量级别的时候更是如此。将计算移动到数据附近比将数据移动到应用中显然更好，HDFS 会将数据位置暴露给计算框架。

(5) 运行成本低。HDFS 可在低廉的商用硬件集群中构建，即便硬件出现故障，也可以通过容错策略来保证数据的高可用性。

### 三、HDFS 的局限性

HDFS 只满足于特定的大数据应用场景，所以 HDFS 具有一定的局限性，不能适用于所有的应用场景。

(1) 不适合低延迟数据访问。

HDFS 不适用于对延迟要求较高的场景，如实时查询。在实际生产中，对海量数据进行增、删、改、查等操作需求很少，主要通过对这些海量数据进行综合分析，挖掘其潜在的商业价值。因此 HDFS 在设计时，对于低延迟数据的访问就考虑得很少。

(2) 不适合处理大量的小文件。

HDFS 也难以支持大量小文件的存储。在 Hadoop 系统中，通常将“小文件”定义为远小于 HDFS 的数据块大小(block size)的文件。当数据存储到 HDFS 时，主节点的守护进程 NameNode 负责存储文件的元数据信息，如文件的名字、后缀、属性等信息。如果此时需要将大量的小文件存储到 HDFS 中，就意味着大量的元数据信息需要存储到 NameNode 的内存中，导致 NameNode 压力增大，使寻道时间超过读取时间，为系统带来性能瓶颈。

HDFS 对大量小文件的处理办法是：对小文件压缩，也就是说一万个小文件在 HDFS 上只作为一个文件进行存储，即进行压缩处理。

(3) 不支持多用户写入及任意修改文件。

HDFS 不支持多用户写入，也无法进行文件随机修改。它仅支持以 append 的方式，即通过追加的方式添加到文件结尾处。

HDFS 处理 TB、PB 级的大数据时，几乎没有用户对这样庞大的数据进行并行访问。HDFS 适用于存储半结构化和非结构化数据，如果数据有严格的结构化特性，强行采用 HDFS 是不合适的。

HDFS 是通过数据备份的方式来提高数据的容错能力的，如果对数据进行了修改，那么对备份的数据也需要一起进行修改，从而保持数据的同步，这样的操作会降低 HDFS 的性能。另一方面，对于 PB 级数据，仅仅修改了某几行数据，对最后的结果影响微乎其微，甚至可以忽略。因此，HDFS 不支持在文件的任意位置进行修改。

## 四、HDFS 的架构

HDFS 采用 Master/Slave 主从架构，如图 3-1 所示。在最新的 Hadoop 版本中，一个 HDFS 集群由多个 NameNode 和 DataNode 组成。

### 1. NameNode

名称节点(NameNode)是中心服务器——Master 节点，主要管理 HDFS 元数据，可根据用户的请求传达元数据。HDFS 上的元数据对目录的构造和存在于目录中的文件或目录进行管理，它将文件按照默认数据块(128MB)进行划分时，NameNode 存储各数据块的顺序和位置。管理这些信息的文件分别是命名空间镜像文件(fsimage)和操作日志文件(edits)。fsimage 文件存储的都是文件系统元数据信息(文件及目录结构、组成文件的块的信息、副本数量信息)。如果 NameNode 发生故障，最近的 fsimage 文件会被载入到内存中，用于重构元数据的最近状态。简单地说，fsimage 就是某一时刻整个 HDFS 的快照，也就是这个时刻 HDFS 上所有文件的状态、位置、权限及副本个数等。操作日志(editlog)主要是在

NameNode 已经启动情况下对 HDFS 各种更新操作进行记录。HDFS 客户端执行所有的写操作都会被记录到 editlog 中，保存 editlog 的文件为 edits。

NameNode 决定了文件数据块(block)到具体 DataNode 的映射、数据块的存放位置及维护设定的副本数量等。除此之外，它还要接收客户端的请求，比如文件的上传、下载、删除，目录的创建等。

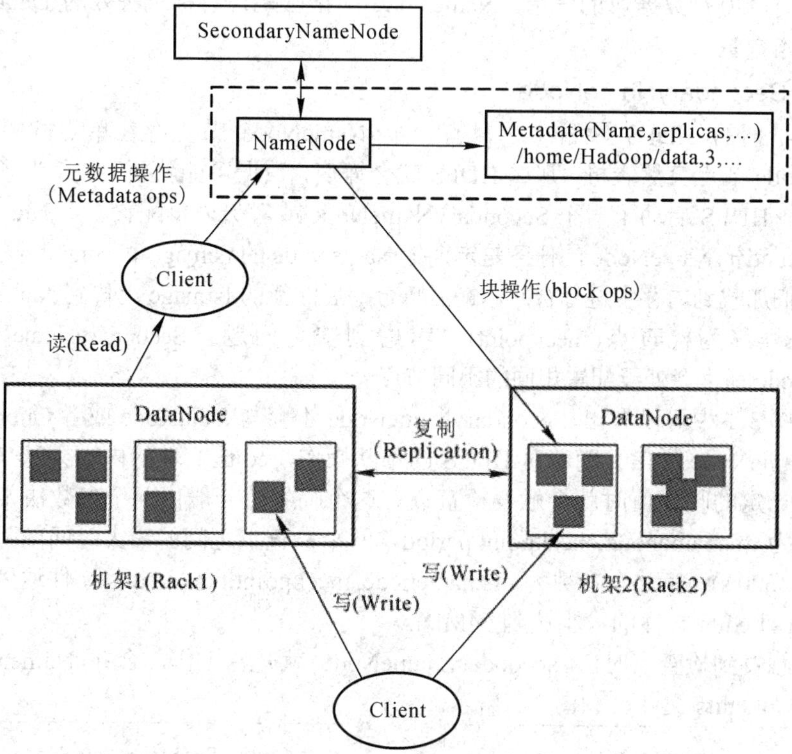


图 3-1　HDFS 的主从架构图

## 2. DataNode

数据节点(DataNode)，即 Slave 节点，主要负责存储数据和读取节点信息，周期性地利用心跳机制对 NameNode 反馈信息。

每个磁盘都有默认的数据块大小，它是磁盘进行数据读、写的最小单位。HDFS 数据块的大小默认为 128MB(在 Hadoop2.x 版本之前，默认为 64MB)，同时 HDFS 将每个文件存储成数据块序列。除了最后一个数据块，所有的数据块大小都是相同的。为了容错，文件的所有数据块都被冗余复制，每个文件的数据块大小和复制因子都是可配置的。

在 HDFS 中，存储的文件会被分成一个或多个数据块，这些数据块存储在不同的 DataNode 上，默认情况下每个数据块都有三个副本。

DataNode 接受来自客户端的访问，处理数据块的读、写请求，并在 NameNode 的指挥下进行数据块的创建、删除和复制。NameNode 是所有 HDFS 元数据的仲裁者和管理者，这样，用户数据永远不会流过 NameNode。对于文件操作，NameNode 负责文件元数据的操作，DataNode 负责处理文件内容的读、写请求，数据流不会经过 NameNode，客户端只会询问 NameNode 将要访问的文件数据跟哪个 DataNode 有联系。文件数据块副本存放在哪些 DataNode 上由 NameNode 来控制，NameNode 根据全局情况作出数据块副本放置决定。读取文件时，NameNode 尽量让用户先读取距离其最近的副本，以降低网络带块的消耗并减少读取时间。

DataNode 会定期向 NameNode 发送心跳信息来保持联系，报告自身状态信息和所持有的所有数据块的信息。NameNode 根据心跳信息标记失效的 DataNode，维护副本数量。

3. SecondaryNameNode

在早期的 HDFS 集群中，只有一个 NameNode 节点存在单点故障，如果 NameNode 节点突然宕机，那么 HDFS 就会瘫痪，数据可能就要丢失。为了防范此类故障，HDFS 启动了一个 SecondaryNameNode 或者另外再配置一个 NameNode。

SecondaryNameNode 的任务是定期把 NameNode 的 fsimage 和 edits 下载到本地，并将它们加载到内存中进行合并，最后将合并后的新的 fsimage 上传到 NameNode，这个过程称为检查点(checkpoint)。考虑到安全问题，SecondaryNameNode 和 NameNode 通常会处于配置相同的不同节点。

从图 3-1 中可以看出，SecondaryNameNode 不会与 DataNode 或者 Client 通信，只与 NameNode 通信。随着对 HDFS 的不断操作，edits 文件的内容会越来越多，当达到一定的临界值时就会触发检查点。这个临界值一般由两个参数决定：第一个参数为 dfs.namenode.checkpoint.period，两个检查点之间的最大时间间隔默认为 1 小时(3600 s)；第二个参数为 dfs.namenode.checkpoint.txns，edits 文件达到 100 万条事务(即 edits 文件的大小达到 64MB)。

当触发到检查点时， SecondaryNameNode 就开始工作，合并 NameNode 的 fsimage 和 edits 文件，如图 3-2 所示。

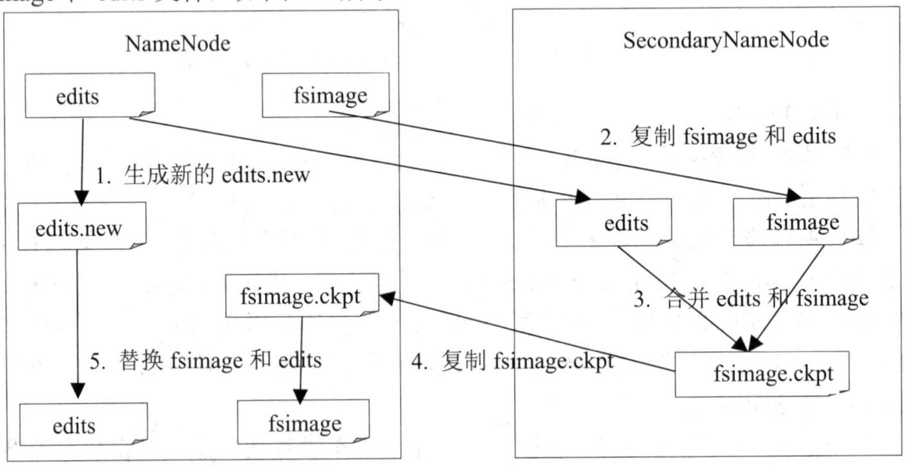


图 3-2 fsimage 和 edits 文件合并过程

具体操作步骤如下：

(1) 当 fsimage 和 edits 文件合并开始时，SecondaryNameNode 会请求 NameNode 停止 edits 文件，暂时将新的更新操作写到一个新的文件 edits.new 上，用于记录合并过程中产生的日志信息。这个操作是瞬间完成的。

(2) SecondaryNameNode 通过 HTTP 协议下载 NameNode 节点的 fsimage 和 edits 文件。

(3) SecondaryNameNode 将下载的 fsimage 文件加载至内存，然后一条一条执行 edits 文件中的更新操作，使得内存中的 fsimage 文件保持最新，并生成一个新的文件，即 fsimage.ckpt。这步之所以要在 SecondaryNameNode 中进行，是因为比较耗时，如果在 NameNode 中进行，可能导致整个系统运行速度减慢。

(4) 将生成的 fsimage.ckpt 文件通过 HTTP 协议上传到 NameNode 上。

(5) NameNode 用接收到的 fsimage.ckpt 文件替换旧的 fsimage 文件，同时删掉原有的 edits 文件，并将 edits.new 文件重命名为 edits。通过这个过程 edits 文件就变小了。

当 NameNode 失效时，通过这个过程可以恢复部分 fsimage 文件，这个过程也称为冷备份。由此可知，SecondaryNameNode 不能完全代替 NameNode。

## 五、HDFS 的工作机制

### 1. 机架感知

HDFS 采用一种称为机架感知(rack-aware)的策略来改进数据的可靠性、可用性和网络带宽的利用率。在 HDFS 中，DataNode 通常以机架形式组织，机架通过一个交换机将所有系统连接起来。在大多数情况下，同一个机架内的两台机器间的带宽会比不同机架的两台机器间的带宽大。在这种情况下，不同节点之间的通信希望尽量在同一个机架之内进行，而不是跨机架；为了提高容错能力，NameNode 会尽可能地把数据块的副本放到多个机架上。

默认情况下，HDFS 没有开启机架感知，不能自动判断集群中各个 DataNode 的网络拓扑情况，所有的机器默认都是在同一个机架“/default-rack”下。这种机架感知需要 topology.script.file.name 属性定义的可执行文件(或者脚本)来实现，文件中提供了 IP->rackid 的翻译。NameNode 通过这个得到集群中各个 DataNode 机器的 rackid 信息。

有了机架感知，NameNode 就可以得到如图 3-3 所示的 DataNode 网络拓扑。图中，D1、R1 都是交换机，最底层是 DataNode；H1 的 rackid=/D1/R1/H1，H1 的父节点(parent)是 R1，R1 的父节点(parent)是 D1。这些 rackid 信息可以通过 topology.script.file.name 配置。有了这些 rackid 信息就可以计算出任意两台 DataNode 之间的距离。

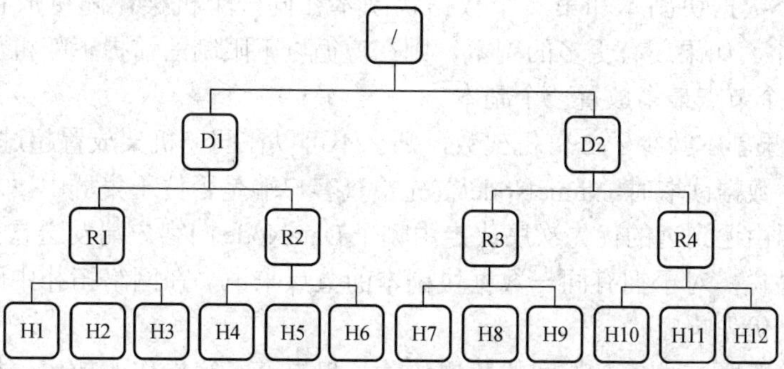


图 3-3　DataNode 的网络拓扑

例如：

distance(/D1/R1/H1, /D1/R1/H1)=0　相同的 DataNode；

distance(/D1/R1/H1, /D1/R1/H2)=2　同一机架下的不同 DataNode；

distance(/D1/R1/H1, /D1/R1/H4)=4　同一 IDC 下的不同 DataNode；

distance(/D1/R1/H1, /D2/R3/H7)=6　不同 IDC 下的 DataNode。

### 2. 冗余副本策略

HDFS 基于低廉的硬件设备，随时可能发生宕机，所以 HDFS 设计了冗余副本，副本越多，数据的安全性就越高，但是如果副本的数量过多或占用过多的存储资源时，这会为集群维护带来困难。HDFS 默认的副本系数是 3，副本之间不存在优先主次之分，它们互为备份。

一个简单但没有优化的策略就是将副本存放在不同的机架上。这样可以有效防止当整个机架失效时数据的丢失，并且允许读数据的时候充分利用多个机架的带宽。这种策略设置可以将副本均匀分布在集群中，有利于在组件失效情况下的负载均衡。但是，因为此策略的一个写操作需要传输数据块到多个机架，这又增加了写的代价。HDFS 的副本存放策略如图 3-4 所示。

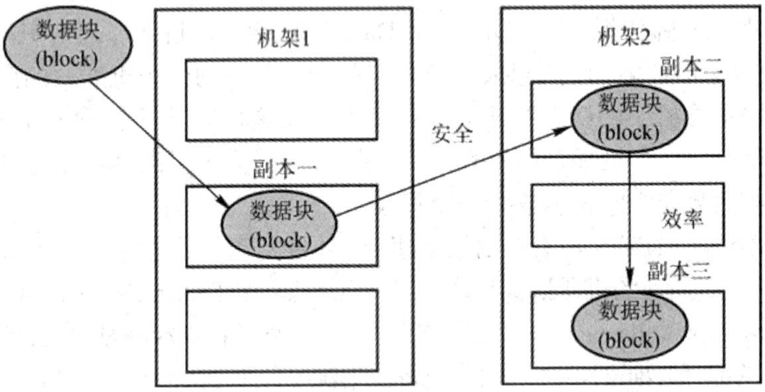


图 3-4　HDFS 的副本存放策略

第一个数据块(block)副本放置在客户端(Client)所在的 DataNode 里(如果 Client 不在集群范围内，则说明第一个 DataNode 随机选取的磁盘不太满或者 CPU 不太忙)。

第二个数据块副本放置在与第一个节点不同的机架中的 DataNode 中(随机选择)。

第三个数据块副本和第二个数据块副本在同一个机架，随机放置在不同的 DataNode 中。如果还有更多的副本，则在遵循以下限制的前提下随机放置。

(1) 一个节点最多放置一个副本。

(2) 如果副本数少于 2 倍机架数，那么不可以在同一机架放置超过两个副本。

当发生数据读取时，NameNode 首先检查客户端是否位于集群中。如果是的话，就可以按照由近到远的优先次序决定由哪个 DataNode 向客户端发送它需要的数据块。也就是说，对于拥有同一数据块副本的节点来说，在网络拓扑中距离客户端近的节点会优先响应。

这种策略既减少了机架间的数据传输，也提高了写操作的效率。机架的错误远远比节点的错误少，所以这个策略不会影响数据的可靠性和可用性。同时，因为数据块只放在两个(不是三个)不同的机架上，所以此策略减少了读取数据时需要的网络传输总带宽。这种策略下，副本并不是均匀地分布在不同的机架上，1/3 的副本在一个节点上，2/3 的副本在一个机架上，其他副本均匀分布在剩下的机架中。这一策略在不损害数据可靠性和读取性能的情况下改进了写的性能。

### 3. 心跳机制

在 HDFS 的主从架构中，DataNode 定期向 NameNode 发送 Heartbeat(心跳)信息来报告自己的运行状态，称之为心跳机制。使用心跳信息能确认从节点的运行状态并切断未运行的节点，同时包含了监控各节点资源的功能。

在 HDFS 中，DataNode 每隔 3 秒会向 NameNode 传达自身的运行信息，得到心跳信息报告后，NameNode 可以知道相应的 DataNode 是否在运行。当 NameNode 在一定时间内(约 10 分钟)没有收到 DataNode 的心跳信息时，NameNode 就认为 DataNode 已经失效，该 DataNode 就会被切断，不能再与客户端进行数据传输。同时，NameNode 会将发生故障的 DataNode 上的数据块判断为无法使用。那么，数据块的副本数量就少了一个。此时，NameNode 根据 DataName 中原有的数据块信息找到该数据块的其他副本，并将其复制到其他 DataNode 上，以确保副本数量。

在 YARN 中，主节点上的 ResourceManager 与从节点的 NodeManager 也是通过心跳机制来保持联系的。

### 4. 安全模式

安全模式( SafeMode )是 Hadoop 集群的一种保护模式，该模式下 HDFS 只接受读请求，不能进行写操作。

NameNode 在启动时会自动进入安全模式，也可以手动进入安全模式。DataNode 会向 NameNode 上传自己的数据块列表，让 NameNode 获取数据块的位置信息，并对每个文件对应的数据块副本进行统计。当数据块达到最小副本数以上时，会被认为是“安全”的，HDFS 将自动离开安全模式；当检测到副本数不足的数据块时，该块会被复制直到达到最小副本数。

## 六、HDFS 的容错

HDFS 具有较高的容错性，可以兼容廉价的硬件。它将硬件出错看作一种常态，而不是异常，并设计了相应的机制检测数据错误且进行自动恢复。硬件出错主要包括以下几种情形。

### 1. 名称节点出错

若名称节点(NameNode)出错，则整个 HDFS 将失效。HDFS 设置了备份机制，并把这些核心文件同步复制到备份服务器 SecondaryNameNode 上。当 NameNode 出错时，就可以根据备份服务器 SecondaryNameNode 中的 fsimage 和 edits 数据进行恢复。但这种方法仍然会使部分数据丢失。

### 2. 数据节点出错

每个数据节点(DataNode)会定期向 NameNode 发送“心跳”信息，并报告自己的状态。当数据节点发生故障时，NameNode 就无法收到来自一些数据节点的心跳信息。这时，这些数据节点就会被标记为“宕机”，NameNode 也不会再给它们发送任何 I/O 请求。DataNode 的宕机会造成集群中副本数小于冗余因子，NameNode 会定期检查这种情况，一旦发现某个数据块的副本数量小于冗余因子，就会启动数据冗余复制，为它生成新的副本。

#### 3. 数据出错

当 HDFS 保存数据时，会先将一个文件切分成多个数据块，再将每个数据块复制出多个副本，每个副本数据块都会生成一个校验码，用于检测或者校验数据传输或者保存后所产生的错误。校验码会以一个单独的隐藏文件保存在同一个 HDFS 命名空间下。

当客户端获取数据时，会再次计算校验和(Checksum)，如果计算后的校验和与该数据块存在创建时的校验码不一致，说明该数据块已经损坏。此时，客户端就不会继续读取该数据块了，而是向 NameNode 申请该数据块的其他副本，同时把已经损坏的数据块信息汇报给 NameNode。Namenode 标记该数据块为损坏状态，并通过心跳机制给某个 DataNode 发起复制数据块的命令，从而保证集群中各个数据块的副本始终是 3 个。

## 七、访问 HDFS

#### 1. Web 界面

HDFS 通过 HTTP 协议支持客户端通过浏览器客户端对 HDFS 平台上的文件和数据进行检索。在项目 2 中，通过 50070 端口访问打开 HDFS 浏览界面，查看 NameNode 和 DataNode 节点信息，单击“Utilities”→“Browse the file system”项，如图 3-5 所示。

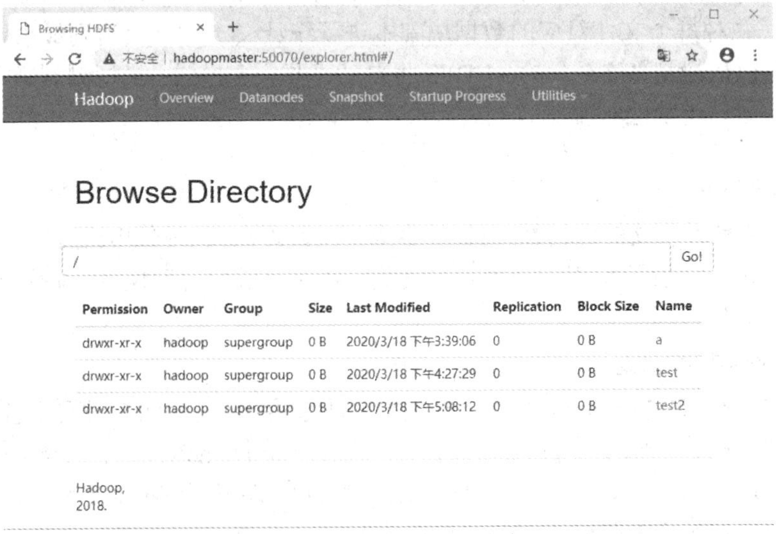


图 3-5 HDFS 的目录树

通过“Startup Progress”可以查看 HDFS 的启动过程。从图 3-6 中可以发现 HDFS 的启动经历了以下 4 个阶段：

(1) 加载文件的元信息 fsimage；

(2) 加载操作日志 edits；

(3) 保存操作检查点 checkpoint；

(4) 进入安全模式，检查数据块的副本率是否满足要求，在满足要求后退出安全模式。

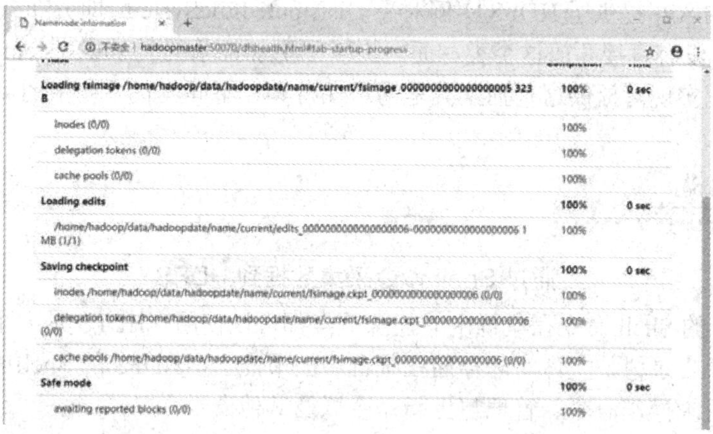


图 3-6　HDFS 的启动过程

### 2. Shell 命令行

HDFS 为了更好地服务于应用，提供了类似 Linux 命令的 Shell 接口。Shell 命令行接口是最简单的，同时也是许多开发者最熟悉的。HDFS 是存取数据的分布式文件系统，那么对 HDFS 的操作就是文件系统的基本操作，如文件的创建、修改、删除、修改权限等，目录的创建、删除、重命名等。常见的调用 HDFS 文件系统的 Shell 命令有两种：

(1) 以 hadoop fs 开头，如：

```
[hadoop@hadoopmaster ~]$ hadoop fs -ls /
```

(2) 以 hdfs dfs 开头，如：

```
[hadoop@hadoopmaster ~]$ hdfs dfs -ls /
```

其中，以 hadoop fs 开头的 Shell 命令使用范围比较广，可以用于任何文件系统，如本地文件系统、HDFS 分布式文件系统；而以 hdfs dfs 开头的 Shell 命令只能用于 HDFS 分布式文件系统。如果处于 HDFS 中两种格式的 Shell 命令效果是相同的，那么它们之间的关系如图 3-7 所示。推荐使用以 hdfs dfs 开头的 Shell 命令。

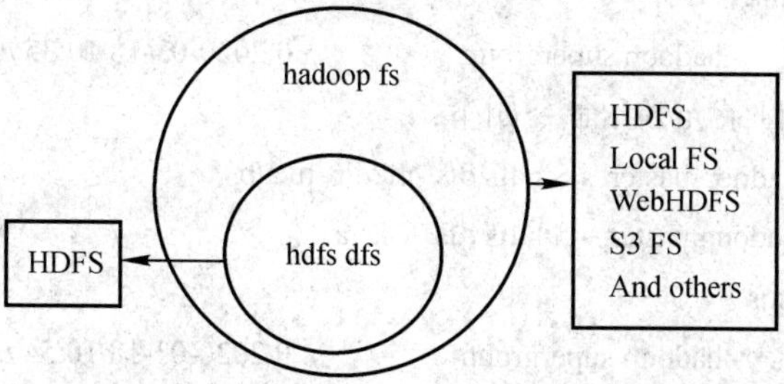


图 3-7　两种 Shell 命令关系图

### 3. Java API 接口

Hadoop 提供了多种 HDFS 的访问接口，包括 C API、HTTPAPI、REST API 以及 Java API。Hadoop 是用 Java 语言开发编写的，所以在开发 Hadoop 的时候预留了 Java 的调用接口，从而使以 Java 编程的方式自动访问 HDFS 分布式文件系统更为方便。

Java 的 API 提供了 HDFS 实例对象 DistributedFileSystem，即分布式文件系统。但 Hadoop 没有直接开放这个类，而是提供了更加抽象的类 FileSystem，并提供了相应的编码实现。提供这个抽象类是为了保持其在不同文件系统中的可移植性。

## 任务实施

### 通过 Shell 命令采集数据到 HDFS

通过 Shell 命令
采集数据到 HDFS

HDFS 的 Shell 命令在集群中的任意节点都可以使用。HDFS 是一个以“/”为起点的抽象目录树，文件实际存储在集群中的节点上。HDFS 的 Shell 命令大致分为文件或目录操作命令、管理与更新命令以及其他命令。

#### 1. 文件或目录操作命令

(1) 查看帮助，命令如下：

```
[hadoop@hadoopmaster ~]$ hdfs dfs
```

(2) 查看 HDFS 中指定目录下所有内容和信息的命令格式：

```
-ls [-d] [-h] [-R] [<path> ...]
```

查看 HDFS“/”下所有的内容和信息：

```
[hadoop@hadoopmaster ~]$hdfs dfs -ls /
Found 2 items
drwxr-xr-x    - hadoop supergroup          0 2020-03-18 11:00 /a
drwxr-xr-x    - hadoop supergroup          0 2020-03-18 10:57 /test
```

(3) 创建目录的命令格式：

```
-mkdir [-p] <path>
```

① 在 HDFS 的根目录下创建目录 test，命令如下：

```
[hadoop@hadoopmaster ~]$ hdfs dfs -mkdir /test
[hadoop@hadoopmaster ~]$hdfs dfs -ls /
Found 1 items
drwxr-xr-x    - hadoop supergroup          0 2020-03-18 10:35 /test
```

② 级联创建目录 /a/b，命令如下：

```
[hadoop@hadoopmaster ~]$ hdfs dfs -mkdir -p /a/b
[hadoop@hadoopmaster ~]$ hdfs dfs   -ls /a
Found 1 items
drwxr-xr-x    - hadoop supergroup          0 2020-03-18 10:54 /a/b
```

(4) 从本地上传文件到 HDFS 的命令格式如下：

```
-put [-f] [-p] [-l] <localsrc> ... <dst>]
-copyFromLocal [-f] [-p] [-l] <localsrc> ... <dst>
```

put 或 copyFromLocal 命令都是将本地文件上传到 HDFS。其中，localsrc 表示本地文件的路径，dst 表示保存在 HDFS 上的路径。

① 上传本地文件 a.txt 到 HDFS 的/test 目录下，命令如下：

```
[hadoop@hadoopmaster ~]$ hdfs dfs  -put a.txt  /test
[hadoop@hadoopmaster ~]$ hdfs dfs  -ls /test
Found 1 items
-rw-r--r--   2 hadoop supergroup          11 2020-03-18 10:37 /test/a.txt
```

② 上传本地文件 b.txt 到 HDFS 的 /test 目录下，命令如下：

```
[hadoop@hadoopmaster ~]$ hdfs dfs  -copyFromLocal b.txt  /test
[hadoop@hadoopmaster ~]$ hdfs dfs  -ls /test
Found 2 items
-rw-r--r--   2 hadoop supergroup          11 2020-03-18 10:37 /test/a.txt
-rw-r--r--   2 hadoop supergroup          14 2020-03-18 10:47 /test/b.txt
```

(5) 新建文件的命令格式：

```
-touchz <path>
```

在 /test 目录下创建文件 cc.txt 和文件 dd.txt，并查看 /test 目录下所有内容和信息。

```
[hadoop@hadoopmaster ~]$ hdfs dfs  -touchz /test/cc.txt
[hadoop@hadoopmaster ~]$ hdfs dfs  -touchz /test/dd.txt
[hadoop@hadoopmaster ~]$ hdfs dfs  -ls /test
```

(6) 查看文件内容的命令格式：

```
-cat [-ignoreCrc] <src>
```

-ignoreCrc：忽略循环校验失败的文件。

查看 HDFS 上的 a.txt 文件内容，命令如下：

```
[hadoop@hadoopmaster ~]$ hdfs dfs  -cat /test/a.txt
hello hdfs
```

(7) 删除 HDFS 上的文件的命令格式：

```
-rm [-f] [-r|-R] [-skipTrash] <src>
```

删除 HDFS 上的 a.txt 文件，命令如下：

```
[hadoop@hadoopmaster ~]$ hdfs dfs  -rm /test/a.txt
[hadoop@hadoopmaster ~]$ hdfs dfs  -ls /test
Found 3 items
-rw-r--r--   2 hadoop supergroup          14 2020-03-18 15:41 /test/b.txt
-rw-r--r--   2 hadoop supergroup           0 2020-03-18 15:41 /test/cc.txt
-rw-r--r--   2 hadoop supergroup           0 2020-03-18 15:41 /test/dd.txt
```

(8) 删除 HDFS 上的目录：

```
-rmdir [--ignore-fail-on-non-empty] <dir>
```

删除 HDFS 上的目录 /c，命令如下：

```
[hadoop@hadoopmaster ~]$ hdfs dfs  -rmdir /c
```

(9) 从 HDFS 上下载文件到本地的命令格式如下：

```
-get [-p] [-ignoreCrc] [-crc] <src> ... <localdst>
-copyToLocal [-p] [-ignoreCrc] [-crc] <src> ... <localdst>
```

get 或 copyToLocal 命令都是将 HDFS 上的文件复制到本地。其中，src 表示 HDFS 上的路径，localdst 表示要保存在本地的路径。

将 HDFS 上的/test/b.txt 下载到本地 /tmp 目录下，并查看其内容。命令如下：

```
[hadoop@hadoopmaster ~]$ hdfs dfs  -get /test/b.txt /tmp
[hadoop@hadoopmaster ~]$ cat /tmp/b.txt
copyFromLocal
```

将 HDFS 上的 /test/b.txt 下载到用户 hadoop 的/home 目录下，重命名为 c.txt，并查看其内容。命令如下：

```
[hadoop@hadoopmaster ~]$ hdfs dfs  -copyToLocal /test/b.txt c.txt
[hadoop@hadoopmaster ~]$ cat c.txt
copyFromLocal
```

(10) 合并下载 HDFS 到本地的命令格式：

```
-getmerge [-nl] <src><localdst>
```

将 HDFS 中的 /test/cc.txt 和 /test/dd.txt 合并后再下载到本地，重命名为 ee.txt。命令如下：

```
[hadoop@hadoopmaster ~]$ hdfs dfs  -getmerge /test/cc.txt /test/dd.txt  /home/ hadoop/
ee.txt
[hadoop@hadoopmaster ~]$ ls
```

(11) HDFS 中文件移动的命令格式：

```
-mv <src> ... <dst>
```

将 HDFS 中 /test/b.txt 文件移动到 /test/test.txt，等同于为文件重命名。命令如下：

```
[hadoop@hadoopmaster ~]$ hdfs dfs  -mv /test/b.txt /test/test.txt
[hadoop@hadoopmaster ~]$ hdfs dfs  -cat  /test/test.txt
copyFromLocal
```

(12) HDFS 中文件复制的命令格式：

```
-cp [-f] [-p | -p[topax]] <src> ... <dst>]
```

将 HDFS 中的 /test/test.txt 文件复制为 /test/bb.txt，命令如下：

```
[hadoop@hadoopmaster ~]$ hdfs dfs  -cp /test/test.txt /test/bb.txt
```

(13) 将本地文件追加到目标文件的命令格式：

```
-appendToFile <localsrc> ... <dst>
```

将本地的 a.txt 文件追加到 HDFS 的 /test/test.txt 中，命令如下：

```
[hadoop@hadoopmaster ~]$ hdfs dfs  -appendToFile a.txt /test/test.txt
[hadoop@hadoopmaster ~]$ hdfs dfs  -cat /test/test.txt
copyFromLocal
hello hdfs
```

这个追加会在原始块的末尾进行，如果超过 128 MB 才会进行切分。这个命令一般情况下不会使用。

(14) 修改 HDFS 中文件权限的命令格式：

```
-chmod [-R] <MODE[,MODE]... | OCTALMODE> PATH
```

将 /test/bb.txt 文件的权限修改为 777，命令如下：

```
[hadoop@hadoopmaster ~]$ hdfs dfs   -chmod 777 /test/bb.txt
[hadoop@hadoopmaster ~]$ hdfs dfs   -ls /test
Found 4 items
-rwxrwxrwx    2 hadoop supergroup          14 2020-03-18 12:40 /test/bb.txt
-rw-r--r--    2 hadoop supergroup           0 2020-03-18 12:28 /test/cc.txt
-rw-r--r--    2 hadoop supergroup           0 2020-03-18 12:28 /test/dd.txt
-rw-r--r--    2 hadoop supergroup          25 2020-03-18 12:45 /test/test.txt
```

(15) 修改 HDFS 中文件的属主和属组的命令格式：

```
-chown [-R] [OWNER][: [GROUP]] PATH
```

将文件/test/bb.txt 的属主和属组都修改为 root，命令如下：

```
[hadoop@hadoopmaster ~]$ hdfs dfs   -chown root:root /test/bb.txt
[hadoop@hadoopmaster ~]$ hdfs dfs   -ls /test
Found 4 items
-rwxrwxrwx    2 root    root               14 2020-03-18 12:40 /test/bb.txt
-rw-r--r--    2 hadoop supergroup           0 2020-03-18 12:28 /test/cc.txt
-rw-r--r--    2 hadoop supergroup           0 2020-03-18 12:28 /test/dd.txt
-rw-r--r--    2 hadoop supergroup          25 2020-03-18 12:45 /test/test.txt
```

(16) 统计文件和目录数量的命令格式：

```
-count [-q] [-h] <path>
```

在 HDFS 中创建目录 /test2，并统计该目录下子目录和文件个数以及文件大小。命令如下：

```
[hadoop@hadoopmaster ~]$ hdfs dfs -mkdir /test2
[hadoop@hadoopmaster ~]$ hdfs dfs -count /test2
            1            0                0 /test2
```

其中：

第一列：目录数。当前目录/test2 占用一个。

第二列：文件数。

第三列：文件总的大小。

### 2. 管理与更新命令

管理与更新命令以“hdfs dfsadmin”开头，通过这些命令可以对 HDFS 进行管理和更新。

(1) 查看 HDFS 基本统计信息的命令格式：

```
-report [-live] [-dead] [-decommissioning]
```

查看 HDFS 的基本统计信息：

```
[hadoop@hadoopmaster ~]$ hdfs dfsadmin -report
```

(2) 查看拓扑的命令格式：

```
-printTopology
```

查看拓扑的命令如下：

```
[hadoop@hadoopmaster ~]$ hdfs dfsadmin -printTopology
Rack: /default-rack
   192.168.8.130:50010 (hadoopmaster)
   192.168.8.132:50010 (hadoopslave)
   192.168.8.133:50010 (hadoopslave1)
```

(3) 设置 HDFS 安全模式的命令格式：

```
-safemode <enter | leave | get | wait>
```

① 进入安全模式，命令如下：

```
[hadoop@hadoopmaster ~]$ hdfs dfsadmin -safemode enter
Safe mode is ON
```

② 查看安全模式状态，命令如下：

```
[hadoop@hadoopmaster ~]$ hdfs dfsadmin -safemode get
Safe mode is ON
```

③ 离开安全模式，命令如下：

```
[hadoop@hadoopmaster ~]$ hdfs dfsadmin -safemode leave
Safe mode is OFF
```

④ 一直等待到安全模式结束，命令如下：

```
[hadoop@hadoopmaster ~]$ hdfs dfsadmin -safemode wait
```

(4) 使用快照。

快照(Snapshot)是基于某时间点的数据的备份(复制)。快照可以针对某个目录或整个文件系统，即快照可以使某个损坏的目录或整个损坏的 HDFS 恢复到过去的一个数据正确的时间点。

① 为 HDFS 的 /test 目录开启快照，命令如下：

```
[hadoop@hadoopmaster ~]$ hdfs dfsadmin -allowSnapshot /test
Allowing snaphot on /test succeeded
```

② 为 HDFS 的 /test 目录创建快照 test_01，命令如下：

```
[hadoop@hadoopmaster ~]$ hdfs dfs -createSnapshot /test test_01
Created snapshot /test/.snapshot/test_01
```

③ 上传文件 c.txt 到 HDFS 的/test 目录下，并为/test 目录创建快照 test_02。命令如下：

```
[hadoop@hadoopmaster ~]$ hdfs dfs -put c.txt /test
[hadoop@hadoopmaster ~]$ hdfs dfs -createSnapshot /test test_02
Created snapshot /test/.snapshot/test_02
```

④ 对比快照 test_01 和 test_02，并查看目录有无变化。命令如下：

```
[hadoop@hadoopmaster ~]$ hdfs snapshotDiff  /test test_01 test_02
Difference between snapshot test_01 and snapshot test_02 under directory /test:
M          .
+          ./c.txt
```

⑤ 查看快照，命令如下：

```
[hadoop@hadoopmaster ~]$ hdfs  lsSnapshottableDir
drwxr-xr-x 0 hadoop supergroup 0 2020-03-18 16:18 2 65536 /test
```

通过 Web 界面查看快照，如图 3-8 所示。

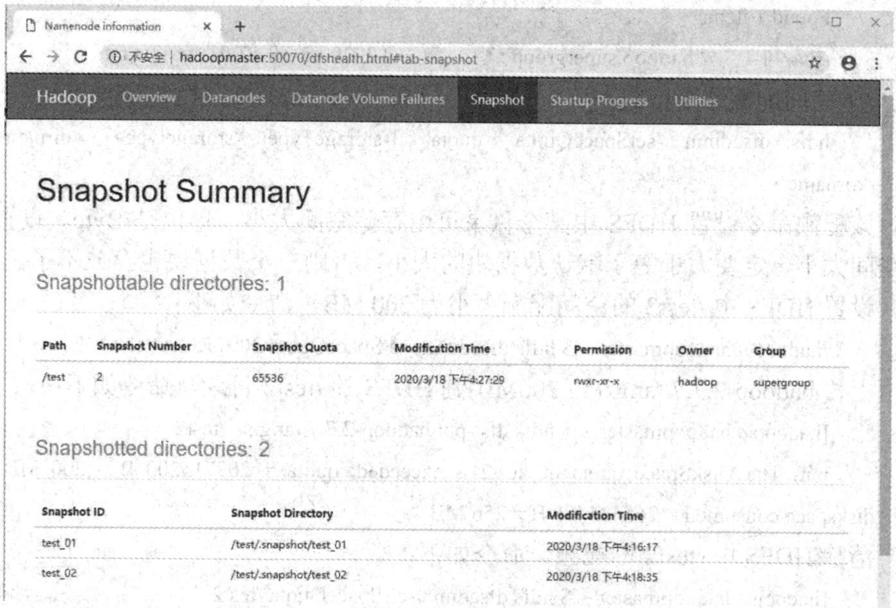


图 3-8　查看快照

⑥ 恢复快照。

删除 HDFS 中的 /test/c.txt 文件，通过恢复快照来恢复/test/c.txt 文件。

```
[hadoop@hadoopmaster ~]$ hdfs dfs -cp /test/.snapshot/test_02/c.txt /test
```

(5) 配额管理。

HDFS 提供了名称配额(setQuota)和空间配额(setSpaceQuota)两种配额命令。

① 名称配额命令格式：

```
hdfs dfsadmin -setQuota <quota><dirname>...<dirname>
```

该配额命令设置目录中文件数量与目录数量之和的最大值。

在 HDFS 中创建目录 /test2，并统计文件数。命令如下：

```
[hadoop@hadoopmaster ~]$ hdfs dfs -mkdir /test2
[hadoop@hadoopmaster ~]$ hdfs dfs -count /test2
            1            0                0 /test2
```

设置 HDFS 中 /test2 目录的配额为 1，命令如下：

```
[hadoop@hadoopmaster ~]$ hdfs dfsadmin -setQuota 1 /test2
```

在 HDFS 中 /test2 目录中创建 a.txt 文件，命令如下：

[hadoop@hadoopmaster ~]$ hdfs dfs -touchz /test2/a.txt

touchz: The NameSpace quota (directories and files) of directory /test2 is exceeded: quota=1 file count=2

清除 HDFS 中 /test2 的配额，命令如下：

[hadoop@hadoopmaster ~]$ hdfs dfsadmin -clrQuota /test2

再次在 HDFS 中 /test2 目录中创建 a.txt 文件，命令如下：

[hadoop@hadoopmaster ~]$ hdfs dfs -touchz /test2/a.txt

[hadoop@hadoopmaster ~]$ hdfs dfs -ls /test2

Found 1 items

-rw-r--r-- 2 hadoop supergroup 0 2020-03-18 17:01 /test2/a.txt

② 空间配额命令格式：

hdfs dfsadmin -setSpaceQuota <quota> [-storageType <storagetype>] <dirname>...<dirname>

该配额命令设置 HDFS 中某个目录可用存储空间大小，单位是 Byte。设置目录空间大小一定要大于等于默认数据块的大小，否则一个数据块也存放不了。

设置 HDFS 中 /test2 的空间配额大小为 200 MB，命令如下：

[hadoop@hadoopmaster ~]$ hdfs dfsadmin -setSpaceQuota 209715200 /test2

上传 hadoop-2.7.7.tar.gz(约 206MB)到 HDFS 的 /test2 目录，命令如下：

[hadoop@hadoopmaster ~]$ hdfs dfs -put hadoop-2.7.7.tar.gz /test2

put: The DiskSpace quota of /test2 is exceeded: quota = 209715200 B = 200 MB but diskspace consumed = 268435456 B = 256 MB

清除 HDFS 中 /test2 的配额，命令如下：

[hadoop@hadoopmaster ~]$ hdfs dfsadmin -clrSpaceQuota /test2

再次上传 hadoop-2.7.7.tar.gz(约 206 MB)到 HDFS 的 /test2 目录，命令如下：

[hadoop@hadoopmaster ~]$ hdfs dfs -put hadoop-2.7.7.tar.gz /test2

[hadoop@hadoopmaster ~]$ hdfs dfs -ls /test2

Found 2 items

-rw-r--r-- 2 hadoop supergroup 0 2020-03-18 17:01 /test2/a.txt

-rw-r--r-- 2 hadoop supergroup 218720521 2020-03-18 17:08 /test2/hadoop-2.7.7.tar.gz

除了 hdfs dfs 及 hdfs dfsadmin 之外的其他命令都称为其他命令，如 hdfs snapshotDiff 和 hdfs lsSnapshottableDir 等。

## 任务 2 通过 Java API 采集数据到 HDFS

### 任务描述

了解 HDFS 的文件读取和写入过程。安装 Java 开发环境，并通过编写程序采集数据到 HDFS 平台。

知识准备

## 一、文件读取

HDFS 文件读取过程如图 3-9 所示。

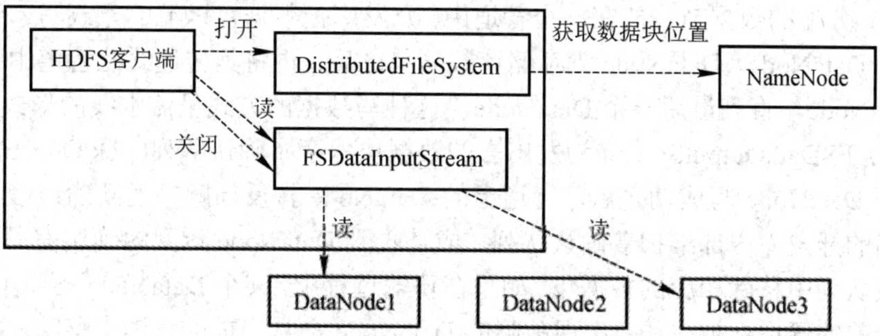


图 3-9　HDFS 文件读取过程

(1) 客户端(Client)通过 DistributedFileSystem 对象的 open()方法打开要读取的文件。

(2) DistributedFileSystem 向远程的 NameNode 发起读取请求，NameNode 会根据情况返回文件元数据。对于每个数据块，NameNode 都会返回有该数据副本的 DataNode 地址。

(3) DistributedFileSystem 返回一个 FSDataInputStream 对象给客户端，客户端调用 FSDataInputStream 对象的 read()方法开始读取数据。客户端会选取最近的 DataNode 来读取数据，如果 HDFS 客户端本身就是 DataNode，那么将从本地直接获取数据。

(4) 当前节点的数据块读取完毕时，FSDataInputStream 对象关闭当前的 DataNode 连接，继续连接下一个数据块的最近的 DataNode。通过对数据流反复调用 read()方法，将数据从数据节点传输到客户端。

(5) 当读完数据块列表且文件读取还没有结束时，客户端会继续向 NameNode 获取下一批数据块列表。

(6) 每读取完一个数据块都会进行校验和验证，如果读取 DataNode 时出现错误，客户端会通知 NameNode，然后再从下一个拥有该数据块副本的 DataNode 继续读取。

(7) 当客户端读取完数据时，调用 FSDataInputStream 对象的 close()方法关闭输入流。

## 二、文件写入

HDFS 文件写入过程如图 3-10 所示。

(1) 客户端通过 DistributedFileSystem 对象的 create()方法创建文件输出流。

(2) DistributedFileSystem 向远程的 NameNode 发起上传文件请求。NameNode 会检查要写入的文件是否已经存在，创建者是否有权限进行操作，检查通过后会为文件创建一个记录，否则客户端会抛出异常。

(3) DistributedFileSystem 对象返回一个 FSDataOutputStream 对象给客户端，客户端调用 FSDataOutputStream 对象的 write()方法写数据，数据先被写入缓冲区，再被切分成一个个数据包，并通知 NameNode 分配数据节点，用于存储数据块。

(4) 分配的数据节点放在一个管道中。开发库把数据包以流的方式写入管道的第一个 DataNode，DataNode 先存储该数据包之后，再将其传递给此管道中的下一个 DataNode，直到最后一个 DataNode。这种写数据的方式呈流水线的形式。

(5) FSDataOutputStream 为发出去的数据块保存了确认队列(Ack Queue)。当最后一个 DataNode 写成功之后，管道上的 DataNode 按反向顺序返回确认信息。在客户端的开发库内部维护着确认队列，成功收到 DataNode 返回的确认信息后，会从确认队列中移除相应的数据包。如果在传输过程中，某个 DataNode 出现了故障，那么当前的管道会被关闭，出现故障的 DataNode 会从当前的管道中移除，剩下的 DataNode 会继续以管道的形式传输，同时 NameNode 会分配一个新的 DataNode，以保持副本设定的数量。

(6) 客户端完成数据的写入后，就会调用 close()关闭文件输出流。

(7) DataNode 节点上数据包最终写完之后，再将该元数据包具体的落地位置和数据块的情况写入 NameNode 的内存中。

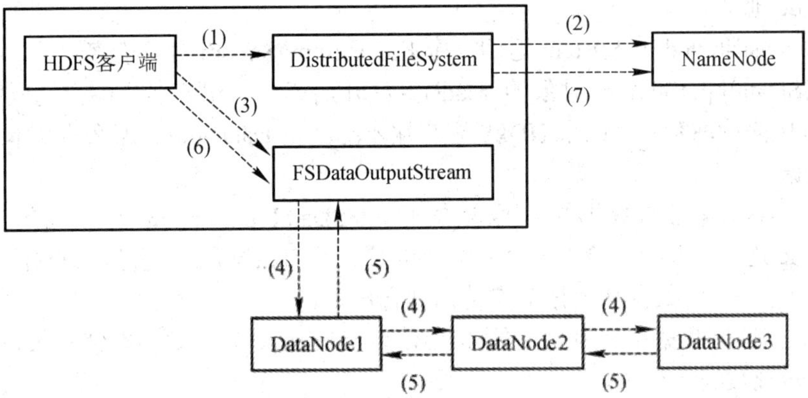


图 3-10　HDFS 文件写入过程

## 三、安装 Java 开发环境

通过 Windows 访问远程的 HDFS，需要在 Windows 下安装 Java 的开发环境。

(1) 安装 JDK，配置 JDK 环境变量。用鼠标右键单击“此电脑”→“属性”→“高级系统设置”→“环境变量”项，在系统变量中进行以下设置：

JAVA_HOME =C:\Java\jdk1.8.0_102

Path = %JAVA_HOME%\bin;%JAVA_HOME%\jre\bin;

CLASSPATH =.;%JAVA_HOME%\lib;%JAVA_HOME%\lib\tools.jar (注意：最前面有一个点)

检验是否配置成功：在命令提示符窗口中输入“java –version”，如果出现 Java

版本信息则表示配置成功。

(2) 安装 Eclipse。

安装完 Eclipse 之后，将 Eclipse 开发 Hadoop 的插件 hadoop-eclipse-plugin-2.7.7.jar 放在 Eclipse 的 plugins 目录下。在这里需注意，如果打开 Eclipse 开发环境时看不到 hadoop-eclipse-plugin 插件，则需要将其放在 Eclipse 的另一个目录 dropins 下。

(3) 在 Windows 下配置本地的 Hadoop 环境。

在本地磁盘中解压 Hadoop 的安装包，如 D:\hadoop-2.7.7。

在 Windows 下配置 Hadoop 环境变量，打开环境变量窗口编辑系统变量。

```
HADOOP_HOME D:\hadoop-2.7.7
```

在 Path 中添加%HADOOP_HOME%\bin;

注意：在 Windows 和 Linux 下多个环境变量之间的分割是不一样的，Windows 下使用“;”，Linux 下使用“:”。

(4) 添加 Windows 下兼容的插件。

将 hadoop.dll 添加到 C:\Windows\System32。

将 winutils.exe 放到 D:\hadoop-2.7.7\bin(Hadoop 的安装目录)。

(5) 重启 Eclipse。

(6) 配置可视化界面。

将 Hadoop 的环境变量添加到 Eclipse 中，然后用鼠标单击“Windows”→“Preferences”→“Hadoop Map/Reduce”项，再双击导入 Hadoop 的安装目录“D:\hadoop-2.7.7”，如图 3-11 所示。

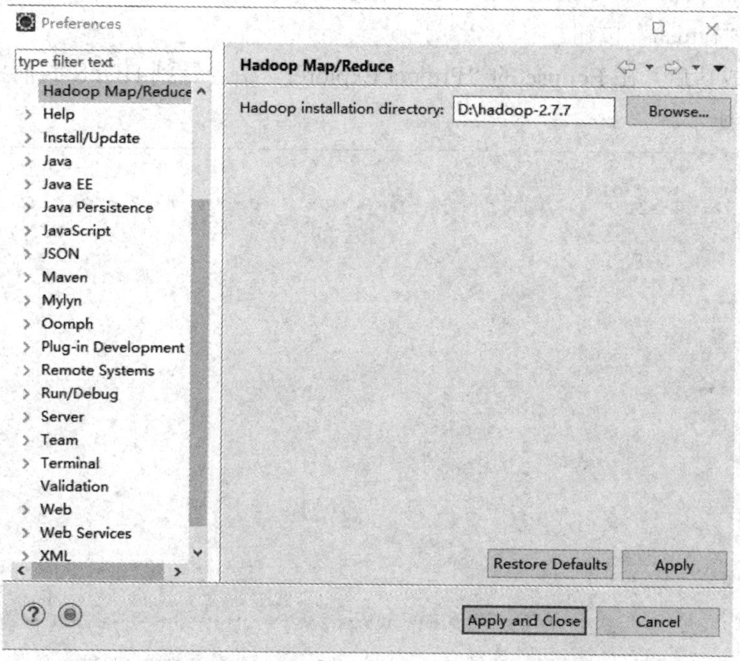


图 3-11　在 Eclipse 中添加 Hadoop 安装目录

配置 Hadoop 的通信地址，在 Eclipse 中单击“Windows”→“Show View”→“Other”→“Map/Reduce Locations”，调出 Hadoop 的配置界面，在它的空白处用

鼠标右键单击“New Hadoop location…”，打开编辑 Hadoop 位置的配置界面，如图 3-12 所示。

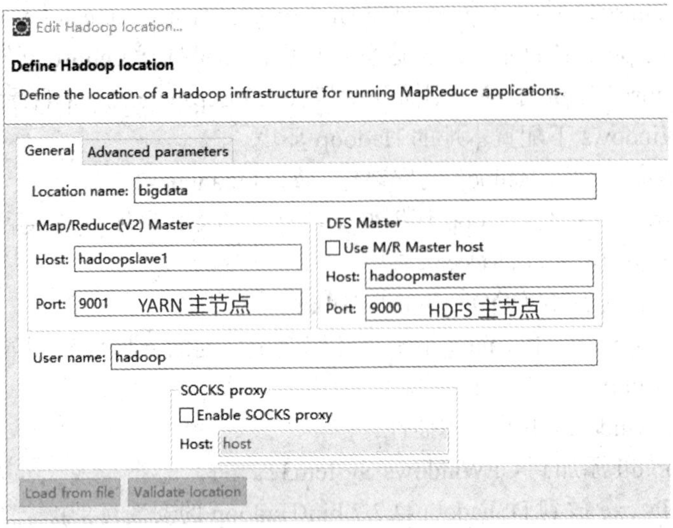


图 3-12　配置 Hadoop 的通信地址

Location name：定义一个连接名。

左半部分是 YARN 的主节点配置。其中：Host 可以是 IP 地址或主机名；Port 可以参考 core-site.xml 中的配置。

右半部分是 HDFS 的主节点配置。连接的用户名为普通用户 hadoop，配置完成后单击“Finish”按钮。

配置成功后，在 Eclipse 的“Project Explorer”中会看到 HDFS 的抽象目录树，如图 3-13 所示。

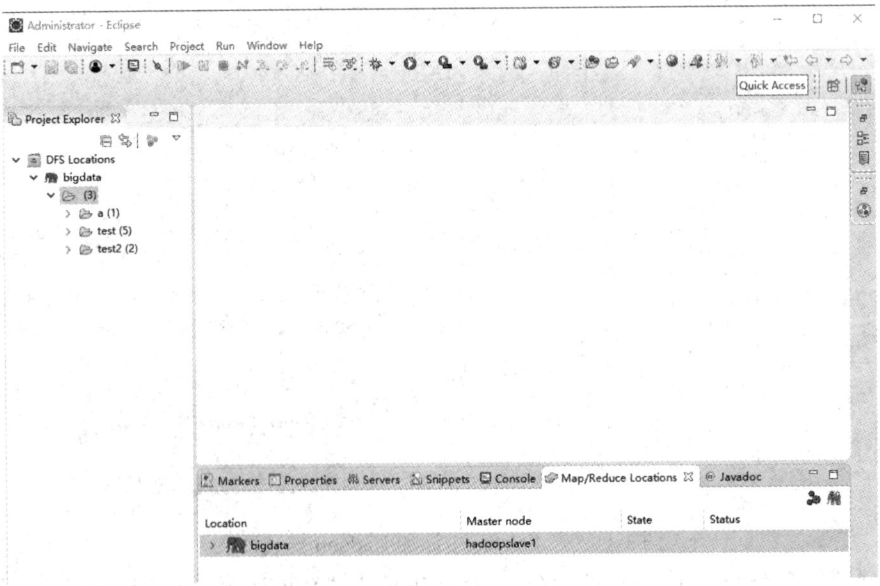


图 3-13　查看 HDFS 的抽象目录树

(7) 通过 API 调用 HDFS。

在 Eclipse 中新建 Java 工程 hdfs_api，并通过 Java API 调用 HDFS，需要导入 Hadoop 的相关 jar 包。在生产实际中导入 jar 包的方法有三种：

① 通过鼠标右键单击“Build Path”，在工程下建立一个文件夹，名称为 lib。其优点是当代码移动时比较方便，不用重新导入 jar 包。但是当 jar 包发生冲突时，便难以解决，而且因为在工程中携带了 jar 包，使得整个工程显得过于庞大。

② 使用 maven 管理 jar 包。这种方法管理 jar 包非常方便，解决了 jar 包的冲突问题，因此在企业中应用比较多。但是，如果移动代码后则需要重构工程。

③ 可以手动建立一个 jar 包依赖库。

在工程 hdfs_api 下用鼠标右键单击“Build Path”→“Configure Build Path”→“Add Library”→“User Library”→“User Libraries”→“New”项，输入用户库的名称“common_2.7.7”，然后单击新建好的“common_2.7.7”，再单击“Add External JARs…”导入本地磁盘中 Hadoop 安装目录下 common 文件夹中的 jar 包，如图 3-14 所示。

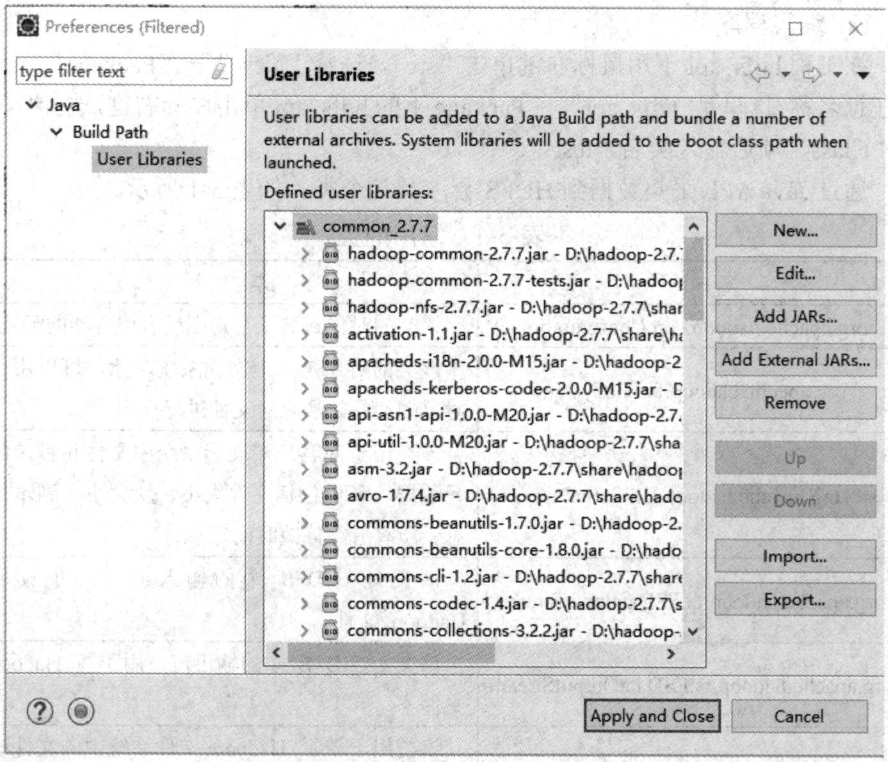


图 3-14　新建用户库 common_2.7.7

使用同样的方法创建用户库“hdfs_2.7.7”，然后导入 Hadoop 安装目录下 hdfs 文件夹中的 jar 包，并在 Java 工程 hdfs_api 中加入用户库“common_2.7.7”和“hdfs_2.7.7”，如图 3-15 所示。同样，后续在建立 Java 工程时，只需要加入这两个用户库即可。

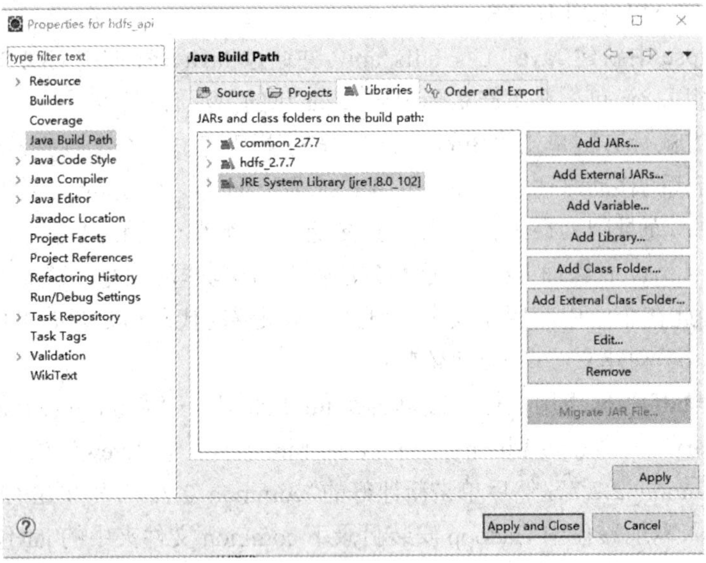


图 3-15 加入新建的用户库

(8) 编写程序。

在工程 hdfs_api 下用鼠标右键单击“src”，选择“New”→“Package”项后输入任意名称，这里是“hdfs_api”。在 Package 下的 hdfs_api 单击鼠标右键，选择“New”→“Class”项后输入类名“test1”。

通过 Java API 采集数据到 HDFS 会涉及几个类，如表 3-1 所示。

**表 3-1 常用的类**

| 名 称 | 作 用 |
| --- | --- |
| org.apache.hadoop.con.Configuration | 该类的对象封装了客户端或者服务器的配置 |
| org.apache.hadoop.fs.FileSystem | 该类的对象是一个文件系统对象，可以用该对象的一些方法来对文件进行操作 |
| org.apache.hadoop.fs.FileStatus | 该类用于向客户端展示系统中文件和目录的元数据，具体包括文件大小、块大小、副本信息、所有者、修改时间等 |
| org.apache.hadoop.fs.FSDatalnputStream | 该类是 HDFS 中的输入流，用于读取 Hadoop 文件 |
| org.apache.hadoop.fs.FSDataOutputStream | 该类是 HDFS 中的输出流，用于写 Hadoop 文件 |
| org.apache.hadoop.fs.Path | 该类用于表示 Hadoop 文件系统中的文件或者目录的路径 |

FileSystem 是一个抽象的文件系统类，适用于多种文件系统，如本地文件系统 File、FTP、HDFS 等。如果要实现一个文件系统，则可以通过继承这个类进行相应的配置，并实现相应的抽象方法。

作为 FileSystem 的子类 DistributedFileSystem 是 Hadoop 抽象文件系统的一个

具体文件系统，当通过 FileSystem.get()获取 HDFS 文件系统时，返回一个 DistributedFileSystem 对象。对 HDFS 的用户来说，DistributedFileSystem 就代表了 Hadoop 分布式文件系统，用户只要操作 DistributedFileSystem 对象可进行文件目录的建立、数据的存取操作。

HDFS Java API 的一般用法如下：

① 实例化 Configuration 类。

Configuration 封装了客户端或服务器的配置，Configuration 实例会自动加载 HDFS 的配置文件 core-site.xml，从中获取 Hadoop 集群的配置信息。

```
Configuration conf=new Configuration();
```

② 实例化 FileSystem 类，代码如下：

```
FileSystem   fs=FileSystem.get(conf); //获取本地文件系统
FileSystem   fs=FileSystem.get(uri,conf,"hadoop"); //获取分布式文件系统
```

获取了 FileSystem 实例后，就可以使用该实例提供的方法执行相应的操作，如打开文件、创建文件、重命名文件、删除文件等。

③ 实例化 Path 类。

Path 类是 HDFS 的内置对象，代表 HDFS 的文件路径，如：

```
Path src=new Path("D:\\test01.txt");
```

## 任务实施

### 通过 Java API 采集数据到 HDFS

通过 Java API 采集数据到 HDFS

#### 1. 上传文件

使用 FileSystem 类提供的 copyFromLocalFile()方法实现文件的上传，注意文件上传的目的地。

【例 1】 将本地 D:\\test01.txt 上传至本地，代码如下：

```
package hdfs_api;

import java.io.IOException;

import org.apache.hadoop.conf.Configuration;
import org.apache.hadoop.fs.FileSystem;
import org.apache.hadoop.fs.Path;

public class test1 {
    public static void main(String[] args) throws IOException {
        Configuration conf=new Configuration(); //加载配置文件
            FileSystem   fs=FileSystem.get(conf); //获取本地文件系统
            Path src=new Path("D:\\test01.txt");
            Path dst=new Path("/"); //上传到 eclipse 工作空间的根目录
            fs.copyFromLocalFile(src, dst);
```

```
            fs.close();
            System.out.println("Upload LocalFileSystem");
        }
    }
```

【例 2】 将本地 D:\\test02.txt 上传至 HDFS 的“/”，代码如下：

```
    package hdfs_api;
    import java.io.IOException;
    import java.net.URI;

    import org.apache.hadoop.conf.Configuration;
    import org.apache.hadoop.fs.FileSystem;
    import org.apache.hadoop.fs.Path;

    public class test1 {
        public static void main(String[] args) throws IOException, Exception {
            //加载配置文件
            Configuration conf=new Configuration();
            //HDFS 主节点的通信地址
            URI uri=new URI("hdfs://hadoopmaster:9000");
            //指定用户名，获取分布式文件系统
            FileSystem    fs=FileSystem.get(uri,conf,"hadoop");
            Path src=new Path("D:\\test02.txt");
            // 上传到 HDFS 的"/"
            Path dst=new Path("/");
            fs.copyFromLocalFile(src, dst);
            fs.close();
            System.out.println("Upload DistributedFileSystem");
        }

    }
```

查看结果：

```
[hadoop@hadoopmaster ~]$ hdfs dfs -ls /
Found 4 items
drwxr-xr-x   - hadoop supergroup          0 2020-03-18 15:39 /a
drwxr-xr-x   - hadoop supergroup          0 2020-03-18 16:27 /test
-rw-r--r--   3 hadoop supergroup       4695 2020-03-20 14:40 /test02.txt
drwxr-xr-x   - hadoop supergroup          0 2020-03-18 17:08 /test2
```

2. 下载文件

使用 FileSystem 提供的 copyToLocalFile()方法将 HDFS 系统中的文件下载到本地。

【例 3】 从 HDFS 的/test/bb.txt 下载到本地磁盘 D，代码如下：

```
package hdfs_api;

import java.io.IOException;
import java.net.URI;
import org.apache.hadoop.conf.Configuration;
import org.apache.hadoop.fs.FileSystem;
import org.apache.hadoop.fs.Path;

public class test1 {
    public static void main(String[] args) throws IOException, Exception {
        //加载配置文件
        Configuration conf=new Configuration();
        //HDFS 主节点的通信地址
        URI uri=new URI("hdfs://hadoopmaster:9000");
        //指定用户名，获取分布式文件系统
        FileSystem   fs=FileSystem.get(uri,conf,"hadoop");
        Path src=new Path("/test/bb.txt");
        Path dst=new Path("D:\\");
        fs.copyToLocalFile(src, dst);
        fs.close();
        System.out.println("Download D:\\");
    }

}
```

### 3. 创建目录

使用 FileSystem 的 mkdirs()方法可以递归创建多级目录。

【例 4】 在 HDFS 上创建目录/api01，代码如下：

```
package hdfs_api;

import java.io.IOException;
import java.net.URI;
import org.apache.hadoop.conf.Configuration;
import org.apache.hadoop.fs.FileSystem;
import org.apache.hadoop.fs.Path;

public class test1 {
    public static void main(String[] args) throws IOException, Exception {
        //加载配置文件
        Configuration conf=new Configuration();
        //HDFS 主节点的通信地址
        URI uri=new URI("hdfs://hadoopmaster:9000");
```

```
        //指定用户名，获取分布式文件系统
        FileSystem    fs=FileSystem.get(uri,conf,"hadoop");
        Path p=new Path("/api01");
        //可以递归创建多级目录
        fs.mkdirs(p);
        fs.close();
    }
}
```

查看结果：

```
[hadoop@hadoopmaster ~]$ hdfs dfs -ls /
Found 5 items
drwxr-xr-x   - hadoop supergroup          0 2020-03-18 15:39 /a
drwxr-xr-x   - hadoop supergroup          0 2020-03-20 15:12 /api01
```

#### 4. 删除文件或目录

使用 FileSystem 的 delete()方法可以永久地删除文件或目录。默认情况下，递归删除目录。

**【例 5】** 删除 HDFS 上的/api01 目录，代码如下：

```
package hdfs_api;

import java.io.IOException;
import java.net.URI;
import org.apache.hadoop.conf.Configuration;
import org.apache.hadoop.fs.FileSystem;
import org.apache.hadoop.fs.Path;

public class test1 {

    public static void main(String[] args) throws IOException, Exception {
        //加载配置文件
        Configuration conf=new Configuration();
        //HDFS 主节点的通信地址
        URI uri=new URI("hdfs://hadoopmaster:9000");
        //指定用户名，获取分布式文件系统
        FileSystem    fs=FileSystem.get(uri,conf,"hadoop");
        Path p=new Path("/api01");
        //默认情况下是递归删除目录
        fs.delete(p);
        fs.close();
    }
}
```

### 5. 查看文件或目录的状态信息

通过 FileStatus 可以查看文件或目录的状态信息，包括长度、副本数、数据块大小、最近的访问时间、最后的修改时间、拥有者及所属的组等。

【例 6】 查看 HDFS 的“/”所有文件或目录的状态信息，代码如下：

```
package hdfs_api;

import java.io.IOException;
import java.net.URI;
import java.text.SimpleDateFormat;

import org.apache.hadoop.conf.Configuration;
import org.apache.hadoop.fs.FileStatus;
import org.apache.hadoop.fs.FileSystem;
import org.apache.hadoop.fs.Path;

public class test1 {

    public static void main(String[] args) throws IOException, Exception {
        //加载配置文件
        Configuration conf=new Configuration();
        //HDFS 主节点的通信地址
        URI uri=new URI("hdfs://hadoopmaster:9000");
        //指定用户名，获取分布式文件系统
        FileSystem   fs=FileSystem.get(uri,conf,"hadoop");
        Path p=new Path("/");
        //获取指定目录下文件或目录的状态信息
        FileStatus[] liStatus= fs.listStatus(p);
        //循环遍历指定目录下所有文件或目录的信息
        for(FileStatus f:liStatus) {
            System.out.print("获取文件路径"+":");
            Path   path=f.getPath();
            System.out.println(path);
            System.out.println("获取"+path+"所有状态信息：");
            System.out.println(f);
            System.out.print("获取"+path+"最近访问时间"+"：");
            SimpleDateFormat dateformat=new SimpleDateFormat ("yyyy-mm-dd hh:mm: ss");
            long accessTime=f.getAccessTime();
            System.out.println(dateformat.format(accessTime));
            System.out.print("获取"+path+"最后修改时间"+"：");
            long modifytime=f.getModificationTime();
```

通过 FileStatus 获取文件或目录的状态信息

```
            System.out.println(dateformat.format(modifytime));
            System.out.print("获取"+path+"数据块大小"+"：");
            System.out.println(f.getBlockSize());
            System.out.print("获取"+path+"长度"+"：");
            System.out.println(f.getLen());
            System.out.print("获取"+path+"拥有者"+"：");
            System.out.println(f.getOwner());
            //每个文件或目录的分割符
            System.out.println("***********************");

        }

        fs.close();

    }

}
```

查看结果：

获取文件路径：hdfs://hadoopmaster:9000/test

获取 hdfs://hadoopmaster:9000/test 所有状态信息：

FileStatus{path=hdfs://hadoopmaster:9000/test; isDirectory=true; modification_time=1584520049279; access_time=0; owner=hadoop; group=supergroup; permission=rwxr-xr-x; isSymlink=false}

获取 hdfs://hadoopmaster:9000/test 最近访问时间：1970-00-01 08:00:00

获取 hdfs://hadoopmaster:9000/test 最后修改时间：2020-27-18 04:27:29

获取 hdfs://hadoopmaster:9000/test 数据块大小：0

获取 hdfs://hadoopmaster:9000/test 长度：0

获取 hdfs://hadoopmaster:9000/test 拥有者：hadoop

***********************

## 能力拓展　通过数据流采集数据到 HDFS

通过数据流从 HDFS 下载文件到本地硬盘

### 1. 下载文件

FileSystem 类提供的 open()方法返回的是 FSDataInputStream 对象，它支持随机访问，可以从任意位置读取数据。代码如下：

```
package hdfs_api;

import java.io.File;
import java.io.FileOutputStream;
import java.io.IOException;
```

```
import java.net.URI;
import java.net.URISyntaxException;

import org.apache.hadoop.conf.Configuration;
import org.apache.hadoop.fs.FSDataInputStream;
import org.apache.hadoop.fs.FileSystem;
import org.apache.hadoop.fs.Path;
import org.apache.hadoop.io.IOUtils;

public class IO_demo {
    public static void main(String[] args) throws IOException, InterruptedException,
URISyntaxException {
        Configuration conf=new Configuration();
        FileSystem fs=FileSystem.get(new URI("hdfs://hadoopmaster:9000"), conf,
"hadoop");
        //创建 HDFS 输入流
        Path p=new Path("/aa");
        FSDataInputStream in=fs.open(p);
        //创建本地输出流
        FileOutputStream out=new FileOutputStream(new File("D:\\ss01"));
        //实用工具类实现复制，不需要手动关闭流
        IOUtils.copyBytes(in, out, 4096);
    }
}
```

## 2. 上传文件

FileSystem 类提供 create ()方法会返回写入 HDFS 目标路径的输出流对象 FSDataOutputStream，代码如下：

```
package hdfs_api;

import java.io.File;
import java.io.FileInputStream;
import java.io.IOException;
import java.net.URI;
import java.net.URISyntaxException;

import org.apache.hadoop.conf.Configuration;
import org.apache.hadoop.fs.FSDataOutputStream;
import org.apache.hadoop.fs.FileSystem;
import org.apache.hadoop.fs.Path;
import org.apache.hadoop.io.IOUtils;
```

通过数据流上传本地文件到 HDFS

```
public class IO_demo {
    public static void main(String[] args) throws IOException, InterruptedException, URISyntaxException {
        Configuration conf=new Configuration();
        FileSystem fs=FileSystem.get(new URI("hdfs://hadoopmaster:9000"), conf, "hadoop");
        //创建本地的输入流
        FileInputStream in=new FileInputStream(new File("D:\\test03.txt"));
        //创建 HDFS 的输出流
        Path p=new Path("/aa"); //上传到 HDFS 后文件名为 aa
        FSDataOutputStream  out=fs.create(p);
        //使用工具类实现复制，不需要手动关闭流
        IOUtils.copyBytes(in, out, 4096);
    }
}
```

## 项 目 小 结

根据分布式系统的思想和特性学习 HDFS，掌握 HDFS 分布式文件系统的主从架构，掌握集群中 NameNode、DataNode、SecondaryNameNode 的角色地位以及主要功能。理解 HDFS 机架感知、冗余副本策略、心跳机制、安全模式等工作机制，以及 HDFS 中文件读取和写入过程。了解访问 HDFS 的三种方式，重点掌握实际应用中经常使用的 Shell 命令和 Java API 接口，并且能通过这两种方式将实际中的数据采集到 HDFS 平台，为数据的实际应用提供资源。

## 课 后 习 题

### 一、选择题

1. 负责 HDFS 数据存储的节点是(　　)。

A. NameNode　　B. Datanode

C. SecondaryNameNode　　D. MRAppMaster/YARNChild

2. NameNode 是 HDFS 的管理者，它的职责有三个方面。下面(　　)选项不是 NamdeNode 的职责。

A. 负责管理和维护 HDFS 的命名空间(NameSpace)

B. 管理 DataNode 上的数据块(block)

C. 接收客户端的请求

D. 负责保存数据块

3. HDFS 中的 block 默认保存(　　)份。

A. 3 份　　B. 2 份　　C. 1 份　　D. 不确定

4. Hadoop2.x 以后的版本中，HDFS 默认数据块大小是(　　)。

A. 32 MB　　B. 64 MB　　C. 128 MB　　D. 256 MB

5. 关于 SecondaryNameNode，(　　)是正确的。

A. 它是 NameNode 的热备

B. 它对内存没有要求

C. 帮助 NameNode 合并编辑日志，减少 NameNode 启动时间

D. SecondaryNameNode 应与 NameNode 部署到一个节点

6. 考虑到安全和效率，Hadoop 设计了机架感知(rack-aware)功能。下面关于机架感知说法正确的是(　　)。

A. 三个冗余备份可在同一个机架上

B. 三个冗余备份在不同的机架上

C. 三个冗余备份中有两个在同一个架构上，另外一个备份在不同的机架上

D. 上述说法都不对

7. Hadoop 类库中最终面向用户提供的接口类是(　　)，该类是个抽象类，只能通过类的 get 方法得到具体类。

A. Configuration 类　　B. FileSystem 类

C. Path 类　　D. URI 类

8. NameNode 在启动时自动进入安全模式，在安全模式阶段，说法不正确的是(　　)。

A. 安全模式目的是在系统启动时检查各个 DataNode 上数据块的有效性

B. 根据策略对数据块进行必要的复制或删除

C. 当数据块最小百分比数满足最小副本数条件时，会自动退出安全模式

D. 文件系统允许有修改

## 二、判断题

1. 使用 Java API 访问 HDFS 时，数据块副本数可以在程序中设置。(　　)

2. DataNode 一旦发生故障将导致整个集群不可用。(　　)

3. 如果 NameNode 意外终止，SecondaryNameNode 会接替它使集群继续工作。(　　)

4. Hadoop 支持数据的随机写。(　　)

5. NameNode 负责管理 metadata，客户端每次读、写请求，它都会从磁盘中读取或者写入 metadata 信息并反馈客户端。(　　)

6. 因为 HDFS 有多个副本，所以 NameNode 是不存在单点问题的。(　　)

## 三、填空题

1. HDFS 采用________架构，包含主节点________和从节点________。

2. HDFS 上传文件，使用的 Shell 命令是________。

3. 将 HDFS 中的文件下载到 Linux 本地，使用的 Shell 命令是________。

## 四、简答题

1. 根据要求写出对应的 HDFS Shell 命令。

(1) 在 HDFS 上创建名为 test 的目录。

(2) 将本地的 file 文件上传至 test 目录下。

(3) 将本地的 file1 文件内容追加至 test 目录下的 file 中。

(4) 查看 test 的目录信息。

(5) 将 test 下的 file 文件下载至本地。

2. HDFS 的三个核心组件是什么？有什么作用?

3. 在集群中，当有一个 DataNode 出现错误时会怎样？

## 五、拓展练习

1. 请阐述 NameNode 和 SecondaryNameNode 的区别与联系。

2. 谈谈 hadoop fs、hadoop dfs 和 hdfs dfs 的区别。

# 项目 4
# 部署 HDFS 的 HA 集群

## 项目概述

分布式文件系统(HDFS)采用主从架构，集群中只有一个 NameNode，多个 DataNode。这样的架构存在严重的单点故障，当 NameNode 发生故障时，整个集群就处于瘫痪状态。为确保集群能持续提供服务，现需要部署 HDFS 的 HA 集群。

## 项目背景

理解并掌握 ZooKeeper 工作原理及工作模式，能根据实际需求部署 ZooKeeper 集群。掌握 ZooKeeper 读写机制、树形的层次结构、监听通知机制以及典型的应用场景。为了解决 HDFS 中 NameNode 单点故障问题，可利用 ZooKeeper 实现 HDFS 的 HA 机制。了解生产实际中 Federation 机制出现的背景，并掌握 Federation 机制的架构以及优缺点。

## 项目演示

部署 ZooKeeper 集群。

通过 Shell 命令、ZooInspector 及 Java API 访问 ZooKeeper 服务。

利用 ZooKeeper 实现 HDFS 的 HA。

## 思政聚焦

随着时间的推移，基层采集到的疫情数据越来越多，HDFS 承载的信息量也越来越大，一旦系统出现故障，造成的损失就更大，甚至是灾难性的。作为系统开发者，要提前考虑到各种突发状况，做到精益求精，树立“工匠精神”。

## 项目主要内容

- ZooKeeper 的工作原理。
- ZooKeeper 的读写机制、数据模型以及监听通知机制。

- HDFS HA 机制。
- HDFS Federation 机制。

## 思维导图

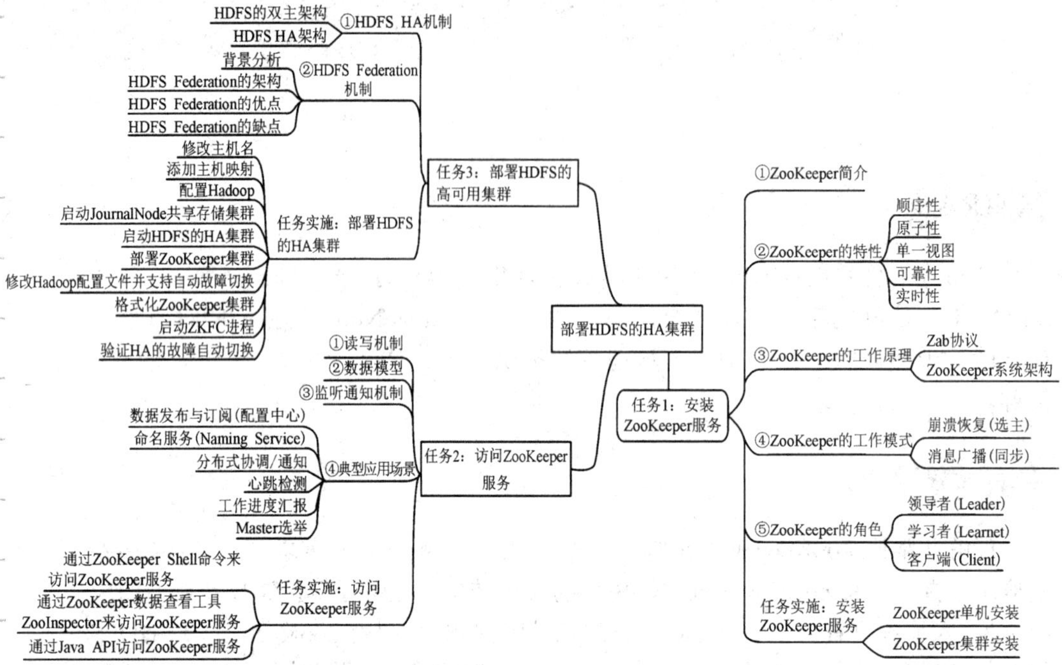


## 教学大纲

**能力目标**

◎ 能部署 ZooKeeper 集群。

◎ 能利用 ZooKeeper 部署高可用的 HDFS。

**知识目标**

◎ 理解 ZooKeeper 的工作原理。

◎ 理解 ZooKeeper 的典型应用场景。

◎ 掌握 HDFS HA 机制。

◎ 掌握 HDFS Federation 机制。

**学习重点**

◎ ZooKeeper 的工作原理。

◎ 访问 ZooKeeper 服务的方式。

◎ HDFS HA 机制。

**学习难点**

◎ ZooKeeper 的系统架构及其工作原理。

◎ HDFS HA 的运行原理。

# 任务1 安装ZooKeeper服务

## 任务描述

了解分布式系统中的协调服务ZooKeeper及其特性，掌握ZooKeeper的工作原理、工作模式及其角色等，能分别在单机模式下安装ZooKeeper服务以及在集群模式下安装ZooKeeper服务。

## 知识准备

### 一、ZooKeeper简介

分布式系统是由同时跨越多个物理主机、独立运行的多个软件所组成的系统。如前面学习的HDFS系统，其计算速度快、可靠性高，但是在分布式系统中存在以下问题：

- ✧ 各节点谁来担任领导角色？
- ✧ 任务怎样分配？
- ✧ 领导节点如何了解任务进度？
- ✧ 新的节点如何融入该分布式系统？

解决上述问题唯一的方案就是实现信息同步。这样，各个节点都会清楚地知道其他节点的工作内容和进度。分布式系统的协调工作就是让每个节点的信息能够同步和共享。

实际生产中，大部分分布式应用需要一个主控、协调器或控制器来管理物理分布的子进程(如资源、任务分配等)。目前，大部分应用需要开发私有的协调程序，如果缺乏一个通用的机制，则协调程序就会反复编写，既浪费时间，又难以形成通用、伸缩性好的协调器。ZooKeeper提供了通用的分布式锁服务，解决分布式系统协调问题，可以协调更多的分布式系统应用，如HDFS、YARN、HBase，以及后续可能接触到的Spark、Storm等系统。

ZooKeeper是一个开源的分布式协调服务，由雅虎创建，是Google Chubby的开源实现。它是Apache Hadoop的一个子项目。分布式应用程序可以基于它实现状态同步、数据发布/订阅、负载均衡、命名服务、分布式协调/通知、集群管理、Master选举、分布式锁和分布式队列等功能。

ZooKeeper通过共享存储的方式对分布式系统进行协调。在ZooKeeper上存储了任务的分配、完成情况等共享信息，并且分布式系统中的节点订阅了这些共享信息。当主节点对某个从节点的分工信息作出改变时，相关订阅的从节点得到ZooKeeper的通知取得最新的任务分配，任务完成后，将完成情况继续存储到ZooKeeper中。主节点订阅了该任务的完成情况信息，所以将得到ZooKeeper的完工通知。通过ZooKeeper实现分布式协同，如图4-1所示。

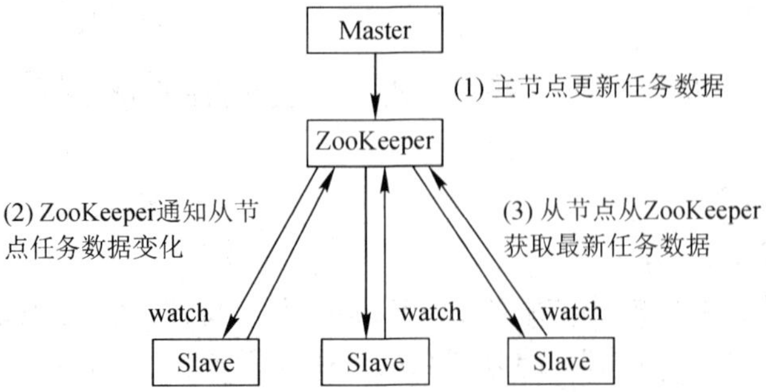


图 4-1 通过 ZooKeeper 实现分布式协同

大多数分布式系统中出现的问题都源于信息共享出了问题。如果各个节点间信息不能及时共享和同步，那么就会在协作过程中产生各种问题。ZooKeeper 解决协同问题的关键在于保证分布式系统信息的一致性。

ZooKeeper 的目标就是封装好复杂易出错的关键服务，构成一个高效、可靠的原语集，并提供一系列简单易用的接口给用户使用。在越来越多的分布式系统中，ZooKeeper 都作为核心组件使用。ZooKeeper 的 Logo 如图 4-2 所示。

图 4-2 ZooKeeper 的 Logo

## 二、ZooKeeper 的特性

在实际应用中，ZooKeeper 的特性表现为以下几种：

(1) 顺序性。顺序性也是数据一致性，即指数据按照顺序分批入库。

(2) 原子性。所有事务请求的结果在集群中所有机器上的应用情况是一致的，要么成功，要么失败。

(3) 单一视图。客户端连接集群中任意的 ZooKeeper 节点，看到的服务端数据模型都是一致的。这是 ZooKeeper 里面一个非常重要的功能。

(4) 可靠性。一旦服务端成功地应用了一个事务，并完成对客户端的响应，那么该事务所引起的服务端状态变更将会被一直保留下来，除非有另一个事务又对其进行了变更。

(5) 实时性。一旦一个事务被成功应用，那么客户端能够立即从服务端上读取到这个事务变更后的最新数据状态。

## 三、ZooKeeper 的工作原理

ZooKeeper 采用 Zab(ZooKeeper Atomic Broadcast Protocol，ZooKeeper 原子广播协议)作为其数据一致性的核心算法。它是一种特别为 ZooKeeper 设计的崩溃可恢复的原子广播算法。

基于 Zab 协议，ZooKeeper 实现了一种主备模式(Leader、Follower)的系统架构来保持集群中各副本之间数据的一致性，如图 4-3 所示。

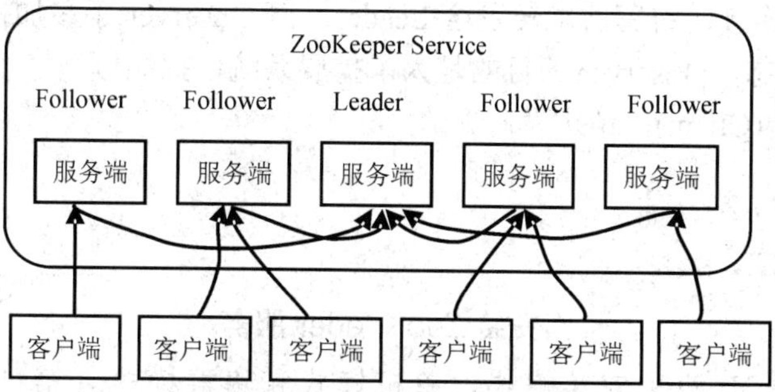


图 4-3　ZooKeeper 系统架构

Zab 协议的核心是定义那些会改变 ZooKeeper 服务器数据状态事务请求的处理方式。所有事务请求必须由一个全局唯一的服务器来协调处理，这样的服务器被称为 Leader 服务器，而剩下的其他服务器则称为 Follower 服务器。Leader 服务器负责将一个客户端事务请求转换成一个事务 Proposal(提案)并将该 Proposal 分发给集群中所有的 Follower 服务器。之后，Leader 服务器需要等待所有 Follower 服务器的反馈，一旦超过半数的 Follower 服务器进行了正确的反馈，Leader 服务器就会再次向所有的 Follower 服务器分发 Commit 消息，要求对刚才的 Proposal 进行提交。

## 四、ZooKeeper 的工作模式

考虑到 Leader 服务器在任何时候都有可能出现崩溃退出或重启现象，因此，Zab 协议还需要做到在当前 Leader 服务器出现上述异常情况的时候，依然能够正常工作。Zab 协议包括两种基本模式，分别是崩溃恢复和消息广播。

### 1. 崩溃恢复(选主)

崩溃恢复模式包括两个阶段：Leader 选举和数据同步。

在整个 ZooKeeper 集群启动过程中，或是当 Leader 服务器出现网络中断、崩溃退出与重启等异常情况时，Zab 协议就会进入恢复模式并选举产生新的 Leader 服务器。当选举产生了新的 Leader 服务器，同时集群中有过半的机器与该 Leader 服务器完成了状态同步之后，Zab 协议就会退出恢复模式。状态同步保证了 Leader 服务器和 Follower 服务器具有相同的系统状态。

### 2. 消息广播(同步)

当集群中有过半的 Follower 服务器完成了和 Leader 服务器的状态同步时，整个集群就可以进入消息广播模式了。当一台遵守 Zab 协议的服务器加入到集群中后，它会在恢复模式下启动，发现 Leader 服务器，并和 Leader 服务器进行状态同步。等到同步结束后，它也参与消息广播。

## 五、ZooKeeper 的角色

在 ZooKeeper 集群中，服务器一般分为以下三种角色，分别承担不同的任务。

(1) 领导者(Leader)：负责进行提案的发起和决议，更新系统状态。

(2) 学习者(Learner)：包括跟随者(Follower)和观察者(Observer)。其中，Follower用于接受客户端请求并向客户端返回结果，在选主过程中参与投票。Observer 可以接受客户端连接，将写请求转发给 Leader，但 Observer 不参加投票过程，只同步 Leader 的状态，Observer 的目的是为了扩展系统，提高读取速度。

(3) 客户端(Client)：请求发起方。

## 任务实施

### 安装 ZooKeeper 服务

ZooKeeper 单机安装

ZooKeeper 有两种安装模式，单机模式和集群模式。第一次安装与使用 ZooKeeper 时，最简单的方式就是在一台 ZooKeeper 服务器上以单机模式运行。由于 ZooKeeper 是用 Java 开发的，所以先要安装好 JDK。

#### 1. ZooKeeper 单机安装

(1) 下载并解压 ZooKeeper。

在 ZooKeeper 官网下载 zookeeper-3.4.14.tar.gz 安装包。将下载后的 zookeeper-3.4.14.tar.gz 安装包上传到 Linux 系统用户的/home 目录下，解压并进入 zookeeper-3.4.14 目录中的内容如下：

```
[hadoop@zookeeper ~]$ tar -zxvf   zookeeper-3.4.14.tar.gz
[hadoop@zookeeper ~]$ cd zookeeper-3.4.14/
```

(2) 修改配置文件 zoo.cfg。

ZooKeeper 的核心属性配置文件是 zoo.cfg，在主安装目录下的 conf 子目录内，系统为用户准备了一个模板文件 zoo_sample.cfg。进入 zookeeper-3.4.14/conf 目录，复制 zoo_sample.cfg 文件为 zoo.cfg，并编辑 zoo.cfg 文件的内容如下：

```
[hadoop@zookeeper zookeeper-3.4.14]$ cd conf/
[hadoop@zookeeper conf]$ cp zoo_sample.cfg zoo.cfg
[hadoop@zookeeper conf]$ vi zoo.cfg
[hadoop@zookeeper conf]$ grep -v ^# zoo.cfg
tickTime=2000
dataDir=/home/hadoop/zookeeper/tmp
clientPort=2181
```

编辑完成后，保存并退出。

(3) 启动 ZooKeeper，命令如下：

```
[hadoop@zookeeper zookeeper-3.4.14]$ cd bin/
[hadoop@zookeeper bin]$ ./zkServer.sh start
ZooKeeper JMX enabled by default
Using config: /home/hadoop/zookeeper-3.4.14/bin/../conf/zoo.cfg
Starting zookeeper ... STARTED
```

(4) 查看 ZooKeeper 状态，命令如下：

```
[hadoop@zookeeper bin]$ ./zkServer.sh status
ZooKeeper JMX enabled by default
Using config: /home/hadoop/zookeeper-3.4.14/bin/../conf/zoo.cfg
Mode: standalone
```

### 2. ZooKeeper 集群安装

ZooKeeper 集群安装

为了获得可靠的 ZooKeeper 服务，用户应该在一个集群上部署 ZooKeeper。只要集群上大多数的 ZooKeeper 服务启动了，总的 ZooKeeper 服务便可用。一般要求集群的规模不小于 3 台，集群中服务器的个数为奇数，如果是偶数，选举就无法进行。ZooKeeper 集群节点规划如表 4-1 所示，同样需要在每台主机上安装好 JDK。

**表 4-1　ZooKeeper 集群节点规划**

| IP | 主机名 | 节　点 |
|---|---|---|
| 192.168.8.130 | zookeeper1 | 集群节点 |
| 192.168.8.132 | zookeeper2 | 集群节点 |
| 192.168.8.133 | zookeeper3 | 集群节点 |

具体配置步骤如下：

(1) 下载并解压 ZooKeeper。

将 zookeeper-3.4.14.tar.gz 安装包上传到 zookeeper1 节点用户/home 的目录下，解压并进入 zookeeper-3.4.14 目录中的内容如下：

```
[hadoop@zookeeper1~]$ tar -zxvf  zookeeper-3.4.14.tar.gz
[hadoop@zookeeper1~]$ cd zookeeper-3.4.14/
```

(2) 修改配置文件 zoo.cfg。

复制模板文件 zoo_sample.cfg 为 zoo.cfg，并编辑 zoo.cfg 文件的内容如下：

```
[hadoop@zookeeper1 zookeeper-3.4.14]$ cd conf/
[hadoop@zookeeper1 conf]$ cp zoo_sample.cfg zoo.cfg
[hadoop@zookeeper1 conf]$ vi zoo.cfg
[hadoop@zookeeper1 conf]$ grep -v ^# zoo.cfg
tickTime=2000
initLimit=10
syncLimit=5
dataDir=/home/hadoop/zookeeper/tmp
clientPort=2181
server.1=192.168.8.130:2888:3888
server.2=192.168.8.132:2888:3888
server.3=192.168.8.133:2888:3888
```

其中：

tickTime：ZooKeeper 服务器之间或客户端与服务器之间维持心跳信息的时间

间隔。也就是说，每个 tickTime 时间就会发送一个心跳信息，单位为毫秒(ms)。

initLimit：ZooKeeper 集群模式下包含多个 ZooKeeper 进程，其中一个进程为 Leader，余下的进程为 Follower。initLimit 配置 Follower 最初连接到 Leader 时，最长能忍受多少个心跳时间间隔数，才能实现状态同步。

当已经超过 10 个心跳的时间(也就是 tickTime)长度后，如果 Leader 还没有收到 Follower 的返回信息，则表明这个 Follower 连接失败。总的时间长度就是 $10 \times 2000 = 20$ 秒。

syncLimit：配置 Follower 与 Leader 之间发送消息，请求和应答的最大时间长度，最长不能超过 syncLimit 个 tickTime 的时间长度。比如，上述配置表示请求和应答的最大时间长度为 syncLimit × tickTime = $5 \times 2000 = 10$ 秒。

dataDir：顾名思义，dataDir 就是 ZooKeeper 保存数据的目录。默认情况下，ZooKeeper 将数据的日志文件也保存在这个目录里。不同的是，集群模式下还有一个 myid 文件，myid 文件的内容只有一行，且内容只能是 1～255 之间的数字，这个数字也是 server.id 中的 id。

clientPort：这个端口就是客户端连接 ZooKeeper 服务器的端口，ZooKeeper 会监听这个端口，接收客户端的请求。

server.id=host:port1:port2：其中 id 是一个数字，表示是第几号服务器，也是 dataDir 目录下 myid 文件的内容；host 是这个服务器的 IP 地址；port1 表示这个服务器与集群中的 Leader 服务器交换信息的端口；port2 表示选举 Leader 所使用的端口。

远程发送目录至节点 zookeeper2 和节点 zookeeper3 的当前目录下。

```
[hadoop@zookeeper1 ~]$ scp -r zookeeper-3.4.14 192.168.8.132:$PWD
[hadoop@zookeeper1 ~]$ scp -r zookeeper-3.4.14 192.168.8.133:$PWD
```

(3) 创建 myid 文件。

在 3 个节点的 dataDir 目录下(此处为/home/hadoop/zookeeper/tmp)分别创建一个 myid 文件，文件内容分别只有一行，其内容为 1、2、3，即文件中只有一个数字，这个数字是上面 zoo.cfg 配置文件中指定的 id。ZooKeeper 是根据该文件来决定 ZooKeeper 集群各个机器的身份分配的。

在节点 zookeeper1 的 dataDir 目录下创建 myid 文件：

```
[hadoop@zookeeper1 tmp]$ cd /home/hadoop/zookeeper/tmp
[hadoop@zookeeper1 tmp]$ vi myid
[hadoop@zookeeper1 tmp]$ cat myid
1
```

在节点 zookeeper2 的 dataDir 目录下创建 myid 文件：

```
hadoop@zookeeper2 zookeeper]$ cd /home/hadoop/zookeeper/tmp/
[hadoop@zookeeper2 tmp]$ vi myid
[hadoop@zookeeper2 tmp]$ cat myid
2
```

在节点 zookeeper3 的 dataDir 目录下创建 myid 文件：

```
[hadoop@zookeeper3 ~]$  cd /home/hadoop/zookeeper/tmp/
[hadoop@zookeeper3 tmp]$ vi myid
[hadoop@zookeeper3 tmp]$ cat myid
3
```

(4) 启动 ZooKeeper。

分别进入 3 台主机的 zookeeper-3.4.14/bin/目录下，启动 ZooKeeper 服务，并查看主节点状态。

启动 Zookeeper 服务，查看节点 zookeeper1：

```
[hadoop@zookeeper1 tmp]$ cd ~/zookeeper-3.4.14/bin/
[hadoop@zookeeper1 bin]$ ./zkServer.sh start
ZooKeeper JMX enabled by default
Using config: /home/hadoop/zookeeper-3.4.14/bin/../conf/zoo.cfg
Starting zookeeper ... STARTED
[hadoop@zookeeper1 bin]$ ./zkServer.sh status
ZooKeeper JMX enabled by default
Using config: /home/hadoop/zookeeper-3.4.14/bin/../conf/zoo.cfg
Mode: follower
```

启动 Zookeeper 服务，查看节点 zookeeper2：

```
[hadoop@zookeeper2 tmp]$ cd ~/zookeeper-3.4.14/bin/
[hadoop@zookeeper2 bin]$ ./zkServer.sh start
ZooKeeper JMX enabled by default
Using config: /home/hadoop/zookeeper-3.4.14/bin/../conf/zoo.cfg
Starting zookeeper ... STARTED
[hadoop@zookeeper2 bin]$ ./zkServer.sh status
ZooKeeper JMX enabled by default
Using config: /home/hadoop/zookeeper-3.4.14/bin/../conf/zoo.cfg
Mode: follower
```

启动 Zookeeper 服务，查看节点 zookeeper3：

```
[hadoop@zookeeper3 tmp]$ cd ~/zookeeper-3.4.14/bin/
[hadoop@zookeeper3 bin]$ ./zkServer.sh start
ZooKeeper JMX enabled by default
Using config: /home/hadoop/zookeeper-3.4.14/bin/../conf/zoo.cfg
Starting zookeeper ... STARTED
[hadoop@zookeeper3 bin]$ ./zkServer.sh status
ZooKeeper JMX enabled by default
Using config: /home/hadoop/zookeeper-3.4.14/bin/../conf/zoo.cfg
Mode: leader
```

通过 ZooKeeper 状态可以看到节点 zookeeper3 为 Leader 服务器，节点 zookeeper1 和节点 zookeeper2 为 Follower 服务器。

# 任务2 访问 ZooKeeper 服务

## 任务描述

了解 ZooKeeper 的读写机制、ZooKeeper 的树形层次结构；掌握 ZooKeeper 监听通知机制；了解 ZooKeeper 典型应用场景，能通过 Shell 命令、数据查看工具 ZooInspector 和 Java API 等三种方式访问 ZooKeeper 服务。

## 知识准备

### 一、读写机制

集群一般由奇数个 Server 节点(如 3、5、7)组成。在集群中只能有一个 Leader 服务器，其余为 Follower 服务器。在每个 Server 节点中保存一份数据副本，保证全局的数据是一致的。

在集群中，写请求会被序列化，每个写请求转发给 Leader，通过 Zab 协议保证其一致性和顺序性。所有的 Server 都可以响应读请求。如果 Zab 协议还没有将写消息同步到所有 ZooKeeper 节点上，则 ZooKeeper 可以通过 sync 调用强制同步。

为了保证事务的顺序一致性，ZooKeeper 采用了递增的事务 id 号(zxid)来标识事务。所有的提案(Proposal)都在被提出的时候加上了 zxid。每次读写时，ZooKeeper 可以保证返回的数据不会比客户端传过来的 zxid 编号更新。

### 二、数据模型

ZoopKeeper 提供了一套很好的分布式集群管理机制，即这种基于层次型目录树的数据结构，并对树中的节点进行有效管理，从而可以设计出多种多样的分布式的数据管理模型，如图 4-4 所示。该结构类似 Linux 文件系统路径。每个目录项叫作 Znode，如 /NameService/Server1，其中 NameService 和 Server1 都是 Znode。和文件系统一样，我们能够自由地增加、删除 Znode，即在一个 Znode 下增加、删除子 Znode，唯一的不同在于 Znode 是可以存储数据的。

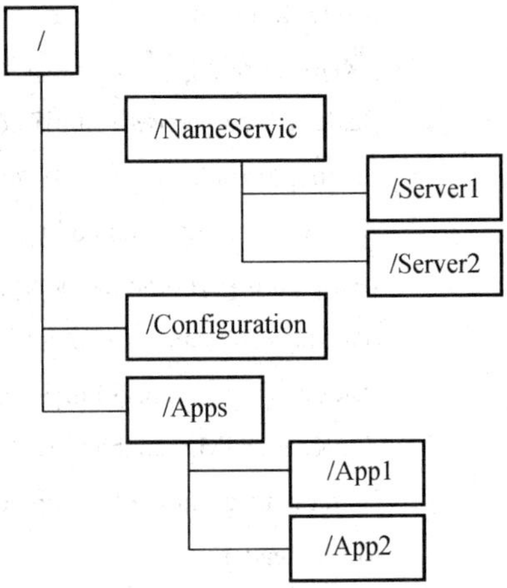

图 4-4 ZooKeeper 的树形层次结构

ZooKeeper 为了保证高吞吐和低延迟，在内存中维护了这个树状的目录结构。这种特性使得 ZooKeeper 不能用于存放大量的数据，每个节点的存放数据上限为 1 MB。

在 ZooKeeper 中，Znode 可以分为临时节点(ephemeral)和持久节点(persistent)两类。Znode 的类型在创建时确定并且之后不能再修改。

• 临时节点：其生命周期与客户端会话绑定，一旦客户端会话失效，那么这个客户端创建的所有临时节点都会被移除。临时节点不能有子节点。

• 持久节点：不依赖于客户端会话，只有当客户端明确要删除该持久 Znode 时才会被删除，否则这个 Znode 将一直保存在 ZooKeeper 上。

## 三、监听通知机制

监听通知机制是 ZooKeeper 中一个很重要的特性。ZooKeeper 允许客户端向 ZooKeeper 请求，在特定的 Znode 设置观察点(Watch)。当该 Znode 发生变化(如数据改变、被删除，子目录节点增加、删除)时，ZooKeeper 会通知客户端进行业务处理。观察点触发后立即失效。所以一旦观察点触发，需要再次设置新的观察点。

## 四、典型应用场景

ZooKeeper 是一个高可用的分布式数据管理与协调框架。基于对 Zab 算法的实现，该框架能够很好地保证分布式环境中数据的一致性。也是基于这样的特性，使得 ZooKeeper 成为解决分布式一致性问题的利器。ZooKeeper 的典型应用场景包括以下几种：

(1) 数据发布与订阅(配置中心)：发布者将数据发布到 ZooKeeper 节点上，供订阅者进行数据订阅，进而达到动态获取数据的目的，实现配置信息的集中式管理和动态更新，例如机器列表信息、数据库配置信息等。

(2) 命名服务(Naming Service)：通过在 ZooKeepr 里创建顺序节点，能够很容易地创建一个全局唯一的路径，这个路径就可以作为一个名字。

(3) 分布式协调/通知：ZooKeeper 中特有监听通知机制，能够很好地实现分布式环境下不同机器甚至不同系统之间的通知与协调，从而实现对数据变更的实时处理。

(4) 心跳检测：利用 ZooKeeper 中临时节点的特性，可以让不同的进程都在 ZooKeeper 中的一个指定节点下创建临时子节点，不同的进程直接可以根据这个临时子节点来判断对应的进程是否存活。

(5) 工作进度汇报：在 ZooKeeper 中选择一个节点，每个任务客户端都在这个节点下面创建临时子节点，通过判断临时节点是否存在来确定任务机器是否存活。各个任务机器会实时地将自己的任务执行进度写到这个临时节点上，以便中心系统能够实时地获取任务的执行进度。

(6) Master 选举：这是 ZooKeeper 最典型的应用场景了。比如，HDFS 中 Active NameNode 的选举、YARN 中 Active ResourceManager 的选举和 HBase 中 Active HMaster 的选举等。利用 ZooKeeper 的强一致性，能够很好地保证在分布式高并发情况下创建节点的全局唯一性，即 ZooKeeper 将会保证客户端无法创建一个已经存在的 Znode。也就是说，如果同时有多个客户端请求创建同一个临时节点，那么最终一定只有一个客户端的请求能够创建成功。利用这个特性，就能很容易地在分布式环境中进行 Master 选举了。

成功创建该节点的客户端所在的机器就成为了 Master。同时，其他没有成功创建该节点的客户端都会在该节点上注册一个子节点变更的观察点(Watch)，用于监控当前 Master 机器是否存活，一旦发现当前的 Master 宕机，那么其他客户端将会重新进行 Master 选举。这样就实现了 Master 的动态选举。

## 任务实施

访问 ZooKeeper 服务

### 访问 ZooKeeper 服务

常用的访问 ZooKeeper 服务的方法有三种：

(1) 通过 ZooKeeper Shell 命令来访问 ZooKeeper 服务。

ZooKeeper 命令行工具提供了一个非常简单的命令行客户端 zkCli，类似于 Linux 的 Shell 环境，它在 ZooKeeper 安装目录的 bin 目录下，通过一些简单的命令就可以完成节点的创建、读取、删除等操作。

启动 ZooKeeper 后，通过命令行访问 ZooKeeper 服务：

```
[hadoop@zookeeper1 ~]$ cd zookeeper-3.4.14/bin/
[hadoop@zookeeper1 bin]$ ./zkCli.sh
```

连接成功后，如图 4-5 所示。

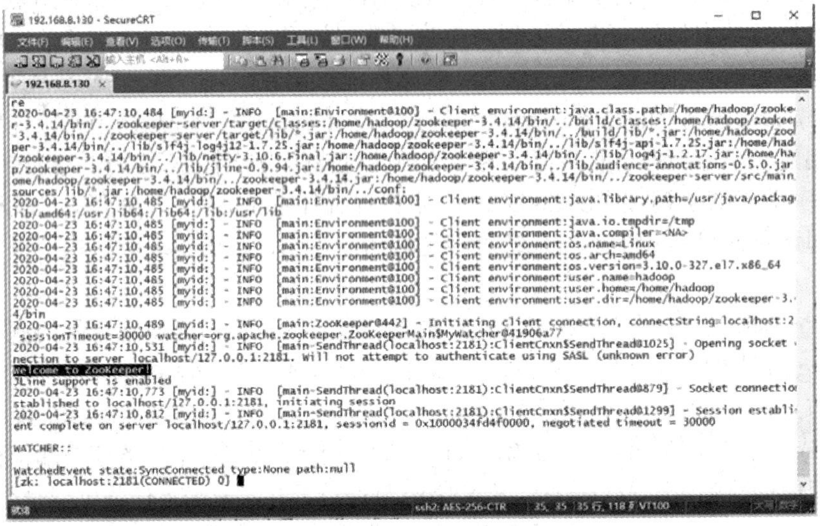


图 4-5 启动客户端

① 使用命令 help 输出帮助信息，代码如下：

```
[zk: localhost:2181(CONNECTED) 0] help
ZooKeeper -server host:port cmd args
        stat path [watch]
        set path data [version]
        ls path [watch]
        delquota [-n|-b] path
```

```
ls2 path [watch]
setAcl path acl
setquota -n|-b val path
history
redo cmdno
printwatches on|off
delete path [version]
sync path
listquota path
rmr path
get path [watch]
create [-s] [-e] path data acl
addauth scheme auth
quit
getAcl path
close
connect host:port
```

② 使用命令 ls 查看当前 ZooKeeper 中所包含的内容：

```
[zk: localhost:2181(CONNECTED) 1] ls /
[zookeeper]
```

③ 使用命令 create /zktest mydata 创建一个新的 Znode，代码如下：

```
[zk: localhost:2181(CONNECTED) 2] create /zktest mydata
Created /zktest
```

其中，/zktest 是节点名称，mydata 是该节点携带的数据。

查看新创建的 Znode：

```
[zk: localhost:2181(CONNECTED) 3] ls /
[zktest, zookeeper]
```

④ 通过命令 get 读取节点 zktest 的属性信息，代码如下：

```
[zk: localhost:2181(CONNECTED) 4] get /zktest
mydata
cZxid = 0x100000004                          //创建节点时的事务 id
ctime = Wed Apr 29 14:46:06 CST 2020         //创建节点的时间
mZxid = 0x100000004                          //最后修改节点时的事务 id
mtime = Wed Apr 29 14:46:06 CST 2020         //最后修改节点的时间
pZxid = 0x100000004                     //该节点的子节点列表最后一次修改的事务 id
cversion = 0                            //子节点版本号，每次修改后加 1
dataVersion = 0                         //数据版本号
aclVersion = 0                          //权限版本号，每次修改后加 1
ephemeralOwner = 0x0                    //短暂的拥有者
```

```
dataLength = 6                //该节点的数据长度
numChildren = 0               //该节点拥有子节点的数量
```

在 zktest 中创建一个子节点 child_node1，代码如下：

```
[zk: localhost:2181(CONNECTED) 4] create /zktest/child_node1 mydata2
Created /zktest/child_node1
```

⑤ 删除节点 zktest，代码如下：

```
[zk: localhost:2181(CONNECTED) 6] delete /zktest
Node not empty: /zktest
```

delete 可以删除节点。它不会递归删除，所以要删除一个包含子节点的节点，需要先删除所有子节点。

rmr 命令可以递归删除节点，也可删除节点中的所有子节点。例如：

```
[zk: localhost:2181(CONNECTED) 7] rmr /zktest
[zk: localhost:2181(CONNECTED) 8] ls /
[zookeeper]
```

⑥ 退出客户端，代码如下：

```
[zk: localhost:2181(CONNECTED) 9] quit
Quitting...
```

(2) 通过 ZooKeeper 数据查看工具 ZooInspector 来访问 ZooKeeper 服务。

在 Windows 系统中下载 ZooInspector 软件，解压到 D 盘，在命令提示符窗口运行以下命令启动 ZooInspector 工具，如图 4-6 所示。

```
D:\ZooInspector\build>java -jar zookeeper-dev-ZooInspector.jar
```

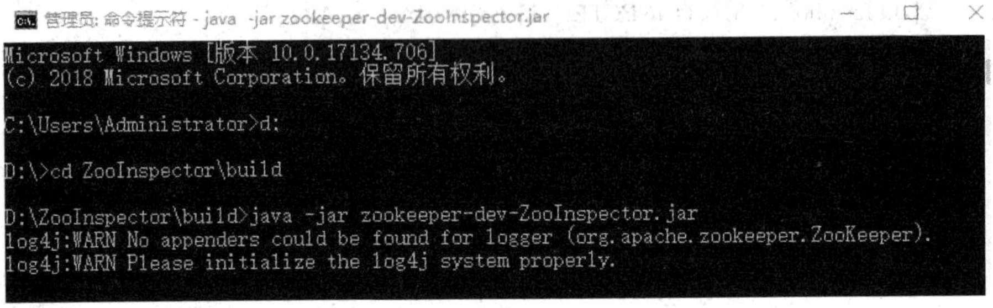


图 4-6　运行 ZooInspector.jar

启动后的界面如图 4-7 所示。

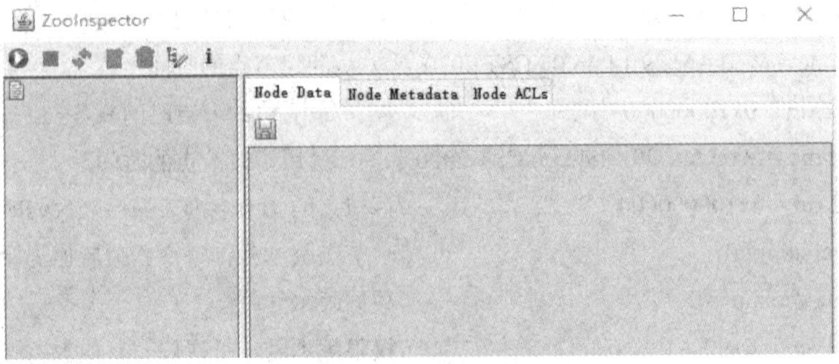


图 4-7　启动 ZooInspector 工具后的界面

单击工具栏中的绿色连接按钮连接 ZooKeeper，打开如图 4-8 所示的窗口，在连接字符串中输入 ZooKeeper 的 IP 地址和端口，完成后点击“OK”按钮即连接到 ZooKeeper 服务。

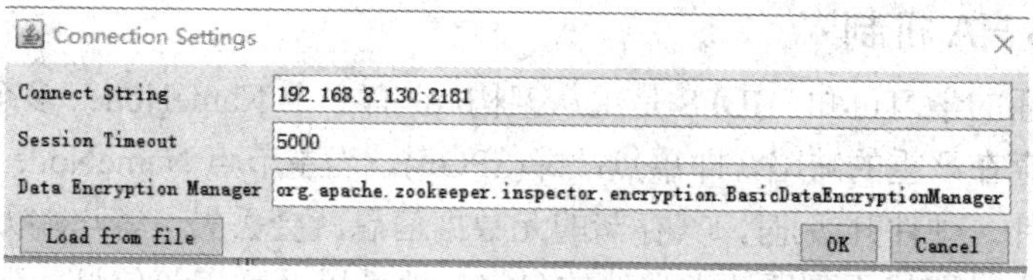


图 4-8　连接 ZooKeeper

通过该工具，我们可以很方便地查看 Znode 节点中的相关信息，包括 Znode 数据、节点元数据信息、节点权限控制等，如图 4-9 所示。

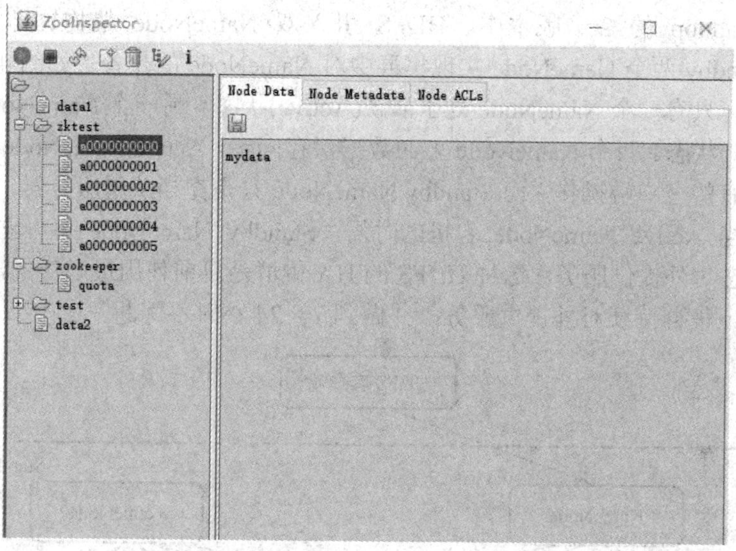


图 4-9　通过 ZooInspector 工具访问 ZooKeeper

(3) 通过 Java API 访问 ZooKeeper 服务。

通过 Java API 访问 ZooKeeper 服务时，需要导入 ZooKeeper 的 jar 包，这些包都包含在 ZooKeeper 的安装包中。连接成功后，客户端可以调用 ZooKeeper 的 Java API 实现节点的创建、读取、删除等操作。

## 任务 3　部署 HDFS 的高可用集群

### 任务描述

在典型的主从架构中，主节点存在单点故障，为解决此问题引入了 HA 机制。要求读者重点掌握 HFDFS 的 HA 机制运行原理，了解 HDFS 的 Federation 机制出现的背景及优缺点。

知识准备

## 一、HDFS HA 机制

通过前面的学习可知，HDFS 是主从架构，它有一个 NameNode、多个 DataNode，这样的架构存在严重的缺陷，即单点故障(SPOF)。当主节点 NameNode 发生故障(如宕机或是软件、硬件升级)时，其存储的元数据信息就会丢失，客户端无法读取请求文件的元数据，即找不到所请求文件的名字、地址以及列表等信息。那么，整个集群就处于瘫痪状态，直到 NameNode 重新启动，否则 HDFS 将永远瘫痪下去，不能再为客户提供服务。在 Hadoop 后续的其他组件如 YARN、HBase 等中都存在同样的问题。为了解决这个问题，HA(High Availability，高可用)机制就诞生了。

在 Hadoop 的 2.x 版本中，HDFS 引入双 NameNode 架构，即通过配置 Active/Standby 两个 NameNode 实现集群中对 NameNode 的热备，如图 4-10 所示。任何时候，只有一个 NameNode 处于活跃(Active)状态，另一个 NameNode 处于备用(Standby)状态。两个 NameNode 上的数据保存同步，Active NameNode 负责处理集群中所有的客户端操作，而 Standby NameNode 只是充当从属服务器，不参与集群工作。当 Active NameNode 宕机的时候，Standby NameNode 可以立刻切换为 Active 状态对外提供服务。这种 HDFS 的 HA 集群是目前使用最广泛的部署方式，它可以保证集群持续对外提供服务，并做到 7 × 24 小时不间断。

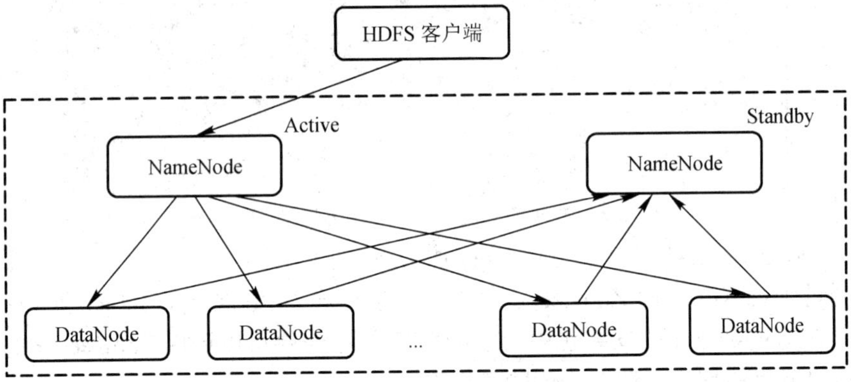


图 4-10 HDFS 的双主架构

为了让 Active 与 Standby 两个 NameNode 的元数据信息(实际上是 editlog)同步，需提供一个共享存储系统，可以是 Shared NAS+NFS、ZookKeeper、BackupNode 或 Quorum Journal Manager(QJM)。在图 4-11 中采用 QJM 作为共享存储系统，通过搭建奇数节点的 JournalNode 实现两个 NameNode 元数据操作信息同步。两个 NameNode 都与一组称为 JNS(Journal Nodes)的独立进程保持通信。当 Active NameNode 上更新了 NameSpace 时，它将记录修改日志发送给大部分的 JNS。Standby NameNode 将会从 JNS 中读取这些 edits，并监听它们对日志的变更，同时将日志变更应用在自己的 NameSpace 中，以保证自己内存状态与 Active NameNode 保持基本一致。当故障切换(failover)发生时， Standby NameNode 便可快速切换为 Active NameNode。

为了支持快速故障切换，Standby NameNode 持有集群中数据块的最新位置是非常必要的。为了达到这一目的，DataNodes 上需要同时配置两个 NameNode 的地址，同时和它们都建立心跳连接，并把数据块位置发送给它们。

在图 4-11 中，ZooKeeper 主要实现故障切换。当 Active NameNode 宕机，Standby NameNode 会向 ZooKeeper 申请安排它成为下一个 Active 节点，即主备选举。NameNode 通过一个新进程 ZooKeeper Failover Controller(ZKFC)与 ZooKeeper 进行沟通。每个 NameNode 上都有一个 ZKFC 进程，负责监控自己所在的 NameNode 的健康状态，并把 NameNode 的数据(状态信息)写入 ZooKeeper 中。

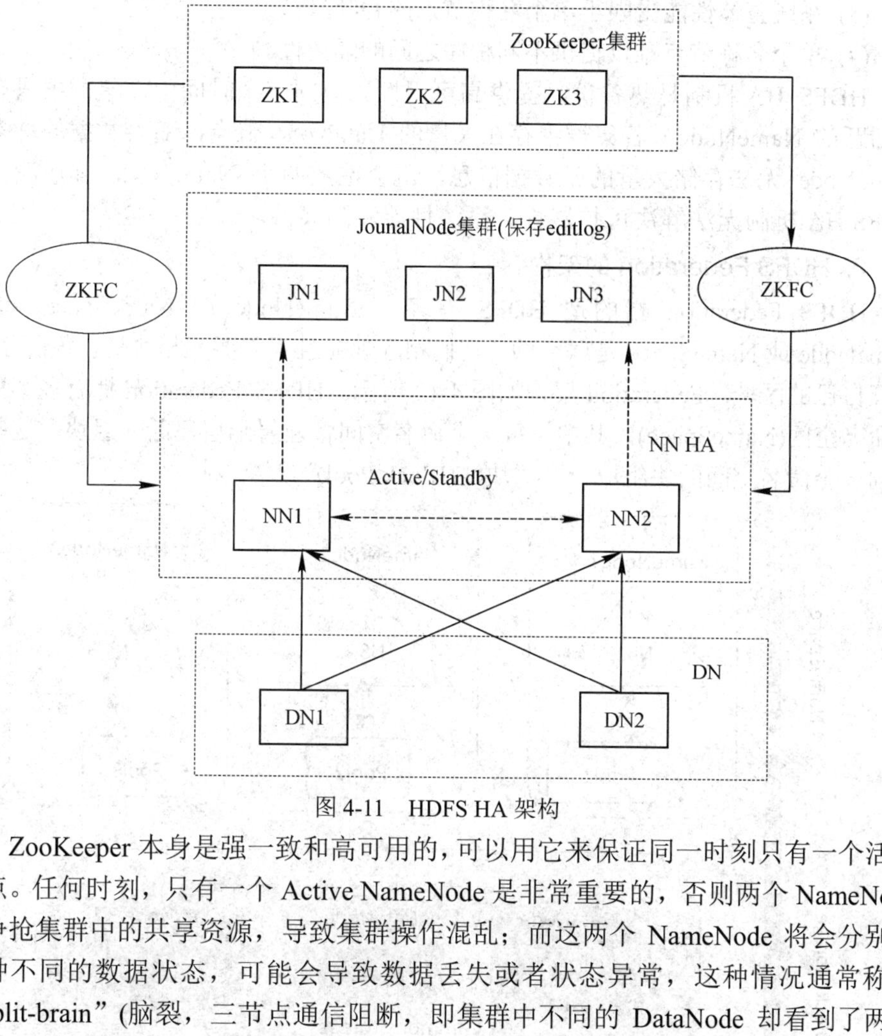


图 4-11　HDFS HA 架构

ZooKeeper 本身是强一致和高可用的，可以用它来保证同一时刻只有一个活跃节点。任何时刻，只有一个 Active NameNode 是非常重要的，否则两个 NameNode 会争抢集群中的共享资源，导致集群操作混乱；而这两个 NameNode 将会分别有两种不同的数据状态，可能会导致数据丢失或者状态异常，这种情况通常称为“split-brain”(脑裂，三节点通信阻断，即集群中不同的 DataNode 却看到了两个 Active NameNode)。

具体过程为：当 ZKFC 检测到 Active NameNode 故障时，ZKFC 会把 ZooKeeper 中的临时节点释放掉，Standby NameNode 的 ZKFC 进程从 ZooKeeper 服务端接收到 Active NameNode 失效的通知后，强行删除(kill)之前的 Active NameNode 节点，以防脑裂，然后将 Standby NameNode 节点变为 Active NameNode 节点。

HDFS 的 HA 机制，归纳起来就是元数据同步和主备选举。元数据同步依赖于 QJM 共享存储，主备选举依赖于 ZKFC 和 ZooKeeper。

## 二、HDFS Federation 机制

### 1. 背景分析

使用 HDFS 的过程中存在以下问题：

(1) 单点故障问题；

(2) 不能进行水平扩展；

(3) 系统整体性能受限于单个名称节点的吞吐量；

(4) 单个名称节点难以提供不同程序之间的隔离性。

HDFS HA 机制是热备份，提供高可用性。但同一个时间中，集群中只有一个活跃的 NameNode，若集群中存在大量的 DataNode 节点，随着数据的增多，NameNode 无法存储大量的元数据信息，就会造成两个 NameNode 都崩溃，即 HDFS HA 机制无法解决可扩展性、系统性能和隔离性。

### 2. HDFS Federation 的架构

HDFS Federation 指的是 HDFS 有多个 NameNode 或 NameSpace，这些 NameNode 或 NameSpace 是联合的，它们相互独立且不需要互相协调，各自分工，管理自己的区域。Federation 架构如图 4-12 所示。HDFS Federation 拥有多个独立的命名空间(NameSpace)。其中，每一个命名空间管理属于自己的一组块，这些属于同一个命名空间的块组成一个“块池(Block Pool)”。

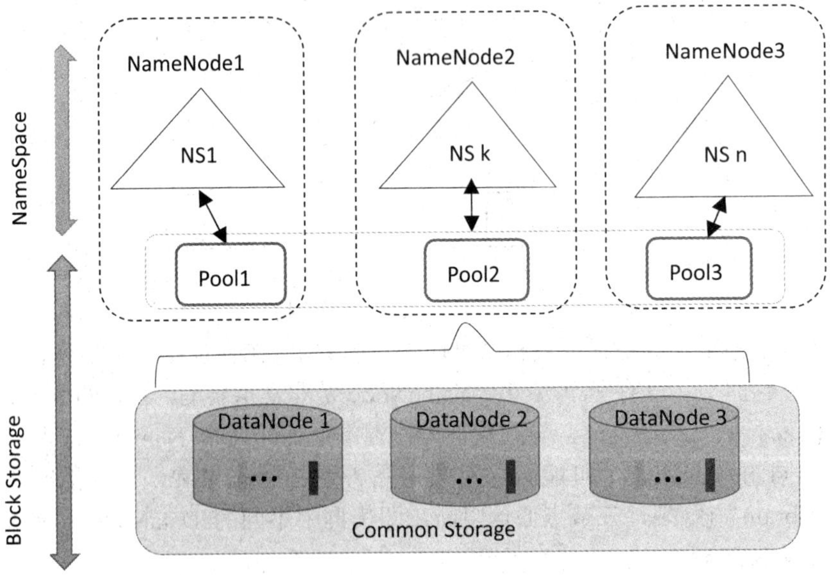


图 4-12 Federation 架构

DataNode 被用作通用的数据存储设备，每个 DataNode 都要向集群中的 NameNode 注册，向所有的 NameNode 发送心跳信息，接收来自所有 NameNode 的命令。每个 DataNode 会为多个块池提供块的存储，块池中的各个块实际上是存储在不同 DataNode 中的。

一个 Block Pool 由属于同一个 NameSpace 的数据块组成，每个 DataNode 可能会存储集群中所有 Block Pool 的数据块，每个 Block Pool 内部自治，各自管理各自的 Block，不会与其他 Block Pool 交流。每个 NameNode 或 NameSpace 有自己的池(Pool)，池与池之间独立。某个 NameNode 失效不会影响其他的 NameNode。但所有的池(Pool)都共享一个 HDFS 的存储空间。Blook Pool 都存储在底层的 Block Storage 中。

NameNode 和 Block Pool 一起被称作命名空间卷(NameSpace Volume)，它是管理的基本单位，即当一个 NameSpace 被删除后，所有 DataNode 上与其对应的 Block Pool 也会被删除。当集群升级时，每个 NameSpace Volume 作为一个基本单元进行升级。这里引入 ClusterID 来标识集群中的所有节点。当一个 NameNode 格式化后，这个 ClusterID 就会生成，格式化其他 NameNode 时如果指定这个 ClusterID，则可以使其加入到同一个集群中。

### 3. HDFS Federation 的优点

(1) NameSpace 的可扩展性。

HDFS 可水平扩展，但是命名空间不能扩展，通过在集群中增加 NameNode 来扩展命名空间，以达到大规模部署或者解决有很多小文件的情况。这样能有效避免单个 NameNode 内存有限的问题。

(2) 高效的性能(Performance)。

单个 NameNode 文件系统的吞吐量是有限制的，增加更多的 NameNode 能增大文件系统读写操作的吞吐量。

(3) 良好的隔离性(Isolation)。

用户可根据需要将不同业务数据交由不同 NameNode 管理，这样不同业务之间影响将很小。

### 4. HDFS Federation 的缺点

HDFS Federation 并没有完全解决单点故障问题。虽然存在多个 NameNode，但对于单个 NameNode 来说，仍然存在单点故障。如果某个 NameNode 宕掉了，其管理的相应文件便不可以访问。Federation 中每个 NameNode 仍然像之前一样，配有一个 Secondary NameNode，以便主 NameNode 宕掉后用于还原元数据信息。

采用 Federation 最主要的原因是简单，Federation 能够快速解决大部分单个 NameNode 的问题。

在实际生产中，大规模的集群部署会采用 HA+Federation 的部署方案，每个联合 NameNode 都是高可用的。

## 任务实施

### 部署 HDFS 的 HA 集群

在部署 ZooKeeper 集群的基础上，重新规划集群中节点的角色，部署 HDFS 的 HA 集群，如表 4-2 所示。

部署 HDFS 的 HA 集群(1)

表 4-2 HDFS 的 HA 集群角色规划

| 主机名 | IP 地址 | 角 色 |
|---|---|---|
| master | 192.168.8.130 | NameNode、JournalNode、ZooKeeper、ZKFC |
| master0 | 192.168.8.132 | NameNode、JournalNode、ZooKeeper、ZKFC |
| slave | 192.168.8.133 | DataNode、JournalNode、ZooKeeper |

具体配置步骤如下。

### 1. 修改主机名

分别将三台主机名修改为 master、master0、slave。

(1) 修改主机名为 master：

```
[hadoop@zookeeper1 ~]$ hostnamectl set-hostname master
[hadoop@zookeeper1 ~]$ bash
[hadoop@master ~]$
```

(2) 修改主机名为 master0：

```
[hadoop@zookeeper2 ~]$  hostnamectl set-hostname master0
[hadoop@zookeeper2 ~]$ bash
[hadoop@master0 ~]$
```

(3) 修改主机名为 slave：

```
[hadoop@zookeeper3 ~]$  hostnamectl set-hostname slave
[hadoop@zookeeper3 ~]$ bash
[hadoop@slave ~]$
```

### 2. 添加主机映射

(1) 添加主机 master 的映射：

```
[hadoop@master ~]$ sudo vi /etc/hosts
127.0.0.1     localhost localhost.localdomain localhost4 localhost4.localdomain4
::1           localhost localhost.localdomain localhost6 localhost6.localdomain6
192.168.8.130   master
192.168.8.132   master0
192.168.8.133   slave
```

(2) 将/etc/hosts 文件复制到主机 master0 和 slave 上：

```
[hadoop@master ~]$ sudo scp /etc/hosts 192.168.8.132:/etc/hosts
[hadoop@master ~]$ sudo scp /etc/hosts 192.168.8.133:/etc/hosts
```

### 3. 配置 Hadoop

Hadoop 集群的配置在前面已经讲过，这里重点讲解部署 HDFS 的 HA 集群所要修改的配置文件。

在主机 master 中进行以下设置：

(1) 设置核心组件 core-site.xml 的内容如下：

```
[hadoop@master ~]$ cd   hadoop-2.7.7/etc/hadoop/
```

```
[hadoop@master hadoop]$ vi core-site.xml
<configuration>
<!--在 HDFS 集群中，只能有一个 NameNode 所在的主机名可以使用，因此这里不能使用 master 或者 master0，可选择一个共用的名称 cluster1-->
<property>
    <name>fs.defaultFS</name>
    <value>hdfs://cluster1</value>
  </property>
<!--存储 NameNode、DataNode、JournalNode 等存储数据的公共目录，也可以单独指定这三类节点的目录-->
<property>
    <name>hadoop.tmp.dir</name>
    <value>/home/hadoop/data/hadoopdate</value>
  </property>
</configuration>
```

(2) 设置文件系统 hdfs-site.xml 的内容如下：

```
[hadoop@master hadoop]$ vi hdfs-site.xml
<configuration>
    <property>
        <name>dfs.namenode.name.dir</name>
        <value>/home/hadoop/data/hadoopdate/name</value>
        <description>为了保证元数据的安全，一般配置多个不同的目录</description>
    </property>
    <property>
        <name>hadoop.tmp.dir</name>
        <value>/home/hadoop/data/hadoopdate/data</value>
    <description>DateNode 的数据存储目录</description>
    </property>
    <property>
        <name>dfs.replication</name>
        <value>1</value>
    </property>
    <!--关闭权限检查-->
<property>
        <name>dfs.permissions.enabled</name>
        <value>false</value>
    </property>
<!--为 HDFS 集群命名，配置统一的入口地址，使用两个 NameNode 配置共用的名称-->
<property>
```

```
        <name>dfs.nameservices</name>
        <value>cluster1</value>
    </property>
<!--指定 nameservices 为 cluster1 时所包含的 NameNode 都有哪些，一般列出 NameNode 节点的主机名-->
<property>
        <name>dfs.ha.namenodes.cluster1</name>
        <value>master,master0</value>
    </property>
<!--在主机 master 上，Client 向 HDFS 发送请求的 RPC 地址和端口号-->
    <property>
        <name>dfs.namenode.rpc-address.cluster1.master</name>
        <value>master:9000</value>
    </property>
<!--主机 master 的 http 地址，即 DataNode 通过该地址向 master 的 NameNode 发送心跳信息-->
    <property>
        <name>dfs.namenode.http-address.cluster1.master</name>
        <value>master:50070</value>
    </property>
<!--主机 master0 节点上，Client 向 HDFS 发送请求的 RPC 地址和端口号 -->
    <property>
        <name>dfs.namenode.rpc-address.cluster1.master0</name>
        <value>master0:9000</value>
    </property>
<!--主机 master0 的 http 地址，即 DataNode 通过该地址向 master0 的 NameNode 发送心跳信息-->
    <property>
        <name>dfs.namenode.http-address.cluster1.master0</name>
        <value>master0:50070</value>
    </property>
<!-- JournalNode 自带的共享存储系统，用于两个 NameNode 之间的数据共享和同步，也就是指定 cluster1 的两个 NameNode 共享 edits 文件时，使用 JournalNode 集群信息-->
    <property>
        <name>dfs.namenode.shared.edits.dir</name>
        <value>qjournal://master:8485;master0:8485;slave:8485/cluster1</value>
    </property>
<!--故障转移代理类-->
    <property>
```

```
    <name>dfs.client.failover.proxy.provider.cluster1</name><value>org.apache.hadoop.hdfs.
server.namenode.ha.ConfiguredFailoverProxyProvider</value>
    </property>
    <!--指定 JournalNode 集群在对 NameNode 的目录进行共享时自己存储数据的磁盘
路径-->
        <property>
            <name>dfs.journalNode.edits.dir</name>
            <value>/home/hadoop/data/hadoopdate/journal</value>
        </property>
    <!--隔离机制，NameNode 之间采用 sshfence 方式进行切换-->
        <property>
            <name>dfs.ha.fencing.methods</name >
            <value>sshfence</value>
        </property>
    <!--配置无密钥登录，免密登录的地址为/home/hadoop/.ssh/id_rsa -->
        <property>
            <name> dfs.ha.fencing.ssh.private-key-files</name>
            <value>/home/hadoop/.ssh/id_rsa</value>
        </property>
    <!--故障切换时的超时限制设置，单位为 ms-->
        <property>
            <name>dfs.ha.fencing.ssh.connect-timeout</name>
            <value>10000</value>
        </property>
    <!-- NameNode 内部开辟的线程数-->
    <property>
            <name>dfs.namenode.handler.count</name>
        <value>100</value>
        </property>
    </configuration>
```

(3) 配置 slaves 文件，设置集群中 DataNode 节点的内容如下：

```
[hadoop@master hadoop]$ vi slaves
[hadoop@master hadoop]$ cat slaves
slave
```

(4) 远程发送 Hadoop 配置文件至集群中其他节点。

远程发送 Hadoop 配置文件到 master0 和 slave 的当前目录下：

```
[hadoop@master ~]$ scp -r hadoop-2.7.7 master0:$PWD
[hadoop@master ~]$ scp -r hadoop-2.7.7 slave:$PWD
```

在主机 master 上生效环境变量的内容如下：

```
[hadoop@master ~]$ source /etc/profile
```

在主机 master0 上生效环境变量的内容如下：

```
[hadoop@master0 ~]$ source /etc/profile
```

在主机 slave 上生效环境变量的内容如下：

```
[hadoop@slave ~]$ source /etc/profile
```

### 4. 启动 JournalNode 共享存储集群

(1) 进入主机 master，启动 JournalNode 集群，命令如下：

```
[hadoop@master ~]$  cd hadoop-2.7.7/sbin/
[hadoop@master sbin]$ hadoop-daemon.sh start journalnode
Starting journalnode, logging to /home/hadoop/hadoop-2.7.7/logs/hadoop-hadoop-journalnode-master. out
```

查看 JournalNode 进程，命令如下：

```
[hadoop@master sbin]$ jps
26709 Jps
26652 JournalNode
```

(2) 进入主机 master0，启动 JournalNode 集群，命令如下：

```
[hadoop@master0 ~]$ cd hadoop-2.7.7/sbin/
[hadoop@master0 sbin]$  hadoop-daemon.sh start journalnode
starting journalnode, logging to /home/hadoop/hadoop-2.7.7/logs/hadoop-hadoop-journalnode-master0.out
```

查看 JournalNode 进程，命令如下：

```
[hadoop@master0 sbin]$ jps
18114 Jps
17641 JournalNode
```

(3) 进入主机 slave，启动 JournalNode 集群，命令如下：

```
[hadoop@slave ~]$  cd hadoop-2.7.7/sbin/
[hadoop@slave sbin]$ hadoop-daemon.sh start journalnode
starting journalnode, logging to /home/hadoop/hadoop-2.7.7/logs/hadoop-hadoop-journalnode-slave.out
```

查看 JournalNode 进程，命令如下：

```
[hadoop@slave sbin]$ jps
23424 JournalNode
23473 Jps
```

### 5. 启动 HDFS 的 HA 集群

(1) 在主机 master 上对 NameNode 进行格式化，并启动 NameNode 进程。命令如下：

```
[hadoop@master ~]$ cd hadoop-2.7.7/sbin/
[hadoop@master sbin]$ hdfs namenode -format
```

```
[hadoop@master sbin]$hadoop-daemon.sh start namenode
```

(2) 在主机 master0 上同步 master 的元数据信息，命令如下：

```
[hadoop@master0 ~]$ cd hadoop-2.7.7/sbin/
[hadoop@master0 sbin]$ hdfs namenode –bootstrapStandby
```

启动 NameNode 进程并查看，命令如下：

```
[hadoop@master0 sbin]$ hadoop-daemon.sh start namenode
[hadoop@master0 sbin]$ jps
17905 NameNode
18114 Jps
17641 JournalNode
```

(3) 查看两个 NameNode 节点的状态。

目前没有启动 ZooKeeper 的相关进程，两个 NameNode 都处于 Standby 状态。通过 Web UI 查看 NameNode 的状态，分别如图 4-13 和图 4-14 所示。

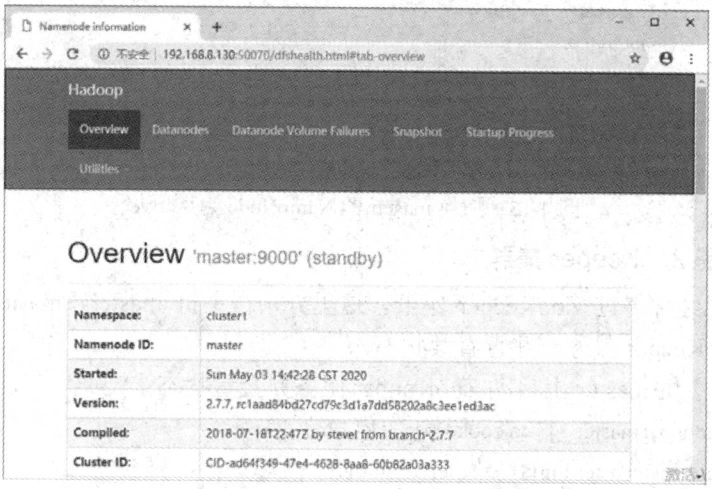


图 4-13　master 节点上 NameNode 的状态

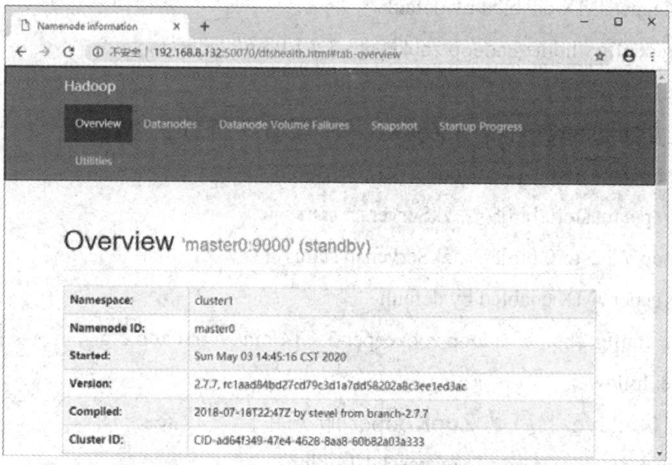


图 4-14　master0 节点上 NameNode 的状态

(4) 将主机 master 上的 NameNode 切换为 Active 状态，命令如下：

```
[hadoop@master bin]$ hdfs haadmin -transitionToActive master
```

(5) 查看主机 master 上的 NameNode 的状态，通过 Web UI 查看 NameNode 的状态，如图 4-15 所示。命令如下：

```
[hadoop@master bin]$ hdfs haadmin -getServiceState  master
active
```

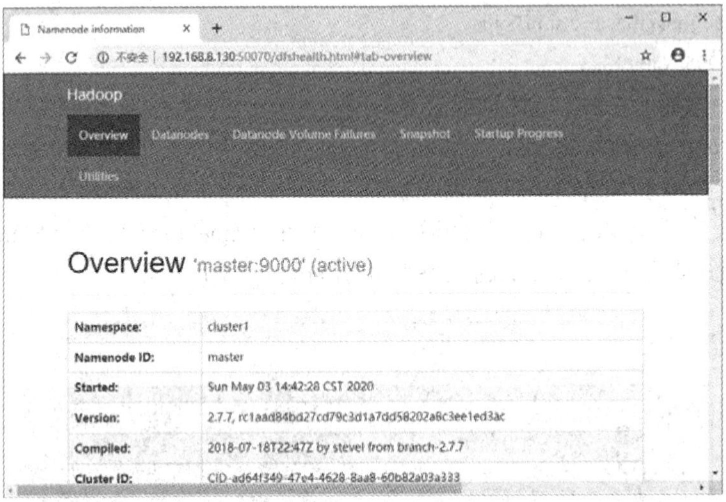


图 4-15　切换 master 的 NameNode 为 Active

### 6. 部署 ZooKeeper 集群

前面已经部署过 ZooKeeper 集群，这里分别在主机 master、master0 和 slave 上启动 ZooKeeper 服务，并查看其状态。

部署 HDFS 的 HA 集群(2)

(1) 在主机 master 上启动 ZooKooper 服务并查看状态：

```
[hadoop@master ~]$ cd zookeeper-3.4.14/bin/
[hadoop@master bin]$  ./zkServer.sh start
[hadoop@master bin]$  ./zkServer.sh status
ZooKeeper JMX enabled by default
Using config: /home/hadoop/zookeeper-3.4.14/bin/../conf/zoo.cfg
Mode: follower
```

(2) 在主机 master0 上启动 ZooKooper 服务并查看状态：

```
[hadoop@master0 ~]$ cd zookeeper-3.4.14/bin/
[hadoop@master0 bin]$  ./zkServer.sh start
[hadoop@master0 bin]$  ./zkServer.sh status
ZooKeeper JMX enabled by default
Using config: /home/hadoop/zookeeper-3.4.14/bin/../conf/zoo.cfg
Mode: follower
```

(3) 在主机 slave 上启动 ZooKooper 服务并查看状态：

```
[hadoop@slave ~]$ cd zookeeper-3.4.14/bin/
```

```
[hadoop@slave bin]$  ./zkServer.sh start
[hadoop@slave bin]$  ./zkServer.sh status
ZooKeeper JMX enabled by default
Using config: /home/hadoop/zookeeper-3.4.14/bin/../conf/zoo.cfg
Mode: leader
```

### 7. 修改 Hadoop 配置文件并支持自动故障切换

(1) 在配置文件 core-site.xml 中增加以下配置：

```
[hadoop@master ~]$ cd hadoop-2.7.7/etc/hadoop/
[hadoop@master hadoop]$ vi core-site.xml
<!--配置 ZooKeeper 集群的地址和端口，地址可以是节点主机名或 IP。这里节点的数量一定要是奇数，且不少于 3 个-->
<property>
    <name>ha.zookeeper.quorum</name>
  <value>192.168.8.130:2181,192.168.8.132:2181,192.168.8.133:2181</value>
</property>
```

(2) 在配置文件 hdfs-site.xml l 中增加以下配置：

```
[hadoop@master hadoop]$ vi hdfs-site.xml
<!--指定 cluster1 是否启动自动故障恢复-->
<property>
      <name>dfs.ha.automatic-failover.enabled.cluster1</name>
      <value>true</value>
  </property>
```

(3) 将修改后的配置文件远程发送至 master0 和 slave 的当前目录下：

```
(/home/hadoop/hadoop-2.7.7/etc/hadoop)
[hadoop@master hadoop]$ scp core-site.xml master0:$PWD
[hadoop@master hadoop]$ scp hdfs-site.xml master0:$PWD
[hadoop@master hadoop]$ scp hdfs-site.xml slave:$PWD
[hadoop@master hadoop]$ scp core-site.xml slave:$PWD
```

(4) 关闭所有 HDFS 服务，命令如下：

```
[hadoop@master ~]$ cd hadoop-2.7.7/sbin/
[hadoop@master sbin]$ stop-dfs.sh
```

### 8. 格式化 ZooKeeper 集群

当 HDFS 的两台 NameNode 启动时，ZKFC(ZooKeeper Failover Controller) 也会启动。通过格式化 ZooKeeper 集群，ZKFC 会在 ZooKeeper 集群上创建一个临时序列化的节点/hadoop-ha，并取得与 ZooKeeper 集群的连接。一旦 Active NameNode 失效，ZKFC 也会断掉，该节点会被 ZooKeeper 集群自动删除掉。ZKFC 有监听通知机制(当子节点发生变化时触动)，当另一个伴随着 NameNode 启动的 ZKFC 发现子节点变化时，就通知 Standby NameNode 开始接管，向 JounalNode

集群同步数据，并持续为 HDFS 集群服务。若是失效的 NameNode 重新启动，则 ZKFC 还会向 ZooKeeper 集群写入节点，等当前接管的 NameNode 失效后再接管成为 Active。

格式化 ZooKeeper 集群可以在 master 上进行，也可以在 master0 上进行。

在 master 节点上格式化 ZooKeeper 集群的配置如下：

```
[hadoop@master ~]$ cd zookeeper-3.4.14/bin/
[hadoop@master bin]$ hdfs zkfc -formatZK
[hadoop@master bin]$ ./zkCli.sh
[zk: localhost:2181(CONNECTED) 0] ls /
[zookeeper, hadoop-ha]
```

查看到节点/hadoop-ha 即表示 ZooKeeper 格式化完成。

### 9. 启动 ZKFC 进程

当两个 NameNode 之间进行故障切换时，需要依赖 ZKFC 进程，因此需要在主机 master 和 master0 中开启 ZKFC 进程。开启 ZKFC 进程的方法有以下两种：

(1) 直接启动 HDFS 服务，并查看相关进程。命令如下：

```
[hadoop@master ~]$ cd hadoop-2.7.7/sbin/
[hadoop@master sbin]$ start-dfs.sh
[hadoop@master sbin]$ jps
25009 DFSZKFailoverController
26629 Jps
25899 NameNode
26284 JournalNode
20575 QuorumPeerMain
```

在主机 master0 上查看相关进程，命令如下：

```
[hadoop@master0 ~]$ jps
23136 NameNode
19106 QuorumPeerMain
23379 JournalNode
23752 Jps
22655 DFSZKFailoverController
```

(2) 可以分别在两个 NameNode 上单独启动 ZKFC 进程，命令如下：

```
[hadoop@master sbin]$ hadoop-daemon.sh    start zkfc
```

### 10. 验证 HA 的故障自动切换

验证 HA 的故障自动切换

(1) 可查看当前两个节点中 NameNode 的状态，命令如下：

```
[hadoop@master ~]$    hdfs haadmin -getServiceState    master
active
[hadoop@master ~]$    hdfs haadmin -getServiceState    master0
standby
```

一旦 master 节点上的 Active NameNode 出现故障，ZooKeeper 就会自动进行切换，即将 master0 的 Standby NameNode 切换为 Active NameNode，持续为 HDFS 提供高可用的服务。

(2) 查看 jps 进程，将 Active NameNode 进程删除掉，命令如下：

```
[hadoop@master ~]$ jps
25009 DFSZKFailoverController
27843 NameNode
28213 Jps
26284 JournalNode
20575 QuorumPeerMain
[hadoop@master ~]$ kill   -9 27843
```

(3) 重启主机 master 的 NameNode，命令如下：

```
[hadoop@master ~]$ hadoop-daemon.sh start namenode
starting namenode, logging to /home/hadoop/hadoop-2.7.7/logs/hadoop-hadoop-namenode-master.out
```

必须将主机 master 上的 NameNode 启动才能查看它的状态。

(4) 通过以下命令分别查看两个节点的 NameNode 状态，也可以通过 Web UI 查看，分别如图 4-16 和图 4-17 所示。

```
[hadoop@master ~]$ hdfs haadmin -getServiceState   master
standby
[hadoop@master ~]$ hdfs haadmin -getServiceState   master0
active
```

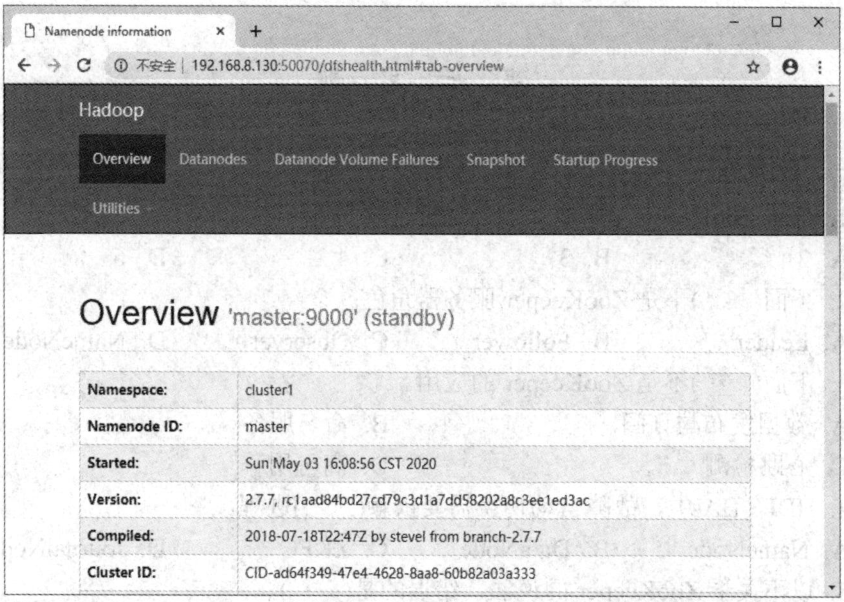


图 4-16　故障切换后 master 节点上的 NameNode 状态

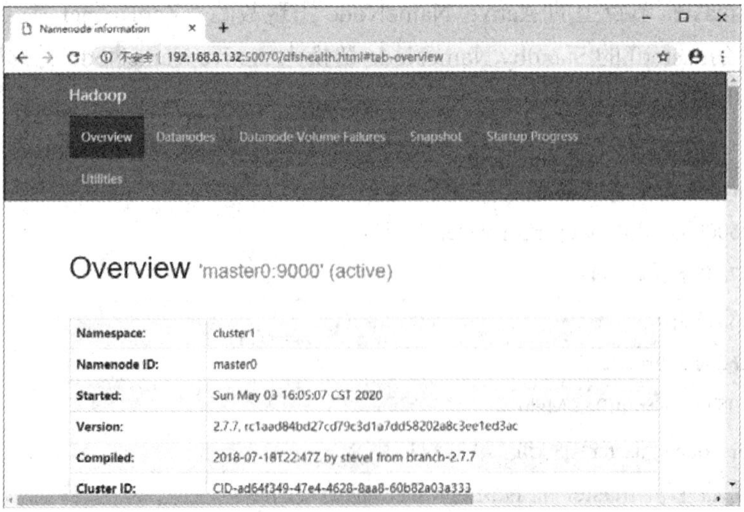


图 4-17 故障切换后 master0 节点上的 NameNode 状态

## 项 目 小 结

理解分布式系统中 ZooKeeper 的重要作用，掌握其工作原理，并能熟练部署 ZooKeeper 集群；理解 ZooKeeper 的读写机制，可以通过不同的方式访问 ZooKeeper 服务。在此基础上，为了解决 NameNode 的单点故障问题，能部署 HDFS 的 HA 集群，确保集群能持续提供服务。在实际生产中，面对大规模、超大规模集群，需要采用 HA+Federation 的部署方案，以保证集群的正常和稳定，为企业用户提供高效的数据处理平台。

## 课 后 习 题

### 一、选择题

1. 部署 ZooKeeper 需要(　　)台主机。

A. 2　　B. 3　　C. 4　　D. 6

2. 下面(　　)不是 ZooKeeper 服务器角色。

A. Leader　　B. Follower　　C. Observer　　D. NameNode

3. 下面(　　)不是 ZooKeeper 的应用。

A. 数据发布与订阅　　B. 命名服务

C. 心跳检测　　D. 高可用

4. HDFS HA 中，故障自动切换需要依赖(　　)进程。

A. NameNode　　B. DataNode　　C. ZKFC　　D. JournalNode

5. 以下关于 ZooKeeper 的说法，错误的是(　　)。

A. ZooKeeper 是一个高可用的分布式数据管理和协调框架

B. 能够很好地保证分布式环境中数据的一致性

C. 越来越多的分布式系统(Hadoop、HBase、Kafka)中使用 ZooKeeper

D. Hadoop 的高可用不需要用到 ZooKeepcr

6. ZooKeeper 树中节点叫作(　　)。

A. Znode　　B. Zknode　　C. inode　　D. Zxid

7. 在 ZooKeeper 中，查看 ZK 服务状态的命令是(　　)。

A. sh bin/zkServer.sh start　　B. sh bin/zkServer.sh status

C. sh bin/zkServer.sh stop　　D. sh bin/zkServer.sh restart

## 二、判断题

1. Hadoop 2.0 以后引入了 HA 机制。(　　)

2. Zab 为原子消息广播协议，是 ZooKeeper 数据一致性的核心算法。(　　)

3. 进入 ZooKeeper 客户端的命令是 zkCli.sh。(　　)

4. 部署大规模的集群可以采用 HDFS HA 机制。(　　)

5. HDFS HA 中两个 NameNode 的地位是一样的。(　　)

6. 在 HDFS HA 集群中，使用 start-dfs.sh 也可以启动 ZKFC。(　　)

7. HDFS Federation 机制中，当一个 NameNode 删除掉了，不会影响其他 NameNode。(　　)

## 三、填空题

1. ZooKeeper 的部署方式有________和________。

2. ZooKeeper 不能用于存放大量的数据，每个节点的存放数据上限为___MB。

3. ZooKeeper 中节点的角色有________和________。

4. ZooKeeper 采用________作为其数据一致性的核心算法。

5. HDFS 的 NameNode 存在________。

## 四、简答题

1. ZooKeeper 是什么框架？

2. 什么是 HDFS HA？

3. 什么是 Federation？

## 五、拓展练习

1. ZKFC 和 NameNode 守护进程的启动顺序是否重要？

2. ZooKeeper 对节点的 Watch 监听通知是永久的吗？

# 项目 5
# 部署 YARN 的 HA 集群

## 项目概述

在 Hadoop 中，组件 YARN(Yet Another Resource Negotiator，另一种资源协调者)作为通用资源管理系统为上层应用提供了统一的资源管理和调度。在集群中，YARN 采用主从架构，因此主节点 ResourceManager 依然存在单点故障，为提高服务质量，需要进一步在集群中实现 YARN 的 HA 机制。

## 项目背景

了解 YARN 产生的背景，在 Hadoop 集群中部署 YARN 的优点，分析 YARN 的组成结构及其各部分功能，掌握 YARN 的工作流程。为解决主节点 ResourceManager 单点故障，可以借助 ZooKeeper 部署 YARN 的 HA 集群来完成。

## 项目演示

部署 YARN 集群，查看相关进程。

部署 YARN 的 HA 集群，提高服务质量。

## 思政聚焦

目前，通过 HDFS、YARN 等组件的使用，我们被开源软件强大的功能所震撼，开源软件体现了软件从业者挑战自我以及对团队精神的追求。“开源中国社区”的成立将有助于在国内建立一套以社区为中心的开源开发机制，通过国内联合与国际合作，实现与国际接轨，培养出我们自己的软件大师，开发具有竞争力的国际性的开源项目。

## 项目主要内容

- YARN 产生的背景。
- YARN 的组成结构。
- YARN 的工作流程。
- YARN 的 HA 机制。

## 思维导图

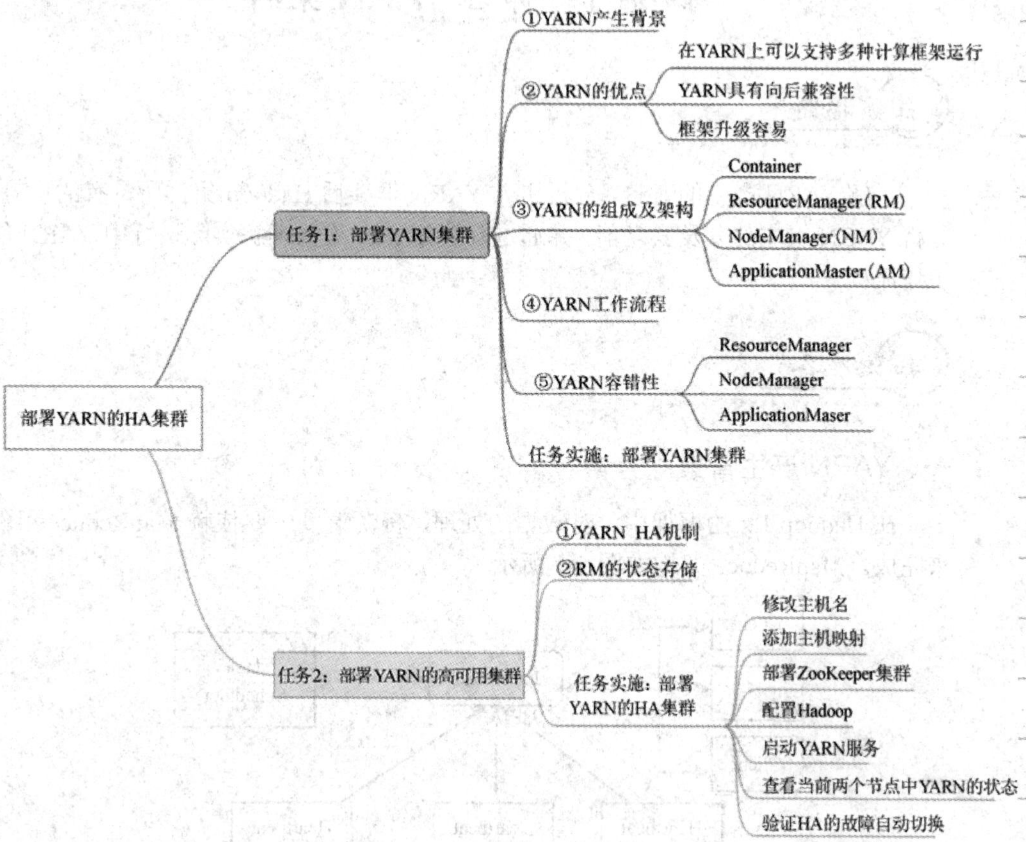


## 教学大纲

**能力目标**

◎ 能在 Hadoop 集群中部署 YARN 服务。

◎ 能利用 ZooKeeper 部署高可用的 YARN。

**知识目标**

◎ 了解 YARN 产生的背景。

◎ 理解 YARN 的组成及架构。

◎ 理解 YARN 的工作流程。

◎ 掌握 YARN 的 HA 机制。

**学习重点**

◎ YARN 的组成及工作流程。

◎ YARN HA 架构。

**学习难点**

◎ YARN 的工作流程。

◎ 部署 YARN 的 HA 集群。

# 任务 1　部署 YARN 集群

## 任务描述

了解 YARN 产生的背景，分析引入 YARN 框架后 Hadoop 集群所具有的优势，分析 YARN 组成部分及其功能，并通过部署 YARN 集群理解实际运行中 YARN 的工作流程。

## 知识准备

### 一、YARN 产生背景

在 Hadoop 1.x 的框架中，对数据的处理、资源调度主要依赖 MapReduce 组件来完成。MapReduce 架构如图 5-1 所示。

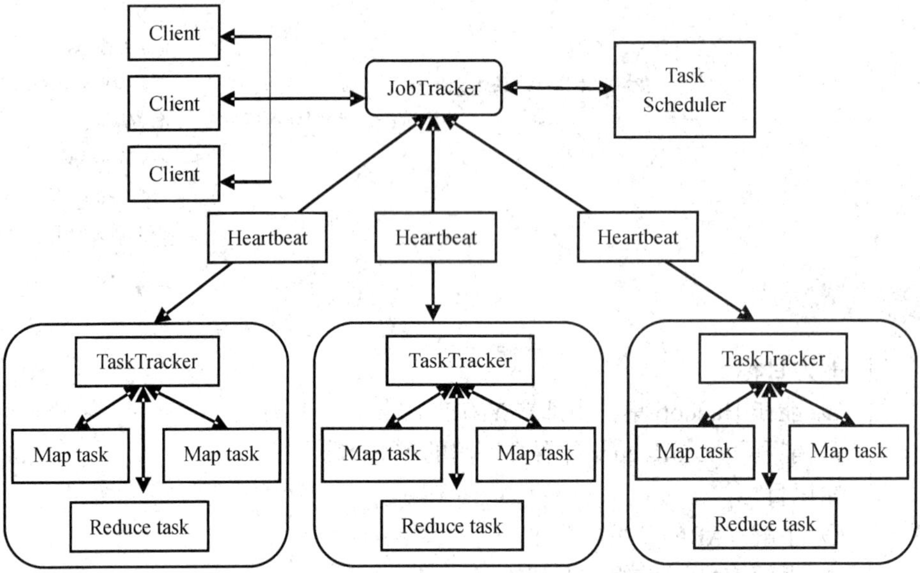


图 5-1　MapReduce 架构

MapReduce 由 Client、JobTracker 和 TaskTracker 组成。其中，JobTracker 接受 Hadoop 集群中 Client 的请求，并将请求发送到距离所处理的数据尽可能近的一个或者多个 DataNode 上，DataNode 中的 TaskTracker 执行 Map task 和 Reduce task 任务。同时，JobTracker 监视各个 TaskTracker 执行情况，接收 TaskTracker 的计算结果。

在这个工作过程中，可以发现以下问题：

(1) JobTracker 是集群任务的集中处理点，存在单点故障。如果 Hadoop 集群的 JobTracker 失效，则整个 Hadoop 集群就不能正常工作。

(2) JobTracker 负担太重，既要负责作业的调度，又要负责任务进度监控，承受大量访问的压力巨大，从而影响系统的扩展性。

(3) 把资源强制划分为 Map/Reduce Slot(槽)。当只有 Map task 时，Reduce Slot 不能用；当只有 Reduce task 时，Map Slot 就不能用，这很容易造成资源利用不足。

在 Hadoop1.0 中，MapReduce 也存在以下局限性：

(1) 扩展性差。JobTracker 同时兼备了资源管理和作业控制两个功能，这个瓶颈严重制约了 Hadoop 集群的扩展性。

(2) 可靠性差。MapReduce 采用 Master/Slave 结构。当 Master 出现故障时，将导致整个集群不可用。

(3) 资源利用率低。MapReduce 采用基于槽位的资源分配模型，槽位是一种粗粒度的资源划分单位，通常一个任务不会用完槽位对应的资源，且其他任务也无法使用这些空闲资源。此外，Hadoop 将槽位分为 Map Slot 和 Reduce Slot 两种，且不允许它们之间共享，常常会导致一种槽位资源紧张而另外一种槽位闲置的情况。

(4) 无法支持多种计算框架。随着互联网高速发展，MapReduce 基于磁盘的离线计算框架已经不能满足应用需求，从而出现了一些新的计算框架，包括内存计算框架、流式计算框架和迭代式计算框架等，而 MRv1 不能支持多种计算框架并存。

为此，Apache 开始尝试对 Hadoop 进行升级改造。在 Hadoop 2.x 的版本中，将资源管理功能抽象成一个独立的通用系统 YARN。其核心思想是：将 JobTracker 中的资源管理和作业调度功能分开，分别由组件 ResourceManager 和 ApplicationMaster 实现。其中，ResourceManager 负责整个集群的资源管理和调度；ApplicationMaster 负责应用程序相关的事务，比如任务调度、任务监控和容错等。

在 Hadoop 2.x 版本中，运行的应用不只是 MapReduce，还有可能是其他应用如一个 DAG(Directed Acyclic Graph，有向无环图，例如 storm 应用)。YARN 的另一个目标就是拓展 Hadoop，这使得它不仅仅可以支持 MapReduce 计算，还能很方便地管理诸如 Hive、Hbase、Pig、Spark/Shark 等应用。这种新的架构设计能够使各种类型的应用运行在 Hadoop 上，并通过 YARN 从系统层面进行统一的管理。也就是说，有了 YARN，各种应用就可以互不干扰地运行在同一个 Hadoop 集群中，且共享整个集群资源，按需分配。Hadoop 1.0 与 Hadoop 2.0 的区别如图 5-2 所示。

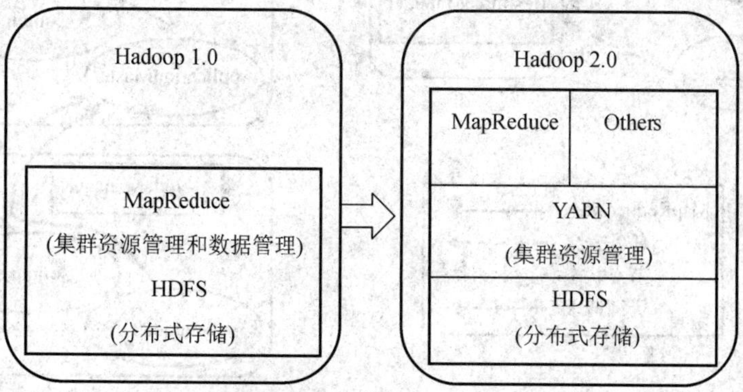


图 5-2　Hadoop 1.0 与 Hadoop 2.0 的区别

由于 Hadoop2.x 对 MapReduce 框架做了彻底的设计重构，我们称 Hadoop2.x 中的 MapReduce 为 YARN+MapReduce。

## 二、YARN 的优点

YARN 的优点可以归纳为以下三方面：

(1) 在 YARN 上可以支持多种计算框架运行，比如 MapReduce、Storm、Spark、Flink 等。由于将现有框架移植到 YARN 之上需要一定的工作量，因此当前 YARN 仅可运行 MapReduce 这种离线计算框架。

(2) YARN 具有向后兼容性，即用户在 MR1 上运行的作业，无需任何修改即可运行在 YARN 之上。

(3) 框架升级容易。在 YARN 中，各种计算框架不再是作为一个服务部署到集群的各个节点上(比如 MapReduce 框架，不再需要部署 JobTracker、TaskTracker 等服务)，而是被封装成一个用户程序库(lib)存放在客户端。因此，当需要对计算框架进行升级时，只需升级用户程序库即可。

## 三、YARN 的组成及架构

YARN 采用的是 Master/Slave 结构。通过前面的学习，我们看到 YARN 在主节点 Master 中的进程为 ResourceManager，在从节点 Slave 中的进程为 NodeManager。ResourceManager 负责整个集群中资源的管理；NodeManager 只负责自己本节点上的资源管理，通过心跳机制，NodeManager 每隔 3s 周期性地向 ResourceManager 汇报其节点上资源的使用情况。

YARN 的架构图如图 5-3 所示。YARN 主要由以下几个组件组成。

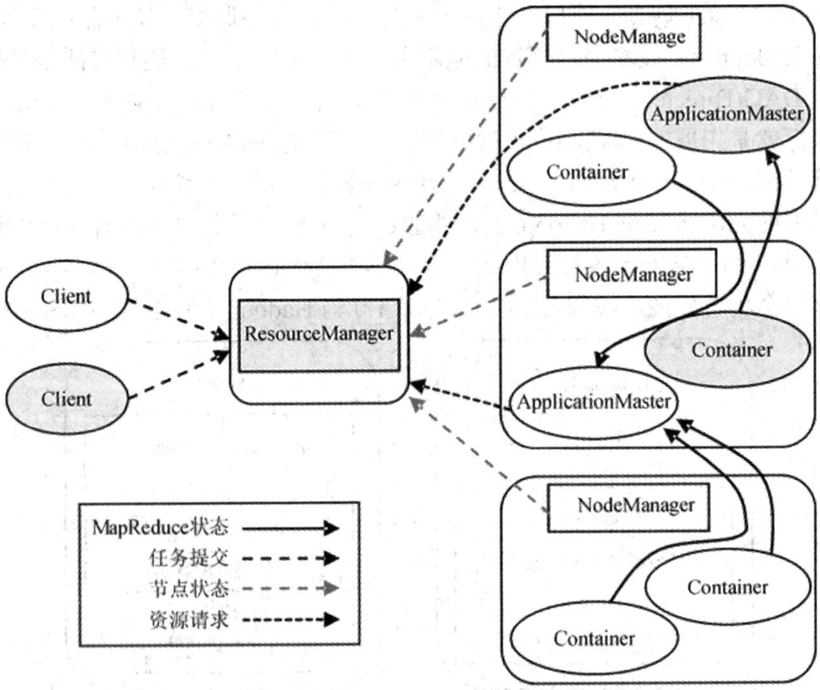


图 5-3 YARN 的架构图

### 1. Container

Container 是 YARN 中对计算机计算资源的抽象，它封装了某个节点上的多维资源，如 CPU、内存、磁盘、网络等。当 AM(ApplicationMaster)向 RM(Resource Manager)申请资源时，RM 向 AM 返回的资源便是用 Container 表示的。YARN 会为每个任务分配一个 Container，且该任务只能使用该 Container 中描述的资源。Container 是一个动态资源划分单位，是根据应用程序的需求自动生成的。目前，YARN 仅支持 CPU 和内存两种资源。

### 2. ResourceManager(RM)

RM 是一个 Global(全局)的资源管理器，负责整个系统的资源管理、调度和分配。其功能如下：

(1) 处理客户端的请求。

(2) 启动或者监控 ApplicationMaster。

(3) 监控 NodeManager。

(4) 资源的分配与调度。

这些功能分别由 RM 中的两个组件调度器(Scheduler)和应用程序管理器(Applications Manager，ASM)来实现。

Scheduler 主要为应用程序分配 NodeManager 上的 Container 资源，是一个“纯调度器”，不从事任何与具体应用程序相关的工作，比如既不负责监控或者跟踪应用的执行状态等，也不负责由于硬件错误或应用问题导致的 Task 失败重启工作，这些均交由应用程序相关的 ApplicationMaster 完成。它仅根据各个应用程序的资源需求进行资源分配，而资源分配单位用一个抽象概念“资源容器”(Resource Container，简称 Container)表示。Container 是一个动态资源分配单位，它将内存、CPU、磁盘、网络等资源封装在一起，从而限定每个任务使用的资源量。此外，Scheduler 是一个可插拔的组件，用户可根据自己的需要设计新的调度器。YARN 提供了多种直接可用的调度器，比如 Fair Scheduler 和 Capacity Scheduler 等。

Applications Manager 负责管理整个系统中所有应用程序，包括应用程序提交、与调度器协商资源以启动 ApplicationMaster、监控 ApplicationMaster 运行状态并在失败时重新启动它等。

### 3. NodeManager(NM)

NM 是每个节点上的资源和任务管理器，负责该节点程序的运行，以及该节点资源的管理和使用。其功能包括：

(1) 定时地向 RM 汇报本节点的资源使用情况和 Container 运行状态。

(2) 接受并处理来自 AM 的 Container 启动/停止等各种请求。

### 4. ApplicationMaster(AM)

AM 是应用级别的进程，对运行在 YARN 中某个应用的抽象，负责应用程序的管理。用户提交的每个应用程序均包含一个 AM。其主要功能包括：

(1) 与 RM 调度器协商以获取抽象资源(Container)。

(2) 将得到的任务进一步分配给内部的任务(资源的二次分配)。

(3) 与 NM 交互来执行具体的任务，并追踪它们的状态、管理进度。

(4) 监控所有应用的运行状态，跟踪应用执行状态，重新启动失败任务。

**注意**：RM 只负责监控 AM，并在 AM 运行失败时启动它；RM 不负责 AM 内部任务的容错，任务的容错由 AM 完成。

## 四、YARN 工作流程

用户将应用程序提交后，YARN 会分为两步执行该应用程序：

第一步，启动 ApplicationMaster。

第二步，由 ApplicationMaster 创建应用程序，为它申请资源并监控它的整个运行过程，直到运行完成。

YARN 工作流程如图 5-4 所示，具体如下：

(1) Client 向 YARN 中提交应用程序，其中包括 ApplicationMaster 程序、启动 ApplicationMaster 的命令、用户程序等。

(2) ResourceManager 为该应用程序分配第一个 Container，并与对应的 NodeManager 通信，要求它在这个 Container 中启动应用程序的 ApplicationMaster。

(3) ApplicationMaster 首先向 ResourceManager 注册自己，这样用户就可以直接通过 ResourceManager 查看应用程序的运行状态。然后，它将为各个任务申请资源并监控它的运行状态，直到运行结束。

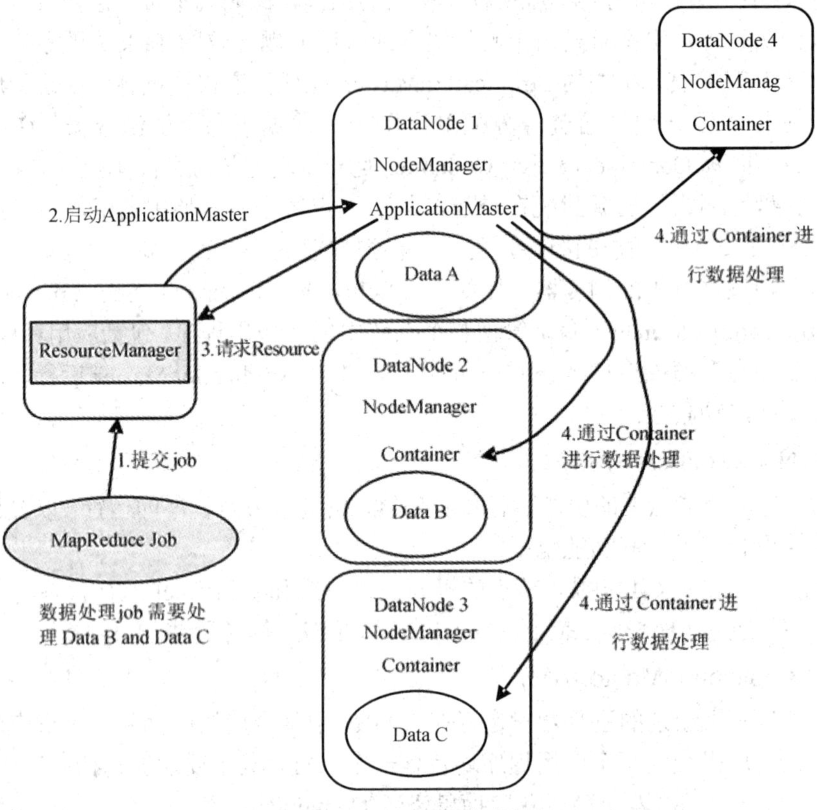


图 5-4 YARN 工作流程

(4) ApplicationMaster 采用轮询的方式通过 RPC 协议向 ResourceManager 申请

和领取资源。

(5) ResourceManager 返回 ApplicationMaster 申请的 Container 信息。申请成功的 Container 由 ApplicationMaster 进行初始化。Container 的启动信息初始化后，ApplicationMaster 与对应的 NodeManager 通信，要求 NodeManager 启动 Container。ApplicationMaster 与 NodeManager 保持心跳机制，从而对 NodeManager 上运行的任务进行监控和管理。

(6) Container 运行期间，ApplicationMaster 对 Container 进行监控。Container 通过 RPC 协议向对应的 ApplicationMaster 汇报自己的进度和状态等信息，可以让 ApplicationMaster 随时掌握各个任务的运行状态，从而可以在任务失败时重新启动任务。

(7) 应用程序运行完成后，ApplicationMaster 向 ResourceManager 注销并关闭自己。

运行在 YARN 上的应用程序主要分为两类：短应用程序和长应用程序。其中，短应用程序是指一定时间内可运行完成并正常退出的应用程序，如 MapReduce 作业、Spark DAG 作业等。长应用程序是指不出意外、永不终止运行的应用程序，通常是一些服务，如 Storm Service(包括 Nimbus 和 Supervisor 两类服务)、HBase Service(包括 HMaster 和 RegionServer 两类服务)等，而它们本身作为一种框架提供编程接口供用户使用。尽管这两类应用程序作业不同，一类直接运行数据处理程序，另一类用于部署服务(服务之上再运行数据处理程序)，但运行在 YARN 上的流程是相同的。

## 五、YARN 容错性

ResourceManager：存在单点故障，基于 ZooKeeper 实现 HA 可避免单点故障。

NodeManager：失败后，RM 将失败任务告诉对应的 AM，AM 决定如何处理失败的任务。

ApplicationMaster：失败后，由 RM 负责重启，AM 需要处理内部任务的容错问题，并保存已经运行完成的 Task，重启后无需重新运行。

部署 YARN 集群

## 任务实施

### 部署 YARN 集群

Hadoop 集群的配置在前面已经讲过，这里重点梳理部署 YARN 集群所要修改的配置文件。

查看 Hadoop 集群节点规划如表 5-1 所示。HadoopSlave1 为 YARN 集群的主节点，HadoopMaster 和 HadoopSlave 为 YARN 集群的从节点。

表 5-1　集群节点规划

| 主机名 | IP 地址 | 角色 | 运行的进程 |
|---|---|---|---|
| HadoopMaster | 192.168.8.130 | 从节点 | NameNode、NodeManager、DataNode |
| HadoopSlave | 192.168.8.132 | 从节点 | DataNode、SecondaryNameNode、NodeManager |
| HadoopSlave1 | 192.168.8.133 | 主节点 | DataNode、ResourceManager |

具体配置步骤如下。

## 1. 修改 Hadoop 配置文件

与 YARN 有关的配置文件有 yarn-site.xml 和 mapred-site.xml。

(1) 设置 YARN 资源系统 yarn-site.xml 的内容如下：

```
[hadoop@hadoopmaster hadoop]$ vi yarn-site.xml
<configuration>
    <!--设置资源管理器的主机-->
    <property>
        <name>yarn.resourcemanager.hostname</name>
        <value>hadoopslave1</value>
    </property>
    <property>
        <name>yarn.nodemanager.aux-services</name>
        <value>mapreduce_shuffle</value>
    </property>
</configuration>
```

(2) 设置计算框架 mapred-site.xml 的内容如下：

```
[hadoop@hadoopmaster hadoop]$ cp mapred-site.xml.template    mapred-site.xml
[hadoop@hadoopmaster hadoop]$ vi mapred-site.xml
<configuration>
    <property>
        <name>mapreduce.framework.name</name>
        <value>yarn</value>
    </property>
</configuration>
```

## 2. 启动 YARN

启动 YRAN 时，必须在 YARN 的主节点(hadoopslave1)上执行，并查看相关进程。命令如下：

```
[hadoop@hadoopslave1 ~]$ start-yarn.sh
[hadoop@hadoopslave1 ~]$ jps
12740 NodeManager
12599 ResourceManager
12969 Jps
[hadoop@hadoopslave ~]$ jps
13216 Jps
12975 NodeManager
[hadoop@hadoopmaster hadoop]$ jps
13028 Jps
12794 NodeManager
```

### 3. 通过 Web UI 查看集群信息

通过 http://hadoopslave1:8088 查看集群中节点与应用程序的相关信息，如图 5-5 所示。

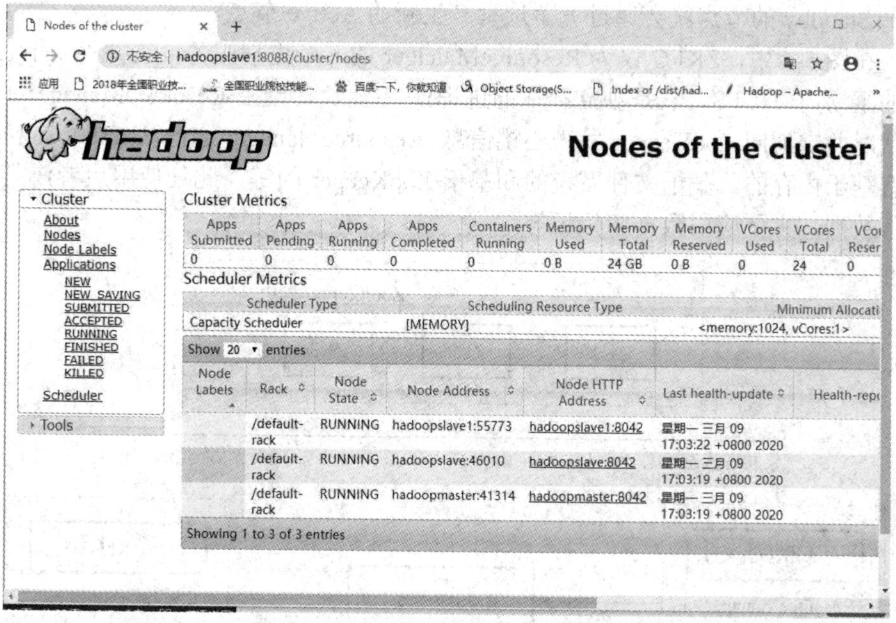


图 5-5　YARN 的界面

### 4. 停止 YARN 相关的进程

命令如下：

```
[hadoop@hadoopslave1 ~]$ stop-yarn.sh
```

## 任务 2　部署 YARN 的高可用集群

### 任务描述

了解 YARN 的 HA 架构、RM 状态信息及其存储方式。为解决 YARN 集群中 ResourceManager 节点的单点故障，可通过 ZooKeeper 部署 HA 集群来完成。

### 知识准备

### 一、YARN HA 机制

YARN 集群采用主从架构部署，它有一个 ResourceManager 及多个 NodeManager。在 ResourceManager 节点中存在单点故障。当 ResourceManager 发生故障时，整个 YARN 集群就不能正常工作。通过 ZooKeeper 可以实现 YARN 的 HA 机制，从而避免单点故障的发生。

YARN 的 HA 架构如图 5-6 所示，ResourceManager 由一对分别处于 Active 和 Standby 状态的 ResourceManager 组成，它使用基于 ZooKeeper 的选举算法来决定 ResourceManager 的状态。如当 Active 节点无法正常工作(如机器宕机或重启)时，处于 Standby 的节点就会通过竞争选举产生新的 Active 节点。

在图 5-6 中，ZKFC 仅为 ResourceManager 的一个进程服务，它并不是单独存在的(区别于 HDFS，它是独立存在的进程)，主要负责监控 ResourceManager 的健康状况并定期向 ZooKeeper 发送心跳信息。ResourceManager 通过 RMStateStore(目前有基于内存的、基于文件系统的和基于 ZooKeeper 的等，此处使用后者)来存储内部数据、主要应用数据和标记等。

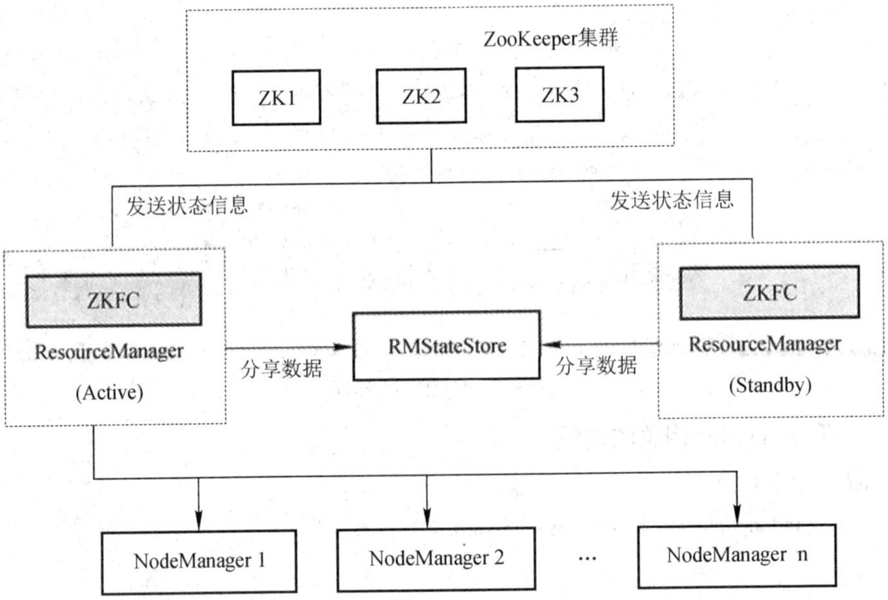


图 5-6　YARN 的 HA 架构

## 二、RM 的状态存储

ResourceManager 负责集群中所有资源的统一管理和分配，同时接收来自各个节点(NodeManager)的资源汇报信息，并把这些信息按照一定的策略分配给各个应用程序(ApplicationManager)，其内部维护了各个应用程序的 ApplicationMaster 信息、NodeManager 信息及资源使用信息等。既然 RM 很重要，就有必要存储 RM 的信息状态，以免 RM 进程异常退出导致应用状态信息丢失。

在 ResourceManager 中，RMStateStore 负责存储 RM 的内部状态信息，包括 Application 及其 Attempts 信息、Delegation Token、Version Information 等。RMStateStore 中的绝大多数状态信息都是不需要持久化存储的，因为它们很容易从上下文信息中将其重构出来，如资源的使用情况。

RM 状态信息的存储方式一般有三种：

(1) MemoryRMStateStore：状态信息保存在内存中，一般用于日常开发测试。

(2) FileSystemRMStateStore：状态信息保存在 HDFS 文件系统中，这种被做成持久化。

(3) ZKRMStateStore：状态信息保存在 ZooKeeper 中。

由于这些状态信息的数据量都不是很大，因此 Hadoop 官方建议基于 ZooKeeper 来实现状态信息的存储。

部署 YARN 的 HA 集群(1)

## 任务实施

### 部署 YARN 的 HA 集群

在前面 ZooKeeper 集群的基础上，部署 YARN 的 HA 集群。集群中各节点角色规划如表 5-2 所示。

**表 5-2　YARN 的 HA 集群角色规划**

| 主机名 | IP 地址 | 角　色 |
|---|---|---|
| master | 192.168.8.130 | NameNode、ZooKeeper、ZKFC、NodeManager |
| master0 | 192.168.8.132 | SecondaryNameNode、ZooKeeper、ZKFC、ResourceManager |
| slave | 192.168.8.133 | DataNode、ZooKeeper、ResourceManager |

具体配置步骤如下。

#### 1. 修改主机名

分别将三台主机名修改为 master、master0、slave。

(1) 修改主机名为 master：

```
[hadoop@zookeeper1 ~]$ hostnamectl set-hostname master
[hadoop@zookeeper1 ~]$ bash
[hadoop@master ~]$
```

(2) 修改主机名为 master0：

```
[hadoop@zookeeper2 ~]$ hostnamectl set-hostname master0
[hadoop@zookeeper2 ~]$ bash
[hadoop@master0 ~]$
```

(3) 修改主机名为 slave：

```
[hadoop@zookeeper3 ~]$ hostnamectl set-hostname slave
[hadoop@zookeeper3 ~]$ bash
[hadoop@slave ~]$
```

#### 2. 添加主机映射

(1) 添加主机 master 的映射：

```
[hadoop@master ~]$ sudo vi /etc/hosts
127.0.0.1      localhost localhost.localdomain localhost4 localhost4.localdomain4
::1            localhost localhost.localdomain localhost6 localhost6.localdomain6
192.168.8.130    master
```

```
192.168.8.132    master0
192.168.8.133    slave
```

(2) 将/etc/hosts 文件复制到主机 master0 和 slave 上：

```
[hadoop@master ~]$ sudo scp /etc/hosts 192.168.8.132:/etc/hosts
[hadoop@master ~]$ sudo scp /etc/hosts 192.168.8.133:/etc/hosts
```

### 3. 部署 ZooKeeper 集群

由于前面已经部署过 ZooKeeper 集群，因此直接在主机 master、master0 和 slave 上启动 ZooKeeper 服务并查看其状态。

(1) 在主机 master 上启动 ZooKeeper 服务并查看：

```
[hadoop@master ~]$ cd zookeeper-3.4.14/bin/
[hadoop@master bin]$  ./zkServer.sh start
[hadoop@master bin]$  ./zkServer.sh status
ZooKeeper JMX enabled by default
Using config: /home/hadoop/zookeeper-3.4.14/bin/../conf/zoo.cfg
Mode: follower
```

(2) 在主机 master0 上启动 ZooKeeper 服务并查看：

```
[hadoop@master0 ~]$ cd zookeeper-3.4.14/bin/
[hadoop@master0 bin]$  ./zkServer.sh start
[hadoop@master0 bin]$  ./zkServer.sh status
ZooKeeper JMX enabled by default
Using config: /home/hadoop/zookeeper-3.4.14/bin/../conf/zoo.cfg
Mode: follower
```

(3) 在主机 slave 上启动 ZooKeeper 服务并查看：

```
[hadoop@slave ~]$ cd zookeeper-3.4.14/bin/
[hadoop@slave bin]$  ./zkServer.sh start
[hadoop@slave bin]$  ./zkServer.sh status
ZooKeeper JMX enabled by default
Using config: /home/hadoop/zookeeper-3.4.14/bin/../conf/zoo.cfg
Mode: leader
```

### 4. 配置 Hadoop

Hadoop 集群的配置在前面已经讲过，这里重点讲解部署 YARN 的 HA 集群所要修改的配置文件。

在主机 master 中进行下面的设置。

(1) 设置核心组件 core-site.xml 的内容如下：

```
[hadoop@master ~]$ cd  hadoop-2.7.7/etc/hadoop/
[hadoop@master hadoop]$ vi core-site.xml
<configuration>
  <property>
```

```
        <name>fs.defaultFS</name>
        <value>hdfs://master:9000</value>
    </property>
<!--一定是要有权限的目录 -->
    <property>
        <name>hadoop.tmp.dir</name>
        <value>/home/hadoop/data/hadoopdate</value>
    </property>
</configuration>
```

(2) 设置文件系统 hdfs-site.xml 的内容如下：

```
[hadoop@master hadoop]$ vi hdfs-site.xml
<configuration>
    <property>
        <name>dfs.namenode.name.dir</name>
        <value>/home/hadoop/data/hadoopdate/name</value>
        <description>为了保证元数据的安全，一般配置多个不同的目录</description>
    </property>
    <property>
        <name>hadoop.tmp.dir</name>
        <value>/home/hadoop/data/hadoopdate/data</value>
    <description>DateNode 的数据存储目录</description>
    </property>
    <property>
        <name>dfs.replication</name>
        <value>1</value>
    </property>
    <property>
        <name>dfs.secondary.http.address</name>
        <value>master0:50090</value>
</property>
</configuration>
```

(3) 设置 YARN 资源系统 yarn-site.xml 的内容如下：

```
[hadoop@master hadoop]$ vi yarn-site.xml
<configuration>
<!-- Site specific YARN configuration properties -->
<!--启用 resourcemanager ha-->
<property>
        <name>yarn.resourcemanager.ha.enabled</name>
        <value>true</value>
```

```
        </property>
        <property>
            <name>yarn.nodemanager.aux-services</name>
            <value>mapreduce_shuffle</value>
        </property>
    <!--指定 ResourceManager 集群的名称-->
    <property>
            <name>yarn.resourcemanager.cluster-id</name>
            <value>cluster2</value>
    </property>
    <!--启用 HA 时集群中的 RM 节点列表-->
    <property>
            <name>yarn.resourcemanager.ha.rm-ids</name>
            <value>rm1,rm2</value>
    </property>
    <!--rm1 的主机名-->
    <property>
            <name>yarn.resourcemanager.hostname.rm1</name>
            <value>master0</value>
    </property>
    <!--rm2 的主机名-->
    <property>
            <name>yarn.resourcemanager.hostname.rm2</name>
            <value>slave</value>
    </property>
    <!--ZooKeeper 集群的地址-->
    <property>
            <name>yarn.resourcemanager.zk-address</name>
    <value>192.168.8.130:2181,192.168.8.132:2181,192.168.8.133:2181</value>
    </property>
    <!--启用 RM 的自动恢复-->
    <property>
            <name>yarn.resourcemanager.recovery.enabled</name>
            <value>true</value>
    </property>
    <!--指定持久存储的类-->
    <property>
            <name>yarn.resourcemanager.store.class</name>
    <value>org.apache.hadoop.yarn.server.resourcemanager.recovery.ZKRMStateStore</value>
```

```
</property>
</configuration>
```

(4) 设置计算框架 mapred-site.xml 的内容如下：

```
[hadoop@master hadoop]$ vi mapred-site.xml
<configuration>
 <property>
        <name>mapreduce.framework.name</name>
        <value>yarn</value>
</property>
</configuration>
```

(5) 配置 slaves 文件，设置集群中 DataNode 节点的内容如下：

```
[hadoop@master hadoop]$ vi slaves
[hadoop@master hadoop]$ cat slaves
slave
```

(6) 远程发送 Hadoop 配置文件至集群中其他节点。

远程发送 Hadoop 配置文件到 master0 和 slave 的当前目录下：

```
[hadoop@master ~]$ scp -r hadoop-2.7.7 master0:$PWD
[hadoop@master ~]$ scp -r hadoop-2.7.7 slave:$PWD
```

在主机 master 上生效环境变量的内容如下：

```
[hadoop@master ~]$ source /etc/profile
```

在主机 master0 上生效环境变量的内容如下：

```
[hadoop@master0 ~]$ source /etc/profile
```

在主机 slave 上生效环境变量的内容如下：

```
[hadoop@slave ~]$ source /etc/profile
```

### 5. 启动 YARN 服务

(1) 在主机 slave 上启动 YARN 服务，命令如下：

```
[hadoop@slave ~]$ cd hadoop-2.7.7/sbin/
[hadoop@slave sbin]$ start-yarn.sh
```

(2) 在主机 master0 上启动 ResourceManager 进程，命令如下：

```
[hadoop@master0 ~]$ cd hadoop-2.7.7/sbin/
[hadoop@master0 sbin]$ yarn-daemon.sh start resourcemanager
```

部署 YARN 的 HA 集群(2)

### 6. 查看当前两个节点中 YARN 的状态

命令如下：

```
[hadoop@master0 sbin]$ yarn rmadmin -getServiceState rm1
standby
[hadoop@master0 sbin]$ yarn rmadmin -getServiceState rm2
active
```

通过 Web UI 可以看到，处于 Standby 状态的主机会自动将所有网络请求重定向到处于 Active 状态的 RM。

当通过 http://192.168.8.132:8088 网址访问主机 master0 上的 YARN 时，网络请求将自动跳转到 slave 的 RM 上。

通过 http://192.168.8.132:8088/cluster/cluster 网址查看 ResourceManager 的状态，如图 5-7 所示。

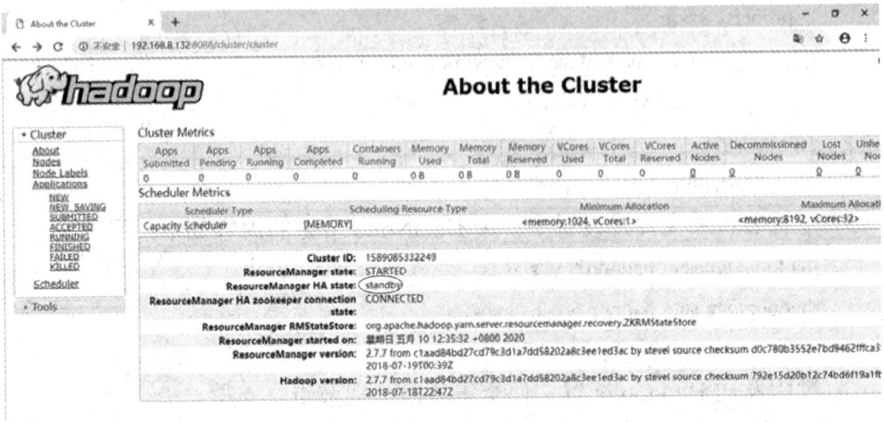

图 5-7 查看 ResourceManager 的状态(为 standby)

通过 http://192.168.8.133:8088/cluster/cluster 网址查看 ResourceManager 的状态，如图 5-8 所示。

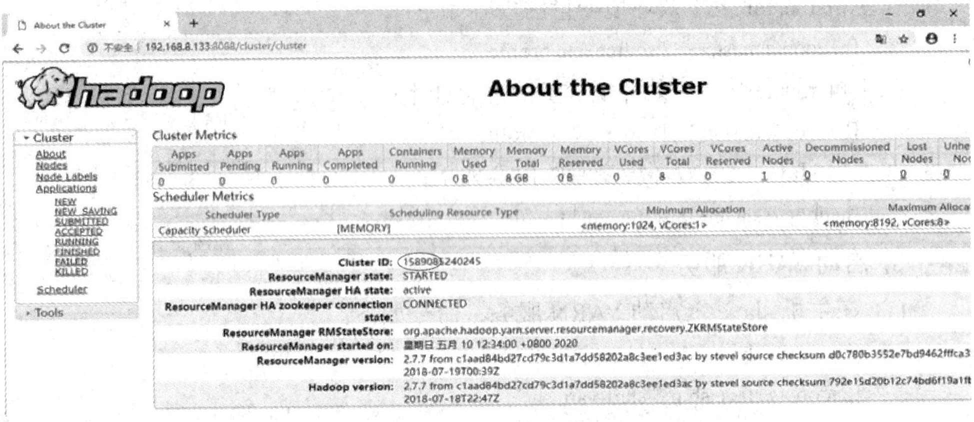

图 5-8 查看 ResourceManager 的状态(为 active)

### 7. 验证 HA 的故障自动切换

当集群中处于 Active 的 ResourceManager 出现故障时，ZooKeeper 就会进行自动切换，将 master0 的 Standby ResourceManager 切换为 Active ResourceManager，持续提供 YARN 服务。

(1) 在主机 slave 上查看进程，命令如下：

```
[hadoop@slave sbin]$ jps
16320 NodeManager
16532 Jps
15992 ResourceManager
```

10106 QuorumPeerMain

(2) 将 Active ResourceManager 进程删除掉，命令如下：

```
[hadoop@slave sbin]$ kill   -9 15992
```

在主机 slave 上单独启动 ResourceManager 进程，命令如下：

```
[hadoop@slave sbin]$ yarn-daemon.sh start resourcemanager
```

(3) 再次查看两个节点中 YARN 的状态，命令如下：

```
[hadoop@slave sbin]$ yarn rmadmin -getServiceState rm1
active
[hadoop@slave sbin]$ yarn rmadmin -getServiceState rm2
standby
```

在 Hadoop 中，ZooKeeper 主要用于实现 HA(Hive Availability)，包括 HDFS 的 NamaNode 和 YARN 的 ResourceManager 的 HA。同时，在 YARN 中，ZooKeepr 还用来存储应用的运行状态。HDFS 的 NamaNode 和 YARN 的 ResourceManager 利用 ZooKeepr 实现 HA 的原理是一样的。

## 项 目 小 结

通过分析，可知 Hadoop 1.x 的 MapReduce 中 JobTracker 存在单点故障，因此承担的任务比较重，不支持多种计算框架等问题。于是在 Hadoop 2.x 中对此进行了改进，即引入了通用的资源管理系统 YARN，将 JobTracker 中的资源管理和作业调度功能分开，分别由组件 ResourceManager 和 ApplicationMaster 来实现。

理解 YARN 的平台架构及其组成的各个组件功能，进而分析 YARN 的工作流程。由于 YARN 采用主从架构，在主节点 ResourceManager 存在单点故障，因此为了避免单点故障，可以通过 ZooKeeper 部署 YARN 的 HA 集群。

## 课 后 习 题

### 一、选择题

1. YARN 由(　　)组件组成。

A. Container、ResourceManager、NodeManager、ApplicationMaster

B. Container、ResourceManager、NodeManager、ApplicationManager

C. Container、ResourceManager、Scheduler、ApplicationMaster

D. Container、ApplicationManager、Scheduler、ApplicationMaster

2. 负责整个 YARN 集群中资源管理的进程是(　　)。

A. DataNode　　B. NodeManager

C. ResourceManager　　D. NameNode

3. 下列关于 YARN 组成及架构的描述，错误的是(　　)。

A. ResourceManager 负责整个系统的资源分配和管理，是一个全局的资源管理器

B. NodeManager 是每个节点上的资源和任务管理器

C. ApplicationManager 是一个详细的框架库，它结合从 ResourceManager 获得的资源和 NodeManager 协同工作来运行和监控任务

D. 调度器根据资源情况为应用程序分配封装在 Container 中的资源

4. 下面关于 YARN 的描述，错误的是(　　)。

A. YARN 可以支持除了 MapReduce 之外的其他计算框架

B. YARN 指 Yet Another Resource Negotiator，是另一种资源协调者

C. YARN 可以为上层应用提供统一的资源管理和调度

D. YARN 不是通用的资源管理器

5. 关于 MapReduce1 和 YARN 的对比，错误的是(　　)。

A. MapReduce1 由 JobTracker 负责作业调度与任务监控

B. YARN 的作业调度和任务监控都由 ResourceManager 组件完成

C. MapReduce1 的任务节点叫作 TaskTracker，而 YARN 的任务节点为 NodeManager

D. MapReduce1 的资源调配单元为 Slot，而 YARN 的资源调配单元为 Container

## 二、判断题

1. YARN 不仅支持 MapReduce，还支持 Spark、Strom 等框架。(　　)

2. Container 包含 CPU、内存、磁盘、网络等资源。(　　)

3. 在 YARN 的整个工作过程中，Container 是属于动态分配的。(　　)

4. 启动 YARN 的命令是 start-yarn.sh 。(　　)

5. Hadoop2.x 就是 MapReduce+YARN。(　　)

6. YARN 中的 HA 集群同一时刻只有一个 Active 状态的 ResourceManager。(　　)

## 三、填空题

1. YARN 是__________的缩写。

2. ResourceManager 存储状态信息的是____________。

3. YARN 的架构中，________负责整个系统的资源分配和管理，是一个全局的资源管理器。这些功能分别由 RM 中的两个组件调度器(Scheduler)和________来实现。

4. 通过端口__________可以访问 YARN Web 界面。

5. YARN 中任务进度监控是向组件__________汇报。

## 四、简答题

请描述 YARN 的组成及各组件的功能。

## 五、拓展练习

YARN 内部如何容错？

# 项目 6 MapReduce 应用

## 项目概述

MapReduce 作为 Hadoop 系统核心组件之一，是一种处理海量数据的分布式编程模型，用于对大规模数据集的并行计算，其核心包括 Map 函数和 Reduce 函数。本项目首先介绍 MapReduce 的核心思想和工作流程，然后以单词统计编程为例介绍 MapReduce 编程方法和执行过程。

## 项目背景

大数据时代，除了需要解决大规模数据的存储问题外，还需要解决大规模数据的处理问题。分布式并行编程可以大幅提高程序性能，从而实现高效的批量数据处理。分布式程序运行在大规模计算机集群上，集群中包括大量廉价服务器，可以并行执行大规模数据处理任务，从而获得海量的计算能力。

## 项目演示

Hadoop 自带的 WordCount 案例的运行过程及相应的 MapReduce Java API 编程过程。

## 思政聚焦

在中国经济和互联网快速发展的今天，数据在疫情中发挥了重要作用，如通过 MapReduce 可以帮助分析疫情走势，建立全民预警机制，保障全民安全。

## 项目主要内容

- MapReduce 的核心思想。
- MapReduce 的编程模型。
- Map 和 Reduce 的概念。
- MapReduce 框架的组成。
- MapReduce 的工作流程。
- MapReduce Java API 的编程方法。

## 思维导图

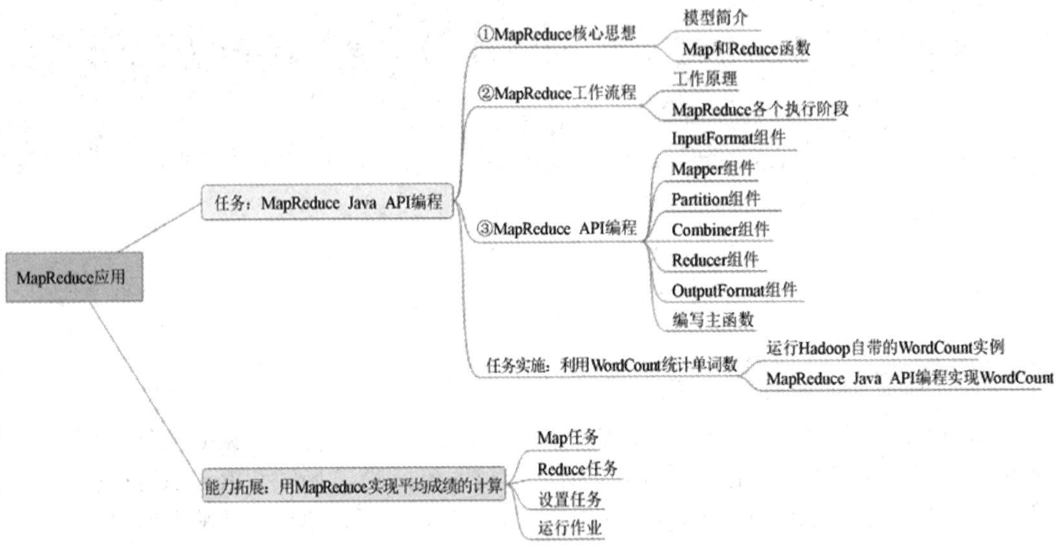


## 教学大纲

**能力目标**

◎ 了解 MapReduce 的核心思想。

◎ 了解 MapReduce 的编程模型。

**知识目标**

◎ 理解 Map 和 Reduce 的概念。

◎ 掌握 MapReduce 框架的组成。

**学习重点**

◎ 理解 MapReduce 的工作流程。

**学习难点**

◎ 掌握 MapReduce Java API 的编程方法。

# 任务 MapReduce Java API 编程

## 任务描述

通过学习 MapReduce 的核心思想、编程模型，理解 Map 和 Reduce 的概念、MapReduce 的工作流程，最终掌握 MapReduce Java API 的编程方法。

知识准备

# 一、MapReduce 核心思想

## 1. 模型简介

MapReduce 最早由 Google 提出，运行在 Google 的分布式文件系统 GFS 上，为搜索引擎提供后台网页的索引处理。如今，MapReduce 程序应用变得非常广泛，包括分布排序、Web 日志分析、构建索引、机器学习等方面。MapReduce 将复杂的、运行于大规模集群上的并行计算过程高度抽象到两个函数：Map 和 Reduce。

MapReduce 的核心思想是“分而治之”，也就是把一个复杂的问题按照一定的分解方法分为等价的规模较小的若干部分，然后逐个解决，再将各个部分的结果组成整个问题的结果。在 MapReduce 中，一个存储在分布式文件系统中的大规模数据集会被切分成许多独立的小数据块，这些小数据块可以被多个 Map 任务并行处理。MapReduce 模型会为每个 Map 任务输入一个数据子集，Map 任务生成的结果会继续作为 Reduce 任务的输入，最终由 Reduce 任务输出最终结果并写入 HDFS 中。MapReduce 的核心思想如图 6-1 所示。需要注意的是，数据子集是客户端输入的原始数据集分解而成的许多小数据集，这些小数据集可以完全并行地进行处理。

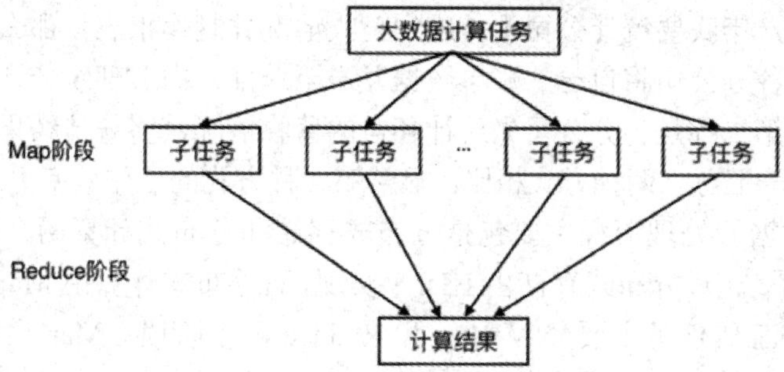


图 6-1　MapReduce 的核心思想

MapReduce 设计的一个理念是“计算向数据靠拢”，即“本地计算”。因为移动数据需要消耗大量的网络传输资源，尤其是在大规模数据环境下，这种开销极为惊人。所以，移动计算要比移动数据更加经济。因此，MapReduce 框架会尽量让 Map 程序在本地或就近的 HDFS 数据所在节点上运行，从而减少节点间的数据移动开销。

## 2. Map 和 Reduce 函数

MapReduce 模型的核心是 Map 函数和 Reduce 函数，程序员进行 MapReduce 编程时只需要关注如何实现这两个函数，而不需要处理并行编程中的其他各种复杂问题，如分布式存储、任务调度、负载均衡、容错处理、网络通信等问题都交由 MapReduce 框架负责处理。

Map 和 Reduce 函数都以一组<key，value>键值对作为输入，并按照一定的映射规则转换为另一组<key，value>键值对输出，如表 6-1 所示。

表 6-1 Map 和 Reduce 函数的输入与输出

| 函数 | 输入 | 输出 | 说　明 |
| --- | --- | --- | --- |
| Map | <k1，v1> | List(<k2，v2>) | 将输入的数据子集解析为一组<key，value>，作为 Map 函数的输入进行处理；每一个输入的<k1，v1>会输出一批<k2，v2>作为计算中间结果 |
| Reduce | <k2, List(v2)> | <k3，v3> | List(v2)表示一组 key 都为 k2 的键值对中的值 |

Map 函数的输入来自 HDFS 中的数据块，数据格式可以是任意的，<key，value>键值对的类型也是任意的。Reduce 函数的任务就是将输入的一系列具有相同键的键值进行处理，输出结果通常会合并成一个文件。比如，对于处理键为 k 的 Reduce 任务的输入形式为<k，<v1，v2，v3，…，vn>>，最终输出结果为<k，V>。

## 二、MapReduce 工作流程

### 1. 工作原理

MapReduce 会把一个复杂的问题按照一定的“分解”方法分为等价的、规模较小的若干部分，逐个进行解决，分别计算出各个部分的结果，然后把各部分的结果合成整个问题的结果。可以先来看一下生活中的一个例子，假设某大型公司在全球设立了分公司，年底要统计公司本年度的营收情况并制作报表，那么有两种统计方式：第一种是各分公司将自己的账单数据发送至总部，由总部统一计算公司本年度的营收报表；第二种是各分公司先统计各自的营收情况，将统计结果发送至总部，总部再进行统一汇总。两种方式相比，显然第二种方式的工作效率更高。

大规模数据的处理流程主要包括分布式存储和分布式计算两个核心环节。在 Hadoop 生态系统中，分布式存储由 HDFS 实现，而分布式计算由 MapReduce 实现。MapReduce 的工作任务主要分为 Map 和 Reduce 两个阶段。Map 阶段负责将任务分解，即把复杂的任务分解成若干个“简单的任务”来并行处理，前提是这些任务之间没有依赖关系，可以互不影响地单独执行；Reduce 阶段负责将子任务合并，即把 Map 阶段输出的中间结果进行全局汇总，如图 6-2 所示。

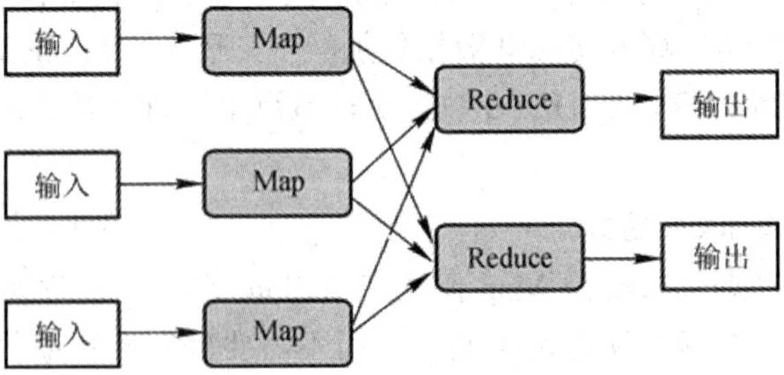


图 6-2　MapReduce 处理数据的流程

### 2. MapReduce 各个执行阶段

下面以一个单词计数(WordCount)的运行过程为例， 阐述 MapReduce 任务的执行过程。单词计数主要用于统计若干文本文件中每个单词出现的次数。假设有两个文本文件，内容分别为 Big Data 与 Big World，通过 WordCount 程序处理得到的最终结果为：Big 出现两次，Data 出现一次，World 出现一次，如图 6-3 所示。

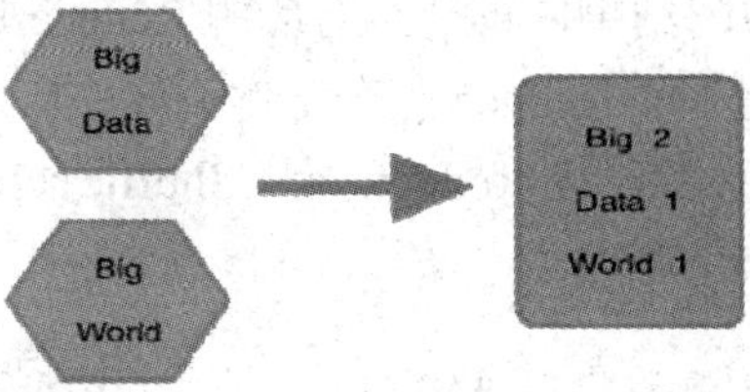


图 6-3　WordCount 功能示意图

MapReduce 框架使用 InputFormat 模块做 Map 前的预处理，然后将输入文件切分为多个 Split(即分片)；Split 是 MapReduce 对文件进行处理和运算的输入单位，其只是一个逻辑概念，每个分片并没有对文件进行实际切割，只是记录了要处理的数据的位置和长度。默认情况下，以 HDFS 的一个 block 的大小(一般为 128MB)为一个分片，每个 Map 任务处理一个分片。

在此例中，两个样本文件名分别为 file1.txt 和 file2.txt，其内容如下：

| file1.txt: | file2.txt: |
| --- | --- |
| Big Data | Small Data |
| Big World | Small World |

(1) 将输入文件拆分成 Split，因测试用的文件较小，所以每个文件为一个 Split，并将文件按行分割形成<key，value>键值对交给 Map 函数进行处理，如图 6-4 所示。其中，key 为每一行相对于文件的偏移量，value 为该行的一行文本。

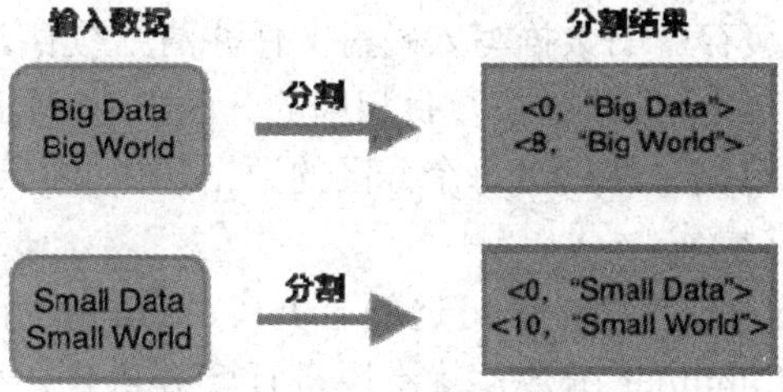


图 6-4　分割过程

Map 任务会根据函数定义的映射规则，对输入的键值对进行处理，将生成新的<key，value>作为中间结果。此例中，Map 方法将识别出的单词(以空格为分隔符)作为 key，1 作为 value，即识别出一个单词便标记为 1，方便后续统计，如图 6-5 所示。

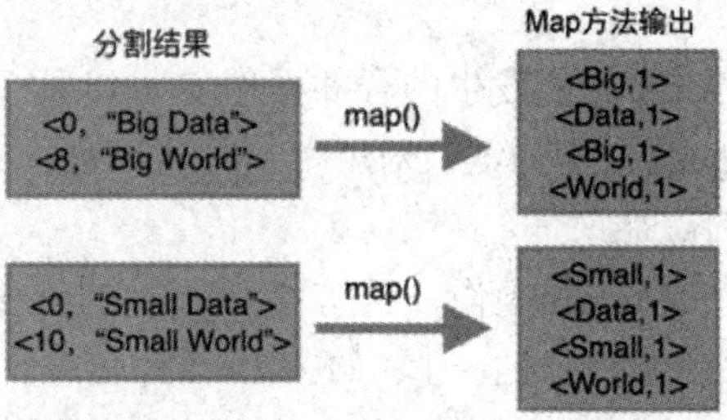


图 6-5　Map 处理过程

(2) 为了让 Reduce 可以并行处理 Map 的结果，需要对 Map 输出进行一定的分区(Partition)、排序(Sort)、合并(Combine)、归并(Merge)等操作，从而得到<key, value-list>形式的中间结果，再交给对应的 Reduce 进行处理，这个过程称为 Shuffle。Shuffle 可以说是 MapReduce 整个工作流程的核心环节，它的职责就是把 Map 端的输出结果有效地传送到 Reduce 端。Shuffle 过程分为 Map 端的操作和 Reduce 端的操作，如图 6-6 所示。

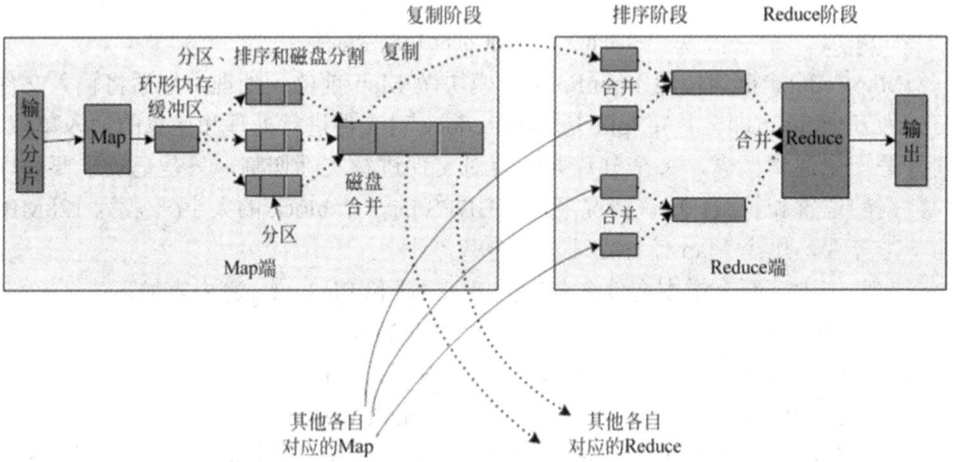


图 6-6 Shuffle 过程

(3) Map 端的 Shuffle 过程是：Map 的输出结果首先被写入缓存，当缓存满时，就启动溢写操作，把缓存中的数据写入磁盘文件并清空缓存。当启动溢写操作时，线程会将数据划分为与 Reduce 任务数目相同的分区(Partition)，也就是一个 Reduce 任务对应一个分区的数据。然后对每个分区的数据根据 key 进行排序(Sort)，排序时 MapReduce 为默认操作。

(4) 排序结束后，还包含一个可选的合并(Combine)操作。如果用户没有在提交的程序中定义 Combiner 函数，就不用进行合并操作。所谓合并，是将那些具有相同 key 的<key，value>中的 value 相加，比如有两个键值对<b, 1>和<b, 1>，经过合并操作后就可以得到一个键值对<b, 2>，减少了键值对的数量。这里需要注意，Map 端的这种合并操作看起来和 Reduce 的功能相似，但是由于此操作发生在 Map 端，所以只能称之为“合并”，从而有别于 Reduce。再者，并非所有场合都可以用 Combiner 函数，一般而言，求累加、最大值等计算场景可以使用合并操作。

(5) 经过分区排序以及可能发生的合并操作(Combine 可以减少需要溢写到磁盘的数据量)之后，这些缓存中的键值对就可以写入磁盘，并清空缓存。每次溢写操作都会生成一个新的磁盘文件。

前面还提到了归并(Merge)操作，具有相同 key 的键值对会被归并成一个新的键值对，即将若干个键值对<k1, v1><k1, v2><k1, v3>…<k1, vn>归并为一个新的键值对<k1, <v1, v2, v3, …vn>>。由于每次溢写操作都会在磁盘中生成一个新的溢写文件，随着 MapReduce 任务的进行，磁盘中的溢写文件数量会越来越多，最终在 Map 任务全部结束之前，系统会对所有溢写文件中的数据进行归并，生成一个大的溢写文件。这个文件中所有的键值对也是经过分区和排序的，不同的分区会被发送到不同的 Reduce 端进行处理。至此，Map 端的 Shuffle 过程全部完成。

(6) 在此例中，得到由 Map 方法输出的<key，value>键值对后，Mapper 类会将它们按照 key 的 ASCII 码值进行排序，并执行合并过程(如果用户已定义好)，即将 key 相同的 value 值累加，得到 Mapper 的最终输出结果，如图 6-7 所示。

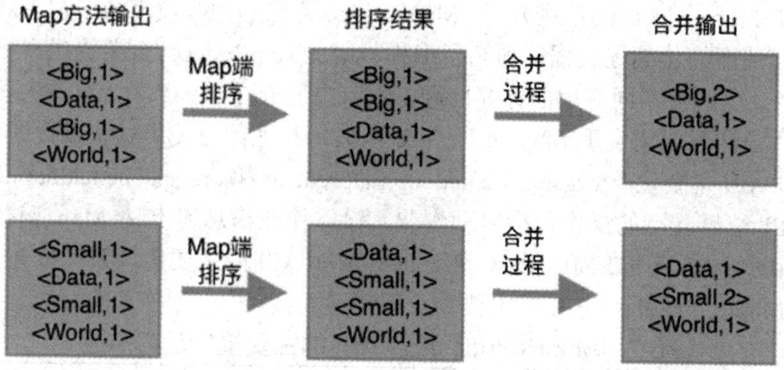


图 6-7　Map 端排序及合并过程

(7) Reduce 任务从 Map 端读取结果，即将自己要处理的那部分数据复制到本地后，就开始进行 Reduce 端的 Shuffle 过程。每个 Map 任务的完成时间可能都不同，因此只要有一个 Map 任务完成，Reduce 任务就开始进行复制。Reduce 端应该从哪台机器(从节点)上去取得 Map 输出呢？Map 任务成功完成后，会通知 ApplicationMaster。对于指定的作业，ApplicationMaster 知道 Map 输出和 NodeManger 之间的映射关系。Reduce 端中的一个线程会定期询问 ApplictionMaster 以获取 Map 输出的位置，直到获取所有输出位置。

Reduce 端接收的数据首先会存放在 Reduce 任务所在节点的内存缓冲区中，如果缓存被占满，就会像 Map 端一样被溢写到磁盘中。启动溢写过程时，具有相同 key 的键值对会被归并(Merge)。每个溢写过程结束后，都会在磁盘中生成一个溢写文件，因此磁盘上会存在多个溢写文件。最终，当所有 Map 端的数据接收完成时，多个溢写文件会被归并成一个大文件，归并时还会对键值对进行排序(与 Map 端类似)，保证最终大文件中的键值对都是有序的。当然，在数据较少的情况下，缓存可以存储所有数据，就不需要把数据溢写到磁盘，而是直接在内存中执行归并操作，然后输出给 Reduce 任务。

(8) Reduce 任务以一系列<key，value-list>中间结果作为输入，执行用户定义的 Reduce 函数，并将输出结果交给 OutputFormat 模块。OutputFormat 模块会验证输出目录是否存在以及输出结果类型是否符合配置文件中规定的类型，如果都满足，就将 Reduce 最终输出结果存入 HDFS 中，如图 6-8 所示。

图 6-8 Reduce 端归并及输出结果

## 三、MapReduce API 编程

对于 MapReduce 的应用开发，MapReduce 架构为程序员屏蔽了很多底层的处理细节，从而简化编程过程，提高了编程效率。MapReduce 框架提供了多种访问接口 API，以解决不同应用的计算问题，本节主要介绍 Java API。对于大多数计算问题，用户通常只用实现 Map 和 Reduce 函数，其他部分使用默认设置即可。

Java API 主要位于 org.apache.hadoop.mapreduce 和 org.apache.hadoop.io 包中。这些 API 能够支持的操作包括启动作业、设置作业信息、定义 Map 函数、定义 Reduce 函数等。表 6-2 列出了 MapReduce Java API 的主要接口及其描述，表 6-3 列出了 MapReduce Java API 的主要类及其描述。

表 6-2 MapReduce Java API 的主要接口及其描述

| 接　口 | 描　　述 |
|---|---|
| Writable | 表示 Hadoop MapReduce 框架中 key 或 value 的类型必须实现的接口 |
| WritableComparable | 表示 Hadoop MapReduce 框架中 key 的类型必须实现的接口 |
| RawComparator | 一个比较器，可直接对字节表示的对象进行操作 |
| JobContext | 给正在运行的任务提供一些只读的 job 信息 |
| MapContext | 记录 Map 执行的上下文，还包含一些 job 的配置信息 |
| ReduceContext | 将 Map 的上下文传递给 Reduce，并记录 Reduce 执行的上下文 |

表 6-3 MapReduce Java API 的主要类及其描述

| 类　名 | 描　　述 |
|---|---|
| IntWritable | 实现 WritableComparable 接口的 Int 类型 |
| Text | 按照 UTF8 标准存储文本 |
| SequenceFile | 用来存储<key，value>键值对的二进制文件 |
| Cluster | 访问 MapReduce 集群信息 |
| Counter | 提供 MapReduce job 运行期的各种细节数据 |
| Job | 提供 job 的配置、提交，控制 job 的执行，查询 job 的状态等操作 |
| JobID | 表示一个 job 不变且独特的标志符 |
| JobStatus | 描述 job 的当前状态 |
| InputFormat | 描述 job 的输入规范 |
| InputSplit | 代表一个 Map 处理的数据 |

续表

| 类　名 | 描　　述 |
|---|---|
| Mapper | 将输入的<key，value>键值对映射为一组中间<key，value>键值对 |
| Partitioner | 控制 Map 输出 key 的分区 |
| Reducer | 减少一组共享一个 key 值的中间<key，value>键值对的数量 |
| OutputFormat | 描述 job 的输出规范 |
| OutputCommitter | 描述 job 中任务的提交输出 |
| RecordReader | 将输入数据转换为<key，value>键值对 |
| RecordWriter | 将输出的<key，value>键值对写入文件 |

下面以前面介绍过的单词计数(WordCount)程序编写过程为例，介绍 MapReduce 编程过程中常用的组件。

### 1. InputFormat 组件

InputFormat 主要用于描述输入数据的格式，它主要提供以下两个功能：

(1) 数据切分：按照某个策略将输入数据切分成若干个分片(Split)，以便确定 Map 任务个数以及对应的分片(一个输入分片就是一个 Map 任务的输入数据)。

(2) 为 Mapper 提供输入数据：给定某个分片(Split)，将其解析成一个一个的<key，value>键值对。

Hadoop 自带的 InputFormat 接口代码定义如图 6-9 所示。

```
public abstract class InputFormat<k,v>{
    public abstract List<InputSplit> getSplits(JobContext context)
                    throws IOException,InterruptedException;
    public abstract RecordReader<k,v>createRecordReader(InputSplit split,TaskAttemptContext context)
                    throws IOException,InterruptedException;
}
```

图 6-9　InputFormat 接口代码定义

从图中代码可以看出，InputFormat 接口定义了 getSplits()和 createRecordReader()两个方法。其中，getSplits()方法负责将文件切分为多个分片；createRecordReader()方法负责创建 RecordReader 对象，用于从分片中读取数据。下面对 getSplits()方法进行介绍。

getSplits()方法主要实现了逻辑切片机制。其中，切片的大小 splitSize 是由 minSize、maxSize 和 blockSize 三个值确定的。

minSize：splitSize 的最小值。该值由参数 mapred.min.split.size 确定，可在 mapred- site.xml 中进行配置，默认为 1 MB。

maxSize：splitSize 的最大值。该值由参数 mapreduce.jobtracker.split.metainfo.maxsize 确定，可在 mapred-site.xml 中进行设置，默认为 10 MB。

blockSize：HDFS 中文件存储块的大小。该值由参数 dfs.block.size 确定，可在 hdfs-site.xml 中进行修改，默认为 128 MB。

### 2. Mapper 组件

MapReduce 程序会根据输入的文件产生多个 Map 任务，Hadoop 提供的 Mapper

类是实现 Map 任务的基类，位于 org.apache.hadoop.mapreduce 包中。该类提供了一个 Map()方法，默认情况下，Mapper 类中的 map()方法是空的，如图 6-10 所示。

```
public class Mapper<KEYIN,VALUEIN,KEYOUT,VALUEOUT>{
   public void map(Object key,Text value,Context context)throws
       IOException,InterruptedException
    {}
}
```

图 6-10　Mapper 类中的 map()方法

若自定义 map()方法，只需要继承 Mapper 类并重写 map()方法即可。以下是 WordCount 程序的 Map 类定义过程：

```
public class WordCountMapper extends Mapper<Object,Text,Text,IntWritable> {
        //四个参数分别代表 Map 输入的 key 类型、value 类型，Map 输出的 key 类型、
         value 类型
  private static final IntWritable one = new IntWritable(1);
  //定义一个 Text 对象，用于充当中间变量，存储 Map 任务输出的键值对中的 key
  private Text word = new Text();
public void map(Object key,Text value,Context context)
  //三个参数分别代表 Map 输入的 key、Map 输入的 value、记录 Map 执行的上下文
               throws IOException,InterruptedException {
     //将 value 转换为 String 类型后，创建一个 StringTokenizer 对象进行字符串分割
     StringTokenizer stk = new StringTokenizer(value.toString());
    while(stk.hasMoreTokens()) {
     //判断是否还有分隔符(默认分割符是“空格”“制表符(\t)”“换行符(\n)”和“回
车符(\r)”)
     //如果还有分隔符，表明字符串还未分割完
       //返回从当前位置到下一个分隔符的字符串，并将值赋给 word
       word.set(stk.nextToken());
      //将 word 和 one 组成<key，value>键值对写入 Map 上下文
       context.write(word,one);
     }
   }
}
```

### 3. Partition 组件

MapReduce 作业通常会指定 Reduce 任务和 Reduce 任务输出文件的数量(R)。Partition 组件可以对 key 进行分区，从而可以根据不同的 key 分发到不同的 Reduce 中去处理。常见的分区方法使用 hash(key)mod R 进行分区，即通过 hash 操作获得一个非负整数的 hash 码，然后用当前 Reduce 节点数(即分区数)进行取模运算，以此决定哪些键值对将被分区到哪个 Reduce 节点。hash 方法通常能够产生非常平衡的分区。Hadoop 自带了一个默认的分区器 HashPartitioner，它继承了 Partitioner

类，并提供了一个 getPartion 方法。其定义如图 6-11 所示。

```
public class HashPartitioner<K,V> extends Partitioner<K,V>{
    public int getPartition(K key,V value,int numReduceTasks){
       return (key.hashCode() & Intger.MAX_VALUE) % numReduceTasks;
    }
}
```

图 6-11　getPartion 方法的定义

在 WordCount 例子中，Map 任务输出中具有相同 key 的键值对会被发送至同一个 Reduce 任务进行处理。

#### 4. Combiner 组件

每个 Map 任务都可能会产生大量的本地输出，Combiner 类的作用就是对 Map 端的输出先做一次合并，以减少 Map 和 Reduce 节点之间的数据传输量，从而提高网络 I/O 性能。Combiner 类是 MapReduce 作业执行的一种性能优化手段。WordCount 例子中自定义的 Combiner 类如下：

```
public static class WordCountCombiner extends Reducer<Text,IntWritable,Text,IntWritable> {
    private IntWritable result = new IntWritable();
    public void reduce(Text key,Iterable<IntWritable> values,Context context)
            throws IOException,InterruptedException {
      int sum = 0;
      for(IntWritable val:values){
            sum +=val.get();
      }
      result.set(sum);
      context.write(key,result);
    }
}
```

由以上代码可以看出，设置的 Combiner 类其实是 Reducer 类，相当于在 Map 端先执行了与 Reduce 端同样的合并操作。

#### 5. Reducer 组件

Map 过程输出的键值对将由 Reducer 组件进行合并处理，默认使用 Hadoop 提供的 Reducer 类。Reducer 类位于 org.apache.hadoop.mapreduce 包中，类中的 Reduce 函数会遍历每个 key 的列表数据并输出。该类定义如图 6-12 所示。

```
public class Reducer<KEYIN,VALUEIN,KEYOUT,VALUEOUT>{
   protected void reduce(KEYIN key,Iterable<VALUEIN>values,Context context)throws
       IOException,InterruptedException{
   for(VALUEIN value:values){
      context.write((KEYOUT) key,(VALUEOUT) value);
      }
   }
}
```

图 6-12　类 Reducer 类的定义

若自定义 reduce()方法，只需要继承 Reducer 类并重写 reduce()方法即可。以下代码是 WordCount 的 Reduce 类定义过程：

```
public Int WordCountReducer extends Reducer<Text,IntWritable,Text,IntWritable>{
```

```
//四个参数分别代表 Reduce 输入的 key 类型、value 类型，Reduce 输出的 key 类型、value 类型
//定义对象 result 存储单词出现的总次数
private IntWritable result = new IntWritable();
public void reduce(Text key,Iterable<IntWritable>values,Context context)
//三个参数分别代表 Reduce 输入的 key、value，传递 Map 结果并记录 Reduce 执行的上下文
throws IOException,InterruptedException {
    int count = 0;                      //定义一个计数器
    for(IntWritable val:values){        //遍历 values 列表中的每个值，即每个 1
        count += val.get();             //将 values 列表中的值进行累加
    }
    //将累加结果赋给 result，则 result 中保存的是某单词出现的总次数
    result.set(count);
    context.write(key,result);          //将 key 和 result 组成的键值对输出
  }
}
```

### 6. OutputFormat 组件

OutputFormat 是一个用于描述 MapReduce 程序输出格式和规范的抽象类，OutputFormat 实例会将输出的键值对写到本地磁盘或 HDFS 中。一般来说，Mapper 类和 Reducer 类都会用到 OutputFormat 类，Mapper 类用它存储中间结果，Reducer 类用它存储最终结果。该类定义了三种方法，具体代码如图 6-13 所示。

```
public abstract class OutputFormat<K,V>
{
    public abstract RecordWriter(K,V) getRecordWriter(TaskAttemptContext context);
    public abstract void checkOutputSpecs(JobContext context);
    public abstract OutputCommitter getOutputCommitter(TaskAttemptContext context);
}
```

图 6-13 OutputFormat 类的定义

上述代码中，getRecordWriter()方法用于返回一个 RecordWriter 的实例，负责将键值对写入存储部件。checkOutputSpecs()方法用于检测任务输出参数是否合理，一般是检查输出目录是否存在，如果已经存在就会报错。getOutputCommitter()方法用于对任务输出进行管理，如任务完成后清理临时目录和临时文件、处理作业的临时目录和临时文件等。

### 7. 编写主函数

为了实现 WordCountMapper 类和 WordCountReducer 类，我们需要一个主类用于提交程序，在主类中编写 main 函数来设置程序运行时的环境变量。具体代码如下：

```
public class WordCount {
    public static void main(String[] args) throws Exception {
        //实例化 Configuration 类，加载客户端和服务器的配置文件
```

```
        Configuration conf = new Configuration();
        String[] ortherArgs = new GenericOptionsParser(conf,args).getRemainingArgs();
        //获取程序的输入参数
        if(ortherArgs.length != 2)
        {   //如果未获得两个输入参数，输出提示信息并结束程序
            System.err.println("Usage:wordcount <in> <out>");
            System.exit(2);
        }
        //通过 conf 配置信息获得 job 实例，并将作业命名为 Word Count
        Job job=Job.getInstance(conf,"Word Count");
        job.setJarByClass(WordCount.class);              //设置程序 jar 包运行主类
        job.setMapperClass(WordCountMapper.class); //添加 Mapper 类，执行 Map 函数
        //添加 Combiner 类，执行 Reduce 函数进行中间整合
        job.setCombinerClass(WordCountCombiner.class);
        //添加 Reducer 类，执行 Reduce 函数
        job.setReducerClass(WordCountReducer.class);
        job.setOutputKeyClass(Text.class);               //设置输出 key 格式
        job.setOutputValueClass(IntWritable.class);      //设置输出 value 格式
        //添加文件输入路径
        FileInputFormat.addInputPath(job,new Path(ortherArgs[0]));
        //设置结果输出路径
        FileOutputFormat.setOutputPath(job,new Path(ortherArgs[1]));
        //提交作业 job 并等待结束
        int isSuccessed = job.waitForCompletion(true)?0:1;
        if(isSuccessed == 0){
            System.out.println("Job completed successfully！");
        }
        System.exit(isSuccessed);              //退出程序
    }
}
```

## 任务实施

### 利用 WordCount 统计单词数

运行 Hadoop 自带的 WordCount 实例

#### 1. 运行 Hadoop 自带的 WordCount 实例

单词计数(WordCount)是 Hadoop 自带的 MapReduce 实例程序，完整的代码可在安装目录中找到，以下是该程序的执行过程。

(1) 在本地主目录创建文件夹 file，在 file 里建立 file1.txt 和 file2.txt 两个文件，

并将样本数据分别写入两个文件中。代码如下：

```
$ cd
$ mkdir file
$ cd file
$ echo -e "Big Data \nBig World" > file1.txt
$ echo -e "Small Data \nSmall World" > file2.txt
```

(2) 在 HDFS 上创建 input 文件夹，上传本地 file 文件夹中的所有文件到 input 中。代码如下：

```
$ hadoop fs -mkdir /input
$ hadoop fs -put ~/file/*.txt /input
```

(3) 进入 WordCount 实例程序所在目录(假设 Hadoop 安装在/apps 目录下)，使用 jar 命令运行 WordCount 程序 jar 包。代码如下：

```
$ cd /apps /hadoop/share/hadoop/mapreduce
$ hadoop jar hadoop-mapreduce-examples-2.9.2.jar wordcount /input /output
```

其中：WordCount 为运行 jar 包中的主类名称；/input 表示 HDFS 上的文件输入路径(需要事前创建好)；/output 表示结果输出路径(不能事先存在，由运行程序自动创建)。程序运行过程如图 6-14 所示。

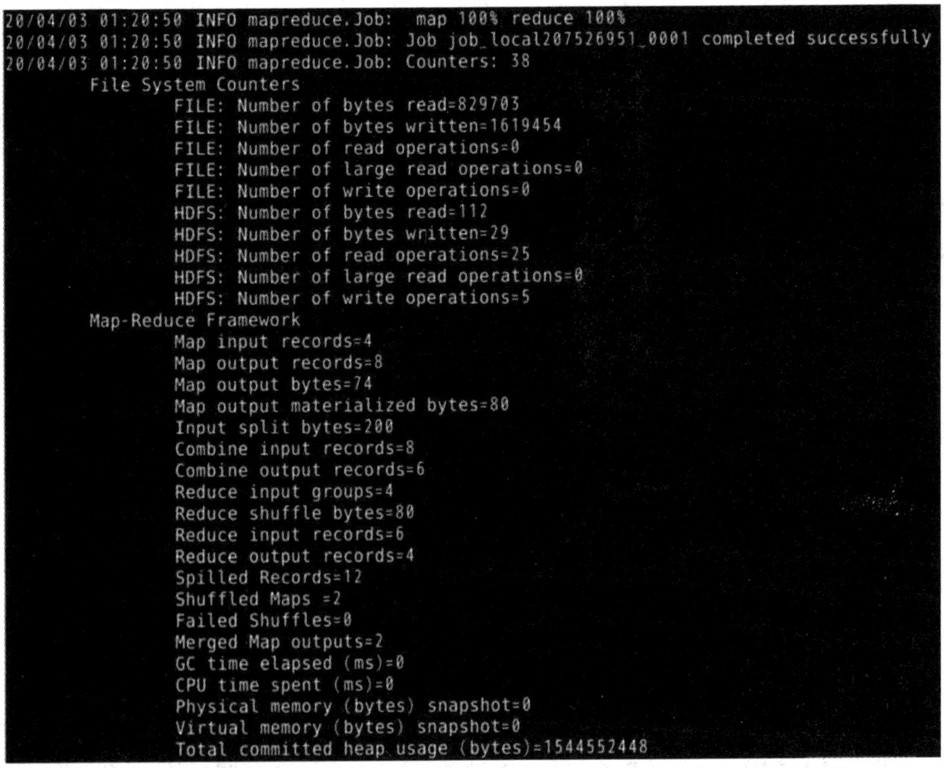

```
20/04/03 01:20:50 INFO mapreduce.Job:  map 100% reduce 100%
20/04/03 01:20:50 INFO mapreduce.Job: Job job_local207526951_0001 completed successfully
20/04/03 01:20:50 INFO mapreduce.Job: Counters: 38
        File System Counters
                FILE: Number of bytes read=829703
                FILE: Number of bytes written=1619454
                FILE: Number of read operations=0
                FILE: Number of large read operations=0
                FILE: Number of write operations=0
                HDFS: Number of bytes read=112
                HDFS: Number of bytes written=29
                HDFS: Number of read operations=25
                HDFS: Number of large read operations=0
                HDFS: Number of write operations=5
        Map-Reduce Framework
                Map input records=4
                Map output records=8
                Map output bytes=74
                Map output materialized bytes=80
                Input split bytes=200
                Combine input records=8
                Combine output records=6
                Reduce input groups=4
                Reduce shuffle bytes=80
                Reduce input records=6
                Reduce output records=4
                Spilled Records=12
                Shuffled Maps =2
                Failed Shuffles=0
                Merged Map outputs=2
                GC time elapsed (ms)=0
                CPU time spent (ms)=0
                Physical memory (bytes) snapshot=0
                Virtual memory (bytes) snapshot=0
                Total committed heap usage (bytes)=1544552448
```

图 6-14 WordCount 程序 jar 包运行过程

(4) 程序运行成功后会在 HDFS 上生成/output 目录，查看该目录，里面包含两个文件，一个是标识执行成功的_SUCCESS 文件，另一个是结果文件 part-r-00000，如图 6-15 所示。

```
zhangyu@ee9c7230f68a:/apps/hadoop/share/hadoop/mapreduce$ hadoop fs -ls /output
Found 2 items
-rw-r--r--   1 zhangyu supergroup          0 2020-04-03 01:20 /output/_SUCCESS
-rw-r--r--   1 zhangyu supergroup         29 2020-04-03 01:20 /output/part-r-00000
zhangyu@ee9c7230f68a:/apps/hadoop/share/hadoop/mapreduce$ hadoop fs -cat /output/part-r-00000
Big     2
Data    2
Small   2
World   2
```

图 6-15　输出目录及结果

### 2. MapReduce Java API 编程实现 WordCount

MapReduce Java API 编程实现 WordCount

在 Eclipse 中编写实现单词计数(WordCount)的程序，配置好运行参数并运行。以下是编程实践过程：

(1) 启动 Eclipse 并新建一个 Map/Reduce Project，如图 6-16 所示。

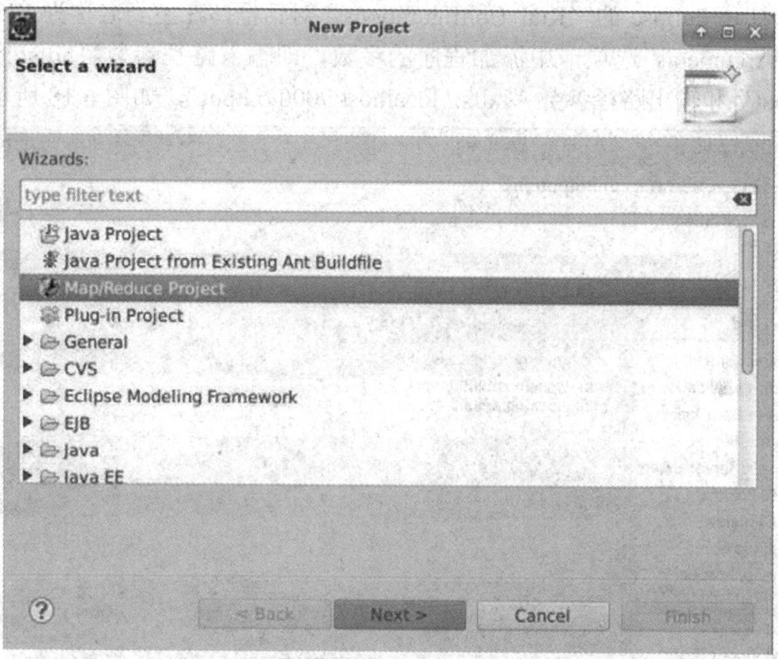


图 6-16　新建项目

(2) 在创建的项目中新建 WordCountMapper.java、WordCountReducer.java、WordCountCombiner.java、WordCount.java 四类，如图 6-17 所示。每一类中相应的代码在上节已经描述，这里不再重复。需要注意的是，要提前导入以下功能类包：

```
import java.io.IOException;
import java.util.StringTokenizer;
import org.apache.hadoop.io.IntWritable;
import org.apache.hadoop.io.Text;
import org.apache.hadoop.mapreduce.Mapper;
import org.apache.hadoop.mapreduce.Ruducer;
```

```
import org.apache.hadoop.conf.Configuration;
import org.apache.hadoop.fs.Path;
import org.apache.hadoop.mapreduce.Job;
import org.apache.hadoop.mapreduce.lib.input.FileInputFormat;
import org.apache.hadoop.mapreduce.lib.output.FileOutputFormat;
import org.apache.hadoop.util.GenericOptionsParser;
```

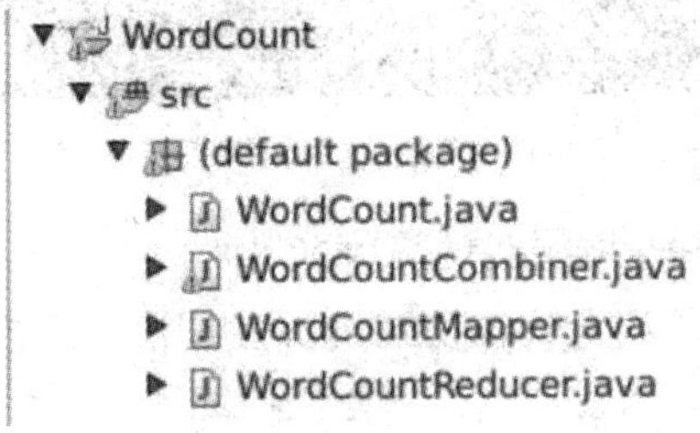


图 6-17　创建项目及类

(3) 打开 Eclipse 的“Run Configurations”对话框，在主类名称为 WordCount 的对应 Arguments 选项卡中添加程序的参数，即输入路径参数“hdfs//localhost:9000/input”和输出路径参数“hdfs://localhost:9000/output”，如图 6-18 所示。

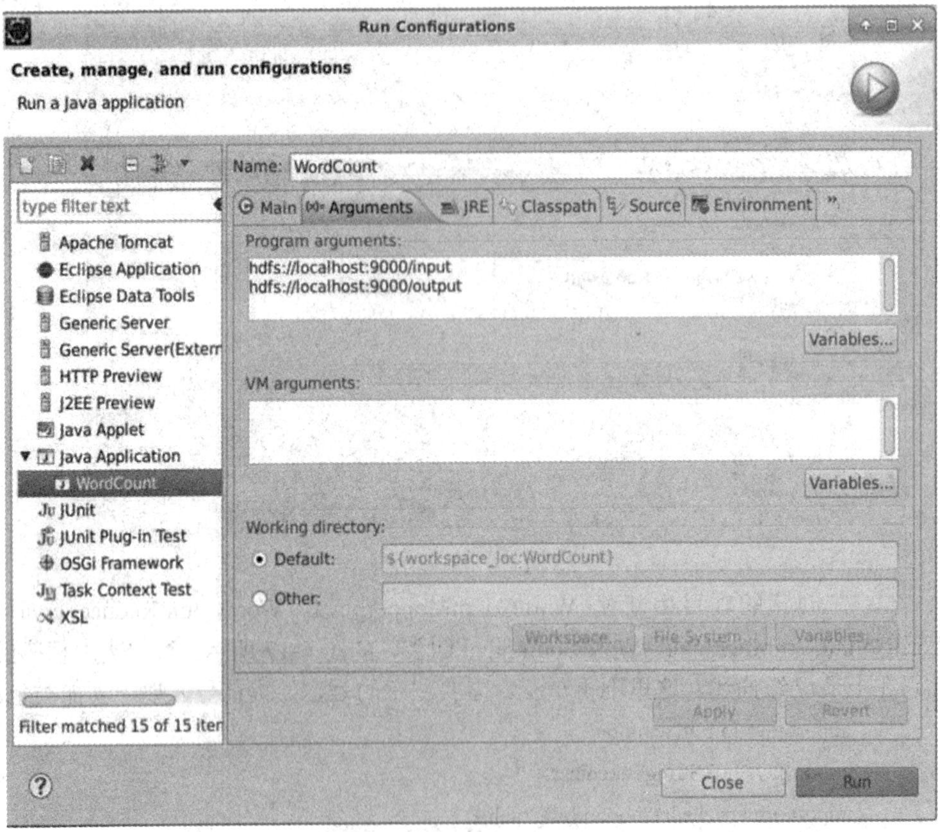


图 6-18　设置 WordCount 程序运行参数

(4) 设置好参数后，单击图 6-18 所示的“Run”按钮运行该程序。Eclipse 的“Console”子窗口的显示如图 6-19 所示。

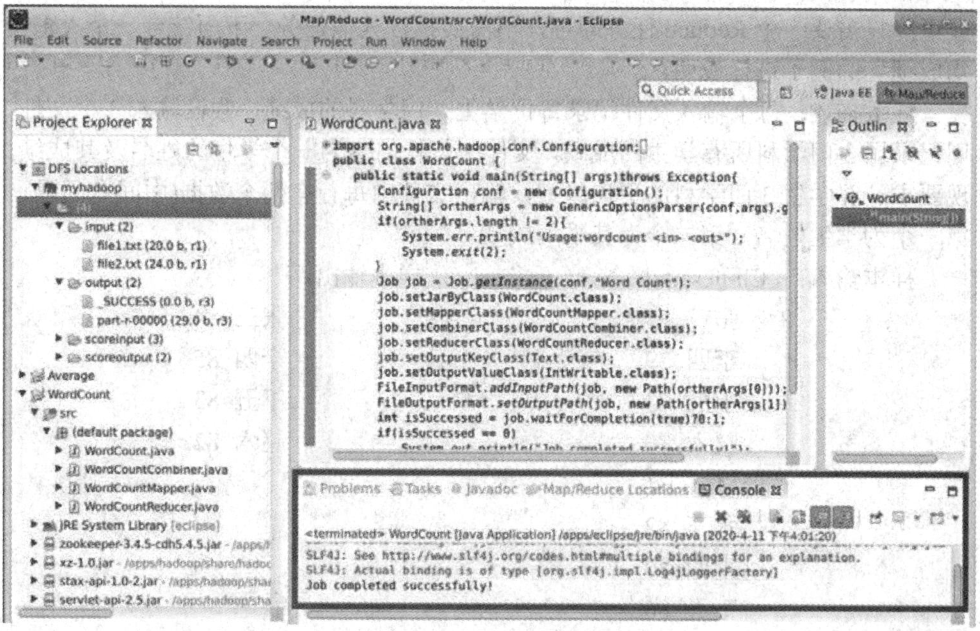


图 6-19　程序运行效果

(5) 程序运行成功后，刷新 Eclipse 左侧窗口的 DFS，会显示结果输出目录 output。其包含两个文件：_SUCCESS 为执行成功的文件；part-r-00000 为输出结果文件，用鼠标双击该文件，可以在文件编辑去查看输出结果，如图 6-20 所示。

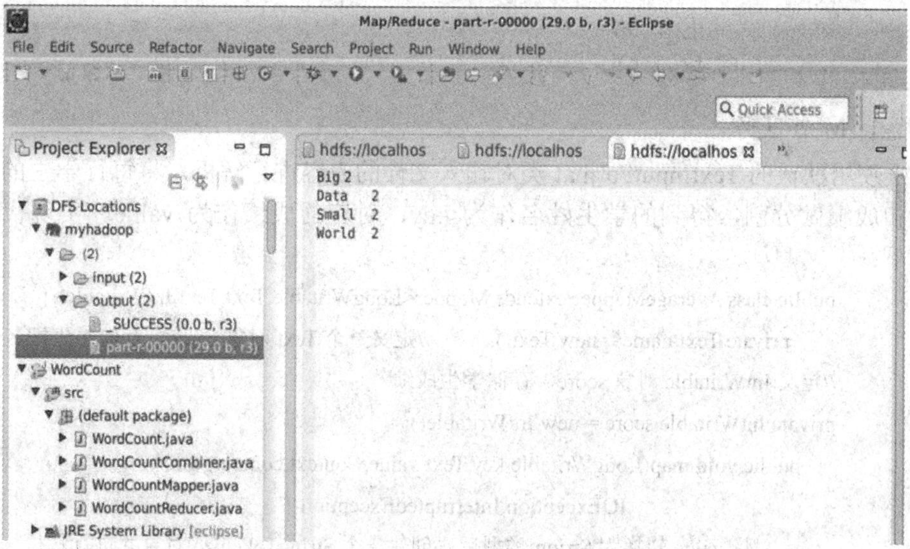


图 6-20　查看 WordCount 的程序运行结果

## 能力拓展　用 MapReduce 实现平均成绩的计算

求平均成绩

MapReduce 作业中的每个任务之间不是独立的而是互相联系的，一个作业的完成依赖于所有任务的正确执行，有的作业可能只需要一个 Map 任务，而有的作业可能只需要一个 Reduce 任务即可，不需要执行其他任务。下面结合一个“求平均成绩”的例子进行说明。

任务描述：每个输入文件记录每位学生一门学科的成绩，假设输入 3 个文件，则记录了 3 门学科所有学生的成绩，文件中每行内容为一个学生的姓名及其成绩。现要求计算学生 3 门学科的平均成绩，输出文件中每行有两个数据(中间有间隔)，第一个为学生姓名，第二个为其平均成绩。

样本输入：

Chinese.txt
张三 75
李四 79
王五 73
赵六 70

Math.txt
张三 82
李四 80
王五 86
赵六 85

English.txt
张三 95
李四 96
王五 90
赵六 91

样本输出：

张三 84
李四 85
王五 83
赵六 82

### 1. Map 任务

使用默认的 TextInputFormat 类对输入文件的内容进行解析，将每行学生的名字和成绩做分割，得到的学生姓名作为 key，对应的成绩作为 value。实现代码如下：

```
public class AverageMapper extends Mapper<LongWritable,Text,Text,IntWritable>{
    private Text name = new Text();        //定义一个 Text 对象 name，存储学生姓名
//定义 IntWritable 对象 score，存储学生成绩
private IntWritable score = new IntWritable();
   public void map(LongWritable key,Text value,Context context) throws
                  IOException,InterruptedException {
      //将 value 转换为 String 类型后，创建一个 StringTokenize 对象并进行解析
      StringTokenizer stk = new StringTokenizer(value.toString());
      while(stk.hasMoreTokens()){
         //判断是否还有分隔符，若有则代表还有未处理的内容
         //返回从当前位置到下一个分隔符的字符串，将其赋给 name
         name.set(stk.nextToken());
         //将得到的下一个字符串转换为 Int 类型后赋给 score
```

```
                score.set(Integer.parseInt(stk.nextToken()));
                //将 name 和 score 组成的键值对写入 Map 上下文
                context.write(name,score);
            }
        }
    }
```

### 2. Reduce 任务

Reduce 任务的输入以学生姓名作为 key，以该学生的所有学科成绩列表作为 value，Reduce 函数将该生的所有科目成绩求平均值并输出。实现代码如下：

```
public static class AverageReducer extends Reducer<Text,IntWritable,Text,IntWritable>{
    public void reduce(Text key,Iterable<IntWritable> values,Context context)
                throws IOException,InterruptedException {
        int sum = 0;                        //定义变量 sum 存储学生的总成绩
        int count = 0;                  //定义变量 count 存储学科门数
        for(IntWritable val:values){        //遍历成绩列表 values 中的每个值
            sum += val.get();               //累加 values 列表中的值，得到该生的总成绩
            count++                         //统计学科门数
        }
        int average = (int)sum/count;       //计算平均成绩
        //将学生姓名和其平均成绩组成的键值对写入 Reduce 上下文
        context.write(key, new IntWritable(average));
    }
}
```

### 3. 设置任务

完成 Map 任务和 Reduce 任务代码的编写后，必须在作业主类中进行相应的设置后才能运行。设置代码如下：

```
public class AverageScore {
    public static void main(String[] args) throws Exception {
        Configuration conf = new Configuration();  //获得配置信息
        //获取程序的输入参数
        String[] ortherArgs = new GenericOptionsParser(conf,args).getRemainingArgs();
        //将作业 job 命名为 Average Score
        Job job =Job.getInstance(conf,"Average Score");
        job.setJarByClass(AverageScore.class);
        job.setMapperClass(AverageMapper.class);
        job.setReducerClass(AverageReducer.class);
        job.setOutputKeyClass(Text.class);
        job.setOutputValueClass(IntWritable.class);
```

```
        //添加文件输入路径
        FileInputFormat.addInputPath(job,new Path(ortherArgs[0]));
        //设置结果输出路径
        FileOutputFormat.setOutputPath(job,new Path(ortherArgs[1]));
        System.exit(job.waitForCompletion(true)?0:1);   //提交作业 job 并等待结束
    }
}
```

**4. 运行作业**

在本地主目录创建 Chinese.txt、Math.txt 和 English.txt 三个样本文件，并输入相应的数据，然后上传到 HDFS 的/scoreinput 目录下，如图 6-21 所示。

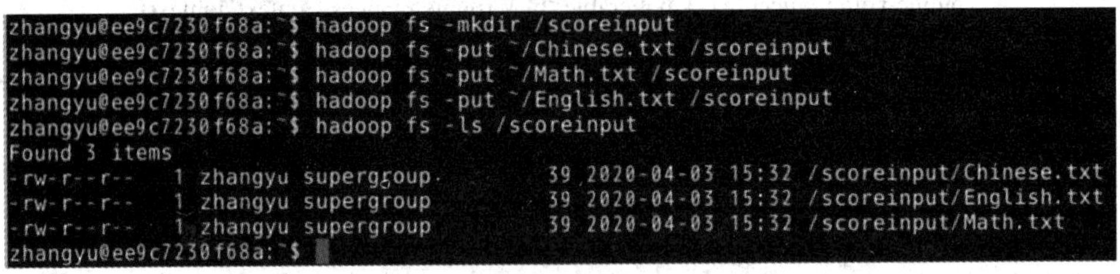

```
zhangyu@ee9c7230f68a:~$ hadoop fs -mkdir /scoreinput
zhangyu@ee9c7230f68a:~$ hadoop fs -put ~/Chinese.txt /scoreinput
zhangyu@ee9c7230f68a:~$ hadoop fs -put ~/Math.txt /scoreinput
zhangyu@ee9c7230f68a:~$ hadoop fs -put ~/English.txt /scoreinput
zhangyu@ee9c7230f68a:~$ hadoop fs -ls /scoreinput
Found 3 items
-rw-r--r--   1 zhangyu supergroup         39 2020-04-03 15:32 /scoreinput/Chinese.txt
-rw-r--r--   1 zhangyu supergroup         39 2020-04-03 15:32 /scoreinput/English.txt
-rw-r--r--   1 zhangyu supergroup         39 2020-04-03 15:32 /scoreinput/Math.txt
zhangyu@ee9c7230f68a:~$
```

图 6-21　上传并查看 HDFS 文件

本次不在 Eclipse 中运行程序，而是先将程序打包成 jar 包，然后在命令行终端中运行。具体操作如下：

(1) 在 Eclipse 中选中当前项目(此例中项目名称为 Average)后单击鼠标右键，在弹出的选项框中选择导出“Export”项，如图 6-22 所示。再次单击后出现如图 6-23 所示的对话框，选择“Java”下的“JAR file”项。

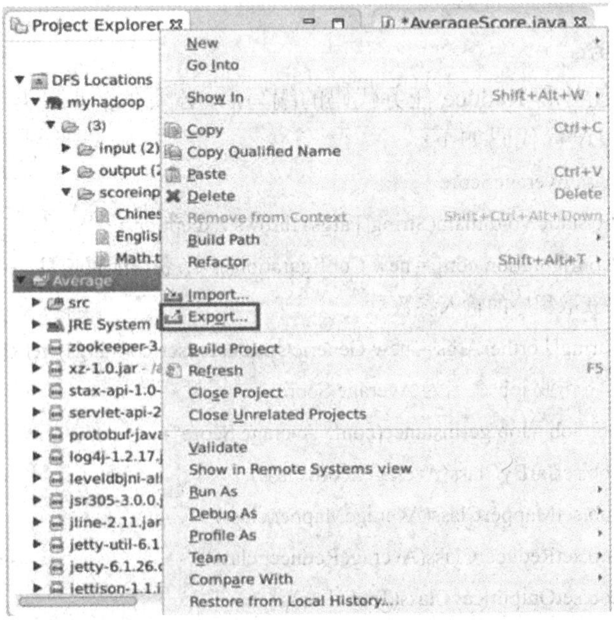


图 6-22　项目导出

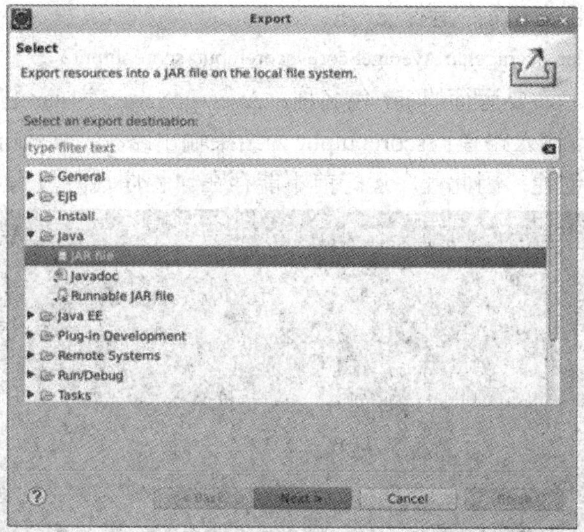


图 6-23　选择导出类型

(2) 点击“Next”按钮，再单击“Browse”按钮选择导出包的路径，jar 包名字默认为项目名称，这里将该程序 jar 包存放在/apps 目录下，如图 6-24 所示。最后点击图中的“Finish”按钮，成功将 jar 包导出。打开终端，可以在/apps 目录下用“ls”命令查看 jar 包是否存在，如图 6-25 所示。

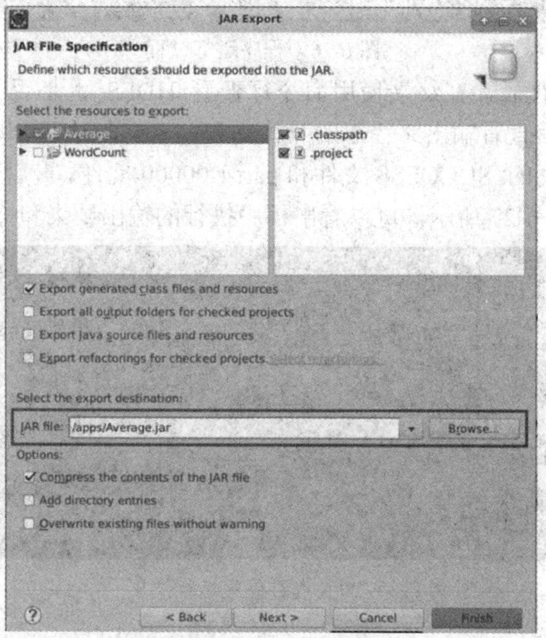


图 6-24　选择导出路径

图 6-25　查看是否导出成功

(3) 最后使用以下命令运行 jar 包：

```
$ hadoop jar Average.jar AverageScore /scoreinput /scoreoutput
```

其中：Average.jar 为要运行的 jar 包名称；AverageScore 为 jar 包中的主类名称；/scoreinput 为样本输入路径；/scoreoutput 为结果输出路径；scoreoutput 目录由程序运行过程中自动创建，因此程序运行前不能存在。程序运行过程如图 6-26 所示。

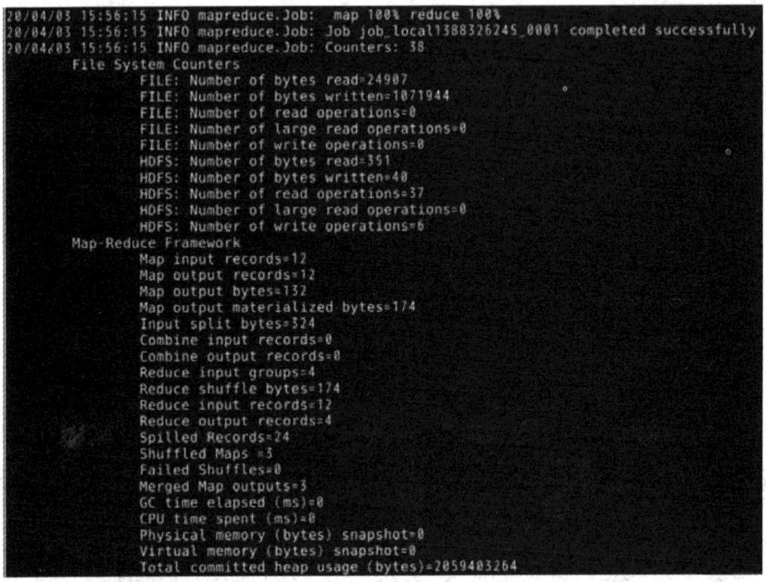


图 6-26 程序运行过程

(4) jar 包运行后，在终端使用命令行查看 HDFS 上是否生成结果输出路径/scoreoutput。然后查看输出路径下的具体内容，若运行成功，则包含两个文件：代表程序执行成功的_SUCCESS 文件和 part-r-00000 文件。最后查看结果存放文件 part-r-0000，如图 6-27 所示，可以看出程序执行的输出结果和样本输出一致。

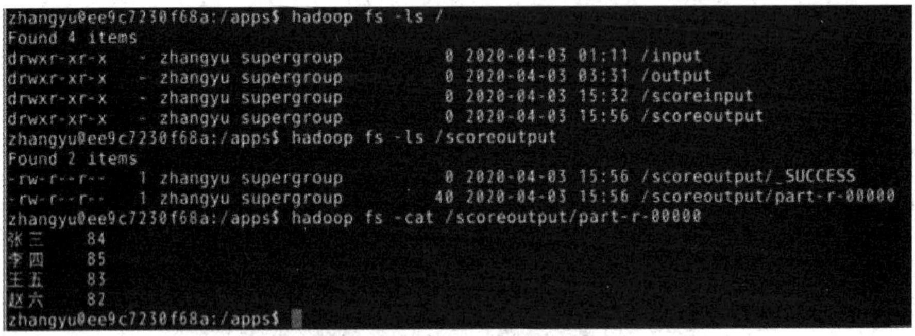


图 6-27 查看程序运行结果

## 项 目 小 结

本项目主要介绍了 MapReduce 编程模型的相关知识，并结合 WordCount 实例理解从分布式文件系统读入数据、执行 Map 任务输出中间结果、通过 Shuffle 阶段把中间结果分区排序整理后发送给 Reduce 端、执行 Reduce 得到最终结果并输出以及 Combiner 等操作过程。

## 课 后 习 题

### 一、选择题

1. 下列说法错误的是(　　)。

A. MapReduce 框架采用了 Master/Slave 架构，包括一个 Master 和若干个 Slave

B. Hadoop 框架是用 Java 实现的，因此 MapReduce 程序一定要用 Java 语言编写

C. Map 函数将输入的元素转换成<key,value>形式的键值对

D. 不同的 Map 任务之间不能相互通信

2. 下列关于传统并行计算框架和 MapReduce 并行计算框架的比较，正确的是(　　)。

A. 前者相比后者学习起来更难

B. 前者所需硬件价格贵、可扩展性差，后者硬件便宜、可扩展性好

C. 前者共享内存和存储、容错性差，后者是非共享式、容错性好

D. 前者适用于实时、细粒度和密集型计算，后者适用于批处理、非实时、数据密集型计算

3. 下列说法正确的是(　　)。

A. MapReduce 擅长对 PB 级以上海量数据进行实时处理

B. MapReduce 采用 HashPartitioner 的 Hash 方式进行分区

C. Partition 的数量决定了 Reducer 的数量

D. Combiner 是一种特殊的 Reducer

4. 下列关于 Mapper 的描述正确的是(　　)。

A. 一个 MapReduce 程序可以设置多个 Mapper 类

B. 一个 MapReduce 程序只能设置一个 Mapper 类

C. Mapper 任务的个数取决于分片的个数

D. Mapper 输出的键值类型与 Reducer 输入的键值类型要保持一致

### 二、填空题

1. MapReduce 采用_____策略，一个存储在分布式文件系统中的大规模数据集，会被切分成许多独立的分片，这些分片可以被多个 Map 任务并行处理。

2. 所谓_____过程，是指对 Map 输出结果进行分区、排序、合并等处理，并交给 Reduce 的过程。

3. Hadoop 所有的输入和输出的数据类型必须实现_____接口。

### 三、简答题

1. 简述 Map 函数和 Reduce 函数的功能。

2. 进行 MapReduce 编程时，若需要进行 Map 任务和 Reduce 任务，则应定义类分别继承哪两个类？并重写什么方法？

3. 描述 MapReduce 的工作流程(包括提交任务、Map、Shuffle 和 Reduce 的过程)。

4. 是否所有的 MapReduce 程序都需要经过 Map 和 Reduce 这两个过程？

5. Combiner 有什么作用？是否所有的 MapReduce 程序都可以采用 Combiner？

## 四、拓展练习

倒排索引(Inverted Index)是文档检索系统中常用的一种数据结构，被广泛地应用于全文搜索引擎。它主要是用于存储某个单词(或词组)在一个文档(或一组文档)中所在位置的映射，即提供了一种根据内容来查找文档的方式，这与根据文档来确定文档所包含内容的方式刚好是相反的操作，因此称为倒排索引。

这里准备了三个测试文件：file1.txt、file2.txt、file3.txt。文件内容如下：

file1.txt：MapReduce is simple

file2.txt：MapReduce is hard

file3.txt：Hello MapReduce Bye MapReduce

要求样本输出以下结果：单词“MapReduce”在 file1.txt 文件中出现一次，在 file2.txt 文件中出现一次，在 file3.txt 文件中出现两次；单词“is”在 file1.txt 文件中出现一次，在 file2.txt 文件中出现一次；单词“simple”在 file1.txt 文件中出现一次；单词“hard”在 file2.txt 文件中出现一次；单词“Hello”在 file3.txt 文件中出现一次；单词“Bye”在 file3.txt 文件中出现一次。

```
MapReduce file1.txt:1;file2.txt:1;file3.txt:2;
is              file1.txt1;file2.txt:1;
simple     file1.txt:1;
hard         file2.txt:1;
Hello           file3.txt:1;
Bye              file3.txt:1;
```

以下是程序设计过程：

(1) Map 过程。首先使用默认的 TextInputFormat 类对三个输入文件进行处理，得到文本中每行的偏移量及由其内容组成的初始键值对，然后经过 Map 处理将单词和所属文件名称组成 key(如“MaoReduce：file1.txt”)，将词频作为 value 输出，如图 6-28 所示。

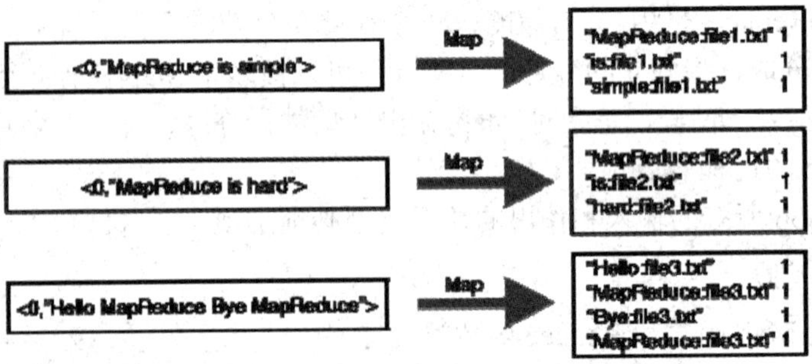


图 6-28 Map 过程的输入和输出

编写 InvertedIndexMap 类并重写 Map 函数的代码如下：

```
public class InvertedIndexMap extends Mapper<Object,Text,Text,Text> {
    private Text keyInfo = new Text();      //存储单词和所属文件名称的组合
    private Text valueInfo = new Text();   //存储词频
    private FileSplit split;                //存储 Split 对象
    public void map(Object key,Text value,Context context)throws
                    IOException,InterruptedException {
        //获取<key，value>键值对所属的 FileSplit 对象
        split = (FileSplit)context.getInputSplit();
        //将 value 转换为 String 后，创建一个 StringTokenizer 对象并进行分割
        StringTokenizer stk = new StringTokenizer(value.toString());
        //判断是否还有分隔符，若有则说明本行内容还未分割完
        while(stk.hasMoreElements()){
            //key 值由(单词：所属文件名称)组成
            keyInfo.set(stk.nextToken()+":"+split.getPath().getName().toString());
            valueInfo.set("1");    //value 为词频，初始化为 1
            context.write(keyInfo,valueInfo);
        }
    }
}
```

(2) 通过一个 Reduce 过程无法同时完成词频统计和生成文档列表，因此必须增加一个合并过程完成词频统计。合并过程将 key 值相同的 value 进行累加，得到一个单词在文档中的词频，如图 6-29 所示。

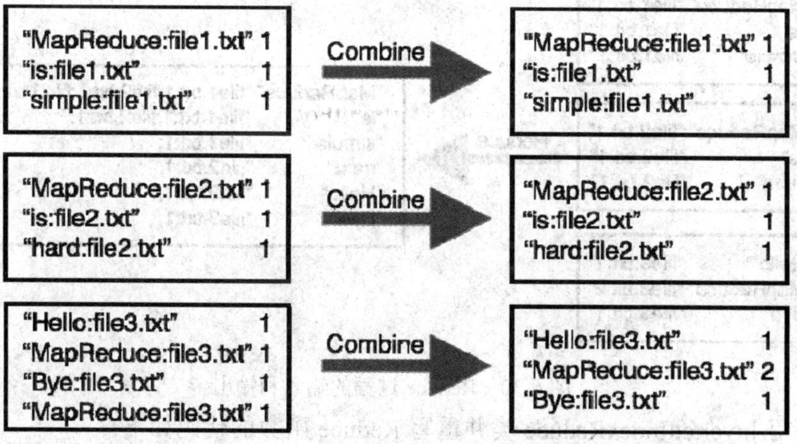


图 6-29　Combine 过程的输入和输出

因为在 Shuffle 过程中需要将相同单词的记录交给同一个 Reduce 任务处理，但是 Shuffle 无法通过图 6-29 中输出的 key 值做到这一点，所以 Combine 完成词频累加后，必须再次修改 key 和 value 的值。这次将单词单独作为 key，单词所属的文件名称和词频组成 value(如“file3.txt：2”)。这样可以利用 MapReduce 框架

默认的 HashPartitioner 类完成 Shuffle 过程，将相同单词的所有记录发送给同一个 Reducer 进行处理。

编写 InvertedIndexCombiner 类实现 Combine 过程的代码如下：

```
public static class InvertedIndexCombiner extends Reducer<Text,Text,Text,Text> {
    Text info = new Text();        //存储新的 value 值
    public void reduce(Text key,Iterable<Text> values,Context context)throws
IOException, InterruptedException {
        int sum = 0;     //统计词频
        for(Text value : values){
            sum += Integer.parseInt(value.toString());     //迭代加
        }
        //获取 Map 输出的 key 中“：”的位置
        int splitIndex = key.toString().indexof(":");
        //重新设置 value 值由单词所属的文件名称(词频)组成
        info.set(key.toString().subString(splitIndex+1)+":"+sum);
        //重新设置 key 值为单词
        key.set(key.toString().subString(0,splitIndex));
        context.write(key,info);
    }
}
```

(3) Reduce 过程最后将具有相同 key 值的 value 值组合成倒排索引文件的格式，如图 6-30 所示。

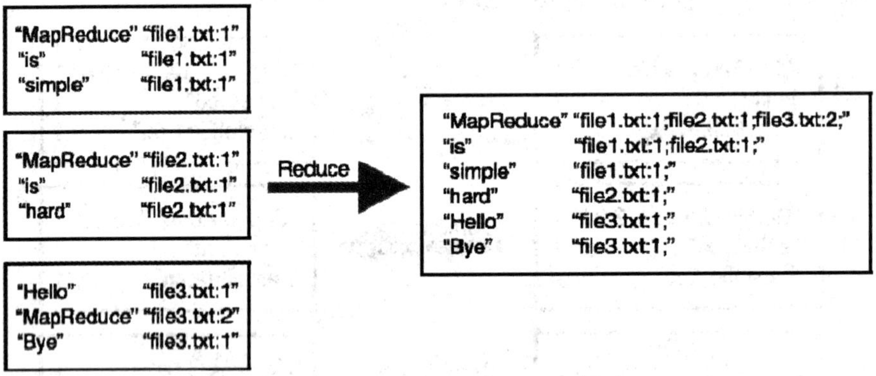


图 6-30 Reduce 过程的输入和输出

编写 InvertedIndexReduce 类并重写 Reduce 函数的代码如下：

```
public static class InvertedIndexReduce extends Reducer<Text,Text,Text,Text> {
    private Text result = new Text();     //存储新的 value 值
    public void reduce(Text key,Iterable<Text> values,Context context)throws IOException,
InterruptedException {
        String fileList = new String();   //生成文档列表
```

```
        for(Text value:values){
            fileList += value.toString()+";"; //将相同 key 值对应的 value 用“；”连接起来
        }
        result.set(fileList);    //重新设置 value 值为连接后生成的文档列表
        context.write(key,result);
    }
}
```

(4) 编写 InvertedIndex 类实现 main 函数的代码如下：

```
public class InvertedIndex {
    public static void main(String[] args)throws IOException,InterruptedException,
ClassNotFoundException {
        Configuration conf = new Configuration();
        //获取程序的输入参数
        String[] ortherArgs = new GenericOptionsParser(conf,args).getRemainingArgs();
        //如果获取的输入参数个数不为 2，则输出错误提示信息并结束程序
        if(ortherArgs.length != 2){
            System.err.println("Usage: InvertedIndex <in> <out>");
            System.exit(2);
        }
        Job job = Job.getInstance(conf,"InvertedIndex");
        job.setJarByClass(InvertedIndex.class);
        job.setMapperClass(InvertedIndexMap.class);
        job.setMapOutputKeyClass(Text.class);
        job.setMapOutputValueClass(Text.class);
        job.setCombinerClass(InvertedIndexCombiner.class);
        job.setReducerClass(InvertedIndexReduce.class);
        job.setOutputKeyClass(Text.class);
        job.setOutputValueClass(Text.class);
        //文件输入路径
        FileInputFormat.addInputPath(job,new Path(ortherArgs[0]));
        //结果输出路径
        FileOutputFormat.setOutputPath(job,new Path(ortherArgs[1]));
        System.exit(job.waitForCompletion(true)?0:1);
    }
}
```

# 项目 7
# 部署开源数据库 HBase

## 项目概述

HBase 即 Hadoop Database，是 Hadoop 生态系统中的重要成员之一。HBase 是一个高可靠性、高性能、面向列、可伸缩的分布式数据库，它可以通过水平扩展的方式在廉价的计算机上部署存储大规模数据表的集群。HBase 架构在底层分布式文件系统 HDFS 基础之上，利用 MapReduce 处理其中存放的海量数据，并利用 ZooKeeper 作为其协调工具。本项目首先介绍 HBase 的特点，然后介绍 HBase 的数据模型、实现原理和运行模式，最后介绍 HBase 的编程时间过程。

## 项目背景

为什么要设计 HBase 这样一个数据库产品呢？对于 Hadoop 来讲，虽然已经有了 HDFS 和 MapReduce，但是此时的 Hadoop 主要解决大规模数据离线批量处理，没有办法满足大数据实时处理需求。随着近年来数据的大规模爆炸式增长，传统关系型数据库的扩展能力非常有限，已无法满足 Web 2.0 时代的需求，而以 HBase 为代表的非关系型数据库弥补了传统关系型数据库的缺陷，在 Web 2.0 应用中得到了大量使用。

再者，Hadoop 集群中通常会对大数据量进行高并发操作，比如每秒对 PB 级数据进行上千次操作，而 HDFS 无法满足对数据进行随机读操作或随机写操作，并且 HDFS 只能存储完全非结构化数据。因此，我们需要使用 HBase。在 HBase 中进行读、写访问是非常简单的操作，而且 HBase 也能较好地支持结构化数据以及半结构化数据的存储。

## 项目演示

在 Hadoop 集群中安装部署 HBase，并进行相关表及数据操作、HBase Shell 基本操作与 HBase JAVA API 操作。

## 思政聚焦

在疫情发展时期，可以通过 HBase 数据库记录各个地区与疫情相关的数据，如疫情小区、传染路线、患者同程等大量信息，以便精准掌握疫情传播情况，坚决阻断疫情传播，从而借助科技手段做好疫情防控工作。

## 项目主要内容

- HBase 数据模型。
- HBase 的实现原理。
- HBase 的运行机制。
- HBase 的安装部署。
- HBase 中表和数据的操作。
- HBase Shell 基本操作命令。
- 使用 Java API 实现对 HBase 表的操作。

## 思维导图

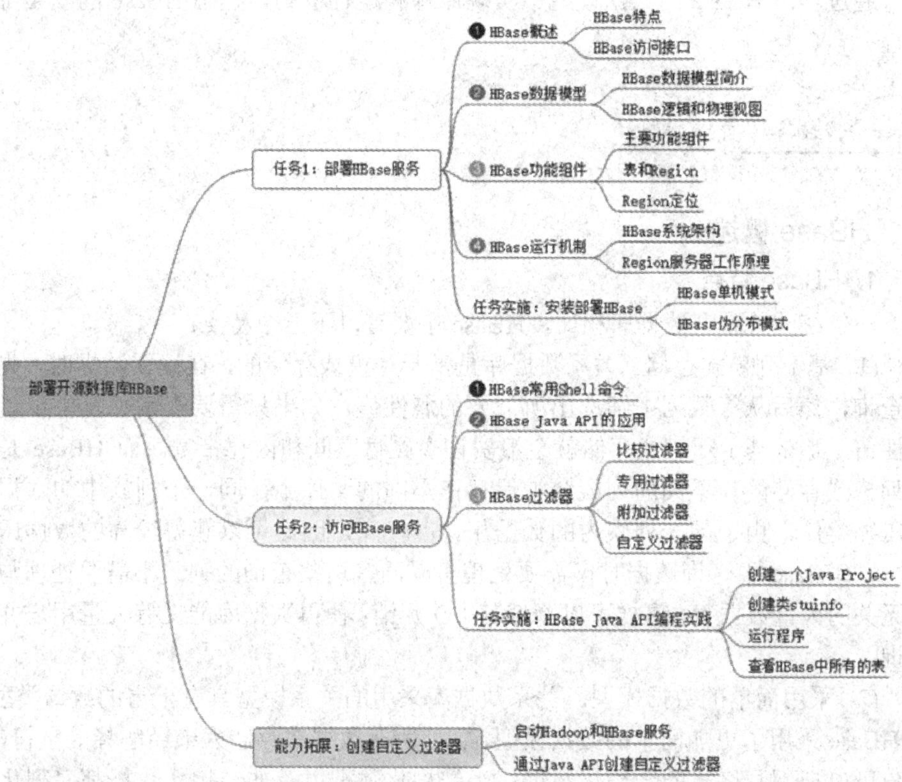


## 教学大纲

**能力目标**

◎ 了解 HBase 的运行机制。

◎ 熟悉 HBase 的安装部署。

**知识目标**

◎ 了解 HBase 数据模型。

◎ 了解 HBase 的实现原理。

学习重点

◎ 掌握 HBase 中表和数据的操作。

◎ 掌握 HBase Shell 基本操作命令。

学习难点

◎ 掌握使用 Java API 实现对 HBase 表的操作。

# 任务 1 部署 HBase 服务

## 任务描述

通过学习 HBase 的数据模型、实现原理和运行机制，熟悉 HBase 的安装部署过程。

## 知识准备

### 一、HBase 概述

#### 1. HBase 特点

与传统的关系型数据库相比，HBase 主要有以下五个特点：

(1) 基于列模式存储。关系数据库是基于行模式存储的，在读取数据时，先按行查询，然后从行数据中筛选出所需要的属性值，如果只需要查询每行中少量的属性值，那么基于行模式存储就会浪费许多磁盘空间和内存带宽。而 HBase 是基于列模式存储的，不同的列族会被保存在不同的文件中，同一个列族中的数据会被压缩存储，由于同一列族内的数据相似度较高，因此可以获得较高的数据压缩比。在 HBase 中查询数据时仅需要处理可以回答这些查询的列，不需要处理与查询无关的大量数据行，这样可以降低其 I/O 开销，使得数据库能支持大量用户并发查询。

(2) 采用简单的数据模型。关系数据库采用的关系模型具有丰富的数据类型。而 HBase 采用了更加简单的数据模型，它把所有数据都存储为未经解释的字符串，用户可以把不同格式的结构化数据、半结构化数据以及非结构化数据都序列化成字符串保存到 HBase 中。

(3) 数据操作简单。关系型数据库中的许多操作，如插入、删除、更新、查询等会涉及复杂的多表连接，通常是依靠多个表之间的主外键关联来实现数据操作的。而 HBase 中不存在多表连接，通常只采用单表的主键查询。HBase 在进行数据索引时，都是通过行键扫描，由于 HBase 位于 Hadoop 框架之上，因此可以使用 MapReduce 快速地生成索引表，以提高数据访问性能。

(4) 维护旧数据。在关系型数据库中执行更新操作时会用新值替换旧值，旧值被覆盖后就不会存在。在 HBase 中执行更新操作时，并不会删除旧的数据版本，而是生成一个新的数据版本，旧的版本依然保留。HBase 可以允许对保留的数据版本数量进行设置，用户可以选择获取距离某个时间点最近的那个数据版本，或者一次性获取所有版本。

(5) 可伸缩性强。关系型数据库很难实现横向扩展，纵向扩展的空间也非常有限。与之相反，HBase 这类分布式数据库就是为了实现灵活的水平扩展而开发的，因此能轻易地通过在集群中增加或减少节点数量来实现性能的伸缩。

### 2. HBase 访问接口

HBase 提供了 Java API、HBase Shell、Thrift Gateway、Rest Gateway、Pig、Hive 等多种访问方式。其中：HBase Shell 是 HBase 的命令行工具，也是最简单的接口，适合于 HBase 管理；Java API 是最常规和高效的访问方式，适合 Hadoop MapReduce 作业并行批处理 HBase 表数据；当需要以类似 SQL 语言的方式访问 HBase 时，可以用 Hive 接口，相关内容在下一个项目中会介绍。

## 二、HBase 数据模型

### 1. HBase 数据模型简介

HBase 实际上是一个稀疏、多维度、持久化存储的映射表，表中每一行都有一个可排序的行键，表在水平方向由一个或多个列族组成，一个列族可以包含任意多个列，同一个列族里的数据存储在一起。列族支持动态扩展，可以随时添加一个列族或者列，无需预先定义列的数量和类型。所有列均以字符串形式存储，用户从表中读取完数据后需要自行进行类型转换。

HBase 采用行键、列族、列限定符和时间戳进行索引，也就是通过一个四维坐标定位到一个具体的值，不像关系型数据库采用的二维坐标，即根据行和列来确定某个具体的值。下面具体介绍这几个概念。

(1) 表(Table)：HBase 采用表来组织数据，表由行和列组成，列划分为若干个列族。

(2) 行键(Row Key)：每个 HBase 表都由若干行组成，表中的数据按照行键的字典序排序存储。每个行由行键来标识，行键也是表的主键。

(3) 列族(Column Family)：一个 HBase 表可以说是一个或多个列族的集合，它是基本的访问控制单元。存储在一个列族中的所有数据通常都属于同一种数据类型，这就意味着具有更高的压缩率。表中的每个列都归属于某个列族，数据在被存放到某个列之前，必须先创建列所属的列族，列名都以列族作为前缀。在 HBase 中，访问控制、磁盘和内存的使用统计都是在列族层面进行的。

(4) 列限定符(Column Qualifier)：列族里的数据通过列限定符来定位，列限定符不用事先定义，也不需要在不同行之间保持一致。

(5) 单元格(Cell)：在 HBase 表中，通过行、列族和列限定符确定一个单元格，单元格中存储的数据都被看作字节数组 byte[]。每个单元格中可以保存一个数据的多个版本，每个版本的数据都是不同时间写入的。

(6) 时间戳(TimeStamp)：每个单元格都保存着同一份数据的多个版本，这些版本采用时间戳进行索引，每次操作数据(新建、修改、删除)时，HBase 都会隐式地自动生成并存储一个时间戳，也可以由用户自己生成时间戳。HBase 中的时间戳可以看作是数据的版本号。

### 2. HBase 逻辑和物理视图

(1) 逻辑视图：在 HBase 的逻辑视图中，每一张表都是稀疏表，表中至少有一个列族，行键和列限定符都是二进制字节数组 byte[]，时间戳是一个 64 位整数，单元格中的值是一个 64 位整数，表中的不同行可以拥有不同数量的成员，即 HBase 逻辑数据模型支持“动态模式”，如图 7-1 所示。

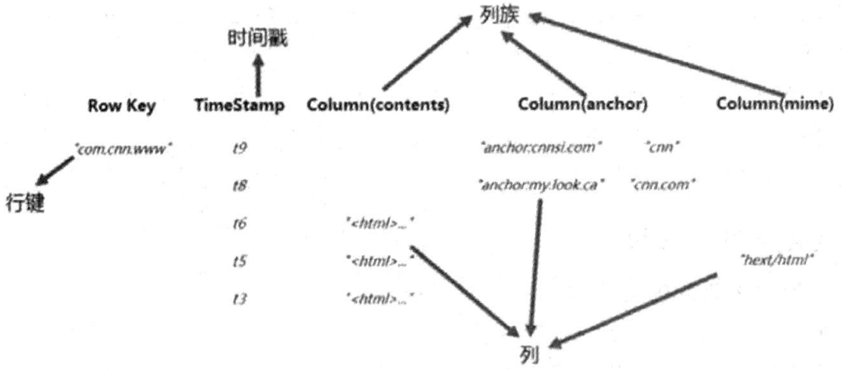


图 7-1　HBase 逻辑数据模型

对应图 7-1 中逻辑数据模型的是一个存储网页的 HBase 逻辑表的片段，如图 7-2 所示，表中行键是一个反向 URL(即 URL 正确顺序应是“www.cnn.com”)。因为 HBase 是按照行键的字典序来排序存储数据的，所以采用反向 URL 方式可以将来自同一个网站的数据内容都保存在相邻的位置，在按照行键的值进行水平分区时，就可以尽量把来自同一个网站的数据划分到同一个分区 Region 中(Region 的概念下节会介绍)。contents 列族用于存储网页内容，anchor 列族包含了任何引用这个页面的锚链接文本，mime 列族则存储了网页文本文件类型。可以采用“四维坐标”来定位单元格中的数据，比如在此实例图中，四维坐标[“com.cnn.www”，“contents”，“html”，“T6”]对应的单元格中存储的数据是网页内容，四维坐标[“com.cnn.www”，“anchor”，“anchor:cnnsi.com”，“t9”]对应的单元格中存储的数据是“cnn”。从图中还可以看出，表中每行都包含相同的列族，但是不需要在每个列族里都存储数据，如列族 contents 的前两行内容就为空，mime 列族的后两行内容也为空。因此从逻辑视图来看，HBase 表是一个稀疏的映射关系。

| Row Key | TimeStamp | Column "contents" | Column “anchor” | | Column "mime" |
|---|---|---|---|---|---|
| | | | cnnsi.com | my.look.ca | |
| "com.cnn.www" | t9 | | cnn | | |
| | t8 | | | cnn.com | |
| | t6 | "<html>.. " | | | hext/html |
| | t5 | "<html>.. " | | | |
| | t3 | "<html>.. " | | | |

图 7-2　HBase 表的逻辑视图

(2) 物理视图：从逻辑视图角度看，HBase 中每个表是由许多行组成的，但是从物理存储角度看，它采用了基于列的存储方式，这是 HBase 和传统关系数据库的重要区别。图 7-2 所示的逻辑视图在物理存储时，会存成图 7-3 中的三个小片段。也就是说，这个 HBase 表会按照 contents、anchor 和 mime 三个列族分别存放，属于同一个列族的数据对应的行键和时间戳保存在一起。

| Row Key | TimeStamp | Column "contents" |
|---|---|---|
| "com.cnn.www" | t6 | "<html>..." |
| "com.cnn.www" | t5 | "<html>..." |
| "com.cnn.www" | t3 | "<html>..." |

| Row Key | TimeStamp | Column "anchor" | |
|---|---|---|---|
| "com.cnn.www" | t9 | "anchor:cnnsi.com" | "cnn" |
| "com.cnn.www" | t8 | "anchor:my.look.ca" | "cnn.com" |

| Row Key | TimeStamp | Column "mime" |
|---|---|---|
| "com.cnn.www" | t6 | "hext/html" |

图 7-3　HBase 表的物理视图

结合图 7-2 和图 7-3 来看，逻辑视图中那些空白的单元格在物理视图中不会被存储，即不会占用存储空间，当请求查询这些单元格数据时会返回 null 值。

## 三、HBase 功能组件

### 1. 主要功能组件

HBase 的实现包括三个主要的功能组件：库函数，连接到每个客户端；一个 Master 主服务器；许多个 Region 服务器。

Region 服务器是 HBase 中最核心的模块，负责存储和维护分配给自己的 Region，处理来自客户端的读写请求，切分在运行过程中变得过大的 Region。HBase 一般采用 HDFS 作为底层存储文件系统，因此 Region 服务器需要向 HDFS 文件系统中读写数据。HBase 自身并不具备数据复制和维护数据副本的功能，而 HDFS 可以提供这些支持，为 HBase 提供可靠稳定的数据存储。

主服务器 Master 负责管理和维护 HBase 表的分区信息，比如管理用户对表的增、删、改、查等操作，还有维护 Region 服务器列表，分配 Region；再比如一个表被分成了哪些 Region，每个 Region 被存放在哪台 Region 服务器上。Master 也会确保整个集群内部不同 Region 服务器之间的负载均衡：在 Region 分裂或合并后，Master 负责调整 Region 的分布；当某个 Region 服务器出现故障而失效时，Master 会把该故障服务器上存储的 Region 重新分配给其他可用的 Region 服务器。

客户端并不是直接从 Master 主服务器上读取数据，而是在获得 Region 的存储位置信息后，直接从 Region 服务器上读取数据。客户端也不依赖 Master，它是通过 ZooKeeper 来获得 Region 位置信息的，大多数客户端甚至从来不与 Master 通信，这种设计方式使得 Master 负载很小。

### 2. 表和 Region

HBase 中存储了许多表，表中包含的行的数量可能非常庞大，无法存储在一台机器上，需要分布存储到多台机器上。因此需要根据行键的值对表中的行进行分区，若干个行构成一个分区，称为 Region，如图 7-4 所示。Region 包含了位于某个值域区间内的所有数据，它是负载均衡和数据分发的基本单位。

初始时，每个表只包含一个 Region，随着数据的不断插入，Region 会持续增大，当一个 Region 中包含的行数量达到一个阈值时，就会被自动等分为两个新的 Region，随着表中的行数量继续增加，会分裂出越来越多的 Region，如图 7-5 所示。这些 Region 被分发到不同的 Region 服务器上。

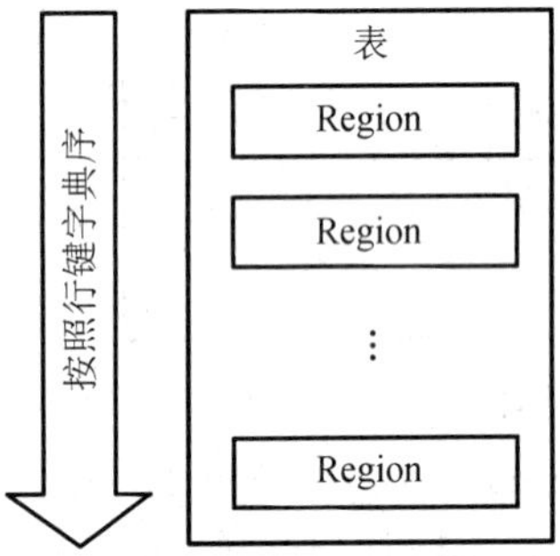


图 7-4 一个 HBase 表划分为多个 Region

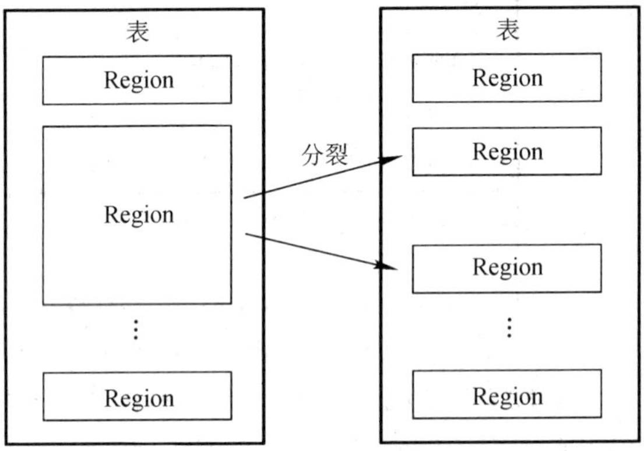


图 7-5 一个 Region 分裂成多个新的 Region

一个 Region 的实际大小取决于单台服务器的有效处理能力。随着机器硬件水平的不断提升，现在企业中使用 HBase 配置一个 Region 的大小为 1 GB、2 GB，也可以通过参数 hbase.hregion.max.filesize 设置 Region 的大小。Master 主服务器会把不同的 Region 分配到不同的 Region 服务器上，如图 7-6 所示。这里需要注意的是，同一个 Region 是不会被拆分到多个 Region 服务器上的。每个 Region 服务器负责管理一个 Region 集合，通常一个 Region 服务器上会放置 10～1000 个 Region。

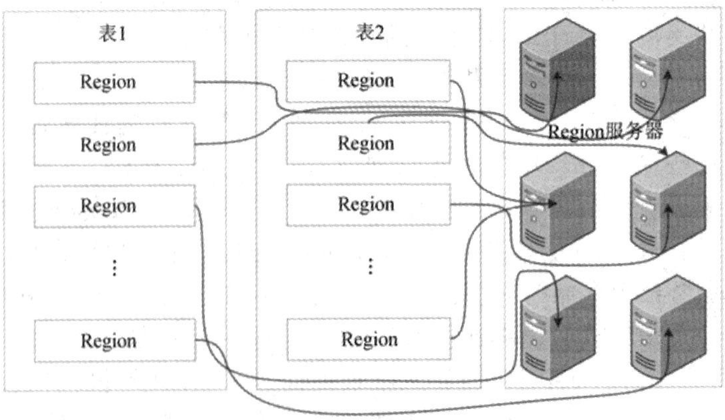


图 7-6 不同的 Region 被分配到不同的 Region 服务器上

### 3. Region 定位

由于 Region 会被分配到不同的 Region 服务器上，因此必须设计相应的 Region 定位机制，以保证客户端知道去哪里找到自己所需要的数据。

HBase 中有两张特殊的表“-ROOT-”和“.META.”。.META.表也称为“元数据表”，表中每个条目包含两项内容，一个是 Region 标识符，另一个是该 Region 所在的 Region 服务器标识。从.META.表中就可以得知某个 Region 保存在哪个 Region 服务器上。当一个 HBase 表中的 Region 数量非常庞大时，.META.表中的条目就会非常多，此时一个服务器保存不下，需要分区到不同的服务器上，因此.MATA.表也会分裂成多个 Region。为了定位这些 Region，就需要再构建一个映射表，即-ROOT-表，也称为“根数据表”，记录了.META.表的 Region 信息。-ROOT-表是不能再分割的，只存放于一个 Region 中，该地址在程序中已经被写死，Master 主服务器知道此位置。HBase 运行时还有个专门的组件 ZooKeeper，-ROOT-表的地址就是写死在 ZooKeeper 文件中，也就是说 ZooKeeper 记录了-ROOT-表的位置。综上所述，HBase 使用了三层结构来保存 Region 的位置信息，如图 7-7 所示。表 7-1 给出了 HBase 三层结构中每层的名称及其作用。

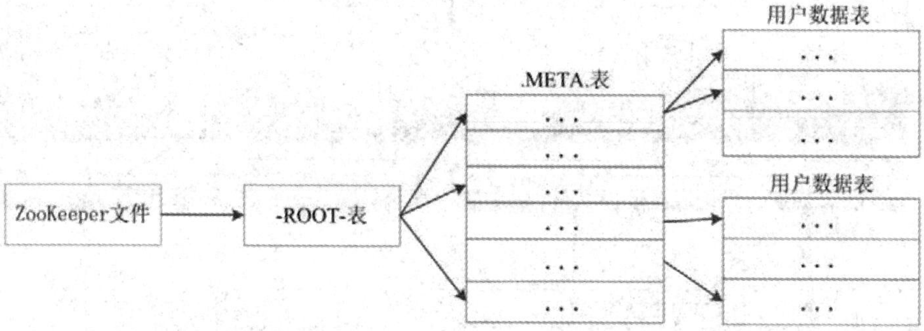


图 7-7　HBase 的三层结构

**表 7-1　HBase 三层结构的名称和作用**

| 层次 | 名称 | 作　用 |
|---|---|---|
| 第一层 | ZooKeeper | 记录-ROOT-表的位置信息 |
| 第二层 | -ROOT-表 | 记录.META.表的 Region 位置信息。-ROOT-表中只有一个 Region，因此通过该表就能访问到.META.表中的所有信息 |
| 第三层 | .META.表 | 记录用户数据表的 Region 位置信息。.META.表可以有多个 Region，保存了 HBase 中所有用户数据表的 Region 位置信息 |

客户端访问用户数据需要先访问 ZooKeeper 服务器获取-ROOT-表的位置信息，然后访问-ROOT-表获得.META.表的信息，接着访问.META.表找到存放所需数据的 Region 位于哪个 Region 服务器上，最后到该 Region 服务器中读取数据。也就是说，通过“三级寻址”找到用户数据表所在的 Region 服务器，不需要连接主服务器 Master，这样可以减轻主服务器的负载。

为了加速寻址过程，一般会将查询过的位置信息缓存在客户端中，这样以后再访问相同的数据时，就能直接从客户端缓存中获得 Region 的位置信息，而不需要每次都经历一个“三级寻址”过程。需要注意的是，随着 HBase 表的不断更新，Region 的位置信息可能会发生变化，但是客户端缓存并不会自己检测 Region 位置信息是否失效，而是在从缓存中获取 Region 位置信息却发现不存在时，才会判断出缓存信息失效。这时就需要再经历上述的“三级寻址”过程，重新获取 Region 的最新位置信息，再去访问数据，并且用最新的 Region 位置信息替换缓存中失效的信息。

## 四、HBase 运行机制

### 1. HBase 系统架构

HBase 系统架构如图 7-8 所示，包括客户端(Client)、ZooKeeper 服务器、Master 主服务器(HMaster)、Region 服务器(HRegionServer)以及作为底层数据存储的 HDFS。

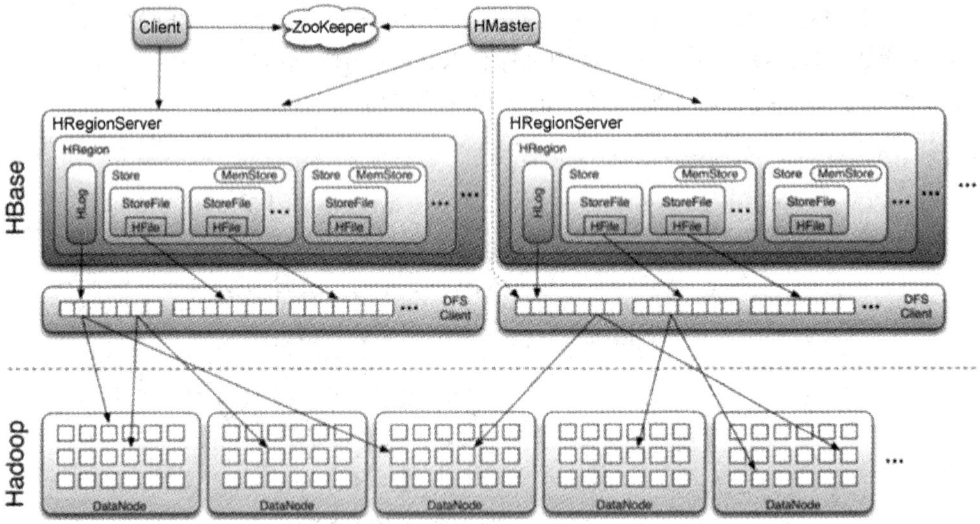


图 7-8 HBase 系统架构

客户端包含访问 HBase 的接口，在缓存中维护一些已经访问过的 Region 位置信息，用于加快对 HBase 的访问。HBase 客户端使用 RPC 机制与 Master 和 Region 服务器进行通信，其中对于管理类操作，客户端与 Master 服务器进行通信；而对于数据读写类操作，客户端则与 Region 服务器进行通信。

ZooKeeper 相当于 Hadoop 集群的“管家”，它存储了所有 Region 的寻址入口，以及 HBase 的模式，包括有哪些表、每个表有哪些列族。HBase 中可以启动多个 Master 服务器(避免“单点失效”问题)，而 ZooKeeper 可以保证任何时候集群中只有一个工作的 Master 服务器，并且实时监控 Region 服务器的状态，将其上线和下线信息实时通知给 Master 服务器。ZooKeeper 服务器并非一台单一的机器，可能是由多台机器构成的集群来提供稳定可靠的协同服务。

### 2. Region 服务器工作原理

图 7-9 描述了 Region 服务器向 HDFS 文件系统读写数据的过程，可以看出 Region 服务器管理了一系列 Region 对象和一个 HLog 文件，HLog 记录着磁盘中

所有的更新操作。每个 Region 对象由多个 Store 组成，每个 Store 对应着表中一个列族的存储。每个 Store 又包含了一个 MemStore 和若干个 StoreFile，其中 MemStore 是内存中的缓存，保存最近更新的数据；StoreFile 是磁盘中的文件，它在底层的实现方式是作为 HDFS 文件存储在 HDFS 文件系统中。HDFS 文件的数据块通常采用压缩方式存储，这种方式可以大量减少网络 I/O 和磁盘 I/O。

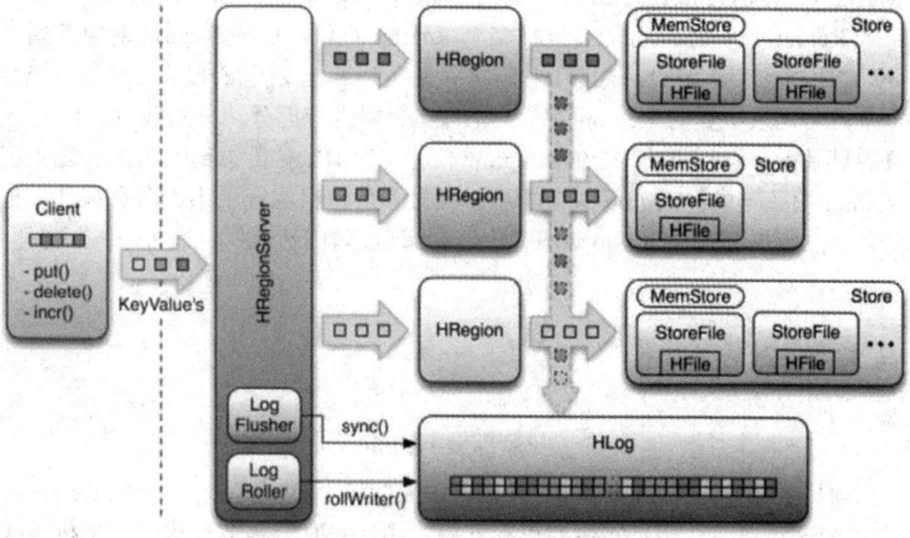


图 7-9　Region 服务器向 HDFS 文件系统中读写数据

(1) 用户读写数据的过程。

当用户写数据时，会被分配到相应的 Region 服务器去执行操作。用户数据首先被写入 MemStore 和 HLog 中。只有当操作写入 HLog 之后，commit()调用才会将其返回给客户端。

当用户读数据时，Region 服务器会首先访问 MemStore 缓存，如果找不到，再去磁盘上的 StoreFile 中寻找。

(2) Store 的工作原理。

Store 是 Region 服务器的核心，如前文描述，每个 Store 对应 HBase 表中的一个列族的存储，并且包含一个 MemStore 缓存和若干个 StoreFile 文件。

✧ MemStore 的刷新。MemStore 是排序的内存缓冲区，当用户写入数据时，系统首先将数据放入 MemStore 中；当 MemStore 容量满时，系统会调用 Region.flushcache()将缓存里的内容刷新到磁盘的一个 StoreFile 中。

✧ StoreFile 的合并。随着 StoreFile 文件数量的不断增加，当达到事前设定的某个值时，系统会调用 Store.compact()将多个 StoreFile 文件合并成一个大文件。多个 StoreFile 文件合并会逐步形成越来越大的 StoreFile 文件，当单个 StoreFile 文件大小超过某个阈值时，又会触发文件分裂操作，即一个父 Region 分裂为两个子 Region，这两个子 Region 被分配到相应的 Region 服务器上，同时父 Region 会消失。

(3) HLog 的工作原理。

分布式环境下必须要考虑系统出错的情况，比如当 Region 服务器发生故障时，

MemStore 缓存中的数据可能会丢失。因此，HBase 采用 HLog 文件以保证系统发生故障时能恢复到正确的状态。

HBase 为每个 Region 服务器配置了一个 HLog 文件，它是一种预写式日志，即用户更新数据必须被记入日志后才能写入 MemStore 缓存。ZooKeeper 会实时监测每个 Region 服务器的状态，当某个 Region 服务器发生故障时，ZooKeeper 会通知 Master 服务器，Master 服务器随即处理故障 Region 服务器上的 HLog 文件。由于一个 Region 服务器上可能会维护多个 Region 对象，这些 Region 对象共用一个 HLog 文件，因此这个 HLog 文件中包含了多个 Region 对象的日志记录。系统会根据每条日志记录所属的 Region 对象对 HLog 数据进行拆分，分别放到相应 Region 对象的目录下，然后再将失效的 Region 和对应的 HLog 日志记录重新分配到可用的 Region 服务器中；Region 服务器会重新做一遍该日志记录中的各种操作，把日志记录中的数据写入 MemStore 缓存，缓存满后再刷新到磁盘的 StoreFile 文件中，完成数据恢复。

## 任务实施

### 安装部署 HBase

在项目 2 中安装 Hadoop 时，只包含了 HDFS 和 MapReduce 等核心组件，并不包含 HBase，因此 HBase 需要单独安装。HBase 有三种运行模式：单机模式、伪分布模式和分布式模式。本书重点介绍单机模式和伪分布模式(Java 环境变量需要提前配置好)。

#### 1. HBase 单机模式

(1) 在 Apache 官网上下载 HBase 2.0.0 之后的版本(http://archive.apache.org/dist/hbase/)，以 2.2.2 版本为例，下载安装包“hbase-2.2.2-bin.tar.gz”到用户主目录下，并解压安装包至目录/apps，然后将解压后的文件夹名称“hbase-2.2.2”改为“hbase”，方便后续使用。命令如下：

```
$ cd ~
$ sudo tar -zxf ~/hbase-2.2.2-bin.tar.gz -C /apps
$ cd /apps
$ sudo mv ./hbase-2.2.2 ./hbase
```

(2) 配置环境变量，命令如下：

```
$ vim ~/.bashrc
```

如果没有引入 PATH，请在~/.bashrc 文件末尾添加以下内容：

```
export PATH=$PATH:/apps/hbase/bin
```

如果已经引入 PATH，请在 export PATH 行追加“:/apps/hbase/bin”。这里的“:”是分隔符，如下：

```
export PATH=$PATH:$JAVA_ HOME/bin:$HADOOP_HOME/bin:/usr/local/hbase/bin
```

编辑完成后，再执行 source 命令使上述配置在当前终端生效。命令如下：

```
$ source ~/.bashrc
```

(3) 查看 HBase 版本，确定 HBase 安装成功。命令如下：

```
$ /apps/hbase/bin/hbase version
```

如果看到输出版本信息则表示 HBase 已经安装成功。

(4) 打开并编辑/apps/hbase/conf/hbase-env.sh，命令如下：

```
$ vim /apps/hbase/conf/hbase-env.sh
```

在该文件中添加配置 HBASE_MANAGES_ZK 为 true，表示不需要单独的 ZooKeeper，由 Hbase 自己管理 ZooKeeper。命令如下：

```
export HBASE_MANAGES_ZK=true
```

(5) 打开并编辑 hbase-site.xml，命令如下：

```
$ vim /apps/hbase/conf/hbase-site.xml
```

在启动 HBase 前需要设置属性 hbase.rootdir，用于指定 HBase 数据的存储位置，此处设置为 HBase 安装目录下的 hbase-tmp 文件夹。添加配置如下：

```
<configuration>
    <property>
        <name>hbase.rootdir</name>
        <value>file:/apps/hbase/hbase-tmp</value>
    </property>
</configuration>
```

(6) 接下来测试运行，首先切换至 HBase 安装目录 /apps/hbase，再启动 HBase 打开 Shell 命令行模式。命令如下：

```
$ cd /apps/hbase
$ ./bin/start-hbase.sh
$ ./bin/hbase shell
```

HBase 启动成功后，用户可以通过输入 Shell 命令操作 HBase 数据库，如图 7-10 所示。

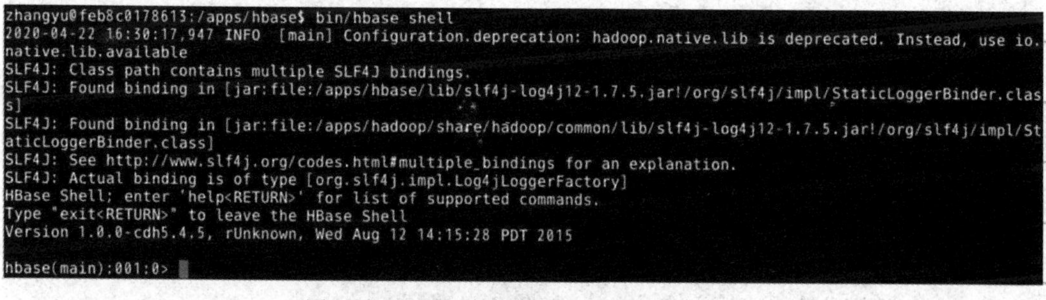


图 7-10　HBase 单机模式启动成功

如需停止 HBase 的运行，使用以下命令：

```
$ bin/stop-hbase.sh
```

## 2. HBase 伪分布模式

(1) 配置/apps/hbase/conf/hbase-env.sh，命令如下：

```
$ vim /apps/hbase/conf/hbase-env.sh
```

配置 HBASEZ-CLASSPATH、HBASE_MANAGES_ZK 如下：

```
export HBASE_CLASSPATH=/apps/hbase/conf
export HBASE_MANAGES_ZK=true
```

(2) 配置/apps/hbase/conf/hbase-site.xml，命令如下：

```
$ vim /apps/hbase/conf/hbase-site.xml
```

修改 hbase.rootdit，指定 HBase 数据在 HDFS 上的存储路径，将属性 hbase.cluster.distributed 设置为 true。假设当前 Hadoop 集群运行在伪分布模式下，在本机上运行，且 NameNode 运行在 9000 端口。配置如下：

```
<configuration>
        <property>
                <name>hbase.rootdir</name>
                <value>hdfs://localhost:9000/hbase</value>
        </property>
        <property>
                <name>hbase.cluster.distributed</name>
                <value>true</value>
        </property>
        <property>
        <name>hbase.unsafe.stream.capability.enforce</name>
        <value>false</value>
    </property>
</configuration>
```

(3) 测试运行 HBase。

首先启动 Hadoop(如果 Hadoop 已经成功启动，可略过这一步)，登录 SSH，之前设置了无密码登录，因此这里不需要密码，再切换目录至 hadoop 的安装目录(假设为/apps/hadoop)，然后启动 Hadoop。命令如下：

```
$ ssh localhost
$ cd /apps/hadoop
$ ./sbin/start-all.sh
```

再切换目录至 /apps/hbase，启动 HBase。命令如下：

```
$ cd /apps/hbase
$ ./bin/start-hbase.sh
```

启动成功后，输入命令 jps，如图 7-11 所示。

```
1659 DataNode
3475 HRegionServer
2107 ResourceManager
2227 NodeManager
1879 SecondaryNameNode
3307 HMaster
4046 Jps
3212 HQuorumPeer
1497 NameNode
```

图 7-11　HBase 伪分布模式启动成功

(4) 进入 Shell 界面，命令如下：

```
$ ./bin/hbase shell
```

(5) 停止 HBase 运行，命令如下：

```
$ ./bin/stop-hbase.sh
```

# 任务 2　访问 HBase 服务

## 任务描述

通过学习 HBase 中表和数据的操作，掌握 HBase Shell 的基本操作命令，以及使用 Java API 实现对 HBase 表的操作。

## 知识准备

### 一、HBase 常用 Shell 命令

HBase Shell 是 HBase 的命令行工具，接口比较简单，适合 HBase 管理使用。下面介绍一些常用的 Shell 命令以及具体的操作实例。HBase Shell 基本操作命令如表 7-2 所示。

**表 7-2　HBase 基本操作命令**

| 命令表达式 | 作　用 |
|---|---|
| DML 操作 | |
| put '表名', '行键', '列族名: 列名', '值' | 向表中插入数据 |
| get '表名', '行键', '列族名: 列名' | 获取表中数据 |
| scan '表名' | 扫描全表 |
| delete '表名', '行键', '列族名: 列名' | 删除表中数据 |
| count '表名' | 查询表的行数 |
| truncate '表名' | 清空该表 |
| DDL 操作 | |
| create '表名', '列族 1', '列族 2', …… '列族 n' | 创建表 |
| List | 列出 HBase 中所有的表信息 |
| desc '表名' | 获取表的描述 |
| alter '表名' (先 disable '表名') | 修改表(首先使表无效) |
| drop '表名' (先 disable '表名') | 删除表(首先使表无效) |
| exists '表名' | 判断表是否存在 |
| is_enabled '表名' | 判断表是否有效 |
| is_disabled '表名' | 判断表是否无效 |

表中，DML(Data Manipulation Language)的操作命令是 select、update、insert、delete 命令，如它们的名字一样，这 4 条命令是用于对数据库里的数据进行操作的语言。

DDL(Data Definition Language)的操作命令比 DML 的要多，主要的命令有 create、alter、drop 等。DDL 主要用在定义或改变表的结构、数据类型、表之间的链接和约束等初始化工作上，它们大多在建立表时使用。

下面通过若干实例详细介绍这些基本命令。

首先启动 Hadoop 和 HBase 进程，再进入 Shell 环境，然后可以进行以下的命令操作。

(1) create——创建表。

① 创建表 t，列族为 f，列族版本号为 2，命令如下：

```
hbase> create 't', {NAME => 'f', VERSION => 2}
```

② 创建表 t1，列族分别为 f1、f2、f3，命令如下：

```
hbase> create 't1', {NAME => 'f1'}, {NAME => 'f2'}, {NAME => 'f3'}
```

或者使用如下等价的命令：

```
hbase> create 't1', 'f1', 'f2', 'f3'
```

(2) Put——向表、行、列指定的单元格添加数据。向表 t2 中行 r1 和列 f1: c1 所对应的单元格中添加数据 value，时间戳为 2020042116，命令如下：

```
hbase> put 't2', 'r1', 'f1:c1', 'value', 2020042116
```

(3) get——通过指定表名、行、列、时间戳、时间范围和版本号获得相应单元格的值。

① 获得表 t3、行 r1、列 c1，时间范围为[tr1，tr2]，版本号为 2 的数据，命令如下：

```
hbase> get 't3', 'r1', {COLUMN => 'c1', TIMERANGE => [tr1,tr2], VERSION => 2}
```

② 获得表 t3、行 r1、列 c1 和 c2 上的数据，命令如下：

```
hbase> get 't3', 'r1', 'c1', 'c2'
```

(4) scan——浏览表的相关信息。可以通过 TIMERANGE、FILTER、LIMIT、STARTROW、STOPROW、TIMESTAMP、MAXLENGTH、COLUMNS、CACHE 来限定所需要浏览的数据。

浏览表 t4、列 c，时间范围为[tr3，tr4]的数据，命令如下：

```
hbase> scan 't4', {COLUMNS => 'c', TIMERANGE => [tr3,tr4]}
```

(5) alter——修改列族模式。

① 向表 t5 添加列族 f1，命令如下：

```
hbase> alter 't5', NAME => 'f1'
```

② 删除表 t5 中的列族 f2，命令如下：

```
hbase> alter 't5', NAME => 'f2', METHOD => 'delete'
```

③ 设定表 t5 中列族 f3 最大为 128MB(即 134217728 字节)，命令如下：

```
hbase> alter 't5', METHOD => 'table_att', MAX_FILESIZE => '134217728'
```

(6) count——统计表中的行数。统计表 t6 行数的命令如下：

```
hbase> count 't6'
```

(7) Describe——显示表的相关信息。显示表 t7 信息的命令如下：

```
hbase> describe 't7'
```

(8) enable/disable——使表有效或无效。

① 使表 t8 有效的命令如下：

```
hbase> enable 't8'
```

② 使表 t8 无效的命令如下：

```
hbase> disable 't8'
```

(9) delete——删除指定单元格的数据。删除表 t9、行 r1、列 c1，时间戳为 ts 的数据，命令如下：

```
hbase> delete 't9', 'r1', 'c1', ts
```

(10) drop——删除表。删除表 t10，需要注意的是先使该表无效。命令如下：

```
hbase> disable 't10'
hbase> drop 't10'
```

(11) exists——判断表是否存在。判断表 t11 是否存在的命令如下：

```
hbase> exists 't11'
```

(12) truncate——清空表中的所有数据。使表 12 无效，删除该表，然后重新建立该表。命令如下：

```
hbase> truncate 't12'
```

(13) exit——退出 HBase Shell。输入 exit 命令可退出 HBase Shell。

(14) status——输出 HBase 集群状态信息。可以通过 summary、simple 或 detailed 这三个参数指定输出信息的详细程度。

输出集群详细状态信息的命令如下：

```
hbase> status 'detailed'
```

(15) shutdown——关闭 HBase 集群。输入 shutdown 命令关闭 HBase 集群。

## 二、HBase Java API 的应用

HBase 与 Hadoop 一样，都是用 Java 编写的，Java API 是最常规和高效的访问方式，适合 Hadoop MapReduce 作业并行处理 HBase 表数据。下面介绍几个 HBase Java API 核心类。

### 1. HBaseConfiguration 类

HBaseConfiguration 是每一个 HBase Client 都会使用的对象，它代表 HBase 配置信息，有两种构造方式：

(1) public HBaseConfiguration();

(2) public HBaseConfiguration(final Configuration c)。

### 2. 创建表

创建表通过 HBaseAdmin 对象操作。HBaseAdmin 负责.META.表信息的处理，并提供了创建表的方法：

```
public void createTable(HTableDescriptor desc)
```

其中，HTableDescriptor 表示表的 Schema，提供的常用方法有以下两个：

(1) setMaxFileSize：指定最大的 Region 大小。

(2) setMemStoreFlushSize：指定 MemStore Flush 到 HDFS 的文件大小。

### 3. 删除表

删除表也是通过 HBaseAdmin 来操作的，删除表之前首先要禁用(disable)表。这是一个非常耗时的操作，所以不建议频繁删除表。disableTable 和 deleteTable 分别用于执行 disable 和 delete 操作。

### 4. 插入数据

HBase 表通过 put 方法插入数据，并可以传递单个 put 对象或 List put 对象分别实现单条插入和批量插入：

(1) public void put(final Put put) throws IOException；

(2) public void put(final List<Put>puts) throws IOException。

put 提供了三种构造方法：

(1) public Put (byte [] row)；

(2) public Put (byte [] row, RowLock rowLock)；

(3) public Put(Put putToCopy)。

### 5. 查询数据

查询分为单条随机查询和批量查询。单条查询通过 Row Key 在 Table 中查询某一行的数据，HTable 提供了 get 方法完成单条查询。批量查询通过制定一段 Row Key 的范围来查询，HTable 提供了 getScanner 方法完成批量查询。

## 三、HBase 过滤器

HBase 为筛选数据提供了一组过滤器，通过过滤器可以在 HBase 中数据的多个维度(行、列、数据版本等)上进行筛选操作，也就是过滤器最终筛选的数据能够细化到一个单元格数据上。一般情况下，通过行键来筛选数据的应用场景较多。过滤器使用的 CompareFilter 类中涉及的比较运算符如表 7-3 所示，常用的比较器如表 7-4 所示。

表 7-3 CompareFilter 中的比较运算符

| 操　作 | 描　　述 |
|---|---|
| LESS | 匹配小于设定值的值 |
| LESS_OR_EQUAL | 匹配小于或等于设定值的值 |
| EQUAL | 匹配等于设定值的值 |
| NOT_EQUAL | 匹配与设定值不相同的值 |
| GREATER_OR_EQUAL | 匹配大于或等于设定值的值 |
| GREATER | 匹配大于设定值的值 |
| NOT_OP | 排除所有值 |

表 7-4　常用比较器

| 比较器 | 描　述 |
| --- | --- |
| BinaryComparator | 使用 Bytes.compareTo()比较当前值与设定值 |
| BinaryPrefixComparator | 与上面相似，使用 Bytes.compareTo()进行匹配，但是从左端开始前缀匹配 |
| NullComparator | 不做匹配，自判断当前值是否为 null |
| BitComparator | 通过 BitwiseOp 类提供的按位与(AND)、或(OR)、异或(XOR)操作执行位级比较 |
| RegexStringComparator | 根据一个正则表达式，在实例化这个比较器的时候去匹配表中数据 |
| SubstringComparator | 将设定值和表中数据当作 String 实例，同时通过 contains()操作匹配字符串 |

### 1. 比较过滤器

(1) RowFilter(行过滤器)：基于行键来过滤数据。

(2) FamilyFilter(列族过滤器)：基于列族来过滤数据。

(3) QualifierFilter(列名过滤器)：用户筛选特定的列。

(4) ValueFilter(值过滤器)：用户筛选某个特定值的单元格。与 RegexString Comparator 配合使用，可以使用功能强大的表达式来进行筛选。

(5) DependentColumnFilter(参考列过滤器)：不仅可简单地通过用户指定的信息筛选数据，还允许用户指定一个参考列或是引用列，并使用参考列控制其他列的过滤。

### 2. 专用过滤器

(1) SingleColumnValueFilter(单列值过滤器)：用一列的值决定这一行数据是否被过滤。

(2) SingleColumnValueExcludeFilter(单列排除过滤器)：该过滤器继承 Single ColumnValueFilter，参考列不会包含在结果中。

(3) PrefixFilter(前缀过滤器)：筛选出具有特定前缀的行键的数据。

(4) PageFilter(分页过滤器)：可以使用该过滤器对结果按行分页。当用户创建 PageFilter 实例时，指定了 pageSize 参数，这个参数可以控制每页返回的行数。

(5) KeyOnlyFilter(行键过滤器)：该过滤器唯一的功能就是只返回每行的行键，值全部为空，这对于只关注于行键的应用场景来说非常合适。这样忽略掉其值就可以减少传递到客户端的数据量，能起到一定的优化作用。

(6) FirstKeyOnlyFilter(首次行键过滤器)：返回的结果集中只包含第一列的数据。

(7) InclusiveStopFilter(包含结束的过滤器)：开始行被包含在结果中，当终止行被排除在外时，使用这个过滤器也可以将结束行包含在结果中。

(8) TimestampFilter(时间戳过滤器)：使用该过滤器可以在扫描结果中对版本进行细粒度的控制。

(9) ColumnCountGetFilter(列计数过滤器)：确定每行最多返回多少列，当列数超过我们所设置的限制值时，结束扫描操作。

(10) ColumnPaginationFilter(列分页过滤器)：该过滤器与分页过滤器类似，可以对一行的所有列进行分页。

(11) ColumnPrefixFilter(列前缀过滤器)：该过滤器与前缀过滤器类似，通过对列名进行前缀匹配来实现过滤。

(12) RandomRowFilter(随机行过滤器)：该过滤器可以让结果中包含随机行。

### 3. 附加过滤器

(1) SkipFilter(跳转过滤器)：该过滤器与 ValueFilter 结合使用，如果发现一行中的某一列不符合条件，那么整行都会被过滤掉。

(2) WhileMatchFilter(全匹配过滤器)：当一条数据被过滤掉时，该过滤器就会直接放弃这次扫描。

### 4. 自定义过滤器

可以通过实现 Filter 接口或者直接继承 FilterBase 类来实现自定义过滤器，这部分内容我们将通过后面的能力拓展进行练习。

HBase Java API 编程实践

## 任务实施

### HBase Java API 编程实践

下面通过具体的编程来学习 Java API 的使用方法。本实例采用的是 Eclipse 开发工具，需要在项目中倒入 HBase 安装目录中 lib 文件夹中的所有 jar 包。

首先创建一个学生信息表(如表 7-5 所示)，用于存储学生姓名(姓名作为行键，假设姓名不会重复)及考试成绩。其中，考试成绩是一个列族，分别存储了各个科目的成绩，然后向其中添加如表 7-6 所示的数据。

**表 7-5 学生信息表 student 的结构**

| name | score | | |
|---|---|---|---|
| | Chinese | Math | English |

**表 7-6 需要添加到 student 表中的数据**

| name | score | | |
|---|---|---|---|
| | Chinese | Math | English |
| ZS | 80 | 90 | 88 |
| LS | 91 | 77 | 82 |

以下是编程的具体过程。

### 1. 创建一个 Java Project

(1) 启动 Eclipse，创建一个“Java Project”，命名为“hbase”，在“hbase”项目下创建“package”，包名为“test”。然后添加项目依赖的 jar 包，用鼠标右键单击“hbase”，选择“Import...”，如图 7-12 所示。

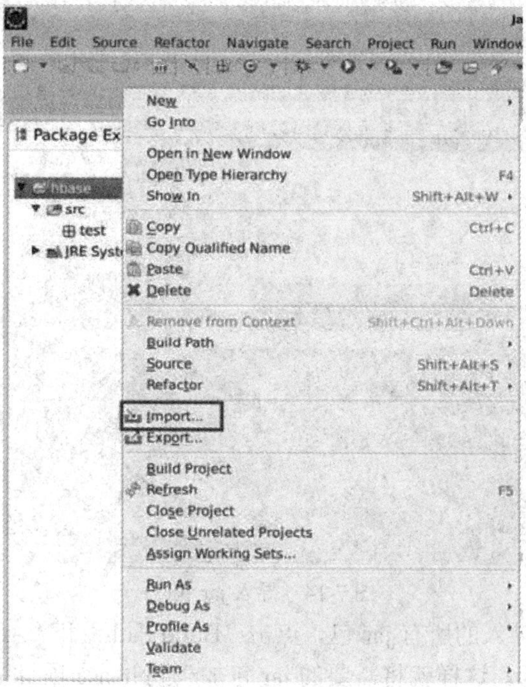


图 7-12　导入 jar 包(1)

进入后续界面，选择“General”中的“File System”，点击“Next”按钮，如图 7-13 所示。

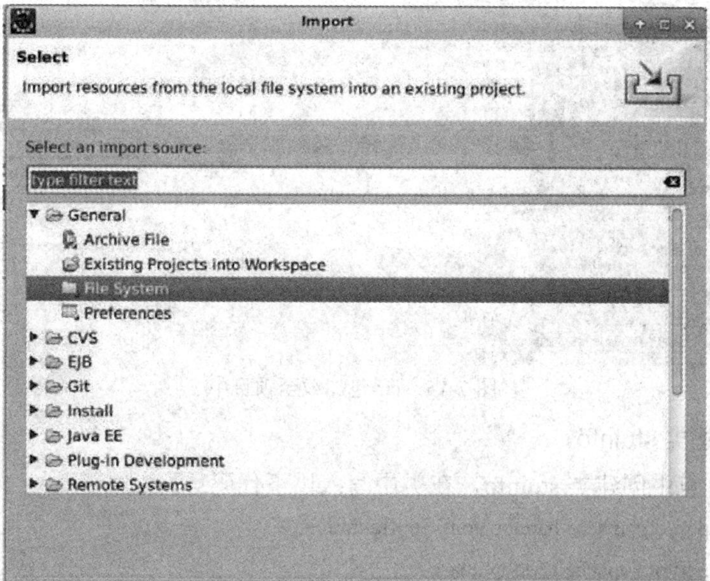


图 7-13　导入 jar 包(2)

(2) 接着进入后续界面，选择“/apps/hbase/lib”目录，再选择该目录下的所有 jar 包，然后点击“Finish”按钮，如图 7-14 所示。

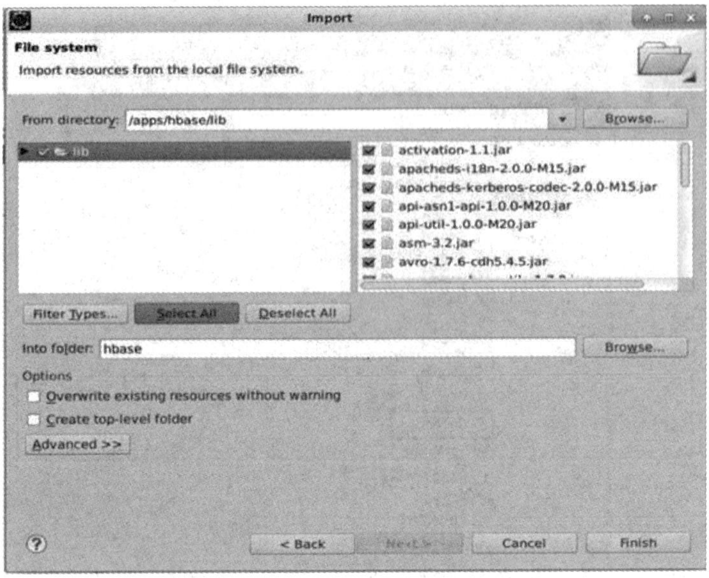


图 7-14　导入 jar 包(3)

(3) 最后选择导入的所有 jar 包，点击“Build Path”和“Add to Bulid Path”选项，如图 7-15 所示。这样就将需要的 jar 包加载到 hbase 项目中了。

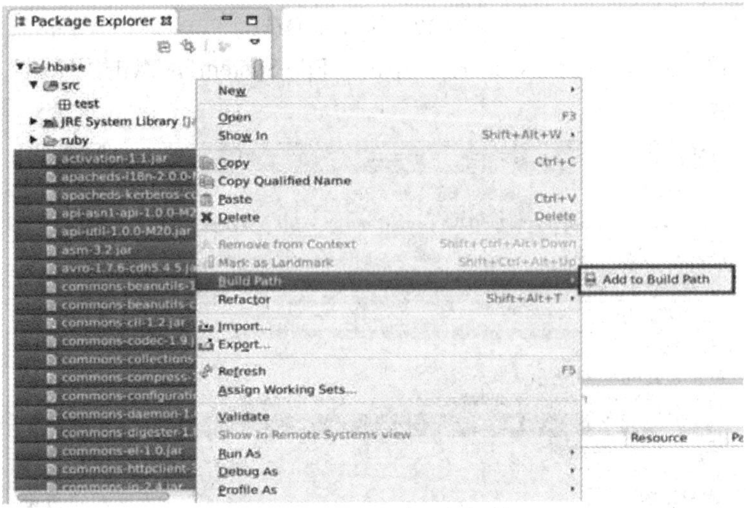


图 7-15　jar 包加载至项目中

## 2. 创建类 stuinfo

在 test 包中创建类 stuinfo，在类中写入以下代码：

```
import org.apache.hadoop.conf.Configuration;
import org.apache.hadoop.hbase.*;
import org.apache.hadoop.hbase.client.*;
import java.io.IOException;
public class stuinfo {
    public static Configuration configuration;          //管理 HBase 的配置信息
```

```
public static Connection connection;                //管理 HBase 连接
public static Admin admin;                          //管理 HBase 数据库的表信息
//建立连接
public static void init(){
    configuration = HBaseConfiguration.create();
    //为避免 HBase 重启后丢失数据，将 HDFS 作为 HBase 的底层数据
    //设置 hbase.rootdir 参数值为 hdfs://localhost:9000/hbase
    configuration.set("hbase.rootdir","hdfs://localhost:9000/hbase");
    try{
        connection = ConnectionFactory.createConnection(configuration);
        admin = connection.getAdmin();
    }catch (IOException e){
        e.printStackTrace();
    }
}
//关闭连接
public static void close(){
    try{
        if(admin != null){
            admin.close();
        }
        if(null != connection){
            connection.close();
        }
    }catch (IOException e){
        e.printStackTrace();
    }
}
//建表
public static void createTable(String myTableName,String[] colFamily)throws IOException{
    TableName tableName = TableName.valueOf(myTableName);
    if(admin.tableExists(tableName)){
        System.out.println("table is exists!");
    }else {
        HTableDescriptor hTableDescriptor = new HTableDescriptor(tableName);
        for(String str:colFamily){
            HColumnDescriptor hColumnDescriptor = new HColumnDescriptor(str);
            hTableDescriptor.addFamily(hColumnDescriptor);
        }
```

```
            admin.createTable(hTableDescriptor);
        }
    }
    //插入数据(表名 tableName，行键 rowKey，列族 colFamily，列限定符 col，
     单元格数据 val)
    public static void insertData(String tableName, String rowKey, String colFamily,
 String col, String val)throws IOException{
        Table table = connection.getTable(TableName.valueOf(tableName));
        Put put = new Put(rowKey.getBytes());
        put.addColumn(colFamily.getBytes(),col.getBytes(),val.getBytes());
        table.put(put);
        table.close();
    }
    //浏览单元格数据(表名 tableName，行健 rowKey，列族 colFamily，列限定符 col)
    public static void getData(String tableName,String rowKey,String colFamily,String
col)throws IOException{
        Table table = connection.getTable(TableName.valueOf(tableName));
        Get get = new Get(rowKey.getBytes());
        get.addColumn(colFamily.getBytes(),col.getBytes());
        Result result = table.get(get);
        System.out.println(new
        String(result.getValue(colFamily.getBytes(),col==null?null:col.getBytes())));
        table.close();
    }
    public static void main(String[] args)throws IOException{
        init();   //建立连接
        //创建表 student 和列族 score
        createTable("student",new String[]{"score"});
        //向表 student 中插入学生 ZS 和三门科目的成绩
        insertData("student","ZS","score","Chinese","80");
        insertData("student","ZS","score","Math","90");
        insertData("student","ZS","score","English","88");
        //向表 student 中插入学生 LS 和三门科目的成绩
        insertData("student","LS","score","Chinese","91");
        insertData("student","LS","score","Math","77");
        insertData("student","LS","score","English","82");
        //获取学生 ZS 的 Math 成绩
        getData("student","ZS","score","Math");
        //获取学生 LS 的 English 成绩
```

```
            getData("student","LS","score","English");
            close();   //关闭连接
        }
    }
```

### 3. 运行程序

先在终端里启动 Hadoop 和 Hbaes 进程，然后在 Eclipse 中运行程序，选择“Run As”和“Run on Hadoop”，如图 7-16 所示。

程序运行成功后，控制台上显示出我们要查询的成绩 90 和 82，如图 7-17 所示。

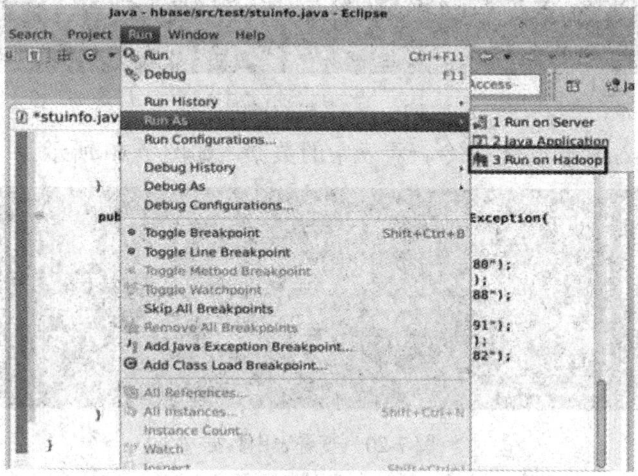

图 7-16　运行程序

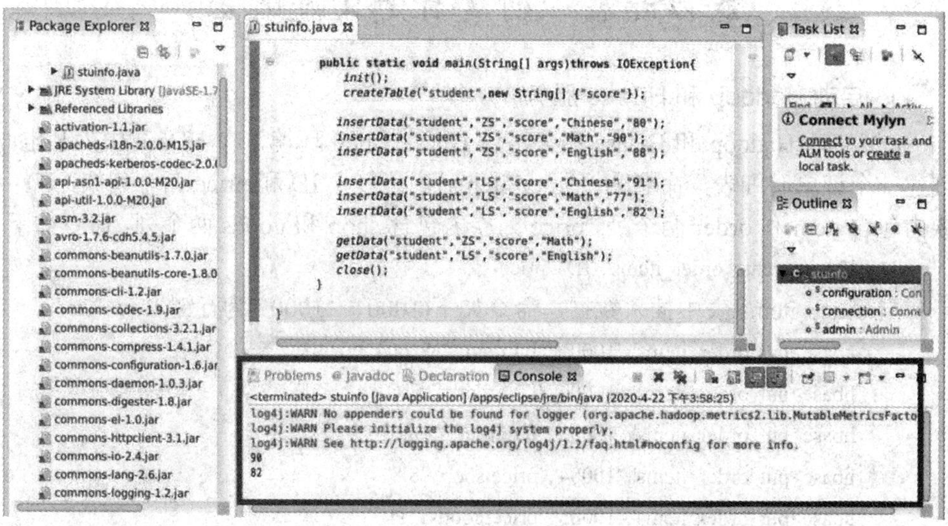

图 7-17　程序运行成功

### 4. 查看 HBase 中所有的表

在 HBase Shell 交互式环境中查看表 student 是否创建成功。

(1) 使用 list 命令查看 HBase 中所有的表，如图 7-18 所示。

```
hbase(main):001:0> list
TABLE
student
1 row(s) in 0.2840 seconds

=> ["student"]
hbase(main):002:0>
```

图 7-18 列出 HBase 中所有表

(2) 使用 describe 'student' 命令查看表的详细信息，如图 7-19 所示。

```
hbase(main):002:0> describe 'student'
Table student is ENABLED
student
COLUMN FAMILIES DESCRIPTION
{NAME => 'score', DATA_BLOCK_ENCODING => 'NONE', BLOOMFILTER => 'ROW', REPLICATION_SCOPE => '0', VERSIONS => '1',
 COMPRESSION => 'NONE', MIN_VERSIONS => '0', TTL => 'FOREVER', KEEP_DELETED_CELLS => 'FALSE', BLOCKSIZE => '65536
', IN_MEMORY => 'false', BLOCKCACHE => 'true'}
1 row(s) in 0.1940 seconds

hbase(main):003:0>
```

图 7-19 查看表的详细信息

(3) 使用 scan 'student' 命令查看表中的数据，如图 7-20 所示。

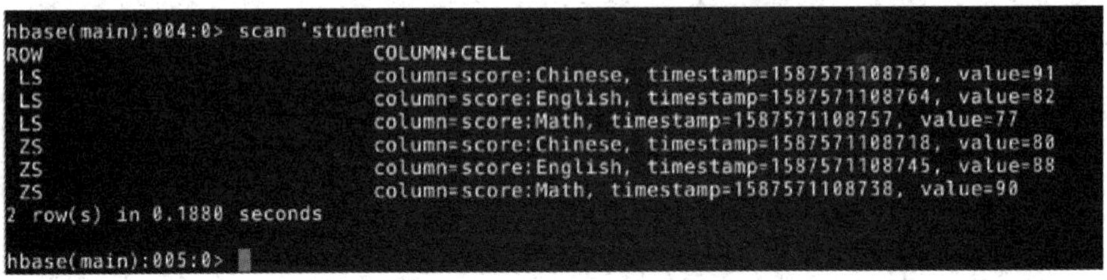

```
hbase(main):004:0> scan 'student'
ROW                           COLUMN+CELL
 LS                           column=score:Chinese, timestamp=1587571108750, value=91
 LS                           column=score:English, timestamp=1587571108764, value=82
 LS                           column=score:Math, timestamp=1587571108757, value=77
 ZS                           column=score:Chinese, timestamp=1587571108718, value=80
 ZS                           column=score:English, timestamp=1587571108745, value=88
 ZS                           column=score:Math, timestamp=1587571108738, value=90
2 row(s) in 0.1880 seconds

hbase(main):005:0>
```

图 7-20 查看表中数据

## 能力拓展 创建自定义过滤器

HBase 过滤器

### 1. 启动 Hadoop 和 HBase 服务

(1) 启动 Hadoop 和 HBase 服务进入 Hbase Shell 环境，在 HBase 中为某电商创建一个订单明细表，命名为“order_items”。其包含 ID 和 price 两个列族，ID 列族内包含 item 和 order 两个列，price 列族内包含 shop 和 goods 两个列，命令如下：

```
hbase>create 'order_items', 'ID', 'price'
```

向 order_items 表中插入数据，命令如下(10001～10007 为行键 Row Key)：

```
hbase>put 'order_items', '10001', 'ID:item', '252604'
hbase>put 'order_items', '10002', 'ID:order', '252607'
hbase>put 'order_items', '10003', 'ID:order', '252610'
hbase>put 'order_items', '10004', 'price:shop', '8.8'
hbase>put 'order_items', '10005', 'price:goods', '11'
hbase>put 'order_items', '10006', 'price:shop', '13'
hbase>put 'order_items', 'row-10007', 'price:goods', '3'
```

(2) 插入完成后，用 scan 命令查看 order_items 表的数据，如图 7-21 所示。

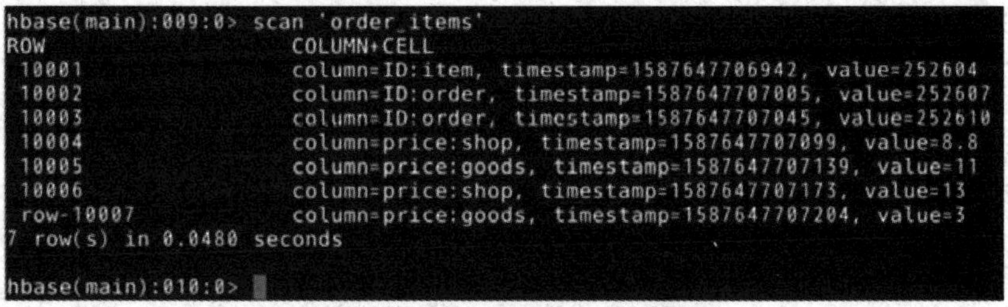


图 7-21　查看创建的表中的数据

## 2. 通过 Java API 创建自定义过滤器

(1) 启动 Eclipse，在之前创建的 hbase 项目中新建“package”，包名为“filter”；然后在“filter”包中新建“class”，类名为“HFilter”，如图 7-22 所示。

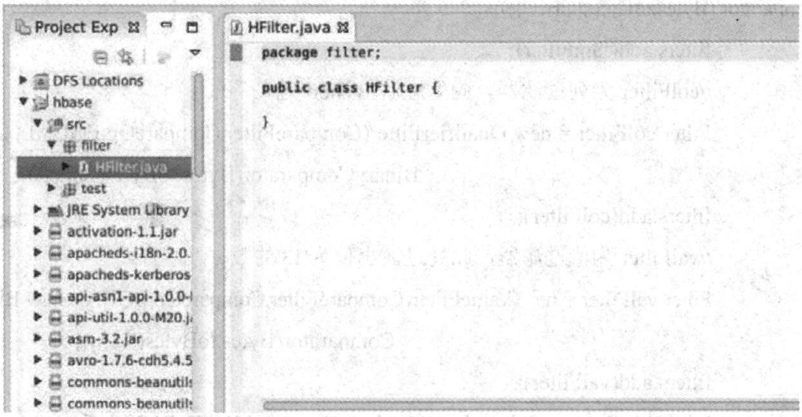


图 7-22　创建 Java 包和类

(2) 在图 7-22 所示的 HFilter 类中编写以下代码，用于在 order_items 表中过滤出 'price' 列族、'shop' 列以及值为'13'的数据。

```
import org.apache.hadoop.conf.Configuration;
import org.apache.hadoop.hbase.HBaseConfiguration;
import org.apache.hadoop.hbase.KeyValue;
import org.apache.hadoop.hbase.client.HTable;
import org.apache.hadoop.hbase.client.Result;
import org.apache.hadoop.hbase.client.ResultScanner;
import org.apache.hadoop.hbase.client.Scan;
import org.apache.hadoop.hbase.filter.BinaryComparator;
import org.apache.hadoop.hbase.filter.CompareFilter;
import org.apache.hadoop.hbase.filter.Filter;
import org.apache.hadoop.hbase.filter.QualifierFilter;
import org.apache.hadoop.hbase.filter.FamilyFilter;
import org.apache.hadoop.hbase.filter.FilterList;
import org.apache.hadoop.hbase.filter.ValueFilter;
import org.apache.hadoop.hbase.util.Bytes;
```

```
import java.io.IOException;
import java.util.ArrayList;
import java.util.List;
public class HFilter {
    public static void main(String[] args) throws IOException {
        Configuration conf = HBaseConfiguration.create();
        HTable table = new HTable(conf, "order_items");
        List<Filter> filters = new ArrayList<Filter>();
        //famFilter 为列族过滤器，此处过滤出'price'列族
        Filter famFilter = new FamilyFilter(CompareFilter.CompareOp.EQUAL,new Binary
Comparator (Bytes.toBytes('price')));
        filters.add(famFilter);
        //colFilter 为列过滤器，此处过滤出'shop'列
        Filter colFilter = new QualifierFilter(CompareFilter.CompareOp.EQUAL, new
                                BinaryComparator(Bytes.toBytes('shop')));
        filters.add(colFilter);
        //valFilter 为值过滤器，此处过滤出值为'13'的数据
        Filter valFilter = new ValueFilter(CompareFilter.CompareOp.EQUAL,new Binary
                                Comparator(Bytes.toBytes('13')));
        filters.add(valFilter);
        FilterList fl = new FilterList( FilterList.Operator.MUST_PASS_ALL, filters);
        Scan scan = new Scan();
        scan.setFilter(fl);
        ResultScanner scanner = table.getScanner(scan);
        System.out.println("Scanning table... ");
        for(Result result : scanner){
            System.out.println("getRow:"+Bytes.toString(result.getRow()));
            for(KeyValue kv : result.raw()) {
                System.out.println("Family - "+Bytes.toString(kv.getFamily()));
                System.out.println("Qualifier - "+Bytes.toString(kv.getQualifier() ));
                System.out.println("kv:"+kv+", Key:"+Bytes.toString(kv.getRow())+",
                          Value:"+Bytes.toString(kv.getValue()));
            }
        }
        scanner.close();
        System.out.println("Completed ");
    }
}
```

(3) 编写完代码后运行程序，用鼠标右键点击“HFilter.java”文件，并选择“Run

As"及"Run on Hadoop"，如图 7-23 所示。

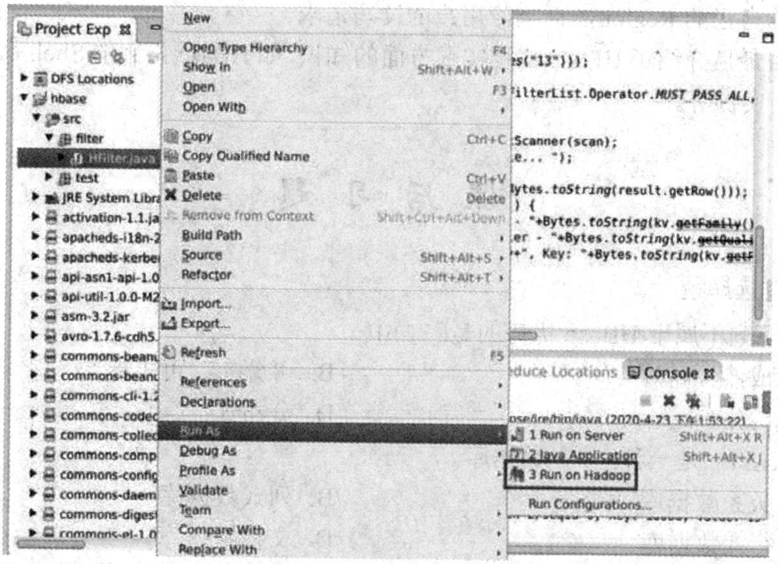

图 7-23　运行程序

(4) 如图 7-24 所示，程序成功运行后会在控制台显示过滤出的数据。

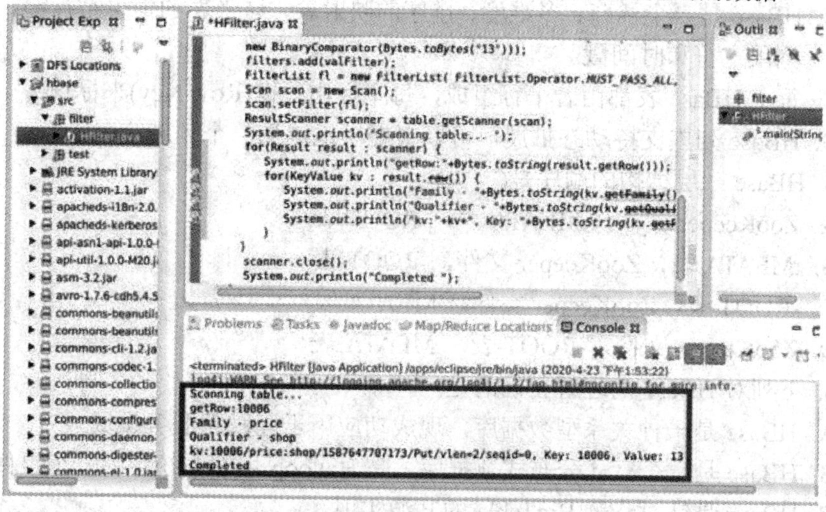

图 7-24　程序成功运行

## 项目小结

本项目主要介绍了 HBase 数据库的相关知识。HBase 是一个面向列的分布式数据库，它是 Google BigTable 的开源实现，支持大规模海量数据的并发处理，易于扩展，适用于廉价设备。

HBase 系统架构包括了客户端、ZooKeeper 服务器、Master 主服务器、Region 服务器。客户端包含了访问 HBase 的接口；ZooKeeper 服务器负责提供稳定可靠的协同服务；Master 主服务器负责表和 Region 的管理工作；Region 服务器负责维护分配给自己的 Region，并响应用户的读写请求。

项目最后介绍了 HBase 编程实践方面的知识，如 HBase 常用的 Shell 命令、Java API 应用实例等。

## 课 后 习 题

### 一、选择题

1. 下列不属于 HBase 优势的是(　　)。

A. 成熟、高效　　B. 可分布、可扩展

C. 伪分布式　　D. 分布式

2. HBase 是一种(　　)数据库。

A. 关系数据库　　B. 列式数据库

C. 行式数据库　　D. 文档数据库

3. 下列对 HBase 数据模型的描述错误的是(　　)。

A. HBase 中执行更新操作时，会删除数据旧的版本，并生成一个新的版本

B. HBase 是一个稀疏、多维度、排序的映射表，这张表的索引是行键、列族、列限定符和时间戳

C. 每个 HBase 表都由若干行组成，每个行由行键(Row Key)来标识

D. HBase 列族支持动态扩展，可以很轻松地添加一个列族或列

4. HBase 三层结构的顺序是(　　)。

A. ZooKeeper 文件，.MEATA.表，-ROOT-表

B. .MEATA.表，ZooKeeper 文件，-ROOT-表

C. -ROOT-表，ZooKeeper 文件，.MEATA.表

D. ZooKeeper 文件，-ROOT-表，.MEATA.表

5. 下列对 HBase 的理解正确的是(　　)。

A. HBase 是一种关系型数据库，现成功应用于互联网服务领域

B. HBase 是一个行式分布式数据库，是 Hadoop 生态系统中的一个组件

C. HBase 是针对谷歌 BigTable 的开源实现

D. HBase 多用于存储非结构化和半结构化的松散数据

6. 访问 HBase 表中的行的方式有(　　)。

A. 通过某列的值区间　　B. 全表扫描

C. 通过一个行健的区间来访问　　D. 通过单个行健访问

### 二、填空题

1. ______是 HBase 中分布式存储和负载均衡的最小单元。

2. HBase 的四维坐标中，______代表存储的数据版本。

3. 若要在 HBase 中删除一张表 test，第一步______'test'，第二步______'test'。(注：填写 HBase Shell 命令)

### 三、简答题

1. 请阐述 HBase 与传统关系数据库的区别。
2. 分别解释 HBase 中行键、列族、列限定符和时间戳的概念。
3. 描述 HBase 各功能组件及其作用。
4. 试述 HBase 的三层结构中各层次的名称和作用。
5. 请描述在 HBase 三层结构下，客户端如何访问数据。
6. 请阐述 Region 服务器向 HDFS 文件系统中读写数据的基本原理。
7. 当一台 Region 服务器发生故障时，为了恢复这台 Region 服务器上的 Region，Master 服务器应做出哪些处理？

# 项目 8
# 部署数据仓库 Hive

## 项目概述

Hive 是一个构建在 Hadoop 上的数据仓库平台，其设计目标是使 Hadoop 上的数据操作与传统的 SQL 思想相结合，让熟悉 SQL 编程的开发人员能够轻松地对 Hadoop 平台上的数据进行查询、汇总和数据分析，也能轻松地将 HDFS 上结构化的数据文件映射为数据库表，并提供简单的 SQL 查询功能，可以将 SQL 语句转换为 MapReduce 任务然后执行。

## 项目背景

HDFS 解决了分布式存储的问题，HBase 实现了对 HDFS 存储文件内容的实时读写访问，MapReduce 可以读取 HDFS 或 HBase 存储的数据，完成大数据的分布式计算问题。然而，HBase 对于查询数据的统计分析却显得力不从心，Hive 的出现简化了 MapReduce 的开发难度，掌握了 SQL 操作的人员很容易通过 HiveQL 实现较复杂的统计分析。

## 项目演示

本项目通过演示数据 Hive 环境的安装部署、HiveQL 基本操作，使读者掌握 Hive 中表创建、数据管理等基本的操作技能。

## 思政聚焦

在新冠疫情防控中，通过 Hive 数据仓库实时分析各地区人员动向，运用“大数据+网格化”的方式全面排查可疑人群，从而优化资源配置，辅助多方协助抗疫。所取得的成绩让世界瞩目，以此见证了中国力量和中国精神。

## 项目主要内容

- 数据仓库 Hive 的概念。
- Hive 的系统架构。
- Hive 的工作原理。
- Hive 环境的安装过程。
- Hive 的管理方式。

- Hive 的数据模型和数据类型。
- Hive 的基本操作。
- Hive 相关编程方法。

## 思维导图

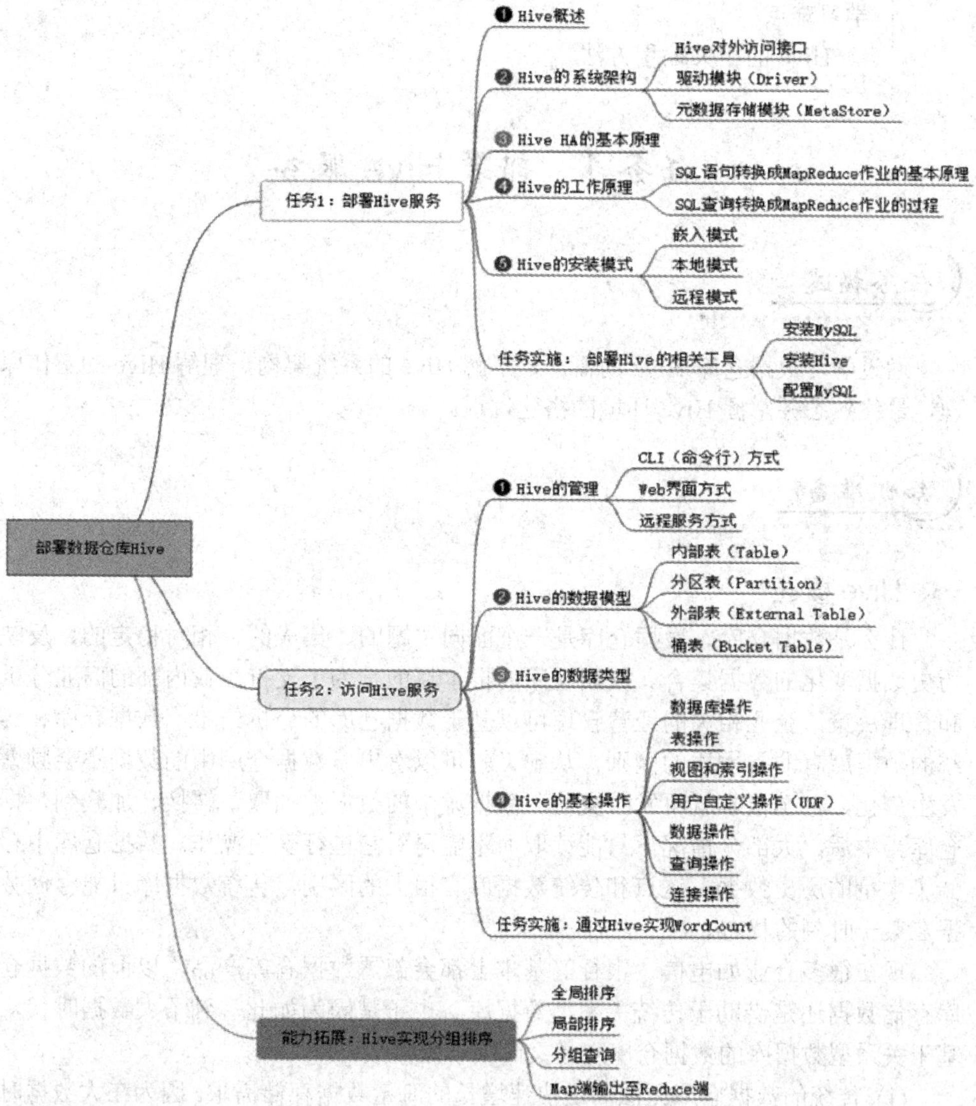


## 教学大纲

能力目标

◎ 理解 Hive 的工作原理。

◎ 熟悉 Hive 的数据模型和数据类型。

知识目标

◎ 了解数据仓库 Hive 的概念。

◎ 了解 Hive 的系统架构。
◎ 了解 Hive 的管理方式。

**学习重点**

◎ 掌握 Hive 的基本操作。
◎ 掌握 Hive 环境的安装过程。

**学习难点**

◎ Hive 的相关编程方法。

# 任务1 部署 Hive 服务

## 任务描述

通过学习数据仓库 Hive 的概念，了解 Hive 的系统架构，理解 Hive 的工作原理，最终熟悉并掌握 Hive 环境的搭建过程。

## 知识准备

### 一、Hive 概述

什么是数据仓库？数据仓库是一个面向主题的、集成的、相对稳定的、反映历史数据变化的数据集合。数据仓库的根本目的是为了支持企业内部的商业分析和管理决策，企业相关的经营管理可以基于数据仓库的分析结果。数据仓库和传统的数据库有非常本质的区别，从定义就可以看出，数据仓库中的数据不会频繁发生变化，甚至根本就不发生变化。数据源中的数据被抽取、转换、加载到数据仓库当中后，大部分情况下只能读取而不能再对它进行变更操作。数据仓库中存储了大量的历史数据，这点和传统数据库有很大的区别，传统数据库只能存储数据在某一时刻的状态。

现在很多企业如电信、银行等基本上都会部署数据仓库产品，以前的数据仓库存储数据还是借助于传统关系型数据库。也正是因为如此，到了大数据时代，基于关系型数据库的数据仓库产品又面临一些挑战：

(1) 传统的数据仓库无法满足快速增长的海量数据存储需求。因为在大数据时代，很多企业每天都在不断地生成大量新数据，传统的基于关系型数据库的数据仓库很难应付。

(2) 传统的数据仓库无法有效处理不同类型的数据。因为传统数据仓库就是基于关系型数据库构建的，它只能支持结构化数据存储，无法存储不同类型的非结构化数据。

(3) 传统的数据仓库的计算和处理能力不足。这也是关系型数据库的一个致命缺陷，关系型数据库的纵向扩展能力有限，水平扩展能力基本没有。

基于 Hadoop 平台的数据仓库产品 Hive 可以满足企业大数据存储和数据分析需求，它支持大规模的数据存储分析，但和传统的数据仓库还有一些不同之处：传统的数据仓库既是数据存储产品也是数据处理分析产品，能同时支持数据的存储和处理分析；而 Hive 本身并不支持数据存储和处理，它是一个面向用户的编程接口，即给用户提供了一种编程语言，让用户通过类似 SQL 的编程语言去编写分析需求。

Hive 和传统数据库也有一些差别，如表 8-1 所示。

**表 8-1　Hive 与传统数据库的对比**

| 对比项目 | Hive | 传统数据库 |
|---|---|---|
| 数据插入 | 支持批量导入 | 支持单条和批量导入 |
| 数据更新 | 不支持 | 支持 |
| 索引 | 支持 | 支持 |
| 分区 | 支持 | 支持 |
| 执行延迟 | 高 | 低 |
| 扩展性 | 好 | 有限 |

## 二、Hive 的系统架构

Hive 是架构在底层的 Hadoop 核心组件基础之上，它借助于分布式文件系统 HDFS 完成海量数据的分布式存储，并借助于分布式并行编程模型 MapReduce 完成大规模数据的分布式并行计算，也就是数据的处理分析。Hive 为用户提供了非常简单的查询语言 HiveQL，HiveQL 语言在设计的时候参考借鉴了 SQL 语句。用户可以通过编写 HiveQL 语句运行具体的 MapReduce 任务来完成自己的数据仓库分析。Hive 有以下两个方面的特性：

(1) 采用批处理的方式处理海量数据。MapReduce 是一个非常典型的面向批处理的框架，因为数据仓库存储的是静态数据，对静态数据的分析适合采用批处理方式，不需要快速响应给出结果，而且数据本身也不会频繁变化，所以 Hive 会把 HiveQL 语句转换成 MapReduce 任务进行运行。

(2) Hive 提供了一系列对数据进行提取、转换、加载(ETL)的工具。这些工具可以存储、查询和分析 Hadoop 中的大规模数据，能满足数据仓库各种企业应用场景。

Hive 和整个 Hadoop 生态系统中的各个组件是一个什么样的关系？如图 8-1 所示，Hive 架构在整个 Hadoop 体系结构的顶层，它是建立在 Hadoop 平台之上，基于底层的 HDFS、HBase 和 MapReduce 等组件的数据仓库。图中还有一个组件 Pig，Pig 在某种程度上跟 Hive 提供的数据仓库功能有些类似，区别是 Pig 相对于 Hive 而言是一种轻量级分析工具，Pig 主要用于数据仓库的 ETL 环节，而 Hive 主要用于数据仓库海量数据的批处理环节。我们在上个项目中还学习了 HBase 数据库，HBase 可以支持实时交互式查询分析，而 Hive 的时延比较高，这样，HBase 和 Hive

形成了一种互补的关系。

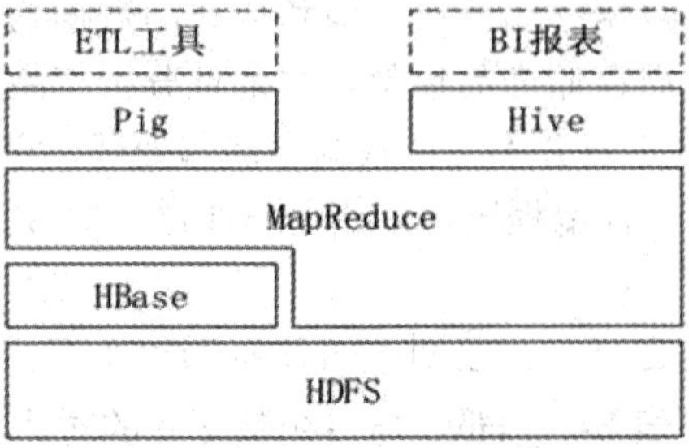


图 8-1 Hadoop 生态系统

Hive 的系统架构如图 8-2 所示，整个系统架构中包含了三个核心模块：第一个模块是用户接口模块(包括 CLI、HWI、Thrift Server、JDBC 和 ODBC)，第二个模块是驱动模块(Driver)，第三个模块是元数据存储模块(Metastore)。

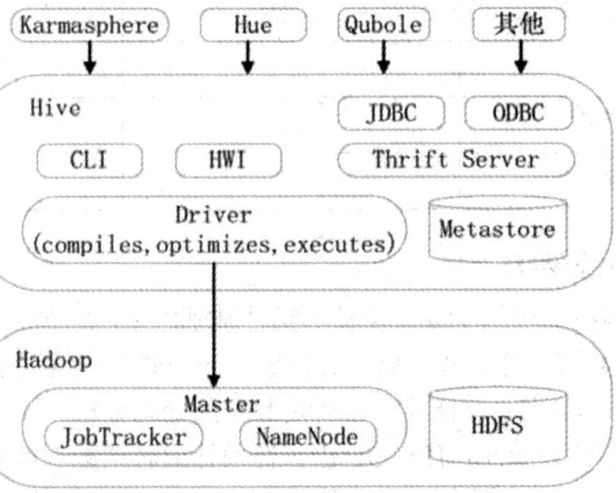


图 8-2 Hive 系统架构

### 1. Hive 对外访问接口

一个数据仓库分析工具肯定需要提供接口，让外部的用户和应用程序能够访问。Hive 提供的对外访问接口有四类：

(1) CLI 命令行工具。

(2) HWI(Hive Web Interface)，它是 Hive 的 Web 接口。

(3) JDBC 和 ODBC。这两个是开放的数据库连接访问接口，支持很多应用开发。

(4) Thrift Server。基于 Thrift 架构开发的接口，允许外界通过这个接口实现对 Hive 数据仓库的 RPC 调用。

### 2. 驱动模块(Driver)

驱动模块包含了编译器、优化器和执行器。它负责把 HiveQL 语句转换成一系列 MapReduce 作业。

### 3. 元数据存储模块(MetaStore)

元数据存储模块用于存储数据仓库中的元数据，包括哪些表、表中有哪些列、列的名称等，以及里面相关的分区信息。Hive 架构中的元数据是被存放在一个独立的关系型数据库中，这个独立的关系型数据库可以是它自带的数据库产品 Derby，也可以是其他的关系型数据库(如 MySQL)。

## 三、Hive HA 的基本原理

Hive HA(Hive High Availability)即高可用性 Hive 解决方案。Hive 在企业实际应用中会表现出不稳定性，比如端口调用无响应、进程丢失等。对于这些不稳定的问题，Hive 就给出了 Hive HA 解决方案。

从图 8-3 可以看出，通过在集群中设置多个 Hive 集群实例，将多个 Hive 实例放在统一的资源池中， 同时设置了一个对外统一的访问接口 HA Proxy。外部的所有访问不是直接和各个 Hive 实例通信，而是首先访问 HA Proxy。HA Proxy 连接后会依次询问底层的各个实例是否可用，即对每个实例直接执行逻辑可用性测试，如果某个实例可用，HA Proxy 就将外部的请求转发到这个 Hive 实例上。如果通不过逻辑可用性测试，说明不可用，HA Proxy 会将它加入黑名单，然后继续询问下一个 Hive 实例 ，直到找到可用的 Hive 实例。而且每隔一定的周期，HA Proxy 会重新对列入黑名单的实例进行统一处理，它会重启这些实例，如果重启成功，再将该实例放回资源池中。

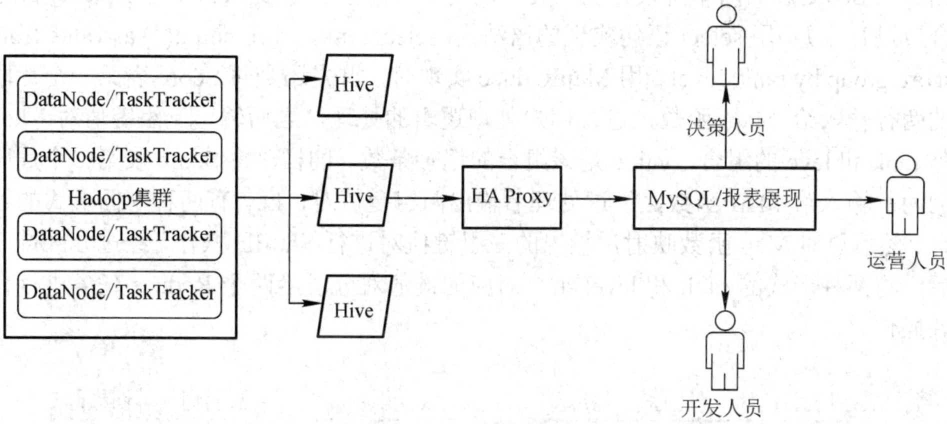


图 8-3　Hive HA 的基本原理

## 四、Hive 的工作原理

前面介绍过 Hive 本身不做具体的数据处理和存储，而是把用户提交的类似 SQL 的语句转换成 MapReduce 作业，由 MapReduce 进行相关的计算，完成数据查询和处理。接下来介绍这个转换过程是怎么实现的。

### 1. SQL 语句转换成 MapReduce 作业的基本原理

以连接操作(join)为例，怎么使用 MapReduce 来实现数据库的连接操作？ join 的实现过程如图 8-4 所示，图中 User 表有两个字端 uid 和 name，Order 表中有两个字端 uid 和 orderid。因为 User 表和 Order 表的 uid 字段是一个公共字段，所以这两个表具备自然连接的条件。当使用 MapReduce 实现连接操作时，用户需要首先编写一个 Map 处理逻辑，然后在 Map 处理逻辑中输入关系型数据库的表。Map

对输入的每一行记录进行转换，生成一系列的键值对，即通过 Map 映射我们可以将输入的 User 表和 Order 表都转换成一系列键值对。然后经过 Shuffle 操作，将这些键值对进行分区排序，再发送给不同的 Reduce 任务进行最后的规约汇总操作。

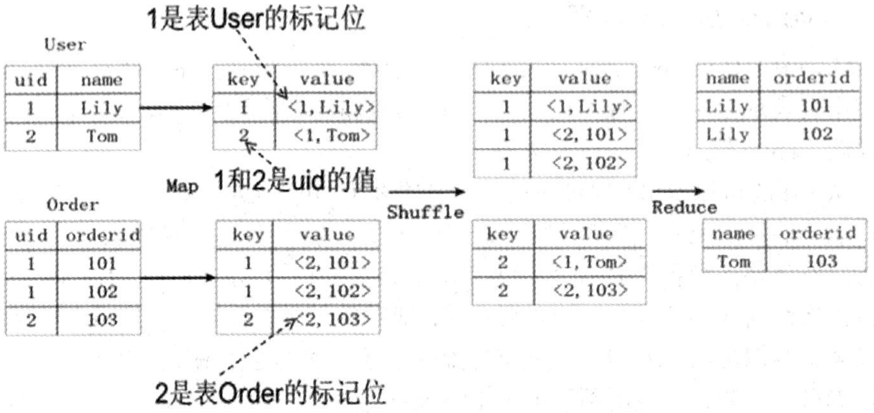


图 8-4 join 的实现过程

下面再以分组操作(Group By)举例。Group By 的实现过程如图 8-5 所示，图中显示了 Score 表的两个片段，现在要把这两个片段按照字段 rank 和字段 level 的组合值进行合并。用 select 语句实现的语法为：select rank，level，count(*) as value from score group by rank, level。用 MapReduce 实现时，首先还是将 Score 表第一个片段的两行输入给 Map 函数，进行用户处理逻辑的处理，之后输出一组键值对，key 是 rank 和 leve 的组合，value 是该组合的记录条数。同样，将 Score 表第二个片段的两行输入给 Map 函数，经过处理后输出两组键值对，key 有两种不同形式的组合。然后再对 Map 函数映射后输出的三组键值对进行 Shuffle 操作，经过分区排序后，将两种形式的 rank 和 level 组合对应的键值对分发给两个 Reduce 任务进行合并操作。

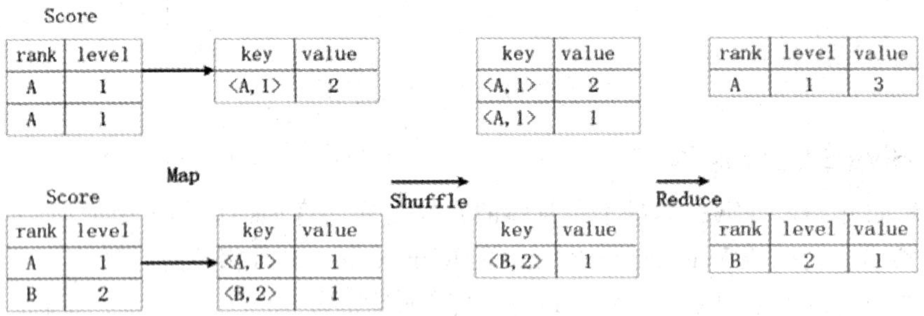


图 8-5 Group By 的实现过程

## 2. SQL 查询转换成 MapReduce 作业的过程

当用户向 Hive 数据仓库输入 HiveQL 语句(类似 SQL 语句)时，Hive 需要通过与底层的 Hadoop 核心组件交互工作来完成该操作。其中，驱动模块会接收该命令和查询，并对该命令或查询进行编译解析，再由优化器对该命令或查询进行优化计算，最后通过执行器执行该命令或查询。

具体过程可以分为七步，如图 8-6 所示。

第 1 步：由 Hive 驱动模块中的编译器对用户输入的 SQL 语言进行词法和语法解析，将 SQL 语句转化为抽象语法树的形式。

第 2 步：抽象语法树的结构仍很复杂，不方便直接翻译为 MapReduce 算法程序，因此将抽象语法数转化为查询块。

第 3 步：将查询块转换成逻辑查询计划，里面包含了许多逻辑操作符。

第 4 步：重写逻辑查询计划并进行优化，合并多余操作，减少 MapReduce 任务数量。

第 5 步：将逻辑操作符转换成需要执行的具体 MapReduce 任务。

第 6 步：对生成的 MapReduce 任务进行优化，生成最终的 MapReduce 任务执行计划。

第 7 步：由 Hive 驱动模块中的执行器对最终的 MapReduce 任务进行执行输出。

图 8-6　Hive 中 SQL 查询转换成 MapReduce 作业的过程

这里需要注意的是，当启动 MapReduce 程序时，Hive 本身不会去做 MapReduce 算法程序，它只是生成一个表示“Job 执行计划”的 XML 文件，由该文件驱动 MapReduce 组件去执行内置的、原生的 Mapper 和 Reducer 模块。对于整个处理过程，数据文件通常还是存储在底层的分布式文件系统 HDFS 上，由 NameNode 进行管理。

## 五、Hive 的安装模式

Hive 的安装有三种模式：嵌入模式、本地模式和远程模式。

在嵌入模式中，Hive 的元数据信息存储在 Hive 自带的 Derby 数据库中。这种模式一般只允许创建一个连接，即同一时间只能有一个用户操作 Hive 数据仓库，有比较大的局限性，一般多用于演示使用。

本地模式和嵌入模式非常类似，区别是将元数据信息存储在 MySQL 数据库中，MySQL 数据库与 Hive 数据仓库必须运行在同一台物理机器上。本地模式支持创建多个连接，多用于进行开发和测试。

真正的生产环境需要用到远程模式，远程模式中 Hive 的元数据信息也是存储在 MySQL 数据库中，且支持创建多个连接。但和本地模式不同的是，Hive 数据仓库和 MySQL 数据库可以运行在不同的操作系统中。

本项目重点介绍本地模式的安装，使用 MySQL 数据库存储元数据，因此在安装 Hive 前需要在 Linux 环境中安装并配置好 MySQL。

## 任务实施

### 部署 Hive 的相关工具

在已安装好的 Hadoop 环境基础上，安装并配置 MySQL 和 Hive，具体步骤如下。

#### 1. 安装 MySQL

(1) 使用以下命令进行 MySQL 安装，注意安装前先更新软件源以获得最新版本。

```
$ sudo apt-get updata
$ sudo apt-get install mysql-server
```

(2) 启动 MySQL 服务器，命令如下：

```
$ service mysql start
```

(3) 确认是否启动成功，MySQL 节点处理 LISTEN 状态表示启动成功，如图 8-7 所示。命令如下：

```
$ sudo netstat -tap | grep mysql
```

```
zhangyu@e14d45a10fe3:/$ sudo netstat -tap | grep mysql
tcp        0      0 localhost:mysql         *:*                     LISTEN
-
zhangyu@e14d45a10fe3:/$
```

图 8-7　确认 MySQL 是否启动成功

(4) 进入 MySQL Shell 界面，如图 8-8 所示。命令如下：

```
$ mysql -u root -p
```

```
zhangyu@72b0545830d7:/$ mysql -u root -p
Enter password:
Welcome to the MySQL monitor.  Commands end with ; or \g.
Your MySQL connection id is 7
Server version: 5.7.24-0ubuntu0.16.04.1 (Ubuntu)

Copyright (c) 2000, 2018, Oracle and/or its affiliates. All rights reserved.

Oracle is a registered trademark of Oracle Corporation and/or its
affiliates. Other names may be trademarks of their respective
owners.

Type 'help;' or '\h' for help. Type '\c' to clear the current input statement.

mysql>
```

图 8-8　进入 MySQL Shell 界面

(5) 使用 exit 命令退出 MySQL Shell 界面，并使用命令 service mysql stop 关闭 MySQL 服务器，如图 8-9 所示。

图 8-9　退出 MySQL Shell 界面

### 2. 安装 Hive

(1) 下载并解压 Hive 安装包。

在 Apache 官网下载 Hive 安装包(https://downloads.apache.org/hive/)，并选择“apache-hive-3.1.2-bin.tar.gz”版本的安装包下载到用户主目录中，将其解压至目录/apps，再将解压后的文件夹名改为“hive”，方便后续使用。具体命令如下：

```
$ sudo tar -zxvf ~/apache-hive-3.1.2-bin.tar.gz -C /apps
$ cd /apps
$ sudo mv apache-hive-3.1.2-bin.tar.gz hive
```

(2) 配置环境变量。

使用 vim 编辑器打开.bashrc 文件，将以下内容添加到该文件末尾：

```
export HIVE_HOME=/apps/hive
export PATH=$PATH:$HIVE_HOME/bin
```

保存退出后，使用 source 命令使./bashrc 文件配置立即生效。

(3) 修改 hive-site.xml 文件。

进入/apps/hive/conf 目录下，将“hive-default.xml.template”文件重命名为“hive-default.xml”，命令如下：

```
$ cd /apps/hive/conf
$ mv hive-default.xml.template hive-default.xm
```

然后使用 vim 编辑器新建一个配置文件 hive-site.xml，命令如下：

```
$ cd /apps/hive/conf
$ vim hive-site.xml
```

由于 Hive 的元数据会存储在 MySQL 数据库中，所以需要在 Hive 的配置文件中指定 MySQL 的相关信息。如在创建好的 hive-site.xml 文件中添加以下的配置信息，最后保存并退出 vim 编辑器。

```
<?xml version="1.0" encoding="UTF-8" standalone="no"?>
<?xml-stylesheet type="text/xsl" href="configuration.xsl"?>
<configuration>
  <property>
    <name>javax.jdo.option.ConnectionURL</name>
    <value>jdbc:mysql://localhost:3306/hive?createDatabaseIfNotExist=true</value>
    <description>JDBC connect string for a JDBC metastore</description>
  </property>
```

```
<property>
  <name>javax.jdo.option.ConnectionDriverName</name>
  <value>com.mysql.jdbc.Driver</value>
  <description>Driver class name for a JDBC metastore</description>
</property>
<property>
  <name>javax.jdo.option.ConnectionUserName</name>
  <value>hive</value>
  <description>username to use against metastore database</description>
</property>
<property>
  <name>javax.jdo.option.ConnectionPassword</name>
  <value>hive</value>
  <description>password to use against metastore database</description>
</property>
</configuration>
```

其中：

javax.jdo.option.ConnectionURL 表示数据库连接字符串；

javax.jdo.option.ConnectionDriverName 表示连接数据库的驱动包；

javax.jdo.option.ConnectionUserName 表示数据库用户名；

javax.jdo.option.ConnectionPassword 表示连接数据库的密码。此处数据库的用户名及密码需要设置为自身系统的数据库用户名及密码。

### 3. 配置 MySQL

(1) 在 MySQL 官网上下载 mysql jdbc 包(https://dev.mysql.com/downloads/connector/j/)，并下载“mysql-connector-java-8.0.20.tar.gz”版本的安装包到用户主目录下，因为 Hive 需要将元数据存储到 MySQL 中，所以需要将解压后的文件夹中的“mysql-connector-java-8.0.20-bin.jar”复制到 /apps/hive/lib 目录中。命令如下：

```
$ tar ~/-zxvf mysql-connector-java-8.0.20-1.tar.gz
$ cp ~/-zxvf mysql-connector-java-8.0.20/mysql-connector-java-8.0.20-bin.jar /apps/hive/lib
```

(2) 启动 MySQL 服务器并登录 MySQL Shell 界面，命令如下：

```
$ service mysql start
$ myspl -u root -p
```

(3) 新建 Hive 数据库，配置 MySQL 允许 Hive 接入，并刷新 MySQL 系统权限关系表。命令如下：

```
mysql> create database hive;
mysql> grant all on *.* to hive@localhost identified by 'hive';
mysql> flush privileges;
```

(4) 退出 MySQL Shell 界面，命令如下：

mysql> exit

(5) 启动 Hive(首先需要启动 Hadoop 集群)，命令如下：

```
$ cd /apps/hadoop
$ ./sbin/start-all.sh
$ cd /apps/hive/bin
$ ./hive
```

进入 Hive 的交互式环境后，会出现如图 8-10 所示的命令提示符。

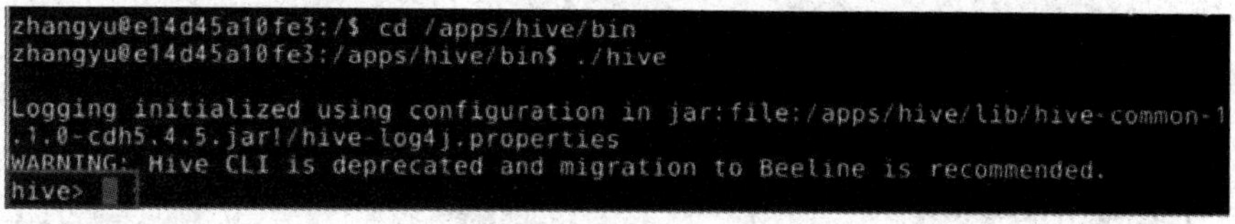


图 8-10　Hive 交互式环境

若要退出 Hive 交互式环境，则使用以下命令：

```
hive> exit;
```

# 任务 2　访问 Hive 服务

## 任务描述

通过学习 Hive 的数据模型和数据类型，了解 Hive 的管理方式，最终掌握 Hive 的基本操作和相关编程方法。

## 知识准备

### 一、Hive 的管理

安装好 Hive 以后，我们可以使用不同的方式对 Hive 数据仓库中的数据进行管理。Hive 提供了以下三种不同的方式来管理数据，其中命令行方式是最常用的方式，也是重点介绍的一种方式。

#### 1. CLI(命令行)方式

启动 Hive 的命令行方式有两种形式：在 Linux 系统终端直接输入“<HIVE_HOME>/ bin/hive”的执行程序(常用方式)，或者输入“hive -service cli”。以下是一些常用的 CLI 命令：

(1) 清屏(清除屏幕文字)。

使用组合键 Ctrl + L 或者以下命令：

```
hive> !clear;
```

(2) 查看数据仓库中的表，命令如下：

```
hive> show tables;
```

(3) 查看数据仓库中内置的函数，命令如下：

```
hive> show functions;
```

(4) 查看表结构，命令如下：

```
hive> desc 表名;
```

(5) 查看 HDFS 上的文件，命令如下：

可以在 Hive 命令行中直接执行 HDFS 的操作命令。比如，在 Hive 中查看 HDFS 某个目录信息的命令如下：

```
hive> dfs -ls 目录;
```

(6) 执行 Linux 操作系统的命令。

直接在 Hive 命令行中使用“!+ Linux”命令，比如前面提到的清屏命令。

(7) 执行 HiveQL 语句。

比如输入以下语句并按回车键，即可查询相应表的内容。

```
hive> select * from 表名;
```

(8) 执行 SQL 脚本文件，命令如下：

```
hive> source SQL 文件;
```

### 2. Web 界面方式

Hive 还提供了一种基于 Web 的图形化管理界面，通过图形化管理工具可以执行查询语句查询 Hive 中的数据。通过在 Linux 终端输入“hive -service hwi”即可启动 Web 界面方式。Hive 服务所使用的端口号为 9999，可以通过浏览器地址 http://localhost:9999/hwi/来访问 Hive 的 Web 服务接口。在实际生产环境中这种方式使用较少。

### 3. 远程服务方式

Hive 远程服务允许用户使用 JDBC 或 ODBC 的方式登录 Hive 并操作数据仓库中的数据。可以通过在 Linux 系统终端输入命令“hive -service hiveserver2 \ -hiveconf hive.server2.thrift.port=10001”启动远程服务方式，其中 hiverserver2 是 hiveserve 的版本，启动服务后使用的端口号为 10001。

## 二、Hive 的数据模型

通过前面的学习，我们了解到 Hive 是基于 Hadoop 之上的数据仓库，Hive 中的数据都保存在 HDFS 中，即当在 Hive 中创建一张表时，会在 HDFS 文件系统中自动创建一个目录，此目录就对应着 Hive 中所创建的表。

Hive 的存储结构主要包括数据库、文件、表和视图，其中视图是一种虚表，是一个逻辑概念。Hive 的视图建立在已有表的基础上，可以跨越多张表，我们称这些表为基表。视图可以简化复杂的查询操作。Hive 中的表没有专门的数据存储格式，可以用一个文本文件(txt 文件)存储表中的数据，也可以用一个 csv 文件存储表中的数据。当我们在 Hive 中创建一张表来存储数据时，可以直接加载文本文件，也可以直接加载 csv 文件。当创建表时，可以指定 Hive 数据的列分隔符与行分隔符。默认情况下，Hive 中的表采用制表符作为列和列之间的分隔符。

Hive 中的表有以下四种类型：

(1) 内部表(Table)。Hive 内部表与数据库中的表在概念上是类似的，每一个内部表在 Hive 中都有一个相应的目录存储表数据(该目录存储在 HDFS 上)，一般情况下目录名称以表名称命名。该表的元数据会保存在独立的关系型数据库中，如 MySQL。当删除该表时，元数据以及表中的数据都会被删除。

(2) 分区表(Partition)。什么是分区？分区对应于数据库中分区列的密集索引。在 Hive 中，分区表中的一个分区对应于表下的一个子目录，所有分区的数据都存储在对应的目录中。

(3) 外部表(External Table)。Hive 的外部表是已经指向在 HDFS 中存在数据的表，它可以用于创建分区。外部表和内部表在元数据的组织上是相同的，外部表的元数据也是存储在独立的关系型数据库中，但是外部表中实际数据的存储与内部表有较大的差异。外部表的创建和加载数据同时完成，该表只是与外部数据建立一个连接，并不会将数据迁移到数据仓库的某个目录下，当删除一个外部表时，仅删除该连接。

(4) 桶表(Bucket Table)。桶表是对数据进行哈希运算，然后放到不同文件中进行存储，这样可以提高查询和处理效率，方便用户进行取样。

另外，Hive 中数据导入有四种方式：将 Linux 本地文件导入到 Hive 表，将 HDFS 文件导入到 Hive 表，将某张 Hive 表中的数据导入另一张 Hive 表，创建 Hive 表时导入数据。

## 三、Hive 的数据类型

HiveQL 的数据类型跟传统的关系数据库比较类似，Hive 支持整型、浮点型、双精度、布尔型、字符型、时间戳和字符数组等基本数据类型，如表 8-1 所示。此外，Hive 还提供了一些集合数据类型，包括 Array、Map、Struct 等，如表 8-2 所示。

表 8-1　Hive 的基本数据类型

| 类　型 | 描　述 | 示　例 |
|---|---|---|
| Tinyint | 1 个字节(8 位)有符号整数 | 1 |
| Smallint | 2 个字节(16 位)有符号整数 | 2 |
| Int | 4 个字节(32 位)有符号整数 | 3 |
| Bigint | 8 个字节(64 位)有符号整数 | 4 |
| Float | 4 个字节(32 位)单精度浮点数 | 1.0 |
| Double | 8 个字节(64 位)双精度浮点数 | 2.0 |
| Boolean | 布尔类型，true/false | true |
| String | 字符串，可以指定字符集 | "data" |
| Timestamp | 整数、浮点数或字符串 | 2020541348 |
| Binary | 字节数组 | [0, 1, 0, 1, 0, 1, 0] |

表 8-2　Hive 的集合数据类型

| 类型 | 描　述 | 示　例 |
|---|---|---|
| Array | 一组有序字段，字段的类型必须相同 | Array(1, 2) |
| Map | 一组无序的键值对，键的类型必须是原子的，值可以是任何数据类型，同一个映射的键和值的类型必须相同 | Map('a', 1, 'b', 2) |
| Struct | 一组命名的字段，字段类型可以不同 | Struct('a', 1, 2, 3) |

## 四、Hive 的基本操作

在进行 Hive 的基本操作练习之前，需要启动 Hive 服务，进入 Hive 命令行界面。

### 1. 数据库操作

(1) 创建数据库 hive，命令如下：

```
hive> create database if not exists hive;
```

(2) 查看数据库，命令如下：

```
hive> show databases;                      #查看 Hive 中所有的数据库
hive> show databases like 'h.*';           #查看 Hive 中名称以 h 开头的数据库
hive> describe databases;                  #查看 Hive 中所有数据库的位置等信息
```

(3) 为数据库 hive 设置键值对属性，命令如下：

```
hive> alter database hive set dbproperties;
```

(4) 切换到数据库 hive 下，命令如下：

```
hive> use hive:
```

(5) 删除数据库，命令如下：

```
hive> drop database if exists hive;            #删除不含表的数据库 hive
hive> drop database if exists hive cascade;    #删除数据库 hive 和其中的表
```

### 2. 表操作

(1) 创建内部表 usr，命令如下：

```
hive> create table if not exists hive.usr(
    name string comment 'username',
    pwd string comment 'password',
    address struct<street:string, city:string, state:string, zip:int>,
comment 'home address',
identify map<int,tinyint> comment 'number,sex')
comment 'description of the table',
tblproperties('creator'='me', 'time'='2020.5.1');
```

(2) 创建外部表 usr2，命令如下：

```
hive> create external table if not exists usr2(
    name string,pwd string,
    address struct<street:string, city:string,state:string, zip:int>,
```

```
    identify map<int,tinyint>)
        row format delimited fields terminated by ','
        location '/usr/local/hive/warehouse/hive.db/usr2';
```

(3) 创建分区表 usr3，命令如下：

```
hive> create table if not exists usr3(
    name string,
    pwd string,
    address struct<street:string, city:string,state:string, zip:int>,
    identify map<int,tinyint>)
        partitioned by(city string, state string);
```

(4) 为表 usr2 增加一个分区，命令如下：

```
hive> alter table usr2 add if not exists partition(
    city="Beijing", state="China")
set location
'/usr/local/hive/warehouse/hive.db/usr2/China/beijing';
```

(5) 修改上一步添加的分区路径，命令如下：

```
hive> alter table usr2 partition(
    city="Beijing", state="China")
    set location
    '/usr/local/hive/warehouse/hive.db/usr2/CH/beijing';
```

(6) 删除分区，命令如下：

```
hive> alter table usr2 drop if exists partition(
    city="Beijing", state="China");
```

(7) 修改表 usr 中的列信息，命令如下：

```
hive> alter table usr add column(uname string);             #增加列
hive> alter table usr replace columns(uname string);        #删除替换列
hive> alter table usr set tblproperties('creator'='wy');    #修改表属性
```

(8) 删除表 usr2，命令如下：

```
hive> drop table if exists usr2;
```

### 3. 视图和索引操作

(1) 创建视图，命令如下：

```
hive> create view view_name as …;
```

(2) 修改视图(视图是只读的，因此只能改变元数据中的 tblproperties 属性)，命令如下：

```
hive> alter view_name set tblproperties(…);
```

(3) 删除视图，命令如下：

```
hive> drop view if exists view_name;
```

(4) 创建索引，命令如下：

```
hive> create index index_name on table_name(partition_name/column_name);
```

(5) 显示索引，命令如下：

```
hive> show formatted index on table_name;
```

(6) 删除索引，命令如下：

```
hive> drop index if exists index_name on table table_name;
```

### 4. 用户自定义操作(UDF)

在新建用户自定义函数(UDF)前，可以使用以下命令查看 Hive 自带的函数使用方法：

```
hive> show functions;
hive> describe function abs;        #查看函数 abs 的使用方法
```

编写用户自定义函数需要继承 UDF 类并实现 evaluate()函数，或是继承 GenericUDF 类实现 initialize()函数、evaluate()函数和 getDisplayString()函数。编写好自定义函数后如果要使用，需要将编写的 Java 代码进行编译，然后将编译后的.class 文件打包成一个 jar 文件，在 Hive 命令行中将这个 jar 文件加入到类路径下，再通过 create function 语句定义好使用这个 Java 类的函数。命令如下：

```
hive> add jar <jar 文件的绝对路径>;
hive> create temporary function function_name;
hive> drop temporary function if exists function_name;        #删除函数
```

### 5. 数据操作

(1) 首先创建数据库 hive 以及表 stu，stu 有两个属性 id 和 name。命令如下：

```
hive> create database if not exists hive;
hive> create table if not exists hive.stu(id int,name string)
              row format delimited fields terminated by '\t';
```

(2) 向表中加载数据。向表中加载数据有以下两种方法：

① 从文件导入。

假设需要导入的数据存储在文件 stu.txt 中，则该文件的存储路径为/apps/hadoop/examples/stu.txt。文件内容如下(列和列之间以制表符分隔)：

```
1    xiaoli
2    xiaoming
3    xiaozhang
```

将该文件中的数据加载到表 stu 中的操作如下：

```
hive> use hive;
hive> load data local inpath '/apps/hadoop/examples/stu.txt'
        overwrite into table stu;
```

如果 stu.txt 文件存储在 HDFS 上，则不需要 local 关键字。

② 通过查询语句插入。

创建表 stu1，它和表 stu 属性相同。将表 stu 中查询得到的数据插入到表 stu1 中的操作如下：

```
hive> create table stu1 as select id, name from stu;
```

```
hive> inset overwrite table stu1 select id, name from stu where (条件);
```

(3) 从表 stu 中导出数据至 Linux 本地目录 /apps/hadoop/tmp 下的 stu 文件中，命令如下：

```
hive> insert overwrite local directory '/apps/hadoop/tmp/stu'
          select id, name from stu;
```

### 6. 查询操作

HiveQL 查询和关系型数据库中的 SQL 查询一样，使用 select…from…where 等语句，再结合关键字 Group By、having、like 等操作。这里以 select 语句为例：

```
hive> select id, name,
          case
          when id=1 then 'first'
          when id=2 then 'second'
          else 'third'
          end from stu;
```

如图 8-11 所示，以上语句的作用是从 stu 表中筛选出 id 列和 name 列的数据。当 id 值为 1 时，在输出的当前行数据后面加上“first”字段；当 id 值为 2 时，在输出的当前行数据后面加上“second”字段；当 id 值既不是 1 也不是 2 时，在输出的当前行数据后面加上“third”字段。

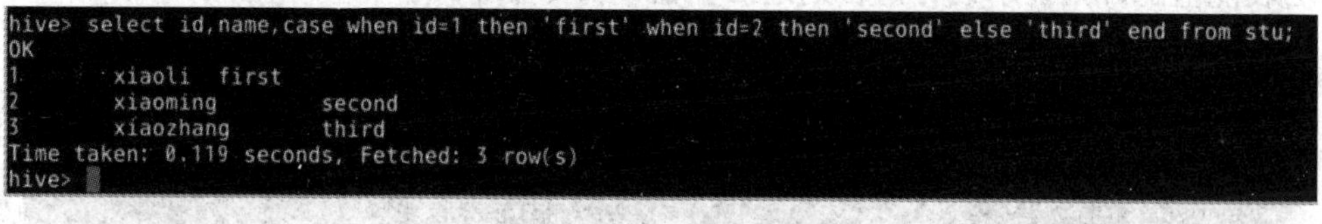

```
hive> select id,name,case when id=1 then 'first' when id=2 then 'second' else 'third' end from stu;
OK
1       xiaoli  first
2       xiaoming        second
3       xiaozhang       third
Time taken: 0.119 seconds, Fetched: 3 row(s)
hive>
```

图 8-11　select 语句查询结果

### 7. 连接操作

这里再创建一个 course 表，course 表有两个属性 cname 和 sid。命令如下：

```
hive> create table if not exists hive.course(cname string, sid int)
            row format delimited fields terminated by '\t';
```

然后将以下文件内容加载到表中(列和列之间以制表符分隔)：

```
chinese    3
math       1
english    1
```

数据加载操作与前面所讲的向 stu 表中加载数据的操作类似，请读者自行完成，这里不再赘述。

(1) 内连接。

内连接使用比较运算符，根据每个表共有的列的值匹配两个表中的行，比如查询 stu 和 course 表中学号相同的所有行。命令如下：

```
hive> select stu.*, course.* from stu join course on(stu.id=course.sid);
```

执行结果如图 8-12 所示。

```
OK
1       xiaoli  math    1
1       xiaoli  english 1
3       xiaozhang       chinese 3
Time taken: 12.909 seconds, Fetched: 3 row(s)
hive>
```

图 8-12　内连接执行结果

(2) 左外连接。

左外连接的结果集包括“LEFT OUTER”子句中指定的左表的所有行，如果右表的某行和左表能匹配，则显示该行，否则在相关联的结果集中右表的所有选择列均为控制。命令如下：

```
hive> select stu.*,course.* from stu left outer join course
on(stu.id=course.sid);
```

执行结果如图 8-13 所示。

```
OK
1       xiaoli  math    1
1       xiaoli  english 1
2       xiaoming        NULL    NULL
3       xiaozhang       chinese 3
Time taken: 13.194 seconds, Fetched: 4 row(s)
hive>
```

图 8-13　左外连接执行结果

(3) 右外连接。

右外连接是左外连接的反向连接，将返回右表的所有行，如果左边的某行和右表能匹配，则显示该行，否则返回空值。命令如下：

```
hive> select stu.*, course.* from stu right outer join course
on(stu.id=course.sid);
```

执行结果如图 8-14 所示。

```
OK
3       xiaozhang       chinese 3
1       xiaoli  math    1
1       xiaoli  english 1
Time taken: 8.655 seconds, Fetched: 3 row(s)
hive>
```

图 8-14　右外连接执行结果

(4) 全连接。

全连接返回左表和右表中的所有行。如果某行在另一表中没有匹配行式，则另一个表的选择列表显示空值；如果表之间有匹配行，则整个结果集包含基表的数据值。命令如下：

```
hive> select stu.*, course.* from stu full outer join course
  on(stu.id=course.sid);
```

执行结果如图 8-15 所示。

```
OK
1       xiaoli  english 1
1       xiaoli  math    1
2       xiaoming        NULL    NULL
3       xiaozhang       chinese 3
Time taken: 1.464 seconds, Fetched: 4 row(s)
hive>
```

图 8-15　全连接执行结果

## 任务实施

通过 Hive 实现 WordCount

### 通过 Hive 实现 WordCount

下面以词频统计 WordCount 为例，介绍怎么在具体应用中使用 Hive。详细步骤如下：

(1) 在本地 input 文件夹中创建 file1.txt 和 file2.txt 两个测试文件，命令如下：

```
$ mkdir /apps/hadoop/input
$ cd /apps/hadoop/input
$ echo "hello bigdata" >file1.txt
$ echo "hello hadoop" >file2.txt
```

(2) 启动 Hadoop 和 Hive 服务，进入 Hive 交互式环境，执行以下命令：

```
hive> create table docs(line string);
hive> load data local inpath '/apps/hadoop/input' overwrite into table docs;
hive> create table word_count as select word, count(1) as count from
        (select explode(split(line, ' '))as word from docs) w
group by word
order by word;
```

(3) 执行以上语句后，再使用 select 语句查询结果，如图 8-16 所示。

```
hive> select * from word_count;
OK
bigdata 1
hadoop  1
hello   2
Time taken: 0.215 seconds, Fetched: 3 row(s)
hive>
```

图 8-16　查看结果表 word_count

由上述可知，使用 Hive 实现 WordCount 的最大优势是，只要掌握了 HiveQL 语法，就不需要再编写 MapReduce 代码了。对于有 SQL 基础的用户而言，是非常容易使用 Hive 去执行 MapReduce 任务的。

## 能力拓展　Hive 实现分组排序

Hive 中支持多种分组操作，有 Order By、Sort By、Group By、Distribute By 等，下面会进行一一演示。这里需要先在 Linux 本地目录 /data 下准备三个有关商品信息的测试文件，即 goods_visit、order_items、buyer_favorite。文件内容如下(列和列之间均以制表符分隔)：

goods_visit: 1010000　4

```
                 1010001  1
                 1010002  2
                 1010003  3
                 1010004  44
                 1010005  50
                 1010006  74
                 1010007  7
                 1010008  8
                 1010009  1081
order_items: 425 292  1010060  999  10.4  10.4  10389.6
             426 292  1001716  999  16.8  16.8  16783.2
             427 293  1010060  2    10.4  10.4  20.8
             428 294  1010060  6    10.4  10.4  62.4
             429 295  1010060  2    10.4  10.4  20.8
             430 312  1002422  1    29    29    29
             431 313  1003188  1    16    16    16
             432 313  1002424  1    99    99    99
             433 314  1003193  1    18    18    18
             434 315  1003193  1    18    18    18
buyer_favorite: 10181  1000481  2010-04-04
                20001  1001597  2010-04-07
                20001  1001560  2010-04-07
                20042  1001368  2010-04-08
                20067  1002061  2010-04-08
                20056  1003289  2010-04-12
                20056  1003290  2010-04-12
                20056  1003292  2010-04-12
                20054  1002420  2010-04-14
                20055  1001679  2010-04-14
```

全局排序

### 1. 全局排序

Hive 中的 Order By 和关系型数据库 SQL 中的 Order By 一样，对查询结果做全局排序。Order By 会新启动一个 job 进行排序，然后将所有数据放到同一个 Reduce 中进行处理，不管有多少数据和多少文件，都启用一个 Reduce 进行处理。如果设置 hive.mapred.mode=strict(默认值是 nonstrict)，这时就必须指定 limit 来限制输出条数，因为所有的数据都会在同一个 Reduce 端进行，数据量如果非常大的情况下可能会不输出结果。所以在这种模式下，必须指定输出的条数。以下是 Order By 操作演示：

(1) 在 Hive 中创建一个 goods_visit 表，其有 goods_id、click_num 两个字段，

字符类型都有 string，以 '\t' 作为分隔符。命令如下：

```
hive> create table goods_visit(goods_id string,click_num int)
row format delimited fields terminated by '\t' stored as textfile;
```

(2) 再将本地/data 目录下 goods_visit 文件中的数据导入 Hive 的 goods_visit 表中，命令如下：

```
hive> load data local inpath'/data/goods_visit' into table goods_visit;
```

(3) 最后使用 Order By 对商品点击次数按从大到小排序显示，命令如下：

```
hive> select * from goods_visit order by click_num desc;
```

执行结果如图 8-17 所示。

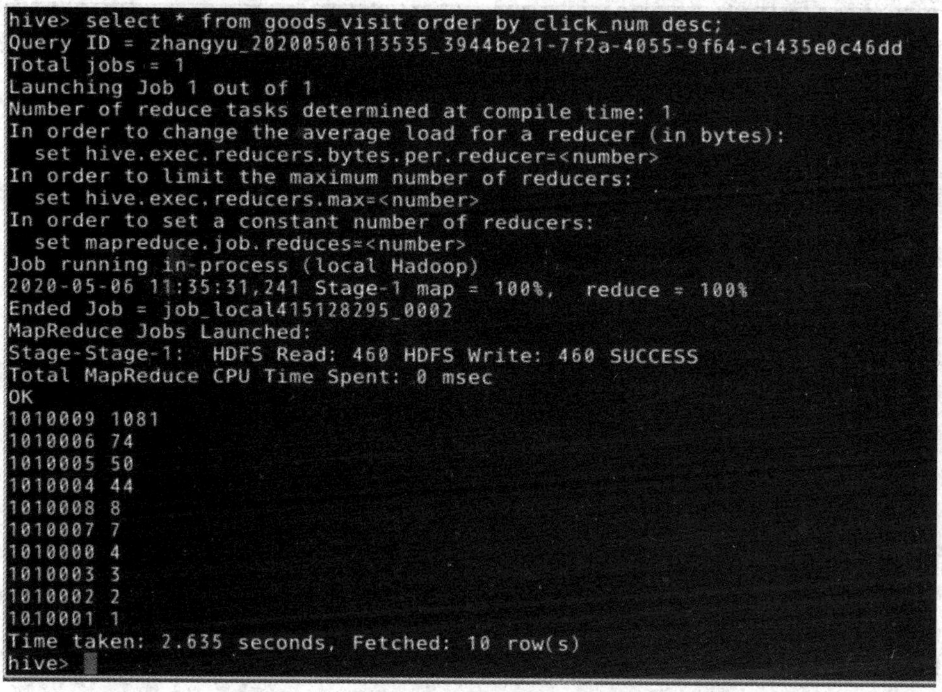

```
hive> select * from goods_visit order by click_num desc;
Query ID = zhangyu_20200506113535_3944be21-7f2a-4055-9f64-c1435e0c46dd
Total jobs = 1
Launching Job 1 out of 1
Number of reduce tasks determined at compile time: 1
In order to change the average load for a reducer (in bytes):
  set hive.exec.reducers.bytes.per.reducer=<number>
In order to limit the maximum number of reducers:
  set hive.exec.reducers.max=<number>
In order to set a constant number of reducers:
  set mapreduce.job.reduces=<number>
Job running in-process (local Hadoop)
2020-05-06 11:35:31,241 Stage-1 map = 100%,  reduce = 100%
Ended Job = job_local415128295_0002
MapReduce Jobs Launched:
Stage-Stage-1:  HDFS Read: 460 HDFS Write: 460 SUCCESS
Total MapReduce CPU Time Spent: 0 msec
OK
1010009 1081
1010006 74
1010005 50
1010004 44
1010008 8
1010007 7
1010000 4
1010003 3
1010002 2
1010001 1
Time taken: 2.635 seconds, Fetched: 10 row(s)
hive>
```

图 8-17　Order By 执行结果

### 2. 局部排序

局部排序

Sort By 是局部排序，会在每个 Reduce 端进行排序，它保证单个 Reduce 出来的数据是有序的。假如设置了三个 Reduce，那么这三个 Reduce 就会生成三个文件，每一个文件都会按 Sort By 后设置的条件排序，但是当这三个文件数据合在一起就不一定有序了。一般情况下可以先进行 Sort By 局部排序，完成后再进行全局排序，这样会极大地提高效率。以下是 Sort By 操作演示：

(1) 将 Reduce 任务数设置为三个，命令如下：

```
hive> set mapred.reduce.tasks=3;
```

(2) 在 Hive 中创建一个订单明细表 order_items，其包含 item_id、order_id、goods_id、goods_number、shop_price、goods_price、goods_amount 七个字段，字符类型都为 string，以 '\t' 为分隔符。命令如下：

```
hive> create table order_items(item_id string, order_id string, goods_id string,
goods_number string, shop_price string, goods_price string, goods_amount string)
row format delimited fields terminated by '\t'   stored as textfile;
```

(3) 将本地 /data 目录下 order_items 文件中的数据导入 Hive 的 order_items 表中，命令如下：

```
hive> load data local inpath '/data/order_items' into table order_items;
```

(4) 按商品 ID(goods_id)进行排序，命令如下：

```
hive> select * from order_items sort by goods_id;
```

执行结果如图 8-18 所示。

```
hive> select * from order_items sort by goods_id;
Query ID = zhangyu_20200506120202_f132a486-2587-49f1-aeaa-a3a4b1338a57
Total jobs = 1
Launching Job 1 out of 1
Number of reduce tasks not specified. Defaulting to jobconf value of: 3
In order to change the average load for a reducer (in bytes):
  set hive.exec.reducers.bytes.per.reducer=<number>
In order to limit the maximum number of reducers:
  set hive.exec.reducers.max=<number>
In order to set a constant number of reducers:
  set mapreduce.job.reduces=<number>
Job running in-process (local Hadoop)
2020-05-06 12:02:37,699 Stage-1 map = 100%,  reduce = 100%
Ended Job = job_local2128999151_0003
MapReduce Jobs Launched:
Stage-Stage-1:  HDFS Read: 2212 HDFS Write: 2212 SUCCESS
Total MapReduce CPU Time Spent: 0 msec
OK
425     292     1010060 999     10.4    10.4    10389.6
426     292     1001716 999     16.8    16.8    16783.2
428     294     1010060 6       10.4    10.4    62.4
427     293     1010060 2       10.4    10.4    20.8
430     312     1002422 1       29      29      29
432     313     1002424 1       99      99      99
431     313     1003188 1       16      16      16
434     315     1003193 1       18      18      18
433     314     1003193 1       18      18      18
429     295     1010060 2       10.4    10.4    20.8
Time taken: 2.006 seconds, Fetched: 10 row(s)
hive>
```

图 8-18　Sort By 执行结果

Order By 的查询结果是全部数据全局排序，它的 Reduce 数只有一个，Reduce 任务繁重，因此数据量大的情况下将会消耗很长时间去执行，而且可能不会输出结果，所以这种情况下必须指定输出条数。Sort By 则是在每个 Reduce 端进行排序，它保证了每个 Reduce 出来的数据是有序的。Reduce 任务数可以有多个，但多个 Reduce 出来的数据合在一起未必是有序的，因此在 Sort By 做完局部排序后，还要再做一次全局排序，相当于先在小组内排序，然后将各小组进行排序即可。在数据量大的情况下，这可以提升效率。

分组查询

### 3. 分组查询

Group By 是分组查询，一般配合聚合函数一起使用。Group By 有一个原则，就是 Select 后面的所有列中，没有使用聚合函数的列必须出现在 Group By 后面。Group By 的具体操作如下：

(1) 在 Hive 中为某电商创建一个买家收藏夹表 buyer_ favorite，其有 buyer_id、goods_id、dt 三个字段，字符类型都为 string，以 '\t' 为分隔符。命令如下：

```
hive> create table buyer_favorite(buyer_id string, goods_id string, dt string) row format
delimited fields terminated by'\t'stored as textfile;
```

(2) 将本地/data 目录下 buyer_favorite 文件中的数据导入 Hive 的 buyer_favorite 表中，命令如下：

```
hive> load data local inpath '/data/buyer_favorite' into table buyer_favorite;
```

(3) 按 dt 分组查询每天的 buyer_id 数量，命令如下：

```
hive> select dt, count(buyer_id) from buyer_favorite group by dt;
```

执行结果如图 8-19 所示。

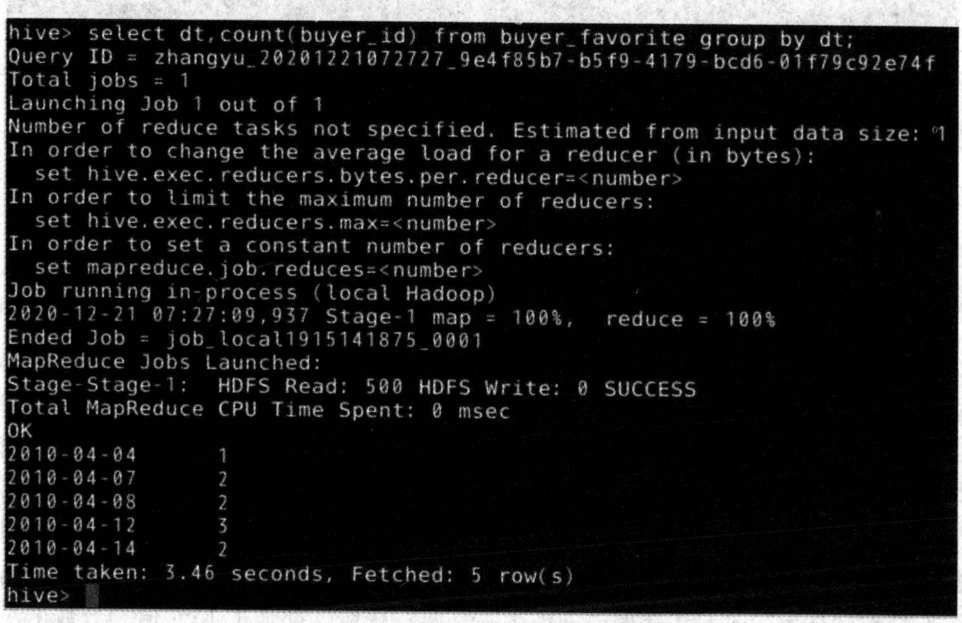

```
hive> select dt,count(buyer_id) from buyer_favorite group by dt;
Query ID = zhangyu_20201221072727_9e4f85b7-b5f9-4179-bcd6-01f79c92e74f
Total jobs = 1
Launching Job 1 out of 1
Number of reduce tasks not specified. Estimated from input data size: 1
In order to change the average load for a reducer (in bytes):
  set hive.exec.reducers.bytes.per.reducer=<number>
In order to limit the maximum number of reducers:
  set hive.exec.reducers.max=<number>
In order to set a constant number of reducers:
  set mapreduce.job.reduces=<number>
Job running in-process (local Hadoop)
2020-12-21 07:27:09,937 Stage-1 map = 100%,  reduce = 100%
Ended Job = job_local1915141875_0001
MapReduce Jobs Launched:
Stage-Stage-1:  HDFS Read: 500 HDFS Write: 0 SUCCESS
Total MapReduce CPU Time Spent: 0 msec
OK
2010-04-04      1
2010-04-07      2
2010-04-08      2
2010-04-12      3
2010-04-14      2
Time taken: 3.46 seconds, Fetched: 5 row(s)
hive>
```

图 8-19　Group By 执行结果

### 4. Map 端输出至 Reduce 端

Map 端输出至 Reduce 端

Hive 中的 Distribute By 是控制在 Map 端如何拆分数据给 Reduce 端的。按照指定的字段将数据划分到不同的 Reduce 输出文件中，默认是采用 Hash 算法。对于 Distribute By 进行测试，一定要分配多个 Reduce 进行处理，否则无法看到 Distribute By 的效果。

Distribute By 的具体操作如下：

(1) 使用买家收藏夹表 buy_favorite，按用户 ID(buyer_id)进行分发，输出到本地 /data/out 目录中。命令如下：

```
hive> insert overwrite local directory '/data/out' select * from buyer_favorite distribute by
buyer_id;
```

执行过程如图 8-20 所示。

```
hive> insert overwrite local directory '/data/out' select * from buyer_favorite distribute
    > by buyer_id;
Query ID = zhangyu_20200506121717_91e0b879-90b7-4312-9324-932a46acc37e
Total jobs = 1
Launching Job 1 out of 1
Number of reduce tasks not specified. Defaulting to jobconf value of: 3
In order to change the average load for a reducer (in bytes):
  set hive.exec.reducers.bytes.per.reducer=<number>
In order to limit the maximum number of reducers:
  set hive.exec.reducers.max=<number>
In order to set a constant number of reducers:
  set mapreduce.job.reduces=<number>
Job running in-process (local Hadoop)
2020-05-06 12:17:19,682 Stage-1 map = 100%,  reduce = 100%
Ended Job = job_local689595636_0006
Copying data to local directory /data/out
Copying data to local directory /data/out
MapReduce Jobs Launched:
Stage-Stage-1:  HDFS Read: 5716 HDFS Write: 4664 SUCCESS
Total MapReduce CPU Time Spent: 0 msec
OK
Time taken: 1.402 seconds
hive>
```

图 8-20　Distribute By 执行过程

(2) 切换到 Linux 本地窗口，查看目录/data/out 下的文件，命令如下：

```
$ cd /data/out
$ ls
```

结果如图 8-21 所示。

```
zhangyu@e14d45a10fe3:/$ cd /data/out
zhangyu@e14d45a10fe3:/data/out$ ls
000000_0  000001_0  000002_0
zhangyu@e14d45a10fe3:/data/out$
```

图 8-21　查看结果文件

Distribute By 是通过设置的条件在 Map 端拆分数据给 Reduce 端，按照指定的字段将数据划分到不同的输出 Reduce 文件中。Group By 的作用是通过一定的规则将一个数据集划分成若干个小的区域，然后针对若干个小区域进行数据处理。例如，某电商想统计一年内商品销售情况，可以使用 Group By 将一年的数据按月划分，然后统计出每个月热销商品的前十名。两者相比，都是按 Key 值划分数据，都使用 Reduce 操作。唯一不同的是，Distribute By 只是单纯的分散数据，而 Group By 将相同 Key 值的数据聚集到一起，后续必须是聚合操作。

## 项 目 小 结

本项目主要介绍了数据仓库的基本概念、Hive 的体系结构、Hive 开发环境的安装部署、Hive 中数据的管理方式、Hive 的数据模型以及 Hive 相关的编程实践，并列举了若干实例供读者参考，使读者能够结合简单场景与 HiveQL 的语法规则快速地掌握 Hive 的基本功能。

Hive 是构建在 Hadoop 之上的数据仓库，借助于 HDFS 完成海量数据的分布式存储，并借助于 MapReduce 完成大规模数据的处理分析。Hive 的安装有三种模式：嵌入模式、本地模式和远程模式。Hive 对数据的管理方式也有三种：CLI(命令行)方式、Web 界面方式和远程服务方式。

# 课后习题

## 一、选择题

1. 下列有关 Hive 说法错误的是(　　)。

A. Hive 在内存不足以存储所有数据时，会使用外存

B. Hive 的元数据存储在 HDFS 中

C. Hive 适合于长时间的批处理查询分析

D. Hive 对 SQL 的解释处理是通过词法分析生成执行计划

2. Hive 中元数据的存储位置是(　　)。

A. Metastore　　B. Derby

C. Partition　　D. Bucket

3. Hive 中的所有数据都存储在(　　)中。

A. Hive 表　　B. HBase

C. 磁盘　　D. HDFS

4. 下列关于 Hive 基本操作命令的解释错误的是(　　)。

A. create table if not exists usr(id bigint,name string,age int); //如果 usr 表不存在，则创建 usr 表，其包含三个属性 id、name、age

B. insert overwrite table student select * from user where age>10; //向 usr1 表中插入来自 usr 表的 age 大于 10 的数据并覆盖 student 表中原有数据

C. load data local inpath '/usr/local/data' overwrite into table usr; //把目录'/usr/local/data'下的数据文件中的数据以追加的方式装载进 usr 表

D. create database userdb; //创建数据库 userdb

5. 下列说法正确的是(　　)。

A. HiveQL 语法与传统的 SQL 语法很相似

B. Hive 本身不存储和处理数据，而是依赖 HDFS 存储数据，依赖 MapReduce 处理数据

C. Hive、HDFS、HBase 等工具可以统一部署在一个 Hadoop 平台上

D. 数据仓库 Hive 不需要借助于 HDFS 就可以完成数据的存储

6. 以下属于 Hive 的基本数据类型是(　　)。

A. BINARY　　B. TINYINT

C. STRING　　D. FLOAT

## 二、填空题

1. Hive 的三种运行模式分别是_____、_____、_____。

2. Hive 语句最终都会转化为_____程序来运行。

## 三、简答题

1. 试述在 Hadoop 生态系统中 Hive 与其他组件的相互关系。

2. Hive 体系架构中包含了哪些核心模块？这些模块分别有什么作用？
3. Hive 提供了哪些对外访问接口？
4. Hive 中的元数据一般保存在哪里？
5. 请描述 Hive 将 SQL 查询转换成 MapReduce 作业的过程。
6. Hive 支持的数据类型有哪些？

# 项目 9 利用 Flume 监听数据

## 项目概述

在实际生产环境中，经常需要监听某一个端口的数据，并对监听到的数据作出相应的提取、分析。除此之外，Hadoop 组件在运行过程中会产生大量的日志文件，对这些日志文件进行高效、准确的实时监控对于我们掌握各个组件的运行情况，具有非常重要的实际意义。本项目模拟实际项目需求，使用 Flume 对指定端口的数据、Hive 运行过程中所产生的日志文件进行实时监听，并将监听到的数据输出到 Flume 控制台、HDFS。通过该项目的学习可以使学生掌握利用 Flume 实时监听指定端口的数据及具体文件并输出到 Flume 控制台、HDFS 的应用。

## 项目背景

使用 Flume 对指定端口的数据、Hive 运行过程中所产生的日志文件进行实时监听，并将监听到的内容输出到 Flume 控制台、HDFS。

## 项目演示

Flume 监听指定端口并将监听到的数据输出到 Flume 控制台。

Flume 监听 Hive 日志文件并将监听到的数据输出到 Flume 控制台。

## 思政聚焦

通过大数据技术准确、有效地追踪疾病接触人员动态，探析数据背后隐藏的疫情规律，为精准施策提供科学的参考依据。同时，实时监控疫情的数据，可以让人们实时掌握和监控病情，从而了解最新的信息。除此之外，利用 Flume 实时监听 Hadoop 各个组件在分析病情数据时产生的日志文件，对于疫情控制和疫情决策的制定具有重大意义。我们坚信，在全国人民科学抗疫、精准抗疫的努力下，一定会取得抗疫的最终胜利。

## 项目主要内容

- Flume 的简介、工作原理。
- Flume 的优势和特征。

- Flume 的环境搭建。
- Flume Agent 三大组件 Source、Channel、Sink 的原理和属性。
- Flume 监听具体端口的数据并输出到 Flume 控制台。
- Flume 监听 Hive 日志文件并将监听到的数据输出到 Flume 控制台。
- Flume 监听 Hive 日志文件并将监听到的数据输出到 HDFS。

## 思维导图

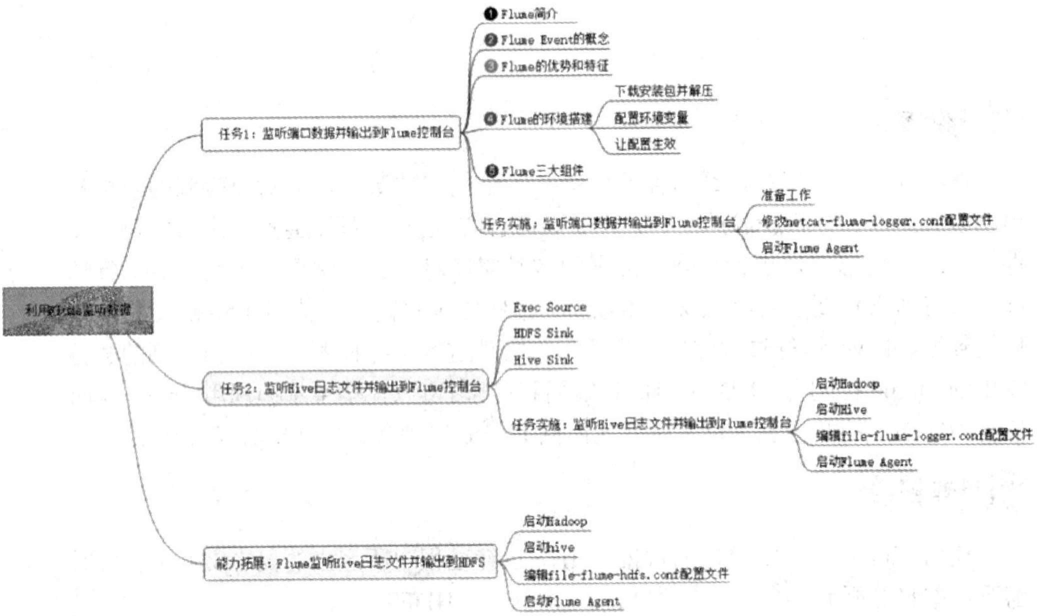


## 教学大纲

**能力目标**

◎ 掌握 Flume Agent 三大组件的原理和属性。

◎ 能配置 Flume 监听某一端口数据并输出到控制台。

◎ 能配置 Flume 监听 Hive 日志文件并输出到控制台。

◎ 能配置 Flume 监听 Hive 日志文件并输出到 HDFS。

**知识目标**

◎ 了解 Flume Agent 三大组件的原理和属性。

◎ 理解 Flume 监听某一端口日志数据并输出到控制台的配置。

◎ 理解 Flume 监听 Hive 日志文件并输出到控制台的配置。

◎ 理解 Flume 监听 Hive 日志文件并输出到 HDFS 的配置。

**学习重点**

◎ Flume Agent 三大组件的原理和属性。

◎ 根据不同的项目需求，对 Flume Source、Channel、Sink 的属性进行相应的配置。

**学习难点**

◎ 根据不同的项目需求，对 Flume Source、Channel、Sink 的属性进行相应的配置。

# 任务 1　监听端口数据并输出到 Flume 控制台

## 任务描述

Flume 监听端口 6666，并将监听到的数据输出到 Flume 控制台。

## 知识准备

### 一、Flume 简介

Flume 是 Cloudera 提供的一个分布式、高可靠、高可用的海量日志收集、聚合和传输系统。Flume 具有基于流动数据流的简单灵活的体系结构，也具有可调整的可靠性机制以及许多故障切换和恢复机制，还具有强大的功能和容错能力。Flume 使用一个简单的可扩展数据模型，如图 9-1 所示。其数据流模型允许在线分析应用程序。

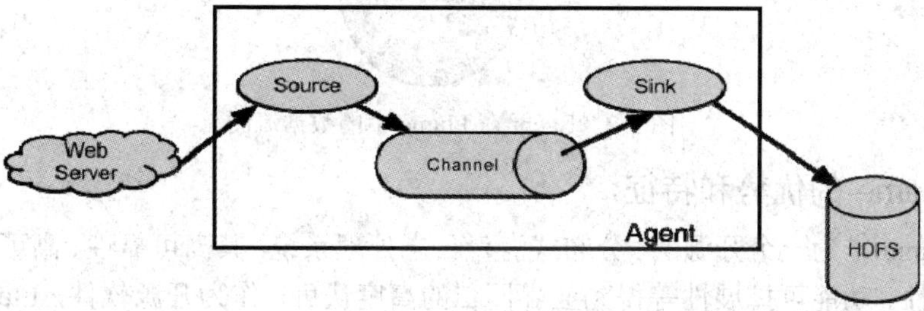


图 9-1　Flume 数据流模型

Flume 于 2009 年被捐赠给 Apache 软件基金会，成为 Hadoop 相关组件之一。近几年，随着 Flume 不断被完善以及版本的不断升级，加之 Flume 内部的各种组件不断丰富，用户在开发的过程中使用 Flume 软件变得越来越容易。Flume 的核心是 Flume Agent，它是一个(JVM)进程，承载了三大组件 Source、Channel、Sink，事件通过这些组件从外部源流到下一个目标。Source 是负责接收数据到 Flume Agent 的组件，接收外部源(如 Web 服务器)传递给它的事件，外部数据源以目标 Flume Source 可以识别的格式将事件发送到 Flume Source。Channel 是连接 Source 和 Sink 的组件，大家可以将它看作一个数据的缓冲区(数据队列)，它可以将事件暂存到内存中也可以持久化到本地磁盘上。Sink 从 Channel 中取出事件，然后将数据发到别处，可以向文件系统、数据库、Hadoop 存数据，也可以是其他 Agent 的 Source。

### 二、Flume Event 的概念

Flume 的核心处理是从数据源 Source 收集数据，最终将收集到的数据传送到

指定的目的地 Sink 中。为了保证传送过程的成功性，数据在被传送到目的地 Sink 之前，会先被缓存到缓冲区 Channel 中，待数据真正到达目的地 Sink 之后，Flume 再删除自己缓冲区缓存的数据。而在整个数据的传送的过程中，数据流动的单位是 Event，即事务保证是在 Event 级别进行的。那么什么是 Event 呢？Event 将传输的数据进行封装，是 Flume 传输数据的基本单位。如果是文本文件，通常是一行记录，Event 也是事务的基本单位。Event 从 Source 流向 Channel，再到 Sink。Event 本身为一个字节数组，其组成部分包括 Event Headers、Event Body、Event 信息，其中 Event Headers 携带头信息。Event 代表着一个数据的最小完整单元，来自外部数据源并流向外部的目的地中去。图 9-2 为 Event 在 Flume 中的数据流图。

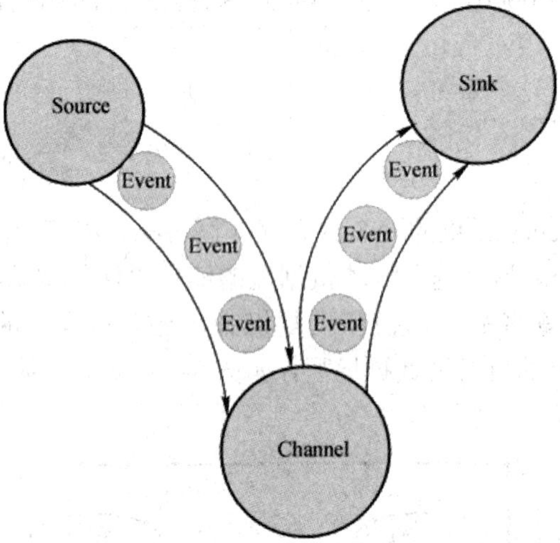


图 9-2 Event 在 Flume 中的数据流图

## 三、Flume 的优势和特征

Flume 作为一个开源的、分布式海量日志处理系统，其高可靠性、高可扩展性、可管理性、功能可扩展性等得到业界同仁的高度认可。作为开源软件，Flume 官方文档更新及时，社区丰富。相比于传统的日志处理系统，Flume 的优势和特征可概括如下。

Flume 的优势表现为以下几点：

(1) Flume 可以将应用产生的数据输出到 Flume 控制台或者传输到任何一个集中存储器中，比如 HDFS、HBase。

(2) 当 Flume 传输的数据量非常大时，如果收集数据的速度超过了数据被写入的速度，甚至超过了系统写入数据的能力，此时，Flume 会在数据生产者和数据接收器间作出调整，保证其能够在两者之间提供平稳的数据传输，避免造成 Flume 进程的崩溃。

(3) 提供上下文路由特征。

(4) Flume 的管道是基于事务的，保证了数据在传送和接收时的一致性。

(5) Flume 具有高可靠性、高容错性，并且是可升级的、易管理的、可定制的。

Flume 具有的特征如下：

(1) Flume 可以高效率地将多个网站服务器中收集的日志信息作为数据源存入海量数据集群中，例如 HDFS、HBase。

(2) Flume 支持多种接入资源数据的类型以及接出数据的类型。

(3) Flume 支持多路径流量、多管道接入流量、多管道接出流量、上下文路由等。

(4) 通过使用 Flume，可以将从多个服务器中获取的数据快速、高效、准确地传输到 Hadoop 中。

(5) Flume 具有高扩展性，可以很容易地被水平扩展。Flume 采用了三层架构，分别为 agent、collector 和 storage，每一层均可以水平扩展。其中，所有 agent 和 collector 由 master 统一管理，这使得系统容易监控和维护，并且避免了单点故障问题。

## 四、Flume 的环境搭建

### 1. 下载安装包并解压

下载地址：http://flume.apache.org/download.html。

下载压缩包：apache-flume-1.9.0-bin.tar.gz。

解压命令：tar zxvf apache-flume-1.9.0-bin.tar.gz。

### 2. 配置环境变量

(1) 编辑配置文件，运行命令：

```
vi /etc/profile
```

(2) 修改环境变量，运行命令：

```
export FLUME_HOME= /opt/software/flume;
export FLUME_CONF_DIR=$FLUME_HOME/con;
export PATH=$PATH:$FLUME_HOME/bin
```

### 3. 让配置生效

运行命令：

```
source /etc/profile
```

(1) 配置 flume-env.sh(/opt/software/flume/conf)文件的 JAVA_HOME。

① 编辑 Flume 配置文件，运行命令：

```
vi /opt/software/flume/conf/flume-env.sh
```

② 修改 Flume 环境变量，运行命令：

```
export JAVA_HOME=/opt/software/ jdk1.8.0_131
```

(2) 启动 Flume，运行命令：

```
bin/flume-ng agent -n agent 名称 -c conf -f Flume 配置文件-Dflume.root.logger= INFO,
console
```

## 五、Flume 三大组件

### 1. Flume Source 组件

Flume Source 是负责接收数据的组件，接收外部数据源(如 Web 服务器)传递给它的事件，外部数据源以目标 Flume Source 可以识别的格式将事件发送到 Flume Source。Flume 将数据表示为事件，事件是非常简单的数据结构，具有一个主体和一个报头集合；事件的主体是一个字节数组，报头被标记为一个 map，其中有字符串 key 和字符串 value，报头只是为了路由和标记事件的优先级。

Source 组件可以处理多种类型格式的日志数据，包括 Netcat、Exec、Avro、Thrift、HTTP、Spooling Directory、Syslog、HTTP、Legacy 等。官方提供的 Source 类型虽然已经有很多，但是有时候仍然不能满足实际开发当中的需求，此时可以根据实际需求自定义某些 Source。表 9-1 列出了 Flume 提供的 Source 类型。

表 9-1 Source 类型

| Source 类型 | 描　述 |
|---|---|
| Netcat Source | Netcat Source 监听一个给定的端口，然后把文本文件的每一行转换成一个 Event |
| Exec Source | Exec Source 在启动时运行一个 Unix 命令行，并期望这过程在标准输出上连续生产数据 |
| Avro Source | 监听 Avro 端口，并从 Avro client streams 接收 Event |
| Thrift Source | 监听 Thrift 端口，并从外部 Thrift client streams 接收 Event |
| HTTP Source | 基于 HTTP POST 或 GET 方式的数据，支持 JSON 等格式 |
| Spooling Directory Source | 监控指定目录内数据的变化 |
| Syslog Source | 读取系统日志，产生 Event，支持 TCP 和 UDP 协议 |

Flume Source 既可以监听一个或者多个网络端口，也可以从本地文件系统读取数据。Flume Source 接收到事件后，会将其存储到通道 Flume Channel 中。一个 Source 可以将数据写入到一个 Channel 或多个 Channel 中，多个 Source 也可以将数据写入到同一个 Channel 中。Netcat Source 监听一个指定的端口，然后把文本文件的每一行转换成一个 Event。表 9-2 列出了 Netcat Source 的属性，其中必需属性为粗体显示。

表 9-2 Netcat Source 的属性

| 属性值 | 默认值 | 描　述 |
|---|---|---|
| **channels** | — | |
| **type** | — | 组件类型名称，需要的是 Netcat |
| **bind** | — | 绑定的主机名或者 IP 地址 |
| **port** | — | 绑定的端口号 |
| max-line-length | 512 | 每个 Event body 的最大行长(以字节为单位) |
| ack-every-event | true | 每个 Event 被接收后，是否回复 OK |
| selector.type | replicating | 复制或多路复用 |
| selector.* | | 依赖于 selector.type 的值 |
| interceptors | — | 空格分隔的拦截器列表 |
| interceptors.* | | |

其中，Netcat Source 属性配置举例如下(Agent 名称为 a1)：

```
a1.sources = r1
a1.sinks = k1
a1.channels = c1
a1.sources.r1.type = netcat
a1.sources.r1.bind = localhost
a1.sources.r1.port = 44444
```

## 2. Flume Channel 组件

Flume Channel 是被动存储，负责临时缓冲 Flume Source 已经接收但还未写入另一个 Agent 或存储系统的数据。Flume Source 将数据写入 Channel，Sink 从 Channel 读取数据，Channel 负责连接 Source 和 Sink。一个 Sink 只能从一个 Channel 读取数据，多个 Sink 也可以从相同的 Channel 读取数据。Channel 支持多种类型，如 JDBC、文件系统、内存等。Channel 常用类型如表 9-3 所示。

表 9-3　Channel 常用类型

| Channel 类型 | 描　述 |
|---|---|
| Memory Channel | Event 数据存储在内存中 |
| JDBC Channel | Event 数据存储在持久化存储中 |
| File Channel | Event 数据存储在磁盘文件中 |
| Custom Channel | 自定义 |

Memory Channel 将 Event 保存在 Java Heap 中，其优点是速度快，吞吐量大，缺点是只要电脑出现故障就导致停机，那么 Memory Channel 中的数据会存在丢失的情况。Memory Channel 属性如表 9-4 所示，其中必需属性为粗体显示。

表 9-4　Memory Channel 属性

| 属性名称 | 默认值 | 描　述 |
|---|---|---|
| **type** | — | 类型名称，需要的是 memory |
| capacity | 100 | 存储在 Channel 中最多能保存多少个 Event，默认是 100 |
| transactionCapacity | 100 | 单次从 Source 接收或发送到 Sink 的 Event 的最大数量 |
| keep-alive | 3 | 尝试添加或者删除一个 Event 的超时时间，单位为秒 |
| byteCapacity | — | 在 Channel 中最多能容纳所有 Event body 的总字节数 |
| byteCapacityBufferPercentage | 20 | 该值的含义跟上面一样，只不过这个是计算 Event header 与最大可用内存的字节占比。默认是 20，也就是最大可用内存的 20% |

Memory Channel 属性配置举例如下(Agent 名称为 a1)：

```
a1.channels = c1
a1.channels.c1.type = memory
a1.channels.c1.capacity = 10000
a1.channels.c1.transactionCapacity=10000
a1.channels.c1.byteCapacityBufferPercentage=20
a1.channels.c1.byteCapacity = 800000
```

File Channel 将 Event 保存在本地硬盘文件中，其优点是数据永远不会丢失、可靠性高，缺点是因为使用磁盘的存储方式会频繁地发生磁盘 I/O，所以会极大地降低 Flume 的吞吐量。File Channel 属性如表 9-5 所示。

表 9-5 File Channel 属性

| 属性名 | 默认值 | 描述 |
|---|---|---|
| checkpointDir | — | 检查点的目录 |
| useDualCheckpoints | false | 对检查点(checkpoint)进行备份 |
| backupCheckpointDir | — | 备用的检查点目录 |
| dataDirs | — | 数据存储文件夹 |
| transactionCapacity | 10000 | 事务里最多存多少事件 |
| checkpointinterval | 30000 | 多长时间再次将内存里面指向数据的指针保存到检查点 |
| maxFileSize | 2146435071 | 保存数据的 log 文件最大值大小 |
| minimumRequiredSpace | 524288000 | 磁盘最小剩余空间 |
| capacity | 1000000 | checkpoint 文件存放 Event 指针对象的最大容量 |

File Channel 属性配置举例如下(Agent 名称为 a1)：

```
a1.channels = c1
a1.channels.c1.type = file
a1.channels.c1.checkpointDir = /mnt/flume/checkpoint
a1.channels.c1.dataDirs = /mnt/flume/data
```

### 3. Flume Sink 组件

Flume Sink 不断轮询绑定的 Channel 来读取数据。Sink 将数据写入到最终的目的地，一旦其目的地中的数据是安全的，Sink 通过事务提交通知 Channel，删除 Channel 中的这些事件。常用 Sink 类型如表 9-6 所示。

表 9-6 常用 Sink 类型

| Sink 类型 | 描述 |
|---|---|
| Logger Sink | 数据写入日志文件 |
| HDFS Sink | 数据写入 HDFS |
| HBase Sink | 数据写入 HBase |

续表

| Sink 类型 | 描　述 |
|---|---|
| Avro Sink | 数据被转换成 Avro Event，然后发送到配置的 RPC 端口上 |
| Thrift Sink | 数据被转换成 Thrift Event，然后发送到配置的 RPC 端口上 |
| File Roll Sink | 数据存储到本地文件系统 |
| Custom Sink | 自定义 Sink |

Logger Sink 使用 INFO 级别把 Event 内容输出到日志中，一般用来测试、调试使用。这个 Sink 是唯一一个不需要额外配置就能把 Event 的原始内容输出的 Sink。表 9-7 为 Logger Sink 属性列表，其中必需属性为粗体显示。

表 9-7　Logger Sink 属性列表

| 属性名 | 默认值 | 描　述 |
|---|---|---|
| **channel** | — | |
| **type** | — | 组件类型名称，需要的是 logger |
| MaxBytesToLog | 16 | Event body 记录的最大字节数 |

Logger Sink 属性配置举例如下(Agent 名称为 a1)：

```
a1.channels = c1
a1.sinks = k1
a1.sinks.k1.type = logger
a1.sinks.k1.channel = c1
```

## 任务实施

### 监听端口数据并输出到 Flume 控制台

监听端口数据并输出到 Flume 控制台

Flume 的 Netcat Source 可以监听指定的网络端口中的数据。该任务通过监听端口 6666 获取数据源，并将监听到的数据输出到 Flume 控制台。同时，在数据传输的过程中要保证数据的实时性、完整性、准确性。

#### 1. 准备工作

(1) 安装 Netcat 工具，命令如下：

```
[root@hadoop job]# mount -o loop /dev/cdrom /opt/CentOs/
[root@hadoop job]# yum install -y nc
Loaded plugins: fastestmirror
CentOs
Loading mirror speeds from cached hostfile
Package 2:nmap-ncat-6.40-7.el7.x86_64 already installed and latest version
```

(2) 查看 6666 端口是否被占用，命令如下：

```
[root@hadoop job]# netstat -tunlp | grep 6666
```

(3) 在 Flume 安装目录下新建文件夹 job，命令如下：

```
[root@hadoop flume]# mkdir job
```

(4) 在 job 文件夹中新建 Flume 配置文件 netcat-flume-logger.conf，命令如下：

```
[root@hadoop flume]# cd /opt/software/flume/job/
[root@hadoop job]# touch netcat-flume-logger.conf
```

### 2. 修改 netcat-flume-logger.conf 配置文件

使用 vi 命令编辑 netcat-flume-logger.conf 并保存，可分为以下五步：

(1) 为 Agent 组件(Source，Channel，Sink)起名，配置如下：

```
a1.sources = r1
a1.sinks = k1
a1.channels = c1
```

(2) 配置 Source 相关属性：

```
a1.sources.r1.type = netcat
a1.sources.r1.bind = localhost
a1.sources.r1.port = 6666
```

(3) 配置 Sink 相关属性：

```
a1.sinks.k1.type = logger
```

(4) 配置 Channel 相关属性：

```
a1.channels.c1.type = memory
a1.channels.c1.capacity = 1000
a1.channels.c1.transactionCapacity = 100
```

(5) 绑定 Source-Channels、Sink-Channel，配置如下：

```
a1.sources.r1.channels = c1
a1.sinks.k1.channel = c1
```

完整的 Flume 配置文件如下：

```
# Name the components on this agent
a1.sources = r1
a1.sinks = k1
a1.channels = c1
# Describe/configure the source
a1.sources.r1.type = netcat
a1.sources.r1.bind = localhost
a1.sources.r1.port = 6666
# Describe the sink
a1.sinks.k1.type = logger
# Use a channel which buffers events in memory
a1.channels.c1.type = memory
```

a1.channels.c1.capacity = 1000

a1.channels.c1.transactionCapacity = 100

# Bind the source and sink to the channel

a1.sources.r1.channels = c1

a1.sinks.k1.channel = c1

### 3. 启动 Flume Agent

(1) 在 Flume 安装根目录下启动 Flume Agent，命令如下：

[root@hadoop job]# cd ../

[root@hadoop flume]# bin/flume-ng agent -n a1 -c conf -f job/netcat-flume-logger.conf -Dflume.root.logger=INFO,console

运行结果如图 9-3 所示。

```
[root@hadoop job]# cd ../
[root@hadoop flume]# bin/flume-ng agent -n a1 -c conf -f job/netcat-flume-logger.conf -Dflume.root.logger=INFO,console

Info: Sourcing environment configuration script /opt/software/flume/conf/flume-env.sh
Info: Including Hadoop libraries found via (/opt/software/hadoop-2.7.6/bin/hadoop) for HDFS access
Info: Including Hive libraries found via (/opt/software/hive) for Hive access
+ exec /opt/software/jdk1.8.0_131/bin/java -Xmx20m -Dflume.root.logger=INFO,console -cp '/opt/software/flume/conf:/opt
/software/flume/lib/*:/opt/software/hadoop-2.7.6/etc/hadoop:/opt/software/hadoop-2.7.6/share/hadoop/common/lib/*:/opt/
software/hadoop-2.7.6/share/hadoop/common/*:/opt/software/hadoop-2.7.6/share/hadoop/hdfs:/opt/software/hadoop-2.7.6/sh
are/hadoop/hdfs/lib/*:/opt/software/hadoop-2.7.6/share/hadoop/hdfs/*:/opt/software/hadoop-2.7.6/share/hadoop/yarn/lib/
*:/opt/software/hadoop-2.7.6/share/hadoop/yarn/*:/opt/software/hadoop-2.7.6/share/hadoop/mapreduce/lib/*:/opt/software
/hadoop-2.7.6/share/hadoop/mapreduce/*:/opt/software/hadoop-2.7.6/contrib/capacity-scheduler/*.jar:/opt/software/hive/
lib/*' -Djava.library.path=:/opt/software/hadoop-2.7.6/lib/native org.apache.flume.node.Application -n a1 -f job/netca
t-flume-logger.conf
SLF4J: Class path contains multiple SLF4J bindings.
SLF4J: Found binding in [jar:file:/opt/software/flume/lib/slf4j-log4j12-1.7.25.jar!/org/slf4j/impl/StaticLoggerBinder.
class]
SLF4J: Found binding in [jar:file:/opt/software/hadoop-2.7.6/share/hadoop/common/lib/slf4j-log4j12-1.7.10.jar!/org/slf
4j/impl/StaticLoggerBinder.class]
SLF4J: Found binding in [jar:file:/opt/software/hive/lib/log4j-slf4j-impl-2.6.2.jar!/org/slf4j/impl/StaticLoggerBinder
.class]
SLF4J: See http://www.slf4j.org/codes.html#multiple_bindings for an explanation.
SLF4J: Actual binding is of type [org.slf4j.impl.Log4jLoggerFactory]
2020-06-13 13:35:13,738 (lifecycleSupervisor-1-0) [INFO - org.apache.flume.node.PollingPropertiesFileConfigurationProv
ider.start(PollingPropertiesFileConfigurationProvider.java:62)] Configuration provider starting
2020-06-13 13:35:13,743 (conf-file-poller-0) [INFO - org.apache.flume.node.PollingPropertiesFileConfigurationProvider$
FileWatcherRunnable.run(PollingPropertiesFileConfigurationProvider.java:138)] Reloading configuration file:job/netcat-
flume-logger.conf
2020-06-13 13:35:13,750 (conf-file-poller-0) [INFO - org.apache.flume.conf.FlumeConfiguration$AgentConfiguration.addCo
mponentConfig(FlumeConfiguration.java:1203)] Processing:c1
2020-06-13 13:35:13,751 (conf-file-poller-0) [INFO - org.apache.flume.conf.FlumeConfiguration$AgentConfiguration.addCo
mponentConfig(FlumeConfiguration.java:1203)] Processing:r1
2020-06-13 13:35:13,775 (conf-file-poller-0) [INFO - org.apache.flume.node.AbstractConfigurationProvider.loadChannels(
AbstractConfigurationProvider.java:151)] Creating channels
2020-06-13 13:35:13,787 (conf-file-poller-0) [INFO - org.apache.flume.channel.DefaultChannelFactory.create(DefaultChan
nelFactory.java:42)] Creating instance of channel c1 type memory
2020-06-13 13:35:13,793 (conf-file-poller-0) [INFO - org.apache.flume.node.AbstractConfigurationProvider.loadChannels(
AbstractConfigurationProvider.java:205)] Created channel c1
2020-06-13 13:35:13,794 (conf-file-poller-0) [INFO - org.apache.flume.source.DefaultSourceFactory.create(DefaultSource
Factory.java:41)] Creating instance of source r1, type netcat
2020-06-13 13:35:13,804 (conf-file-poller-0) [INFO - org.apache.flume.sink.DefaultSinkFactory.create(DefaultSinkFactor
y.java:42)] Creating instance of sink: k1, type: logger
2020-06-13 13:35:13,807 (conf-file-poller-0) [INFO - org.apache.flume.node.AbstractConfigurationProvider.getConfigurat
ion(AbstractConfigurationProvider.java:120)] Channel c1 connected to [r1, k1]
2020-06-13 13:35:13,814 (conf-file-poller-0) [INFO - org.apache.flume.node.Application.startAllComponents(Application.
java:162)] Starting new configuration:{ sourceRunners:{r1=EventDrivenSourceRunner: { source:org.apache.flume.source.Ne
tcatSource{name:r1,state:IDLE} }} sinkRunners:{k1=SinkRunner: { policy:org.apache.flume.sink.DefaultSinkProcessor@3f3c
dcbc counterGroup:{ name:null counters:{} } }} channels:{c1=org.apache.flume.channel.MemoryChannel{name: c1}} }
2020-06-13 13:35:13,819 (conf-file-poller-0) [INFO - org.apache.flume.node.Application.startAllComponents(Application.
java:169)] Starting Channel c1
2020-06-13 13:35:13,877 (lifecycleSupervisor-1-0) [INFO - org.apache.flume.instrumentation.MonitoredCounterGroup.regis
ter(MonitoredCounterGroup.java:119)] Monitored counter group for type: CHANNEL, name: c1: Successfully registered new
MBean.
2020-06-13 13:35:13,877 (lifecycleSupervisor-1-0) [INFO - org.apache.flume.instrumentation.MonitoredCounterGroup.start
(MonitoredCounterGroup.java:95)] Component type: CHANNEL, name: c1 started
2020-06-13 13:35:13,880 (conf-file-poller-0) [INFO - org.apache.flume.node.Application.startAllComponents(Application.
java:196)] Starting Sink k1
2020-06-13 13:35:13,881 (conf-file-poller-0) [INFO - org.apache.flume.node.Application.startAllComponents(Application.
java:207)] Starting Source r1
2020-06-13 13:35:13,881 (lifecycleSupervisor-1-0) [INFO - org.apache.flume.source.NetcatSource.start(NetcatSource.java
:155)] Source starting
2020-06-13 13:35:13,890 (lifecycleSupervisor-1-0) [INFO - org.apache.flume.source.NetcatSource.start(NetcatSource.java
:166)] Created serverSocket:sun.nio.ch.ServerSocketChannelImpl[/127.0.0.1:6666]
```

图 9-3　Flume 监听 6666 端口启动后运行结果

(2) 使用 nc 工具向本机 6666 端口发送数据“Hello，I am Flume”，命令如下：

[root@hadoop flume]# nc localhost 6666

Hello,I am Flume.

OK

(3) 查看 Flume 输入数据到控制台，运行如下：

2020-06-11 22:12:58,128 (SinkRunner-PollingRunner-DefaultSinkProcessor) [INFO - org.apache.flume.sink.LoggerSink.process(LoggerSink.java:95)] Event: { headers:{} body: 48 65 6C 6C 6F 2C 49 20 61 6D 20 46 6C 75 6D 65 Hello,I am Flume }

# 任务 2 监听 Hive 日志文件并输出到 Flume 控制台

## 任务描述

Flume 监听 Hive 运行时所产生的日志文件，并将监听到的数据输出到 Flume 控制台。

## 知识准备

### 一、Exec Source

Exec Source 在启动时运行 Unix 命令，并且期望它会不断地在标准输出中产生数据。如果进程因为某些原因退出，Exec Source 也将退出并且不会再产生数据。Exec Source 可以实时收集数据，但是在 Flume 不运行或者 Shell 命令出错的情况下，数据将会丢失。表 9-8 为 Exec Source 属性列表，其中必需属性为粗体显示。

表 9-8 Exec Source 的属性列表

| 属性名 | 默认值 | 描　　述 |
| --- | --- | --- |
| **channels** | — | 绑定到 source 上的 channel |
| **type** | — | 类型名称，需要的是 Exec |
| **command** | — | 要执行的 Unix 命令 |
| shell | — | 用于运行命令的 shell |
| restart Throttle | 1000 | 在尝试重新启动之前等待的时间(单位为 millis) |
| restart | false | 如果 cmd 宕机了是否重启 cmd |
| logStdErr | false | 是否应该记录该命令的 StdErr |
| batchSize | 20 | 同时发送到通道中的最大行数 |
| batch Timeout | 3000 | 如果缓冲区没有满，则经过多长时间发送数据 |
| selector. type | replicating | 复制还是多路复用 |
| selector. * | — | 依赖于 selector. type 的值 |
| interceptors | — | 空格分隔的拦截器列表 |
| interceptors.* | — | 依赖于 interceptor.type 的值 |

## 二、HDFS Sink

HDFS Sink 是 Flume Sink 提供的重要类型之一，HDFS Sink 接收器将事件写入 Hadoop 分布式文件系统(HDFS)。HDFS Sink 支持创建文本和序列文件，并支持各种类型文件的压缩。可以根据经过的时间、数据大小或事件数目定期回滚文件(关闭当前文件并创建一个新文件)。HDFS 目录路径可能包含格式化转义序列，这些序列将由 HDFS 接收器取代，以生成用于存储事件的目录或文件名。使用此接收器需要安装 Hadoop，以便 Flume 可以使用 Hadoop jar 包与 HDFS 集群进行通信。表 9-9 为 HDFS Sink 常用属性列表，其中必需属性为粗体显示。

表 9-9　HDFS Sink 常用属性列表

| 属性名 | 默认值 | 描　述 |
| --- | --- | --- |
| **channel** | — | |
| **type** | — | 组件类型，需要的是 HDFS |
| **hdfs.path** | — | 写入 HDFS 的路径，需要包含文件系统标识，如 hdfs://namenode/flume/webdata/ |
| hdfs.inUseSuffix | .tmp | Flume 临时文件名的后缀 |
| hdfs.rollInterval | 30 | HDFS Sink 间隔多长时间(单位：s)将临时文件最终滚动成目标文件。如果设置成 0，则表示不根据时间来滚动文件 |
| hdfs.rollSize | 1024 | 当临时文件达到该大小时(单位：Byte)，滚动成目标文件。如果设置成 0，则表示不根据临时文件大小来滚动文件 |
| hdfs.rollCount | 10 | 当 Event 数据达到该数量时，将临时文件滚动成目标文件。如果设置成 0，则表示不根据 Event 数据来滚动文件 |
| hdfs.fileType | SequenceFile | 文件格式，包括 SequenceFile、DataStream 和 CompressedStream。当使用 DataStream 时，文件不会被压缩，不需要设置 hdfs.codeC 值；当使用 CompressedStream 时，必须设置一个正确的 hdfs.codeC 值 |
| hdfs.filePrefix | FlumeData | 写入 HDFS 的文件名前缀 |
| hdfs.fileSuffix | — | 写入 HDFS 的文件名后缀 |
| hdfs.batchSize | 100 | 每个批次刷新到 HDFS 上的 Event 数量 |
| hdfs.maxOpenFiles | 5000 | 最大允许打开的 HDFS 文件数，当打开的文件数达到该值时，最早打开的文件将会被关闭 |
| hdfs.round | false | 是否启用时间上的“舍弃”，这里的“舍弃”类似于“四舍五入”。如果启用，则会影响除了%t 的其他所有时间表达式 |
| hdfs.roundValue | 1 | 时间上进行“舍弃”的值 |
| hdfs.roundUnit | second | 单位：时、分、秒 |
| hdfs.timeZone | Local Time | 解析文件路径的时区名称 |
| hdfs.useLocalTimeStamp | false | 是否使用本地时间戳 |

HDFS Sink 属性配置举例如下(Agent 名称为 a1)：

```
a1.channels = c1
a1.sinks = k1
a1.sinks.k1.type = hdfs
a1.sinks.k1.channel = c1
a1.sinks.k1.hdfs.path=/flume/events/%y-%m-%d/%H%M/%S
a1.sinks.k1.hdfs.filePrefix = events-
a1.sinks.k1.hdfs.round = true
a1.sinks.k1.hdfs.roundValue = 10
a1.sinks.k1.hdfs.roundUnit = minute
```

## 三、Hive Sink

Hive Sink 接收器将包含定界文本或 JSON 数据的事件直接流到 Hive 表或分区中，使用 Hive 事务编写事件。一旦将一组事件提交给 Hive，它们便立即对 Hive 查询可见。可以预创建将要发送到 Hive 的分区；或者如果丢失，则可以选择由 Flume 创建分区，来自传入事件数据的字段被映射到 Hive 表中的相应列。表 9-10 为 Hive Sink 属性列表，其中必需属性为粗体显示。

表 9-10　Hive Sink 属性列表

| 属性名 | 默认值 | 描　述 |
|---|---|---|
| **channel** | — | |
| **type** | — | 组件类型，需要的是 Hive |
| **hive. metastore** | — | Hive 数据源 URI |
| **hive.database** | — | Hive 数据库名 |
| **hive.table** | — | Hive 表名 |
| hive.partition | — | 逗号分隔的分区值列表，用于标识要写入的分区，可能包含转义序列 |
| hive.txnsPerBatchAsk | 100 | Hive 将诸如 Flume 之类的流客户端授予一批事务而不是单笔事务。此设置配置每个事务批处理所需的事务数。单个批次中来自所有事务的数据最终存储在单个文件中。Flume 将在批处理中的每个事务中最多写入一个 batchSize 事件。此设置与 batchSize 结合使用，可以控制每个文件的大小 |
| heartBeatInterval | 240 | 发送给 Hive 的连续心跳之间的时间间隔，以防止未使用的事务过期，单位为秒。将此值设置为 0，以禁用心跳 |
| autoCreatePartitions | true | Flume 是否自动创建必要的 Hive 分区以流式传输 |
| batchSize | 15000 | 单个 Hive 事务中写入 Hive 的最大事件数 |
| maxOpenConnections | 500 | 允许打开的最大连接数，如果超过此数目，则关闭最近最少使用的连接 |
| callTimeout | 10000 | Hive 和 HDFS I/O 操作的超时时长(例如：openTxn、写入、提交、中止) |

续表

| 属性名 | 默认值 | 描　述 |
|---|---|---|
| **serializer** | — | 序列化器负责从事件中解析字段并将它们映射到配置单元表中的列。串行器的选择取决于事件中数据的格式。<br>支持的序列化器：DELIMITED 和 JSON |
| roundUnit | minute | 时间上进行“舍弃”的单位，可以为时、分、秒 |
| roundValue | 1 | 时间上进行“舍弃”的值 |
| timeZone | Local Time | 解析分区中的转义序列时应使用的时区名称，例如美国/洛杉矶 |
| useLocalTimeStamp | false | 替换转义序列时，是否使用本地时间(而不是事件标头中的时间戳) |

Hive Sink 属性配置举例如下(Agent 名称为 a1)：

```
a1.channels = c1
a1.channels.c1.type = memory
a1.sinks = k1
a1.sinks.k1.type = hive
a1.sinks.k1.channel = c1
a1.sinks.k1.hive.metastore = thrift://127.0.0.1:9083
a1.sinks.k1.hive.database = logsdb
a1.sinks.k1.hive.table = weblogs
a1.sinks.k1.hive.partition = asia,%{country},%y-%m-%d-%H-%M
a1.sinks.k1.useLocalTimeStamp = false
a1.sinks.k1.round = true
a1.sinks.k1.roundValue = 10
a1.sinks.k1.roundUnit = minute
a1.sinks.k1.serializer = DELIMITED
a1.sinks.k1.serializer.delimiter = "\t"
a1.sinks.k1.serializer.serdeSeparator = '\t'
a1.sinks.k1.serializer.fieldnames =id, msg
```

## 任务实施

### 监听 Hive 日志文件并输出到 Flume 控制台

监听 Hive 日志文件并输出到 Flume 控制台

#### 1. 启动 Hadoop

启动 Hadoop，并查看是否启动成功。命令如下：

```
[root@hadoop flume]# cd /opt/software/hadoop-2.7.6
[root@hadoop hadoop-2.7.6]# cd /opt/software/hadoop-2.7.6/sbin/
[root@hadoop sbin]# start-dfs.sh
Starting namenodes on [hadoop]
```

```
root@hadoop's password:
hadoop: namenode running as process 14381. Stop it first.
root@hadoop's password:
hadoop: datanode running as process 14514. Stop it first.
Starting secondary namenodes [0.0.0.0]
root@0.0.0.0's password:
0.0.0.0: secondarynamenode running as process 14687. Stop it first.
[root@hadoop sbin]# start-yarn.sh
starting yarn daemons
resourcemanager running as process 14856. Stop it first.
root@hadoop's password:
hadoop: nodemanager running as process 15148. Stop it first.
[root@hadoop sbin]# jps
14514 DataNode
21605 Jps
14856 ResourceManager
15148 NodeManager
14381 NameNode
14687 SecondaryNameNode
```

### 2. 启动 Hive

启动 Hive，命令如下：

```
[root@hadoop ~]# cd /opt/software/hive/
[root@hadoop hive]# cd /opt/software/hive/bin
[root@hadoop bin]# hive
which: no hbase in (/opt/software/sqoop/bin:/usr/local/sbin:/usr/local/bin:/usr/sbin:/usr/bin:/opt/software/jdk1.8.0_131/bin:/opt/software/hadoop-2.7.6/bin:/opt/software/hadoop-2.7.6/sbin:/opt/software/hive/bin:/opt/software/flume/bin:/root/bin)
SLF4J: Class path contains multiple SLF4J bindings.
SLF4J: Found binding in [jar:file:/opt/software/hive/lib/log4j-slf4j-impl-2.6.2.jar!/org/slf4j/impl/StaticLoggerBinder.class]
SLF4J: Found binding in [jar:file:/opt/software/hadoop-2.7.6/share/hadoop/common/lib/slf4j-log4j12-1.7.10.jar!/org/slf4j/ impl/StaticLoggerBinder.class]
SLF4J: See http://www.slf4j.org/codes.html#multiple_bindings for an explanation.
SLF4J: Actual binding is of type [org.apache.logging.slf4j.Log4jLoggerFactory]
Logging initialized using configuration in file:/opt/software/hive/conf/hive-log4j2.properties Async: true
Hive-on-MR is deprecated in Hive 2 and may not be available in the future versions. Consider using a different execution engine (i.e. spark, tez) or using Hive 1.X releases.
```

### 3. 编辑 file-flume-logger.conf 配置文件

在 job 文件夹新建 Flume 配置文件 file-flume-logger.conf，命令如下：

```
[root@hadoop flume]# cd /opt/software/flume/job/
[root@hadoop job]# touch file-flume-logger.conf
```

使用 vi 命令编辑 Flume 配置文件 file-flume-logger.conf，可分为以下五步：

(1) 为 Agent 组件(Source，Channel，Sink)起名，配置如下：

```
a1.sources = r1
a1.sinks = k1
a1.channels = c1
```

(2) 配置 Source 相关属性：

```
a1.sources.r1.type = exec
a1.sources.r1.command=tail -f /home/hadoop/hive/logs/hive.log
```

(3) 配置 Sink 相关属性：

```
a1.sinks.k1.type = logger
```

(4) 配置 Channel 相关属性：

```
a1.channels.c1.type = memory
a1.channels.c1.capacity = 1000
a1.channels.c1.transactionCapacity = 100
```

(5) 绑定 Source-Channels、Sink-Channel，配置如下：

```
a1.sources.r1.channels = c1
a1.sinks.k1.channel = c1
```

完整的 Flume 配置文件如下：

```
#name the components on this agent
a1.sources = r1
a1.sinks = k1
a1.channels = c1
# Describe/configure the source
a1.sources.r1.type = exec
a1.sources.r1.command=tail -f /home/hadoop/hive/logs/hive.log
# Describe the sink
a1.sinks.k1.type = logger
# Use a channel which buffers events in memory
a1.channels.c1.type = memory
a1.channels.c1.capacity = 1000
a1.channels.c1.transactionCapacity = 100
# Bind the source and sink to the channel
a1.sources.r1.channels = c1
a1.sinks.k1.channel = c1
```

### 4. 启动 Flume Agent

(1) 在 Flume 安装根目录下启动 Flume Agent，命令如下：

```
[root@hadoop ~]# cd /opt/software/flume/
[root@hadoop flume]# bin/flume-ng agent -c conf -f job/file-flume-logger.conf  -n a1
-Dflume.root.logger=INFO
```

运行结果如图 9-4 所示。

```
[root@hadoop flume]# bin/flume-ng agent -n a1 -c conf -f job/file-flume-logger.conf -Dflume.root.logger=INFO,console
Info: Sourcing environment configuration script /opt/software/flume/conf/flume-env.sh
Info: Including Hadoop libraries found via (/opt/software/hadoop-2.7.6/bin/hadoop) for HDFS access
Info: Including Hive libraries found via (/opt/software/hive) for Hive access
+ exec /opt/software/jdk1.8.0_131/bin/java -Xmx20m -Dflume.root.logger=INFO,console -cp '/opt/software/flume/conf:/o
t/software/flume/lib/*:/opt/software/hadoop-2.7.6/etc/hadoop:/opt/software/hadoop-2.7.6/share/hadoop/common/lib/*:/o
t/software/hadoop-2.7.6/share/hadoop/common/*:/opt/software/hadoop-2.7.6/share/hadoop/hdfs:/opt/software/hadoop-2.7.
/share/hadoop/hdfs/lib/*:/opt/software/hadoop-2.7.6/share/hadoop/hdfs/*:/opt/software/hadoop-2.7.6/share/hadoop/yarn
lib/*:/opt/software/hadoop-2.7.6/share/hadoop/yarn/*:/opt/software/hadoop-2.7.6/share/hadoop/mapreduce/lib/*:/opt/so
tware/hadoop-2.7.6/share/hadoop/mapreduce/*:/opt/software/hadoop-2.7.6/contrib/capacity-scheduler/*.jar:/opt/softwar
/hive/lib/*' -Djava.library.path=:/opt/software/hadoop-2.7.6/lib/native org.apache.flume.node.Application -n a1 -f j
b/file-flume-logger.conf
SLF4J: Class path contains multiple SLF4J bindings.
SLF4J: Found binding in [jar:file:/opt/software/flume/lib/slf4j-log4j12-1.7.25.jar!/org/slf4j/impl/StaticLoggerBinde
.class]
SLF4J: Found binding in [jar:file:/opt/software/hadoop-2.7.6/share/hadoop/common/lib/slf4j-log4j12-1.7.10.jar!/org/s
f4j/impl/StaticLoggerBinder.class]
SLF4J: Found binding in [jar:file:/opt/software/hive/lib/log4j-slf4j-impl-2.6.2.jar!/org/slf4j/impl/StaticLoggerBind
r.class]
SLF4J: See http://www.slf4j.org/codes.html#multiple_bindings for an explanation.
SLF4J: Actual binding is of type [org.slf4j.impl.Log4jLoggerFactory]
2020-06-13 13:44:23,660 (lifecycleSupervisor-1-0) [INFO - org.apache.flume.node.PollingPropertiesFileConfigurationPr
vider.start(PollingPropertiesFileConfigurationProvider.java:62)] Configuration provider starting
2020-06-13 13:44:23,666 (conf-file-poller-0) [INFO - org.apache.flume.node.PollingPropertiesFileConfigurationProvide
$FileWatcherRunnable.run(PollingPropertiesFileConfigurationProvider.java:138)] Reloading configuration file:job/file
flume-logger.conf
omponentConfig(FlumeConfiguration.java:1203)] Processing:r1
2020-06-13 13:44:23,673 (conf-file-poller-0) [INFO - org.apache.flume.conf.FlumeConfiguration$AgentConfiguration.a
omponentConfig(FlumeConfiguration.java:1203)] Processing:c1
2020-06-13 13:44:23,673 (conf-file-poller-0) [INFO - org.apache.flume.conf.FlumeConfiguration$AgentConfiguration.a
omponentConfig(FlumeConfiguration.java:1203)] Processing:c1
2020-06-13 13:44:23,673 (conf-file-poller-0) [INFO - org.apache.flume.conf.FlumeConfiguration$AgentConfiguration.a
omponentConfig(FlumeConfiguration.java:1203)] Processing:r1
2020-06-13 13:44:23,673 (conf-file-poller-0) [INFO - org.apache.flume.conf.FlumeConfiguration$AgentConfiguration.a
roperty(FlumeConfiguration.java:1117)] Added sinks: k1 Agent: a1
2020-06-13 13:44:23,673 (conf-file-poller-0) [INFO - org.apache.flume.conf.FlumeConfiguration$AgentConfiguration.a
omponentConfig(FlumeConfiguration.java:1203)] Processing:c1
2020-06-13 13:44:23,674 (conf-file-poller-0) [INFO - org.apache.flume.conf.FlumeConfiguration$AgentConfiguration.a
omponentConfig(FlumeConfiguration.java:1203)] Processing:k1
2020-06-13 13:44:23,674 (conf-file-poller-0) [INFO - org.apache.flume.conf.FlumeConfiguration$AgentConfiguration.a
omponentConfig(FlumeConfiguration.java:1203)] Processing:r1
2020-06-13 13:44:23,674 (conf-file-poller-0) [INFO - org.apache.flume.conf.FlumeConfiguration$AgentConfiguration.a
omponentConfig(FlumeConfiguration.java:1203)] Processing:k1
2020-06-13 13:44:23,674 (conf-file-poller-0) [WARN - org.apache.flume.conf.FlumeConfiguration$AgentConfiguration.v
dateConfigFilterSet(FlumeConfiguration.java:623)] Agent configuration for 'a1' has no configfilters.
2020-06-13 13:44:23,692 (conf-file-poller-0) [INFO - org.apache.flume.conf.FlumeConfiguration.validateConfiguratio
lumeConfiguration.java:163)] Post-validation flume configuration contains configuration for agents: [a1]
2020-06-13 13:44:23,693 (conf-file-poller-0) [INFO - org.apache.flume.node.AbstractConfigurationProvider.loadChann
(AbstractConfigurationProvider.java:151)] Creating channels
2020-06-13 13:44:23,699 (conf-file-poller-0) [INFO - org.apache.flume.channel.DefaultChannelFactory.create(Default
nnelFactory.java:42)] Creating instance of channel c1 type memory
2020-06-13 13:44:23,703 (conf-file-poller-0) [INFO - org.apache.flume.node.AbstractConfigurationProvider.loadChann
(AbstractConfigurationProvider.java:205)] Created channel c1
2020-06-13 13:44:23,707 (conf-file-poller-0) [INFO - org.apache.flume.source.DefaultSourceFactory.create(DefaultSo
eFactory.java:41)] Creating instance of source r1, type exec
2020-06-13 13:44:23,716 (conf-file-poller-0) [INFO - org.apache.flume.sink.DefaultSinkFactory.create(DefaultSinkFa
ry.java:42)] Creating instance of sink: k1, type: logger
2020-06-13 13:44:23,719 (conf-file-poller-0) [INFO - org.apache.flume.node.AbstractConfigurationProvider.getConfig
2020-06-13 13:44:23,716 (conf-file-poller-0) [INFO - org.apache.flume.sink.DefaultSinkFactory.create(DefaultSinkFa
ry.java:42)] Creating instance of sink: k1, type: logger
2020-06-13 13:44:23,719 (conf-file-poller-0) [INFO - org.apache.flume.node.AbstractConfigurationProvider.getConfig
tion(AbstractConfigurationProvider.java:120)] Channel c1 connected to [r1, k1]
2020-06-13 13:44:23,724 (conf-file-poller-0) [INFO - org.apache.flume.node.Application.startAllComponents(Applicat
.java:162)] Starting new configuration:{ sourceRunners:{r1=EventDrivenSourceRunner: { source:org.apache.flume.sour
ExecSource{name:r1,state:IDLE} }} sinkRunners:{k1=SinkRunner: { policy:org.apache.flume.sink.DefaultSinkProcessor@
880ef counterGroup:{ name:null counters:{} } }} channels:{c1=org.apache.flume.channel.MemoryChannel{name: c1}} }
2020-06-13 13:44:23,727 (conf-file-poller-0) [INFO - org.apache.flume.node.Application.startAllComponents(Applicat
.java:169)] Starting Channel c1
2020-06-13 13:44:23,788 (lifecycleSupervisor-1-0) [INFO - org.apache.flume.instrumentation.MonitoredCounterGroup.r
ster(MonitoredCounterGroup.java:119)] Monitored counter group for type: CHANNEL, name: c1: Successfully registered
w MBean.
2020-06-13 13:44:23,789 (lifecycleSupervisor-1-0) [INFO - org.apache.flume.instrumentation.MonitoredCounterGroup.s
t(MonitoredCounterGroup.java:95)] Component type: CHANNEL, name: c1 started
```

图 9-4　Flume 监听 Hive 日志文件启动后运行结果

(2) 在 Hive 操作数据库 hive，列出其下所有的数据表：

```
hive> use hive;
OK
Time taken: 3.469 seconds
hive> show tables;
```

```
OK
student
teacher
Time taken: 0.135 seconds, Fetched: 2 row(s)
```

(3) 查看 Flume 控制台的输出数据：

```
2020-06-11 23:11:26,257 (SinkRunner-PollingRunner-DefaultSinkProcessor) [INFO - org.apache.flume.sink.LoggerSink.process(LoggerSink.java:95)] Event: { headers:{} body: 09 61 74 20 6F 72 67 2E 61 70 61 63 68 65 2E 68 .at org.apache.h }
2020-06-11 23:11:26,257 (SinkRunner-PollingRunner-DefaultSinkProcessor) [INFO - org.apache.flume.sink.LoggerSink.process(LoggerSink.java:95)] Event: { headers:{} body: }
2020-06-11 23:11:26,257 (SinkRunner-PollingRunner-DefaultSinkProcessor) [INFO - org.apache.flume.sink.LoggerSink.process(LoggerSink.java:95)] Event: { headers:{} body: 32 30 32 30 2D 30 36 2D 31 31 54 32 33 3A 31 31 2020-06-11T23:11 }
```

Flume 将 hive.log 中实时增加的数据输出到控制台。

## 能力拓展　Flume 监听 Hive 日志文件并输出到 HDFS

Flume 监听 Hive 运行时所产生的日志文件，并将监听到的数据输出到 HDFS。

Flume 监听 Hive 日志文件并输出到 HDFS

### 1. 启动 Hadoop

启动 Hadoop，并查看是否启动成功。命令如下：

```
[root@hadoop flume]# cd /opt/software/hadoop-2.7.6
[root@hadoop hadoop-2.7.6]# cd /opt/software/hadoop-2.7.6/sbin/
[root@hadoop sbin]# start-dfs.sh
Starting namenodes on [hadoop]
root@hadoop's password:
hadoop: namenode running as process 14381. Stop it first.
root@hadoop's password:
hadoop: datanode running as process 14514. Stop it first.
Starting secondary namenodes [0.0.0.0]
root@0.0.0.0's password:
0.0.0.0: secondarynamenode running as process 14687. Stop it first.
[root@hadoop sbin]# start-yarn.sh
starting yarn daemons
resourcemanager running as process 14856. Stop it first.
root@hadoop's password:
hadoop: nodemanager running as process 15148. Stop it first.
[root@hadoop sbin]# jps
```

```
14514 DataNode
21605 Jps
14856 ResourceManager
15148 NodeManager
14381 NameNode
14687 SecondaryNameNode
```

### 2. 启动 Hive

启动 Hive，命令如下：

```
[root@hadoop ~]# cd /opt/software/hive/
[root@hadoop hive]# cd /opt/software/hive/bin
[root@hadoop bin]# hive
which: no hbase in (/opt/software/sqoop/bin:/usr/local/sbin:/usr/local/bin:/usr/sbin:/usr/bin:/opt/software/jdk1.8.0_131/bin:/opt/software/hadoop-2.7.6/bin:/opt/software/hadoop-2.7.6/sbin:/opt/software/hive/bin:/opt/software/flume/bin:/root/bin)
SLF4J: Class path contains multiple SLF4J bindings.
SLF4J: Found binding in [jar:file:/opt/software/hive/lib/log4j-slf4j-impl-2.6.2.jar!/org/slf4j/impl/StaticLoggerBinder.class]
SLF4J: Found binding in [jar:file:/opt/software/hadoop-2.7.6/share/hadoop/common/lib/slf4j-log4j12-1.7.10.jar!/org/slf4j/ impl/StaticLoggerBinder.class]
SLF4J: See http://www.slf4j.org/codes.html#multiple_bindings for an explanation.
SLF4J: Actual binding is of type [org.apache.logging.slf4j.Log4jLoggerFactory]
Logging initialized using configuration in file:/opt/software/hive/conf/hive-log4j2.properties Async: true
Hive-on-MR is deprecated in Hive 2 and may not be available in the future versions. Consider using a different execution engine (i.e. spark, tez) or using Hive 1.X releases.
```

### 3. 编辑 file-flume-hdfs.conf 配置文件

在 job 文件夹下新建 Flume 配置文件 file-flume-hdfs.conf，命令如下：

```
[root@hadoop flume]# cd /opt/software/flume/job/
[root@hadoop job]# touch file-flume-hdfs.conf
```

使用 vi 命令编辑 Flume 配置文件 file-flume-hdfs.conf，可分为以下五步：

(1) 为 Agent 组件(Source，Channel，Sink)起名，配置如下：

```
a1.sources = r1
a1.sinks = k1
a1.channels = c1
```

(2) 配置 Source 相关属性：

```
a1.sources.r1.type = exec
a1.sources.r1.command=tail -F /home/hadoop/hive/logs/hive.log
```

(3) 配置 Sink 相关属性：

```
# Describe the sink
a1.sinks.k1.type = hdfs
a1.sinks.k1.hdfs.path = /flume/event/%Y-%m-%d/%H
a1.sinks.k1.hdfs.filePrefix = logs-
#是否按照时间回滚文件夹
a1.sinks.k1.hdfs.round = true
a1.sinks.k1.hdfs.roundValue = 1
a1.sinks.k1.hdfs.roundUnit = hour
a1.sinks.k1.hdfs.useLocalTimeStamp=true
#积攒多少个 Event 才缓冲传入 HDFS 一次
a1.sinks.k1.hdfs.batchsize = 1000
a1.sinks.k1.hdfs.fileType=DataStream
#多久生成一个新文件
a1.sinks.k1.hdfs.rollInterval=60
#设置每个文件的滚动大小
a1.sinks.k1.hdfs.rollSize=134217700
#文件滚动与 Event 无关
a1.sinks.k1.hdfs.rollCount=0
```

(4) 配置 Channel 相关属性：

```
a1.channels.c1.type = memory
a1.channels.c1.capacity = 1000
a1.channels.c1.transactionCapacity = 100
```

(5) 绑定 Source-Channels、Sink-Channel，配置如下：

```
a1.sources.r1.channels = c1
a1.sinks.k1.channel = c1
```

完整的 Flume 配置文件如下：

```
#name the components on this agent
a1.sources = r1
a1.sinks = k1
a1.channels = c1
# Describe/configure the source
a1.sources.r1.type = exec
a1.sources.r1.command=tail -F /home/hadoop/hive/logs/hive.log
# Describe the sink
a1.sinks.k1.type = hdfs
a1.sinks.k1.hdfs.path = /flume/event/%Y-%m-%d/%H
a1.sinks.k1.hdfs.filePrefix = logs-
#是否按照时间回滚文件夹
a1.sinks.k1.hdfs.round = true
```

a1.sinks.k1.hdfs.roundValue = 1

a1.sinks.k1.hdfs.roundUnit = hour

a1.sinks.k1.hdfs.useLocalTimeStamp=true

#积攒多少个 Event 才缓冲传入 HDFS 一次

a1.sinks.k1.hdfs.batchsize = 1000

a1.sinks.k1.hdfs.fileType=DataStream

#多久生成一个新文件

a1.sinks.k1.hdfs.rollInterval=60

#设置每个文件的滚动大小

a1.sinks.k1.hdfs.rollSize=134217700

#文件滚动与 Event 无关

a1.sinks.k1.hdfs.rollCount=0

# Use a channel which buffers events in memory

a1.channels.c1.type = memory

a1.channels.c1.capacity = 1000

a1.channels.c1.transactionCapacity = 100

# Bind the source and sink to the channel

a1.sources.r1.channels = c1

a1.sinks.k1.channel = c1

### 4. 启动 Flume Agent

(1) 在 Flume 安装根目录下启动 Flume Agent，命令如下：

[root@hadoop ~]# cd /opt/software/flume/

[root@hadoop flume]# bin/flume-ng agent -c conf -f job/file-flume-hdfs.conf -n a1 -Dflume.root.logger=INFO

运行结果如图 9-5 所示。

```
[root@hadoop flume]# bin/flume-ng agent -n a1 -c conf -f job/file-flume-hdfs.conf -Dflume.root.logger=INFO,console
Info: Sourcing environment configuration script /opt/software/flume/conf/flume-env.sh
Info: Including Hadoop libraries found via (/opt/software/hadoop-2.7.6/bin/hadoop) for HDFS access
Info: Including Hive libraries found via (/opt/software/hive) for Hive access
+ exec /opt/software/jdk1.8.0_131/bin/java -Xmx20m -Dflume.root.logger=INFO,console -cp '/opt/software/flume/conf:/op
t/software/flume/lib/*:/opt/software/hadoop-2.7.6/etc/hadoop:/opt/software/hadoop-2.7.6/share/hadoop/common/lib/*:/op
t/software/hadoop-2.7.6/share/hadoop/common/*:/opt/software/hadoop-2.7.6/share/hadoop/hdfs:/opt/software/hadoop-2.7.6
/share/hadoop/hdfs/lib/*:/opt/software/hadoop-2.7.6/share/hadoop/hdfs/*:/opt/software/hadoop-2.7.6/share/hadoop/yarn/
lib/*:/opt/software/hadoop-2.7.6/share/hadoop/yarn/*:/opt/software/hadoop-2.7.6/share/hadoop/mapreduce/lib/*:/opt/sof
tware/hadoop-2.7.6/share/hadoop/mapreduce/*:/opt/software/hadoop-2.7.6/contrib/capacity-scheduler/*.jar:/opt/software
/hive/lib/*' -Djava.library.path=:/opt/software/hadoop-2.7.6/lib/native org.apache.flume.node.Application -n a1 -f jo
b/file-flume-hdfs.conf
SLF4J: Class path contains multiple SLF4J bindings.
SLF4J: Found binding in [jar:file:/opt/software/flume/lib/slf4j-log4j12-1.7.25.jar!/org/slf4j/impl/StaticLoggerBinder
.class]
SLF4J: Found binding in [jar:file:/opt/software/hadoop-2.7.6/share/hadoop/common/lib/slf4j-log4j12-1.7.10.jar!/org/sl
f4j/impl/StaticLoggerBinder.class]
SLF4J: Found binding in [jar:file:/opt/software/hive/lib/log4j-slf4j-impl-2.6.2.jar!/org/slf4j/impl/StaticLoggerBinde
r.class]
SLF4J: See http://www.slf4j.org/codes.html#multiple_bindings for an explanation.
SLF4J: Actual binding is of type [org.slf4j.impl.Log4jLoggerFactory]
2020-12-06 21:53:34,600 (lifecycleSupervisor-1-0) [INFO - org.apache.flume.node.PollingPropertiesFileConfigurationPro
vider.start(PollingPropertiesFileConfigurationProvider.java:62)] Configuration provider starting
2020-12-06 21:53:34,608 (conf-file-poller-0) [INFO - org.apache.flume.node.PollingPropertiesFileConfigurationProvider
$FileWatcherRunnable.run(PollingPropertiesFileConfigurationProvider.java:138)] Reloading configuration file:job/file-
flume-hdfs.conf
2020-12-06 21:53:34,619 (conf-file-poller-0) [INFO - org.apache.flume.conf.FlumeConfiguration$AgentConfiguration.addC
omponentConfig(FlumeConfiguration.java:1203)] Processing:k1
2020-12-06 21:53:34,621 (conf-file-poller-0) [INFO - org.apache.flume.conf.FlumeConfiguration$AgentConfiguration.addC
omponentConfig(FlumeConfiguration.java:1203)] Processing:k1
2020-12-06 21:53:34,621 (conf-file-poller-0) [INFO - org.apache.flume.conf.FlumeConfiguration$AgentConfiguration.addC
omponentConfig(FlumeConfiguration.java:1203)] Processing:c1
```

图 9-5 Flume 监听 Hive 日志文件启动运行图

(2) 在 Hive 中操作数据库 hive，列出其下所有的数据表：

```
hive> use hive;
OK
Time taken: 3.469 seconds
hive> show tables;
OK
student
teacher
Time taken: 0.135 seconds, Fetched: 2 row(s)
```

(3) 进入 HDFS Web 端页面，查看按照 file-flume-hdfs.conf 配置的文件格式生成的文件，文件夹的格式为“/flume/event/%Y-%m-%d/%H”，文件名的前缀为“logs-”。HDFS 生成的文件如图 9-6 所示。

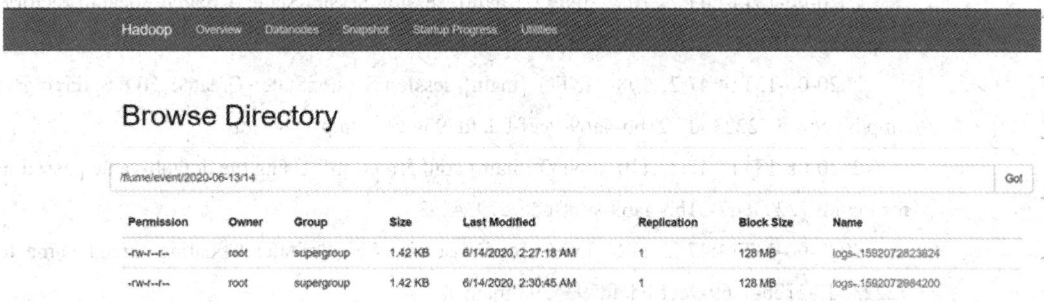


| Permission | Owner | Group | Size | Last Modified | Replication | Block Size | Name |
|---|---|---|---|---|---|---|---|
| -rw-r--r-- | root | supergroup | 1.42 KB | 6/14/2020, 2:27:18 AM | 1 | 128 MB | logs-.1592072823824 |
| -rw-r--r-- | root | supergroup | 1.42 KB | 6/14/2020, 2:30:45 AM | 1 | 128 MB | logs-.1592072984200 |

图 9-6　HDFS 生成的文件

过了 60 s 后，回滚生成的新文件如图 9-7 所示。

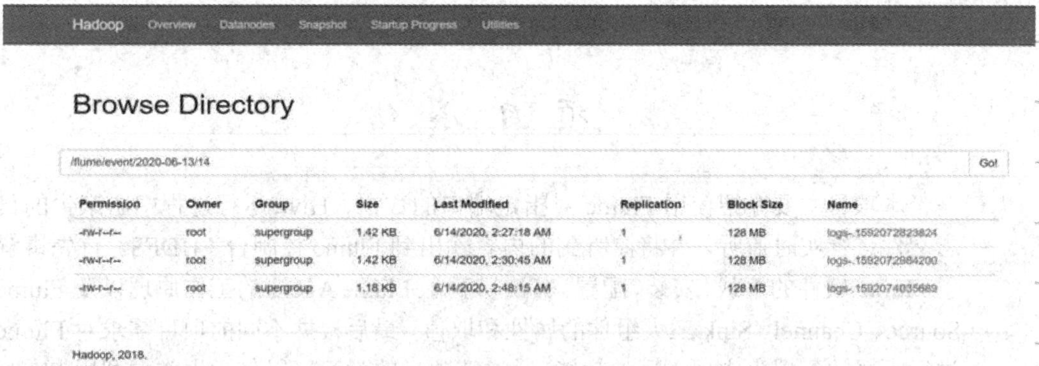


| Permission | Owner | Group | Size | Last Modified | Replication | Block Size | Name |
|---|---|---|---|---|---|---|---|
| -rw-r--r-- | root | supergroup | 1.42 KB | 6/14/2020, 2:27:18 AM | 1 | 128 MB | logs-.1592072823824 |
| -rw-r--r-- | root | supergroup | 1.42 KB | 6/14/2020, 2:30:45 AM | 1 | 128 MB | logs-.1592072984200 |
| -rw-r--r-- | root | supergroup | 1.18 KB | 6/14/2020, 2:48:15 AM | 1 | 128 MB | logs-.1592074035689 |

图 9-7　HDFS 回滚生成的新文件

(4) 使用 HDFS 文件操作命令查看生成文件的内容：

```
[root@hadoop ~]# hadoop fs -ls /flume/event/2020-06-13/14
Found 4 items
-rw-r--r--   1 root supergroup       1452  2020-06-13  14:27  /flume/event/2020-06-13/14/logs-.1592072823824
-rw-r--r--   1 root supergroup       1452  2020-06-13  14:30  /flume/event/2020-06-13/14/logs-.1592072984200
```

```
-rw-r--r--   1 root supergroup     1213 2020-06-13 14:48 /flume/event/2020-06-13/14/logs-.1592074035689
-rw-r--r--   1 root supergroup     2683 2020-06-13 14:49 /flume/event/2020-06-13/14/logs-.1592074155701.tmp
[root@hadoop ~]# hadoop fs -cat /flume/event/2020-06-13/14/logs-.1592074035689
2020-06-13T14:47:15,686  INFO [main] conf.HiveConf: Found configuration file file:/opt/software/hive/conf/hive-site.xml
2020-06-13T14:47:18,477  INFO [main] SessionState:
Logging initialized using configuration in file:/opt/software/hive/conf/hive-log4j2.properties Async: true
2020-06-13T14:47:22,006  INFO [main] session.SessionState: Created HDFS directory: /tmp/hive/root/722236d7-21bb-4a69-9eef-bdefd7934293
2020-06-13T14:47:22,103  INFO [main] session.SessionState: Created local directory: /tmp/root/722236d7-21bb-4a69-9eef-bdefd7934293
2020-06-13T14:47:22,108  INFO [main] session.SessionState: Created HDFS directory: /tmp/hive/root/722236d7-21bb-4a69-9eef-bdefd7934293/_tmp_space.db
2020-06-13T14:47:22,110  INFO [main] conf.HiveConf: Using the default value passed in for log id: 722236d7-21bb-4a69-9eef-bdefd7934293
2020-06-13T14:47:22,112  INFO [main] session.SessionState: Updating thread name to 722236d7-21bb-4a69-9eef-bdefd7934293 main
2020-06-13T14:47:22,113  INFO [722236d7-21bb-4a69-9eef-bdefd7934293 main] CliDriver: Hive-on-MR is deprecated in Hive 2 and may not be available in the future versions. Consider using a different execution engine (i.e. spark, tez) or using Hive 1.X releases.
```

## 项 目 小 结

本项目主要介绍使用 Flume 对指定端口的数据、Hive 运行过程中所产生的日志文件进行实时监听，并将监听到的内容输出到 Flume 控制台、HDFS。首先讲解了 Flume 软件的下载、安装、配置，其次讲解了 Flume Agent 的工作原理以及 Flume Source、Channel、Sink 三大组件的属性和取值，最后根据不同的项目需求对 Flume 进行不同的配置来实现不同的功能。通过该项目的学习可以使学生掌握利用 Flume 实时监听指定端口的数据及具体文件并输出到 Flume 控制台、HDFS 的应用。

## 课 后 习 题

### 一、选择题

1. Flume Agent 包含的三大组件包含 Source、Channel、(　　)。

A. Sink　　B. Memory　　C. Netcat　　D. Logger

2. Flume 中，Agent 命名为 a1，Source 命名为 r1，为 r1 配置其所绑定的 Channel 时，用到的属性为(　　)。

A. agent.sources.r1.channels　　B. a1.sources.source.channels

C. a1.sources.r1.channels　　D. a1.sources.r1.channel

3. Source 组件是专门用来收集数据的，可以处理各种类型、各种格式的日志数据，当 Source 监听某一端口时，type 属性值应该设置为(　　)。

A. Logger　　B. Netcat　　C. File　　D. Database

4. Channel 组件对采集到的数据进行缓存，将数据缓存到内存中时，Channel 的 type 属性应该设置为(　　)。

A. Sink　　B. Memory　　C. Netcat　　D. Logger

5. Sink 组件是用于把数据发送到目的地的组件，当目的地为控制台时，Sink 的 type 属性应该设置为(　　)。

A. Sink　　B. Memory　　C. Netcat　　D. Logger

**二、填空题**

1. Flume Agent 三大组件包括______、______、______。

2. Flume 提供的 Source 类型主要有______、______、______。

3. 在 Flume 配置文件中，Agent 命名为 a1，Sink 命名为 s1，设置 skin 种类的属性为______。

4. Flume Agent 三大组件中，______被设计为 Event 中转临时缓冲区，存储 Source 收集到的 Event，并且被______读取 Event。

5. 在 Flume 提供的多种 Channel 中，______读写速度快，但是存储数据量小，Flume 进程宕机、服务器停机或者重启都会导致数据丢失。资源充足、不关心数据丢失的场景下可以用。

**三、简答题**

1. Flume Agent 的工作原理是什么？

2. 当 Flume 监听本机 6666 端口时，配置文件中 Source 部分应该如何配置？

3. 什么是 Flume Channel？

**四、拓展练习**

1. 什么是 File Channel？

2. 如何进行 Flume 调优，以及提高 Flume 的性能？

# 项目 10 Sqoop 实现数据传输

## 项目概述

在当前大多数生产背景下，数据的采集、处理是在关系型数据库中进行的，要实现大数据的处理和分析就要实现关系型数据库和 Hadoop 平台之间所存储的数据的相互传输、转换。首先需要将数据从关系型数据库导入 Hadoop 平台，利用 Hadoop 平台强大的数据处理能力进行大数据处理。数据处理结束后，再将数据从 Hadoop 平台导出到关系型数据库中。在 Sqoop 软件出现之前，由于缺乏相应工具的支持，对 Hadoop 和关系型数据库系统中的数据进行相互传输是一件十分困难的事情。Sqoop 软件的诞生使数据在关系型数据库系统和 Hadoop 平台之间的传输变得非常方便。Sqoop 软件成立于 2009 年，刚开始是作为 Hadoop 的一个模块而存在的，后来为了更好地进行部署使用，于是成为 Apache 基金会组织的一个项目，其主要解决 Hadoop 集群数据和关系型数据库中数据的传输。

## 项目背景

使用 Sqoop 实现 HDFS 和关系型数据库 MySQL 之间的数据传输，在传输过程中要保证数据的正确性、完整性。

## 项目演示

Sqoop 将数据从 MySQL 导入 HDFS。

Sqoop 将数据从 HDFS 导出到 MySQL。

## 思政聚焦

利用 Sqoop 软件实现数据在 HDFS 和 MySQL 之间的传输、转换时，虽然数据以不同形式存储，但数据所表达的含义是不变的，必须确保信息传输过程的完整性、真实性，避免数据的丢失、损坏，这样才能实现不同形式下数据的客观、有效的分析。这个过程和辩证唯物主义所主张的保持不同意识形态下事物实事求是的客观真实性观点完全一致，利用这一思想指导软件技术发展我们才能取得不断的进步，让科技改善我们的学习、工作和生活。

## 项目主要内容

- Sqoop 简介。
- Sqoop 环境搭建。
- Sqoop 常用的命令及参数。
- Sqoop 将数据从 MySQL 导入 HDFS。
- Sqoop 将数据从 HDFS 导出到 MySQL。
- 关系数据库常用的数据操作语言 DDL。

## 思维导图

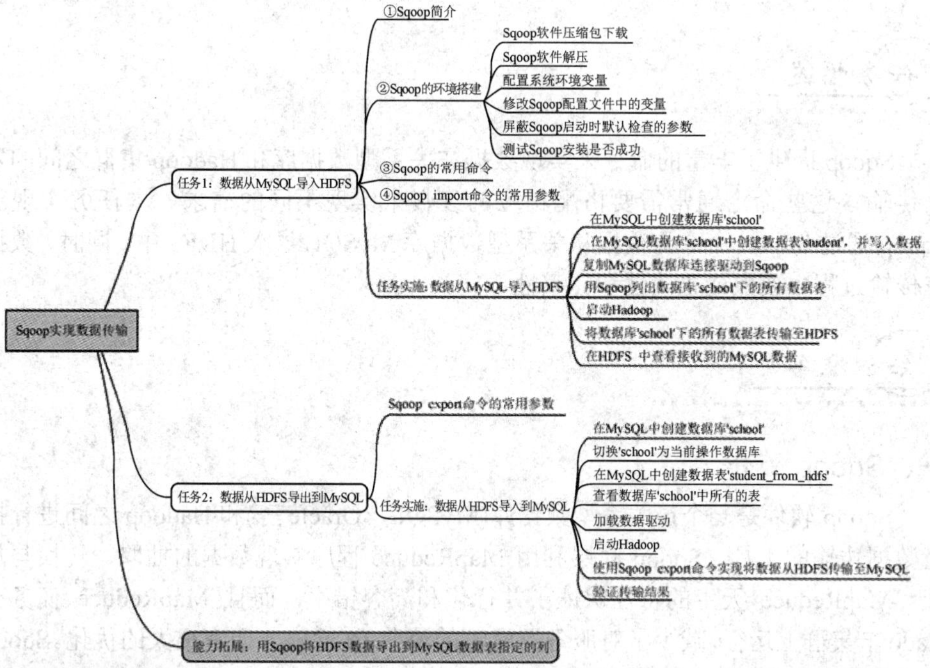


## 教学大纲

### 能力目标

◎ 能成功完成在 CentOS7 系统中搭建 Sqoop 环境。
◎ 能掌握 Sqoop 常用的命令及参数。
◎ 能使用 Sqoop 将数据从 MySQL 导入 HDFS。
◎ 能使用 Sqoop 将数据从 HDFS 导出到 MySQL。
◎ 掌握关系型数据库常用的数据操作语言 DDL。

### 知识目标

◎ 熟悉 Sqoop 常用的命令及参数。
◎ 熟悉 Sqoop 将数据从 MySQL 导入 HDFS。
◎ 熟悉 Sqoop 将数据从 HDFS 导出到 MySQL。
◎ 熟悉关系型数据库常用的数据操作语言 DDL。

学习重点

◎ Sqoop 常用的命令及参数。

◎ Sqoop 将数据从 MySQL 导入 HDFS

◎ Sqoop 将数据从 HDFS 导出到 MySQL。

学习难点

◎ Sqoop 将数据从 MySQL 导入 HDFS。

◎ Sqoop 将数据从 HDFS 导出到 MySQL。

# 任务 1　数据从 MySQL 导入 HDFS

## 任务描述

Sqoop 提供了丰富的命令来实现数据在关系型数据库和 Hadoop 集群之间的数据传输，这些命令通常需要搭配相应的参数来实现不同的需求。本任务实现了 Sqoop 通过 import 命令将数据从关系型数据库 MySQL 导入 HDFS 中。同时，数据在传输过程中要保证正确性和完整性。

## 知识准备

### 一、Sqoop 简介

Sqoop 软件是一个在关系型数据库(MySQL、Oracle 等)和 Hadoop 之间进行批量数据传输的工具。Sqoop 底层利用 MapReduce 程序实现数据的抽取、转换与加载。MapReduce 天生的特性保证了并行化和高容错率，而且 MapReduce 任务在 Hadoop 集群上运行，减少了对服务器资源的浪费，在性能方面有很大的优化。Sqoop 架构图如图 10-1 所示。

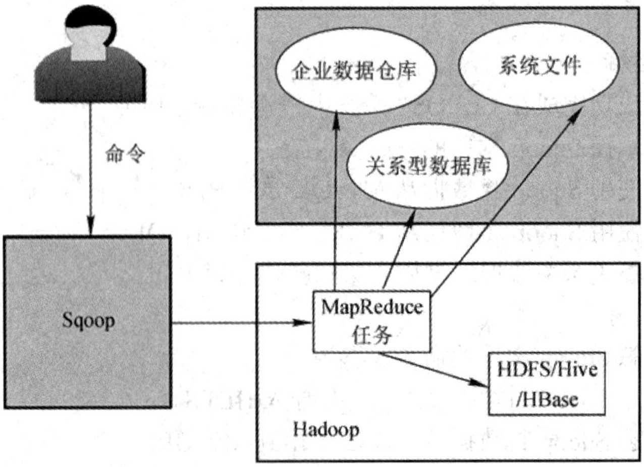


图 10-1　Sqoop 架构图

Sqoop 对于数据的导入、导出都是通过 MapReduce 作业来实现的。当 Sqoop 从关系型数据库导入数据时，MapReduce 作业会从数据库表中读取一行记录，然后将其写入 HDFS 中。在开始导入之前，Sqoop 会通过 JDBC 来获得所需要的数据库元数据，例如导入表的列名、数据类型等；接着，这些数据库的数据类型会被映射成 Java 类型，根据这些信息，Sqoop 会生成一个与表名同名的类用于完成反序列化的工作，并保存表中的每一行记录。Sqoop 启动 MapReduce 作业，MapReduce 中主要是对输入类 InputFormat 和输出类 OutputFormat 进行定制；启动的作业在数据导入的过程中会通过 JDBC 读取数据库表中的内容，并使用 Sqoop 生成的类进行反序列化，再将这些记录写入 HDFS 中；在写入 HDFS 的过程中，同样会使用 Sqoop 生成的类进行序列化。当 Sqoop 将数据从 HDFS 导出到关系型数据库时，同样会使用 MapReduce 作业。首先需要在关系型数据库中创建一个数据表，用于记录要传输的表的表名和字段，然后从 HDFS 相应的目录逐行读取数据，通过 JDBC 将数据批量导入关系型数据库的数据表中。相比于传统的数据收集工具，Sqoop 的优势有以下几点：

(1) Sqoop 可以高效、可控地利用资源。比如，它可以通过调整任务数来控制任务的并发度，还可以配置数据库的访问时间等。

(2) Sqoop 能自动地完成数据类型的映射与转换。

(3) Sqoop 支持多种关系型数据库和 Hadoop 集群之间的数据传输，比如 MySQL oracle、postgreSQL。

## 二、Sqoop 的环境搭建

### 1. Sqoop 软件压缩包的下载

在 Sqoop 官网镜像地址 https://mirror.bit.edu.cn/apache/sqoop/1.4.7/中下载 Sqoop 软件压缩“sqoop-1.4.7.bin__hadoop-2.6.0.tar.gz”，并放置在 CentOS 系统的 /opt/software 目录中。

### 2. Sqoop 软件解压

(1) 在目录/opt/software 下解压 sqoop 软件压缩包。

运行命令：tar –zxvf sqoop-1.4.7.bin__hadoop-2.6.0.tar.gz。

(2) 更改解压后的文件夹名为 sqoop。

运行命令： mv sqoop-1.4.7.bin__hadoop-2.6.0 sqoop。

### 3. 配置系统环境变量

(1) 编辑 CentOS 环境变量配置文件 /etc/profile。

运行命令：vi /etc/profile。

(2) 在文件末尾添加环境变量 SQOOP_HOME，并修改环境变量 PATH。修改内容如下：

```
export SQOOP_HOME=/opt/software/sqoop。
export PATH=$SQOOP_HOME/bin:$PATH
```

(3) 使用 source 命令使环境变量配置生效。

运行命令：source /etc/profile。

### 4. 修改Sqoop配置文件中的变量

(1) 进入Sqoop安装目录下的文件夹conf。

运行命令：cd /opt/software/sqoop/conf。

(2) 利用该目录下所提供的模板，生成Sqoop配置文件Sqoop-env.sh。

运行命令：cp sqoop-env-template.sh sqoop-env.sh。

(3) 修改配置文件sqoop-env.sh，将HADOOP_COMMON_HOME和HADOOP_MAPRED_HOME变量修改为Hadoop安装目录。修改内容如下：

```
#Set path to where bin/hadoop is available
export HADOOP_COMMON_HOME=/opt/software/hadoop-2.7.6
#Set path to where hadoop-*-core.jar is available
export HADOOP_MAPRED_HOME=/opt/software/hadoop-2.7.6
```

(4) 修改配置文件sqoop-env.sh，将HIVE_HOME变量修改为Hive安装目录。修改内容如下：

```
export HIVE_HOME=/opt/software/hive
```

### 5. 屏蔽Sqoop启动时默认检查的参数

屏蔽Sqoop启动时默认检查的参数HBASE_HOME、HCAT_HOME、ACCUMULO_HOME、ZOOKEEPER_HOME，避免Sqoop启动时输出多余的警告信息。

(1) 进入Sqoop安装目录下的bin文件夹。

运行命令：cd /opt/software/sqoop/bin。

(2) 编辑Sqoop配置文件configure-sqoop。

运行命令：vi configure-sqoop。

(3) 修改配置文件configure-sqoop，在默认检查的参数HBASE_HOME、HCAT_HOME、ACCUMULO_HOME、ZOOKEEPER_HOME中添加注释。修改内容如下：

```
## Moved to be a runtime check in sqoop.
##if [ ! -d "${HBASE_HOME}" ]; then
  ##echo "Warning: $HBASE_HOME does not exist! HBase imports will fail."
  ##echo 'Please set $HBASE_HOME to the root of your HBase installation.'
##fi
## Moved to be a runtime check in sqoop.
##if [ ! -d "${HCAT_HOME}" ]; then
## echo "Warning: $HCAT_HOME does not exist! HCatalog jobs will fail."
##echo 'Please set $HCAT_HOME to the root of your HCatalog installation.'
##fi
##if [ ! -d "${ACCUMULO_HOME}" ]; then
 ##echo "Warning: $ACCUMULO_HOME does not exist! Accumulo imports will fail."
  ##echo 'Please set $ACCUMULO_HOME to the root of your Accumulo installation.'
##fi
##if [ ! -d "${ZOOKEEPER_HOME}" ]; then
```

```
    ##echo "Warning: $ZOOKEEPER_HOME does not exist! Accumulo imports will fail."
    ##echo 'Please set $ZOOKEEPER_HOME to the root of your Zookeeper installation.'
##fi
```

### 6. 测试 Sqoop 安装是否成功

若安装成功，输入“sqoop version”命令之后，系统会提示 Sqoop 版本相关信息。

```
[root@hadoop conf]# sqoop version
20/05/21 19:11:02 INFO sqoop.Sqoop: Running Sqoop version: 1.4.7
Sqoop 1.4.7
git commit id 2328971411f57f0cb683dfb79d19d4d19d185dd8
Compiled by maugli on Thu Dec 21 15:59:58 STD 2017
```

## 三、Sqoop 的常用命令

Sqoop 提供了丰富的命令来实现关系型数据库和 Hadoop 之间的数据传输，这些命令在使用时通常要搭配一定的参数来实现具体的数据传输需求。表 10-1 为 Sqoop 的常用命令及功能列表。

**表 10-1　Sqoop 的常用命令及功能列表**

| 命　令 | 功　　能 |
| --- | --- |
| import | 将数据导入集群 |
| export | 将集群数据导出 |
| codegen | 生成与数据库记录交互的代码 |
| create-hive-table | 创建 Hive 表 |
| eval | 查看 SQL 执行结果 |
| import-all-tables | 将某个数据库下所有表导入 HDFS 中 |
| job | 用于生成一个 job |
| list-databases | 列出所有的数据库名 |
| list-tables | 列出某个数据库下所有的表 |
| merge | 将 HDFS 中不同目录下的数据合在一起并存放在指定的目录中 |
| metastore | 记录 sqoopjob 的元数据信息，如果不启动 Metastore 实例，则默认的元数据存储目录为～/.sqoop |
| help | 打印 Sqoop 帮助信息 |
| version | 打印 Sqoop 版本信息 |

## 四、Sqoop import 命令的常用参数

Sqoop 将数据从关系型数据库导入 Hadoop 集群时，需要使用 import 命令，该命令通过指定具体的参数来实现数据的导入。表 10-2 为 Sqoop import 命令的常

用参数列表。

表 10-2　Sqoop import 命令的常用参数列表

| 参　数 | 含 义 说 明 |
|---|---|
| -append | 将数据追加到 HDFS 上一个已存在的数据集上 |
| -as-avrodatafile | 将数据导入 Avro 数据文件 |
| -as-sequencefile | 将数据导入 SequenceFile |
| -as-textfile | 将数据导入普通文本文件(默认) |
| -boundary-query | 边界查询，用于创建分片(InputSplit) |
| -columns <col,col,col…> | 从表中导出指定的一组列的数据 |
| -delete-target-dir | 如果指定目录存在，则先删除掉 |
| -direct | 使用直接导入模式(优化导入速度) |
| -direct-split-size | 分割输入 stream 的字节大小(在直接导入模式下) |
| -fetch-size | 从数据库中批量读取记录数 |
| -inline-lob-limit | 设置内联的 LOB 对象的大小 |
| -m,-num-mappers | 使用 n 个 Map 任务并行导入数据 |
| -e,-query | 导入的查询语句 |
| -split-by | 指定按照哪个列去分割数据 |
| -table | 导入的源表表名 |
| -target-dir | 导入 HDFS 的目标路径 |
| -warehouse-dir | HDFS 存放表的根路径 |
| –where | 指定导出时所使用的查询条件 |
| -z,-compress | 启用压缩 |
| -compression-codec | 指定 Hadoop 的 codec 方式(默认 gzip) |
| -null-string | 如果指定列为字符串类型，则使用指定字符串替换值为 null 的该类列的值 |
| -null-non-string <null-string | 如果指定列为非字符串类型，则使用指定字符串替换值为 null 的该类列的值 |

## 任务实施

数据从 MySQL 导入 HDFS

### 数据从 MySQL 导入 HDFS

1. 在 MySQL 中创建数据库 'school'

(1) 连接 MySQL 数据库，命令如下：

```
[root@hadoop ~]# mysql -u root -p
Enter password:
```

```
Welcome to the MariaDB monitor. Commands end with ; or \g.
Your MariaDB connection id is 26
Server version: 5.5.44-MariaDB MariaDB Server
Copyright (c) 2000, 2015, Oracle, MariaDB Corporation Ab and others.
Type 'help;' or '\h' for help. Type '\c' to clear the current input statement.
MariaDB [(none)]>
```

(2) 在 MySQL 中创建数据库 'school'，并查看当前所有的数据库。命令如下：

```
MariaDB [(none)]> drop database if exists 'school';
Query OK, 0 rows affected (0.00 sec)
MariaDB [(none)]> create database 'school' DEFAULT CHARACTER SET utf8 COLLATE utf8_general_ci;
Query OK, 1 row affected (0.00 sec)
MariaDB [(none)]> show databases;
+--------------------+
| Database           |
+--------------------+
| information_schema |
| hive               |
| mysql              |
| performance_schema |
| school             |
+--------------------+
5 rows in set (0.06 sec)
```

2. 在 MySQL 数据库 'school' 中创建数据表 'student'

(1) 在 MySQL 中选中 'school' 数据库作为当前使用的数据库，命令如下：

```
MariaDB [(none)]> use school;
Database changed
```

(2) 在数据库 'school' 中创建数据表 'student'，并写入数据，命令如下：

```
MariaDB [school]> DROP TABLE IF EXISTS 'student';
Query OK, 0 rows affected (0.00 sec)
MariaDB [school]> CREATE TABLE 'student' (
    ->'id' int(32) NOT NULL AUTO_INCREMENT,
    ->'studentName' varchar(32) CHARACTER SET utf8 COLLATE utf8_general_ci NOT NULL,
    ->'passWord' varchar(50) CHARACTER SET utf8 COLLATE utf8_general_ci NOT NULL,
    ->'realName' varchar(32) CHARACTER SET utf8 COLLATE utf8_general_ci NULL DEFAULT NULL,
```

```
->PRIMARY KEY ('id') USING BTREE
->)ENGINE = InnoDB AUTO_INCREMENT = 12 CHARACTER SET = utf8
COLLATE = utf8_general_ci ROW_FORMAT = Compact;
Query OK, 0 rows affected (0.02 sec)
MariaDB [school]> INSERT INTO 'student' VALUES (1, 'huhu', '123456', '张明');
Query OK, 1 row affected (0.01 sec)
MariaDB [school]> INSERT INTO 'student' VALUES (3, 'haitang', '123456', '刘庆');
Query OK, 1 row affected (0.00 sec)
MariaDB [school]> INSERT INTO 'student' VALUES (4, 'anan', '123456', '李丽');
Query OK, 1 row affected (0.00 sec)
MariaDB [school]> INSERT INTO 'student' VALUES (5, 'wendy', '123456', '李海');
Query OK, 1 row affected (0.00 sec)
MariaDB [school]> INSERT INTO 'student' VALUES (6, 'Avenue', '123456', '胡明');
INSERT INTO 'student' VALUES (7, 'huhu1', '123456', '张明明');
Query OK, 1 row affected (0.00 sec)
MariaDB [school]> INSERT INTO 'student' VALUES (7, 'huhu1', '123456', '张明明');
Query OK, 1 row affected (0.00 sec)
MariaDB [school]> INSERT INTO 'student' VALUES (8, 'haitang1', '123456', '刘庆清');
Query OK, 1 row affected (0.00 sec)
MariaDB [school]> INSERT INTO 'student' VALUES (9, 'anan1', '123456', '李文');
Query OK, 1 row affected (0.00 sec)
MariaDB [school]> INSERT INTO 'student' VALUES (10, 'wendy1', '123456', '李东');
Query OK, 1 row affected (0.00 sec)
MariaDB [school]> INSERT INTO 'student' VALUES (11, 'Avenue1', '123456', '赵倩');
Query OK, 1 row affected (0.00 sec)
MariaDB [school]> SET FOREIGN_KEY_CHECKS = 1;
Query OK, 0 rows affected (0.00 sec)
```

(3) 使用 MySQL 查询命令查看 'school' 数据库中所创建的数据表 'student' 中的数据是否正确插入，若数据正确则退出 MySQL。命令如下：

```
MariaDB [school]> select * from student;
+----+-------------+----------+-----------+
| id | studentName | passWord | realName  |
+----+-------------+----------+-----------+
|  1 | huhu        | 123456   | 张明      |
|  3 | haitang     | 123456   | 刘庆      |
|  4 | anan        | 123456   | 李丽      |
|  5 | wendy       | 123456   | 李海      |
|  6 | Avenue      | 123456   | 胡明      |
|  7 | huhu1       | 123456   | 张明明    |
```

```
|  8 | haitang1     | 123456     | 刘庆清     |
|  9 | anan1        | 123456     | 李文       |
| 10 | wendy1       | 123456     | 李东       |
| 11 | Avenue1      | 123456     | 赵倩       |
+----+-------------+----------+----------+
MariaDB [school]> exit;
Bye
```

从以上内容可以看出，'student' 数据表中的数据和所插入的数据源完全一致。

### 3. 复制 MySQL 数据库连接驱动到 Sqoop

复制 mysql-connector-java-5.1.38.jar 驱动到 Sqoop 安装路径下的 lib 目录中，并将该驱动的权限扩展为可读、可写、可运行。命令如下：

```
[root@hadoop /]# cd /opt/software/
[root@hadoop /]# cp mysql-connector-java-5.1.38.jar /opt/software/sqoop/lib
cp: overwrite '/opt/software/sqoop/lib/mysql-connector-java-5.1.38.jar'? y
[root@hadoop /]# chmod -R 777 /opt/software/sqoop/lib/mysql-connector-java-5.1.38.jar
```

### 4. 用 Sqoop 列出数据库 'school' 下的所有数据表

命令如下：

```
[root@hadoop software]# sqoop list-tables --username root --password 123456 --connect jdbc:mysql://localhost:3306/school
20/06/13 17:47:42 INFO sqoop.Sqoop: Running Sqoop version: 1.4.7
20/06/13 17:47:43 WARN tool.BaseSqoopTool: Setting your password on the command-line is insecure. Consider using -P instead.
20/06/13 17:47:43 INFO manager.MySQLManager: Preparing to use a MySQL streaming resultset.
student
```

### 5. 启动 Hadoop

启动 Hadoop，并查看 Hadoop 是否启动成功。命令如下：

```
[root@hadoop flume]# cd /opt/software/hadoop-2.7.6
[root@hadoop hadoop-2.7.6]# cd /opt/software/hadoop-2.7.6/sbin/
[root@hadoop sbin]# start-dfs.sh
Starting namenodes on [hadoop]
root@hadoop's password:
hadoop: namenode running as process 14381. Stop it first.
root@hadoop's password:
hadoop: datanode running as process 14514. Stop it first.
Starting secondary namenodes [0.0.0.0]
root@0.0.0.0's password:
0.0.0.0: secondarynamenode running as process 14687. Stop it first.
```

```
[root@hadoop sbin]# start-yarn.sh
starting yarn daemons
resourcemanager running as process 14856. Stop it first.
root@hadoop's password:
hadoop: nodemanager running as process 15148. Stop it first.
[root@hadoop sbin]# jps
14514 DataNode
21605 Jps
14856 ResourceManager
15148 NodeManager
14381 NameNode
14687 SecondaryNameNode
```

### 6. 将数据库 'school' 下的所有数据表传输至 HDFS

使用 Sqoop 的 import 命令将数据库 'school' 下的所有数据表传输至 HDFS 的目录 /tmp/sqoop_data/student 中。

(1) 查看 HDFS 文件目录 /tmp/sqoop_data/是否已经存在，若存在则删除该目录。命令如下：

```
[root@hadoop software]# hadoop fs -ls /tmp
Found 3 items
drwx------   - root supergroup          0 2020-06-04 17:05 /tmp/hadoop-yarn
drwx-wx-wx   - root supergroup          0 2020-06-09 19:40 /tmp/hive
drwxr-xr-x   - root supergroup          0 2020-06-11 19:21 /tmp/sqoop_data
[root@hadoop software]# hadoop fs -rm -r  /tmp/sqoop_data
20/06/13 18:06:23 INFO fs.TrashPolicyDefault: Namenode trash configuration: Deletion interval = 0 minutes, Emptier interval = 0 minutes
```

(2) 使用 Sqoop 的 import 命令将数据库 'school' 下的所有数据表传输至 HDFS 的目录/tmp/sqoop_data/student 中。命令如下：

```
[root@hadoop software]# sqoop import --username root --password 123456 --connect jdbc:mysql://localhost:3306/school  -table student  --target-dir /tmp/sqoop_data/student --fields-terminated-by ',' --split-by id -m 1
20/06/13 18:11:14 INFO sqoop.Sqoop: Running Sqoop version: 1.4.7
20/06/13 18:11:15 WARN tool.BaseSqoopTool: Setting your password on the command-line is insecure. Consider using -P instead.
20/06/13 18:11:15 INFO manager.MySQLManager: Preparing to use a MySQL streaming resultset.
20/06/13 18:11:15 INFO tool.CodeGenTool: Beginning code generation
20/06/13 18:11:15 INFO manager.SqlManager: Executing SQL statement: SELECT t.* FROM 'student' AS t LIMIT 1
```

20/06/13 18:11:15 INFO manager.SqlManager: Executing SQL statement: SELECT t.* FROM 'student' AS t LIMIT 1

20/06/13 18:11:15 INFO orm.CompilationManager: HADOOP_MAPRED_HOME is /opt/software/hadoop-2.7.6

Note: /tmp/sqoop-root/compile/b0da1a4d951cc4690553f1f61b8d825f/student.java uses or overrides a deprecated API.

Note: Recompile with -Xlint:deprecation for details.

20/06/13 18:11:20 INFO orm.CompilationManager: Writing jar file: /tmp/sqoop-root/compile/b0da1a4d951cc4690553f1f61b8d825f/student.jar

20/06/13 18:11:20 WARN manager.MySQLManager: It looks like you are importing from mysql.

20/06/13 18:11:20 WARN manager.MySQLManager: This transfer can be faster! Use the --direct

20/06/13 18:11:20 WARN manager.MySQLManager: option to exercise a MySQL-specific fast path.

20/06/13 18:11:20 INFO manager.MySQLManager: Setting zero DATETIME behavior to convertToNull (mysql)

20/06/13 18:11:20 INFO mapreduce.ImportJobBase: Beginning import of student

20/06/13 18:11:20 INFO Configuration.deprecation: mapred.jar is deprecated. Instead, use mapreduce.job.jar

20/06/13 18:11:21 INFO Configuration.deprecation: mapred.map.tasks is deprecated. Instead, use mapreduce.job.maps

20/06/13 18:11:21 INFO client.RMProxy: Connecting to ResourceManager at /0.0.0.0:8032

20/06/13 18:11:26 INFO db.DBInputFormat: Using read commited transaction isolation

20/06/13 18:11:26 INFO mapreduce.JobSubmitter: number of splits:1

20/06/13 18:11:27 INFO mapreduce.JobSubmitter: Submitting tokens for job: job_1592069233944_0001

20/06/13 18:11:27 INFO impl.YarnClientImpl: Submitted application application_1592069233944_0001

20/06/13 18:11:27 INFO mapreduce.Job: The url to track the job: http://hadoop:8088/proxy/application_1592069233944_0001/

20/06/13 18:11:27 INFO mapreduce.Job: Running job: job_1592069233944_0001

20/06/13 18:11:37 INFO mapreduce.Job: Job job_1592069233944_0001 running in uber mode : false

20/06/13 18:11:37 INFO mapreduce.Job:  map 0% reduce 0%

20/06/13 18:11:45 INFO mapreduce.Job:  map 100% reduce 0%

20/06/13 18:11:46 INFO mapreduce.Job: Job job_1592069233944_0001 completed successfully

```
20/06/13 18:11:46 INFO mapreduce.Job: Counters: 30
        File System Counters
                FILE: Number of bytes read=0
                FILE: Number of bytes written=140685
                FILE: Number of read operations=0
                FILE: Number of large read operations=0
                FILE: Number of write operations=0
                HDFS: Number of bytes read=87
                HDFS: Number of bytes written=235
                HDFS: Number of read operations=4
                HDFS: Number of large read operations=0
                HDFS: Number of write operations=2
        Job Counters
                Launched map tasks=1
                Other local map tasks=1
                Total time spent by all maps in occupied slots (ms)=5210
                Total time spent by all reduces in occupied slots (ms)=0
                Total time spent by all map tasks (ms)=5210
                Total vcore-milliseconds taken by all map tasks=5210
                Total megabyte-milliseconds taken by all map tasks=5335040
        Map-Reduce Framework
                Map input records=10
                Map output records=10
                Input split bytes=87
                Spilled Records=0
                Failed Shuffles=0
                Merged Map outputs=0
                GC time elapsed (ms)=440
                CPU time spent (ms)=1110
                Physical memory (bytes) snapshot=175497216
                Virtual memory (bytes) snapshot=2117562368
                Total committed heap usage (bytes)=109576192
        File Input Format Counters
                Bytes Read=0
        File Output Format Counters
                Bytes Written=235
20/06/13 18:11:46 INFO mapreduce.ImportJobBase: Transferred 235 bytes in 25.6962 seconds (9.1453 bytes/sec)
```

```
20/06/13 18:11:46 INFO mapreduce.ImportJobBase: Retrieved 10 records.
```

### 7. 在 HDFS 中查看接收到的 MySQL 数据

使用 HDFS 文件命令查看 Hadoop 文件系统 /tmp/sqoop_data/student 目录下的文件是否成功接收到 MySQL 传输的数据。

```
[root@hadoop software]# hadoop fs -ls /tmp/sqoop_data/student
Found 2 items
-rw-r--r--   1 root  supergroup        0  2020-06-13  18:11  /tmp/sqoop_data/student/
_SUCCESS
-rw-r--r--   1 root supergroup        235    2020-06-13    18:11    /tmp/sqoop_data/
student/part-m-00000
[root@hadoop software]# hadoop fs -cat /tmp/sqoop_data/student/part-m-00000
1,huhu,123456,张明
3,haitang,123456,刘庆
4,anan,123456,李丽
5,wendy,123456,李海
6,Avenue,123456,胡明
7,huhu1,123456,张明明
8,haitang1,123456,刘庆清
9,anan1,123456,李文
10,wendy1,123456,李东
11,Avenue1,123456,赵倩
```

可以看到，数据被正确地从 MySQL 的数据表中传输到 HDFS 指定的文件中。

## 任务 2　数据从 HDFS 导出到 MySQL

### 任务描述

Sqoop 提供了丰富的命令来实现数据在关系型数据库和 Hadoop 集群之间的数据传输，这些命令通常需要搭配相应的参数来实现不同的需求。本任务实现了 Sqoop 将 HDFS tmp/sqoop_data/student/part-m-00000 文件中的数据导出到数据库 'school' 下的数据表 'student_from_hdfs' 中。同时，数据在传输过程中要保证正确性和完整性。

### 知识准备

Sqoop 将数据从 Hadoop 集群导出到关系数据库时，要使用 export 命令，该命令通过指定具体的参数来实现数据的导出。表 10-3 为 Sqoop export 命令的常用参

数列表。

- Sqoop export 命令的常用参数

表 10-3 Sqoop export 命令的常用参数列表

| 参 数 | 含 义 说 明 |
|---|---|
| -validate | 启用数据副本验证功能，仅支持单表复制；可以指定验证使用的实现类 |
| -validation-threshold | 指定验证门限所使用的类 |
| -export-dir | 导出过程中 HDFS 源路径 |
| -m,-num-mappers | 使用 n 个 Map 任务并行导出 |
| -table | 导出的目的表名称 |
| -call | 导出数据调用的指定存储过程名 |
| -update-key | 更新参考的列名称，多个列名使用逗号分隔 |
| -update-mode | 指定更新策略，包括 updateonly(默认)、allowinsert |
| -input-null-string | 使用指定字符串，替换字符串类型值为 null 的列 |
| -input-null-non-string | 使用指定字符串，替换非字符串类型值为 null 的列 |
| -staging-table | 在数据导出到数据库之前，数据临时存放的表名称 |
| -clear-staging-table | 清除工作区中临时存放的数据 |
| -batch | 使用批量模式导出 |
| -fields-terminated-by | 字段之间的分隔符 |
| -columns | 要导出的列 |

## 任务实施

### 数据从 HDFS 导出到 MySQL

数据从 HDFS 导出到 MySQL

#### 1. 在 MySQL 中创建数据库 'school'

(1) 连接 MySQL 数据库，命令如下：

```
[root@hadoop ~]# mysql -u root -p
Enter password:
Welcome to the MariaDB monitor. Commands end with ; or \g.
Your MariaDB connection id is 26
Server version: 5.5.44-MariaDB MariaDB Server
Copyright (c) 2000, 2015, Oracle, MariaDB Corporation Ab and others.
Type 'help;' or '\h' for help. Type '\c' to clear the current input statement.
MariaDB [(none)]>
```

(2) 在 MySQL 中创建数据库 'school'，并查看当前所有的数据库。命令如下：

```
MariaDB [(none)]> drop database if exists 'school';
Query OK, 0 rows affected (0.00 sec)
MariaDB [(none)]> create database 'school' DEFAULT CHARACTER SET utf8 COLLATE
utf8_general_ci;
Query OK, 1 row affected (0.00 sec)
MariaDB [(none)]> show databases;
+-------------------------+
| Database                |
+-------------------------+
| information_schema      |
| hive                    |
| mysql                   |
| performance_schema      |
| school                  |
+-------------------------+
5 rows in set (0.06 sec)
```

### 2. 切换 'school' 为当前操作数据库

命令如下：

```
MariaDB [(none)]> use school;
Database changed
```

### 3. 在 MySQL 中创建数据表 'student_from_hdfs'

在 MySQL 数据库 'school' 下创建新的数据表 'student_from_hdfs'，为接收从 HDFS 传输过来的数据做准备。命令如下：

```
MariaDB [school]> DROP TABLE IF EXISTS 'student_from_hdfs';
Query OK, 0 rows affected (0.00 sec)
MariaDB [school]> CREATE TABLE ' student_from_hdfs ' (
    ->'id' int(32) NOT NULL AUTO_INCREMENT,
    ->'studentName' varchar(32) CHARACTER SET utf8 COLLATE utf8_general_ci
NOT NULL,
    ->'passWord' varchar(50) CHARACTER SET utf8 COLLATE utf8_general_ci NOT
NULL,
    ->'realName' varchar(32) CHARACTER SET utf8 COLLATE utf8_general_ci NULL
DEFAULT NULL,
    ->PRIMARY KEY ('id') USING BTREE
    ->)ENGINE = InnoDB AUTO_INCREMENT = 12 CHARACTER SET = utf8
COLLATE = utf8_general_ci ROW_FORMAT = Compact;
Query OK, 0 rows affected (0.02 sec)
```

### 4. 查看数据库 'school' 中所有的表

查看数据库 'school' 中所有的表，检查创建的数据表 'student_from_hdfs' 是否成功创建，并查看数据表是否为空表，若为空表则退出 MySQL。命令如下：

```
MariaDB [school]> show tables;
+-----------------------+
| Tables_in_school    |
+------------------------+
| student              |
| student_from_hdfs   |
+------------------------+
2 rows in set (0.00 sec)
MariaDB [school]> select * from student_from_hdfs;
Empty set (0.00 sec)
MariaDB [school]> exit;
Bye
```

### 5. 加载数据驱动

加载 mysql-connector-java-5.1.38.jar 驱动到 Sqoop 安装路径下的 lib 目录中，并将该驱动的权限扩展为可读、可写、可运行。命令如下：

```
[root@hadoop /]# cd /opt/software/
[root@hadoop /]# cp mysql-connector-java-5.1.38.jar /opt/software/sqoop/lib
cp: overwrite '/opt/software/sqoop/lib/mysql-connector-java-5.1.38.jar'? y
[root@hadoop /]# chmod -R 777 /opt/software/sqoop/lib/mysql-connector-java-5.1.38.jar
```

### 6. 启动 Hadoop

启动 Hadoop，并查看 Hadoop 是否启动成功。命令如下：

```
[root@hadoop flume]# cd /opt/software/hadoop-2.7.6
[root@hadoop hadoop-2.7.6]# cd /opt/software/hadoop-2.7.6/sbin/
[root@hadoop sbin]# start-dfs.sh
Starting namenodes on [hadoop]
root@hadoop's password:
hadoop: namenode running as process 14381. Stop it first.
root@hadoop's password:
hadoop: datanode running as process 14514. Stop it first.
Starting secondary namenodes [0.0.0.0]
root@0.0.0.0's password:
0.0.0.0: secondarynamenode running as process 14687. Stop it first.
[root@hadoop sbin]# start-yarn.sh
starting yarn daemons
resourcemanager running as process 14856. Stop it first.
```

root@hadoop's password:

hadoop: nodemanager running as process 15148. Stop it first.

[root@hadoop sbin]# jps

14514 DataNode

21605 Jps

14856 ResourceManager

15148 NodeManager

14381 NameNode

14687 SecondaryNameNode

### 7. 使用 Sqoop export 命令实现将数据从 HDFS 传输至 MySQL

命令如下：

[root@hadoop software]# sqoop export --username root --password 123456 --connect jdbc:mysql://localhost:3306/school?characterEncoding=UTF-8 --table student_from_hdfs --export-dir /tmp/sqoop_data/student/part-m-00000 --input-fields-terminated-by ',' --m 1

20/06/13 18:51:41 INFO sqoop.Sqoop: Running Sqoop version: 1.4.7

20/06/13 18:51:41 WARN tool.BaseSqoopTool: Setting your password on the command-line is insecure. Consider using -P instead.

20/06/13 18:51:41 INFO manager.MySQLManager: Preparing to use a MySQL streaming resultset.

20/06/13 18:51:41 INFO tool.CodeGenTool: Beginning code generation

20/06/13 18:51:41 INFO manager.SqlManager: Executing SQL statement: SELECT t.* FROM 'student_from_hdfs' AS t LIMIT 1

20/06/13 18:51:41 INFO manager.SqlManager: Executing SQL statement: SELECT t.* FROM 'student_from_hdfs' AS t LIMIT 1

20/06/13 18:51:41 INFO orm.CompilationManager: HADOOP_MAPRED_HOME is /opt/software/hadoop-2.7.6

Note:
/tmp/sqoop-root/compile/84dbe015adc1b9d34745aabdc9c913fe/student_from_hdfs.java uses or overrides a deprecated API.

Note: Recompile with -Xlint:deprecation for details.

20/06/13 18:51:42 INFO orm.CompilationManager: Writing jar file: /tmp/sqoop-root/compile/84dbe015adc1b9d34745aabdc9c913fe/student_from_hdfs.jar

20/06/13 18:51:42 INFO mapreduce.ExportJobBase: Beginning export of student_from_hdfs

20/06/13 18:51:43 INFO Configuration.deprecation: mapred.jar is deprecated. Instead, use mapreduce.job.jar

20/06/13 18:51:43 INFO Configuration.deprecation: mapred.reduce.tasks.speculative.execution is deprecated. Instead, use mapreduce.reduce. speculative

20/06/13 18:51:43 INFO Configuration.deprecation: mapred.map.tasks.speculative.execution is deprecated. Instead, use mapreduce.map.speculative

20/06/13 18:51:43 INFO Configuration.deprecation: mapred.map.tasks is deprecated. Instead, use mapreduce.job.maps

20/06/13 18:51:44 INFO client.RMProxy: Connecting to ResourceManager at /0.0.0.0:8032

20/06/13 18:51:47 INFO input.FileInputFormat: Total input paths to process : 1

20/06/13 18:51:47 INFO input.FileInputFormat: Total input paths to process : 1

20/06/13 18:51:47 INFO mapreduce.JobSubmitter: number of splits:1

20/06/13 18:51:47 INFO Configuration.deprecation: mapred.map.tasks.speculative.execution is deprecated. Instead, use mapreduce.map.speculative

20/06/13 18:51:48 INFO mapreduce.JobSubmitter: Submitting tokens for job: job_1592069233944_ 0002

20/06/13 18:51:48 INFO impl.YarnClientImpl: Submitted application application_1592069233944_0002

20/06/13 18:51:48 INFO mapreduce.Job: The url to track the job: http://hadoop:8088/proxy/application_1592069233944_0002/

20/06/13 18:51:48 INFO mapreduce.Job: Running job: job_1592069233944_0002

20/06/13 18:51:54 INFO mapreduce.Job: Job job_1592069233944_0002 running in uber mode : false

20/06/13 18:51:54 INFO mapreduce.Job:  map 0% reduce 0%

20/06/13 18:52:01 INFO mapreduce.Job:  map 100% reduce 0%

20/06/13 18:52:02 INFO mapreduce.Job: Job job_1592069233944_0002 completed successfully

20/06/13 18:52:02 INFO mapreduce.Job: Counters: 30

File System Counters

FILE: Number of bytes read=0

FILE: Number of bytes written=140454

FILE: Number of read operations=0

FILE: Number of large read operations=0

FILE: Number of write operations=0

HDFS: Number of bytes read=373

HDFS: Number of bytes written=0

HDFS: Number of read operations=4

HDFS: Number of large read operations=0

HDFS: Number of write operations=0

Job Counters

Launched map tasks=1

Data-local map tasks=1

```
            Total time spent by all maps in occupied slots (ms)=4850
            Total time spent by all reduces in occupied slots (ms)=0
            Total time spent by all map tasks (ms)=4850
            Total vcore-milliseconds taken by all map tasks=4850
            Total megabyte-milliseconds taken by all map tasks=4966400
        Map-Reduce Framework
            Map input records=10
            Map output records=10
            Input split bytes=135
            Spilled Records=0
            Failed Shuffles=0
            Merged Map outputs=0
            GC time elapsed (ms)=567
            CPU time spent (ms)=800
            Physical memory (bytes) snapshot=170635264
            Virtual memory (bytes) snapshot=2112397312
            Total committed heap usage (bytes)=111149056
        File Input Format Counters
            Bytes Read=0
        File Output Format Counters
            Bytes Written=0
20/06/13 18:52:02 INFO mapreduce.ExportJobBase: Transferred 373 bytes in 19.0125 seconds (19.6187 bytes/sec)
20/06/13 18:52:02 INFO mapreduce.ExportJobBase: Exported 10 records.
```

8. 验证传输结果

查看数据库 'school' 下的数据表 'student_from_hdfs' 中是否正确导入 HDFS tmp/sqoop_data/student/part-m-00000 文件中的数据。查看结果如下：

```
[root@hadoop software]# mysql -uroot -p
Enter password:
Welcome to the MariaDB monitor.  Commands end with ; or \g.
Your MariaDB connection id is 36
Server version: 5.5.44-MariaDB MariaDB Server
Copyright (c) 2000, 2015, Oracle, MariaDB Corporation Ab and others.
Type 'help;' or '\h' for help. Type '\c' to clear the current input statement.
MariaDB [(none)]> use school;
Reading table information for completion of table and column names
You can turn off this feature to get a quicker startup with -A
Database changed
```

```
MariaDB [school]> select * from student_from_hdfs;
+---+-----------------+-----------------+--------------+
| id  | studentName   | passWord       | realName |
+---+-----------------+-----------------+--------------+
|   1 | huhu          | 123456         | 张明        |
|   3 | haitang       | 123456         | 刘庆        |
|   4 | anan          | 123456         | 李丽        |
|   5 | wendy         | 123456         | 李海        |
|   6 | Avenue        | 123456         | 胡明        |
|   7 | huhu1         | 123456         | 张明明      |
|   8 | haitang       | 123456         | 刘庆清      |
|   9 | anan1         | 123456         | 李文        |
|  10 | wendy1        | 123456         | 李东        |
|  11 | Avenue1       | 123456         | 赵倩        |
+---+-----------------+-----------------+--------------+
10 rows in set (0.00 sec)
```

## 能力拓展　用 Sqoop 将 HDFS 数据导出到 MySQL 数据表指定的列

用 Sqoop 将 HDFS 数据导出到 MySQL 数据表指定的列

用 Sqoop 实现将 HDFS tmp/sqoop_data/student/part-m-00000 文件中内容导出到数据库 'school' 下的数据表 'student_from_hdfs' 的 id、userName、passWord 的三列中。

(1) 连接 MySQL，选中数据库 'school' 为当前操作数据库， 并清除其下数据表 'student_from_hdfs' 中的数据。命令如下：

```
[root@hadoop software]# mysql -uroot -p
Enter password:
Welcome to the MariaDB monitor.  Commands end with ; or \g.
Your MariaDB connection id is 37
Server version: 5.5.44-MariaDB MariaDB Server
Copyright (c) 2000, 2015, Oracle, MariaDB Corporation Ab and others.
Type 'help;' or '\h' for help. Type '\c' to clear the current input statement.
MariaDB [(none)]> use school;
Reading table information for completion of table and column names
You can turn off this feature to get a quicker startup with -A
Database changed
```

```
MariaDB [school]> delete from student_from_hdfs;
Query OK, 10 rows affected (0.00 sec)
MariaDB [school]> select * from 'student_from_hdfs';
Empty set (0.00 sec)
```

(2) 使用 Sqoop export 命令将数据从 HDFS 传输到 MySQL 数据表指定列中。命令如下：

```
[root@hadoop software]# sqoop export --username root --password 123456 --connect jdbc:mysql://localhost:3306/school?characterEncoding=UTF-8 --table student_from_hdfs --export-dir /tmp/sqoop_data/student/part-m-00000 --input-fields-terminated-by ',' --columns id,studentName,passWord --m 1
20/06/13 19:25:42 INFO sqoop.Sqoop: Running Sqoop version: 1.4.7
20/06/13 19:25:43 WARN tool.BaseSqoopTool: Setting your password on the command-line is insecure. Consider using -P instead.
20/06/13 19:25:43 INFO manager.MySQLManager: Preparing to use a MySQL streaming resultset.
20/06/13 19:25:43 INFO tool.CodeGenTool: Beginning code generation
20/06/13 19:25:43 INFO manager.SqlManager: Executing SQL statement: SELECT t.* FROM 'student_from_hdfs' AS t LIMIT 1
20/06/13 19:25:43 INFO manager.SqlManager: Executing SQL statement: SELECT t.* FROM 'student_from_hdfs' AS t LIMIT 1
20/06/13 19:25:43 INFO orm.CompilationManager: HADOOP_MAPRED_HOME is /opt/software/hadoop-2.7.6
Note:/tmp/sqoop-root/compile/78b2388720b65ab17a7da4f5f1d80aa4/student_from_hdfs.java uses or overrides a deprecated API.
Note: Recompile with -Xlint:deprecation for details.
20/06/13 19:25:44 INFO orm.CompilationManager: Writing jar file: /tmp/sqoop-root/compile/78b2388720b65ab17a7da4f5f1d80aa4/student_from_hdfs.jar
20/06/13 19:25:44 INFO mapreduce.ExportJobBase: Beginning export of student_from_hdfs
20/06/13 19:25:44 INFO Configuration.deprecation: mapred.jar is deprecated. Instead, use mapreduce.job.jar
20/06/13 19:25:45 INFO Configuration.deprecation: mapred.reduce.tasks.speculative.execution is deprecated. Instead, use mapreduce.reduce.speculative
20/06/13 19:25:45 INFO Configuration.deprecation: mapred.map.tasks.speculative.execution is deprecated. Instead, use mapreduce.map.speculative
20/06/13 19:25:45 INFO Configuration.deprecation: mapred.map.tasks is deprecated. Instead, use mapreduce.job.maps
20/06/13 19:25:45 INFO client.RMProxy: Connecting to ResourceManager at /0.0.0.0:8032
```

20/06/13 19:25:51 INFO input.FileInputFormat: Total input paths to process : 1

20/06/13 19:25:51 INFO input.FileInputFormat: Total input paths to process : 1

20/06/13 19:25:51 INFO mapreduce.JobSubmitter: number of splits:1

20/06/13 19:25:52 INFO Configuration.deprecation: mapred.map.tasks.speculative.execution is deprecated. Instead, use mapreduce.map.speculative

20/06/13 19:25:52 INFO mapreduce.JobSubmitter: Submitting tokens for job: job_1592069233944_0003

20/06/13 19:25:52 INFO impl.YarnClientImpl: Submitted application application_1592069233944_0003

20/06/13 19:25:52 INFO mapreduce.Job: The url to track the job: http://hadoop:8088/proxy/application_1592069233944_0003/

20/06/13 19:25:52 INFO mapreduce.Job: Running job: job_1592069233944_0003

20/06/13 19:25:59 INFO mapreduce.Job: Job job_1592069233944_0003 running in uber mode : false

20/06/13 19:25:59 INFO mapreduce.Job:  map 0% reduce 0%

20/06/13 19:26:06 INFO mapreduce.Job:  map 100% reduce 0%

20/06/13 19:26:06 INFO mapreduce.Job: Job job_1592069233944_0003 completed successfully

20/06/13 19:26:06 INFO mapreduce.Job: Counters: 30

File System Counters

FILE: Number of bytes read=0

FILE: Number of bytes written=140433

FILE: Number of read operations=0

FILE: Number of large read operations=0

FILE: Number of write operations=0

HDFS: Number of bytes read=373

HDFS: Number of bytes written=0

HDFS: Number of read operations=4

HDFS: Number of large read operations=0

HDFS: Number of write operations=0

Job Counters

Launched map tasks=1

Data-local map tasks=1

Total time spent by all maps in occupied slots (ms)=4858

Total time spent by all reduces in occupied slots (ms)=0

Total time spent by all map tasks (ms)=4858

Total vcore-milliseconds taken by all map tasks=4858

Total megabyte-milliseconds taken by all map tasks=4974592

```
Map-Reduce Framework
        Map input records=10
        Map output records=10
        Input split bytes=135
        Spilled Records=0
        Failed Shuffles=0
        Merged Map outputs=0
        GC time elapsed (ms)=522
        CPU time spent (ms)=780
        Physical memory (bytes) snapshot=171651072
        Virtual memory (bytes) snapshot=2112786432
        Total committed heap usage (bytes)=115343360
File Input Format Counters
        Bytes Read=0
File Output Format Counters
        Bytes Written=0
20/06/13 19:26:06 INFO mapreduce.ExportJobBase: Transferred 373 bytes in 20.8677 seconds (17.8745 bytes/sec)
20/06/13 19:26:06 INFO mapreduce.ExportJobBase: Exported 10 records.
```

(3) 查看数据库 'school' 下的数据表 'student_from_hdfs' 中是否正确导入 HDFS tmp/sqoop_data/student/part-m-00000 文件中的数据。命令如下：

```
[root@hadoop software]# mysql -u root -p
Enter password:
Welcome to the MariaDB monitor.  Commands end with ; or \g.
Your MariaDB connection id is 42
Server version: 5.5.44-MariaDB MariaDB Server
Copyright (c) 2000, 2015, Oracle, MariaDB Corporation Ab and others.
Type 'help;' or '\h' for help. Type '\c' to clear the current input statement.
MariaDB [(none)]> use school;
Reading table information for completion of table and column names
You can turn off this feature to get a quicker startup with -A
Database changed
MariaDB [school]> select * from student_from_hdfs;
+----+----------------+----------------+-----------+
| id | studentName    | passWord       | realName |
+----+----------------+----------------+------------+
|  1 | huhu           | 123456         | NULL     |
|  3 | haitang        | 123456         | NULL     |
```

```
|  4 | anan       | 123456     | NULL    |
|  5 | wendy      | 123456     | NULL    |
|  6 | Avenue     | 123456     | NULL    |
|  7 | huhu1      | 123456     | NULL    |
|  8 | haitang1   | 123456     | NULL    |
|  9 | anan1      | 123456     | NULL    |
| 10 | wendy1     | 123456     | NULL    |
| 11 | Avenue1    | 123456     | NULL    |
+---+-----------------+-----------------+-------------+
10 rows in set (0.00 sec)
```

可见，HDFS tmp/sqoop_data/student/part-m-00000 文件中的数据被 Sqoop 正确传输到数据库 'school' 下的数据表 'student_from_hdfs' 中的 id、studentName、PassWord 三列。

## 项 目 小 结

Sqoop 软件是一个在关系型数据库(MySQL、Oracle 等)和 Hadoop 之间进行批量数据传输的工具。Sqoop 底层利用 MapReduce 程序实现数据的抽取、转换与加载。MapReduce 天生的特性保证了并行化和高容错率，而且 MapReduce 任务在 Hadoop 集群上运行，减少了对服务器资源的浪费，在性能方面有很大的提升。本项目主要讲解了 Sqoop 软件使用之前的安装、配置、启动和工作原理介绍，其次讲解了如何利用 Sqoop 软件实现关系型数据库 MySQL 和 HDFS 之间的数据传输。在数据传输之前，首先需要在关系型数据库将 mysql-connector-java-5.1.38.jar 加载到 Sqoop 安装目录下的 lib 目录中，然后使用相应的 Sqoop 命令以及具体的命令参数实现数据在 MySQL 和 HDFS 之间进行传输。最后，我们需要对导入、导出数据的正确性进行校验。

## 课 后 习 题

### 一、选择题

1. 下列选项中，(　　)软件能够实现关系型数据库和 HDFS 数据之间的传输。

A. Tomcat　　B. Maven　　C. Sqoop　　D. Flume

2. 下列选项中，(　　)数据库为关系数据。

A. NoSQL　　B. MongoDB　　C. MySQL　　D. XML

3. Sqoop 软件能够实现关系型数据库和 HDFS 数据之间的传输，在数据导入、导出时都要生成相应的(　　)作业，以提高工作性能。

A. XML　　B. Hive　　C. MySQL　　D. MapReduce

4. Sqoop 能够实现关系型数据库和 HDFS 数据之间的传输，Sqoop 提供了丰富的命令来实现这些功能，其中实现将数据导入到集群的命令是(　　)。

A. MySQL　　B. -u　　C. import　　D. import-all-tables

5. Sqoop 软件能够实现关系型数据库和 HDFS 数据之间的传输，Sqoop 提供了丰富的命令来实现这些功能，其中实现导入某个数据库下所有数据表到 HDFS 中的命令是(　　)。

A. MySQL　　B. -u　　C. import　　D. import-all-tables

**二、填空题**

1. Sqoop 软件使用之前要进行安装、配置并进行测试。其中，测试 Sqoop 安装是否成功的命令是__________。

2. Sqoop 软件能够实现关系型数据库和 HDFS 数据之间的传输，Sqoop 提供了丰富的命令来实现这些功能，其中在 import 命令中实现导入某个数据库下某个表到 HDFS 中的参数是__________。

3. 在 MySQL 中新建数据库 'school' 时，为防止新建的数据库名已经存在于 MySQL 中，经常需要通过__________命令来删除已经存在的数据库。

4. HDFS 使用__________命令查看某个文件的内容。

5. Sqoop 软件能够实现关系型数据库和 HDFS 数据之间的传输，Sqoop 提供了丰富的命令来实现这些功能，其中实现列出关系型数据库中所有数据库的命令是__________。

**三、简答题**

1. 什么是 Sqoop?

2. 简述 Sqoop 如何查看 MySQL 数据库 'school' 中所有的数据表。

3. 简述 Sqoop 如何将数据从 HDFS 集群导出到 MySQL 指定的数据表中。

**四、拓展练习**

1. Sqoop 将数据从 HDFS 导出到关系型数据库 MySQL 时，为避免出现乱码，如何解决？若想将 HDFS 文件中的 null 值替换为 MySQL 数据表中的空字符串，如何处理？

2. 数据集成工具 kettle 和 Sqoop 有什么区别？

# 项目 11 Ambari 部署 Hadoop 集群

## 项目概述

采用手工方式部署 Hadoop 集群，过程比较繁琐，容易出错。在实际生产中，面对拥有成千上万节点的 Hadoop 集群，采用手工部署，效率太低。目前有两大主流集群管理工具，即 Ambari 和 Cloudera Manger，可以方便地帮助用户一站式部署 Hadoop 集群，管理 Hadoop 生态圈各组件，监视 Hadoop 集群的运行状况和状态。

## 项目背景

了解生产实际中部署 Hadoop 集群的方法及 Ambari 的作用，掌握 Ambari 的分布式架构、AmbariServer 与 AmbariAgent 的具体架构及工作流程，能通过 Ambari 相关软件包部署、管理和监控 Hadoop 集群，并根据实际需求实现 HDFS 的 HA。

## 项目演示

通过 Hortonworks 官方网站下载 Ambari 相关软件。
借助 Ambari 部署 Hadoop 集群。
在 Ambari 管理界面启用 HDFS 的 HA。

## 思政聚焦

从手工到使用工具一键部署 Hadoop 集群的过程中可以看到，科技的发展大大提升了人们的工作效率，促使人类从一个阶层迈向更高的阶层。

作为学生，一定要明确学习科学技术的价值，不仅仅是为了自身的发展，还是为了社会技术的进步和国家的发展与富强。习近平总书记指出，广大青年“要励志，立鸿鹄志”。因此，我们要树立远大的理想信念，并为了这一理想不断地拼搏与努力，这样才能使自己的人生更有价值。

## 项目主要内容

• Ambari 简介。

- Ambari 的作用。
- Ambari 的架构及工作流程。
- 利用 Ambari 部署、管理 Hadoop 集群。

## 思维导图

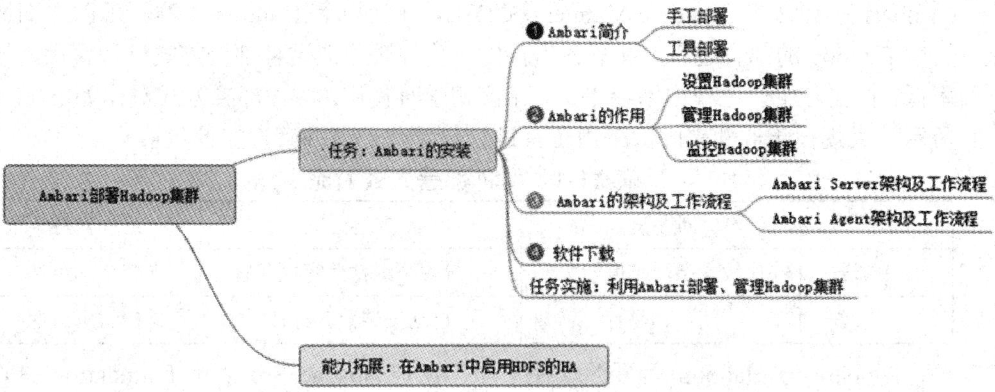


## 教学大纲

**能力目标**

◎ 能用 Ambari 部署 Hadoop 集群。

◎ 能在 Ambari 管理界面启用 HDFS 的 HA。

**知识目标**

◎ 了解 Ambari 的基本概念。

◎ 理解 Ambari 的架构及工作流程。

**学习重点**

◎ Ambari 的架构及工作流程。

◎ 用 Ambari 部署 Hadoop 集群。

**学习难点**

◎ 下载并安装 Ambari 相关软件。

◎ 用 Ambari 部署 Hadoop 集群及进行相关服务。

# 任务　Ambari 的安装

### 任务描述

了解 Ambari 的基本概念及作用，理解 Ambari 的分布式架构及工作流程，在节点中安装 Ambari，进而通过 Ambari 部署、管理 Hadoop 集群。

## 知识准备

### 一、Ambari 简介

大数据集群管理方式分为手工部署方式(Apache Hadoop)和工具部署方式(Ambari + HDP 和 Cloudera Manger + CDH)。手工部署 Hadoop 集群，可以详细地了解 Hadoop 的部署过程，理解各组件的工作原理，但这种部署方式过程繁琐、效率低，在实际生产过程中不会采用，建议初学时使用。两种部署方式对比如表 11-1 所示。大规模集群部署时，采用工具进行自动化部署并管理监控集群。

**表 11-1 两种部署方式对比**

| 部署方式 | 难易度 | 兼容性 | 组件支持 |
|---|---|---|---|
| 手工部署 | 比较复杂，难度较大 | 用户解决组件兼容性问题 | 支持全部组件 |
| 工具部署 | 简单、易行 | 自动安装兼容组件 | 支持常用组件 |

Ambari 与 Hadoop 等开源软件一样，也是 Apache Software Foundation 中的一个项目，并且是顶级项目。Ambari 旨在通过开发用于配置、管理和监视 Hadoop 集群的软件来简化 Hadoop 管理。但是这里的 Hadoop 指的是 Hadoop 整个生态圈(例如 Hive、Hbase、Sqoop、Zookeeper 等)。Ambari 通过其 RESTful API 提供了直观且易于使用的 Hadoop 管理 Web UI，它支持 HDFS、MapReduce、Hive、Pig、Hbase、ZooKeeper、Sqoop 和 Hcatalog 等的集中管理。除此之外，Ambari 还支持 Spark、Storm 等计算框架及资源调度平台 YARN。

### 二、Ambari 的作用

Ambari 就是为了让 Hadoop 以及相关的大数据组件更容易使用的一个工具，主要包含以下四个方面：

(1) 设置 Hadoop 集群：Ambari 提供了用于在任意数量的主机上安装 Hadoop 服务的分步向导。Ambari 处理群集的 Hadoop 服务的配置。

(2) 管理 Hadoop 集群：Ambari 提供了用于在整个集群中启动、停止和重新配置 Hadoop 服务的集中管理。

(3) 监控 Hadoop 集群：Ambari 提供了一个仪表板，用于监视 Hadoop 集群的运行状况和状态。Ambari 利用 Ambari Metrics System 收集指标；Ambari 利用 Ambari Alert Framework 进行系统警报，并在需要关注的地方(例如节点故障、剩余磁盘空间不足等)通知用户。

(4) Ambari 使应用程序开发人员和系统集成商能够将 Hadoop 的配置、管理和监视功能集成到自己的应用程序中。

### 三、Ambari 的架构及工作流程

Ambari 充分利用了一些已有的优秀开源软件，巧妙地把它们结合起来，使其在分布式环境中做到了具有集群式服务管理能力、监控能力和展示能力。Ambari 项目的目录结构如表 11-2 所示。

表 11-2　Ambari 项目的目录结构

| 子项目 | 描　述 |
| --- | --- |
| ambari-server | Ambari 的 Server 程序，主要管理部署在每个节点上的管理监控程序 |
| ambari-agent | 部署在监控节点上运行的管理监控程序 |
| ambari-web | Ambari 页面 UI 的代码，用于用户与 Ambari Server 之间交互 |
| ambari-views | 用于扩展 Ambari Web UI 中的框架 |
| ambari-common | Ambari-server 和 Ambari-agent 共用的代码 |
| ambari-metrics | 在 Ambari 所管理的集群中用于收集、聚合和服务 Hadoop 及进行系统计量 |
| contrib | 自定义第三方库 |
| docs | 文档 |

Ambari 是一个分布式架构的软件，主要由两部分组成：AmbariServer 和 AmbariAgent。简单来说，用户通过 Ambari Server 通知 Ambari Agent 安装对应的软件。Agent 会定时地发送各个机器每个软件模块的状态给 Ambari Server，最终这些状态信息会呈现在 Ambari 的 GUI 上，方便用户了解到集群的各种状态，并进行相应的维护。

1. Ambari Server 架构及工作流程

Ambari Server 维护着自己的一个有限状态机 FSM，同时这些状态机存储在数据库中，默认数据库为 postgresSQL 数据库，如图 11-1 所示。Ambari Server 端采用 ember.js 作为前端的 MVC 构架和 Node JS 相关工具，用 hand/ebars.js 作为页面渲染引擎，在 CSS/HTML 方面还使用了 Bootstrap 框架。Ambari Server 提供 REST 接口给 Agent 和 Web 访问，用户甚至可以不用界面，而是通过 curl 命令来操控集

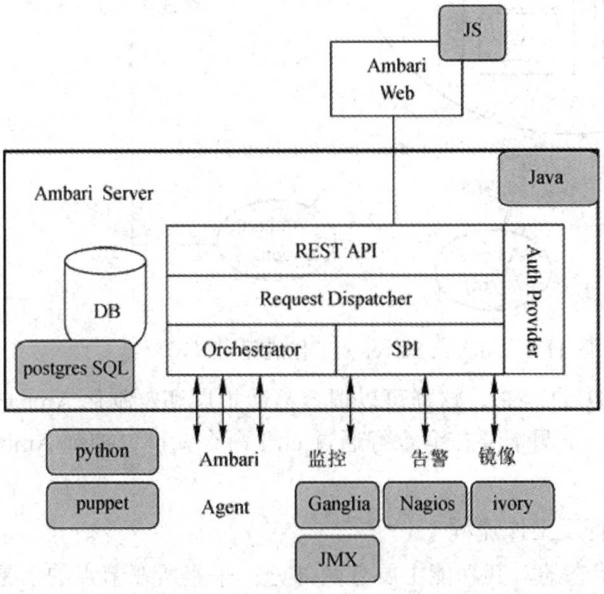


图 11-1　Ambari Server 架构

群。即：Ambari Server 提供 Ambari Web、REST API、Ambari Shell 三大方式操作集群。Ambari Agent 采用 puppet(集中配置管理系统)管理各个节点。

(1) Ambari 将集群的配置、各个服务的配置等信息存放在 Ambari Server 端的 DB 中。

(2) Ambari Server 与 Ambari Agent 通过 RPC 进行交流，即 Agent 向 Server 报告心跳信息，将 Command 通过 Respons 发回给 Agent，Agent 在本地执行命令，如 Agent 执行相应的 python 脚本。

(3) Ambari 有自己的一套监控、告警、镜像服务，以可插拔的形式供上层服务调用。其中，JMX(Java 编程语言中监控的体系结构)、Ganglia(开源集群监视项目)主要为集群提供监控服务，Nagios 为集群提供告警服务。

Ambari Server 的工作流程如图 11-2 所示，Ambari Server 会读取 Stack 和 Service 的配置文件。当用 Ambari 创建集群时，Server 将 Stack 和 Service 的配置文件及 Service 生命周期的控制脚本传送到 Agent。Agent 拿到配置文件后，会下载安装公共资源里的软件包(使用 yum 服务)，完成安装后，Server 会通知 Agent 启动 Service。之后 Ambari Server 会定期发送命令到 Agent 检查 Service 的状态，Agent 上报给 Server，并呈现在 Ambari 的 GUI 上。

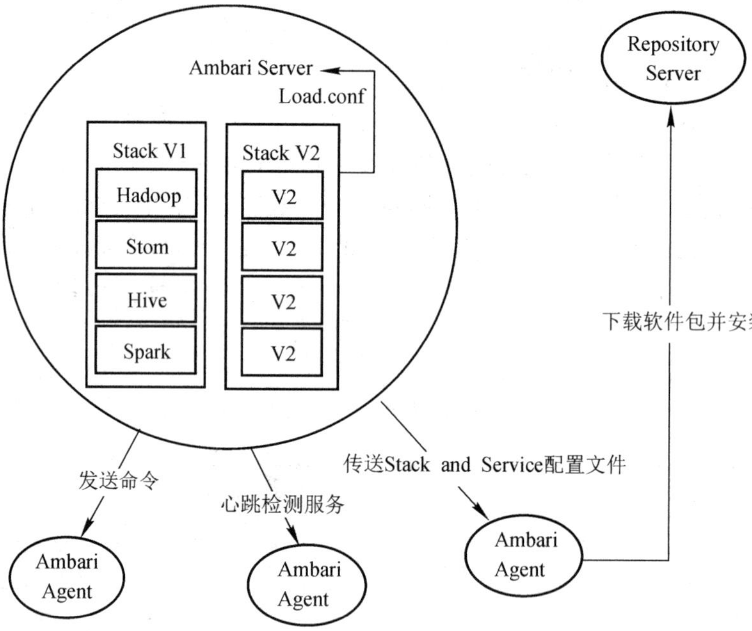


图 11-2 Ambari Server 的工作流程

Ambari Server 支持 REST API，这样可以很容易地扩展和定制化 Ambari。甚至不用登录 Ambari 的 GUI，只需要在命令行通过 curl 命令就可以控制 Ambari 以及 Hadoop 的集群。

### 2. Ambari Agent 架构及工作流程

Ambari Agent 是无状态的，其功能主要分两部分：采集所在节点的信息并且汇总后通过心跳汇报给 Ambari Server；处理 Ambari Server 的执行请求。

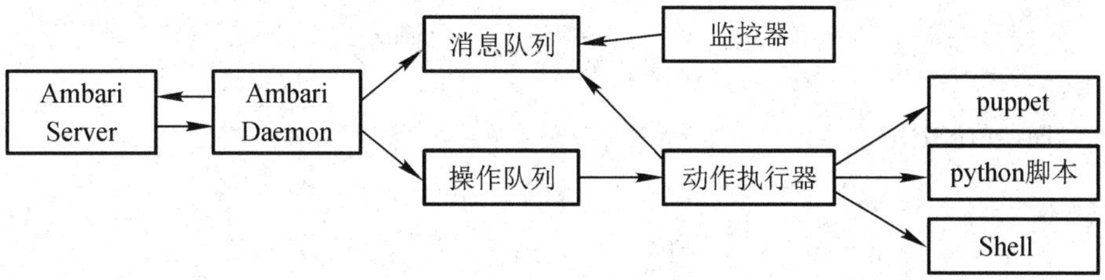


图 11-3　AmbariAgent 架构

Ambari Agent 有两种队列，如图 11-3 所示。

(1) 消息队列 MessageQueue 或为 Resultqueue，包括节点状态信息(包括注册信息)和执行结果信息，并且汇总后通过心跳发送给 Ambari Server。

(2) 操作队列 ActionQueue。用于接收 Ambari Server 返回过来的状态操作，然后通过执行器按序调用 puppet 或 python 脚本等模块完成任务。

AmbariAgent 的工作流程一般分为以下几步：

(1) Ambari Server 通过调用 bootstrap.py 来初始化整个 bootstrap 进程。

(2) Server 端通过 SSH Keys 在 Agent 上配置 Ambari Repo。具体操作为：通过 scp 命令将 Ambari Server 上的 ambari.repo 文件复制到 Agent Host 上。

(3) 复制 Ambari Agent Setup script。具体操作为：利用 scp 命令将 setupAgent.py 脚本复制到 Agent Host 上。

(4) 在各个 Agent 上执行 Ambari Agent Setup script。具体操作为：通过 SSH(远程登录工具)登录到各个 Agent Host 上，然后执行 setupAgent.py。

(5) 在 Agent 上安装 epel-release。具体操作为：用 yum 工具来安装 epel-release 包。

(6) 在 Agent 上安装 Ambari-agent。具体操作为：用 yum 工具来安装 Ambari-agent 包。

(7) 配置 Ambari-agent.ini。具体操作为：修改/etc/ambari-agent/conf/ambari-agent.ini，并设置 Agent Host 上的 hostname。

(8) 启动 Ambari Agent，即启动 Ambari-agent 进程。

(9) 开始 Ambari Agent 注册，即 Agent 开始 registration 进程。

## 四、软件下载

当前两大最主流的集群管理工具，一个是 Hortonworks 公司的 Ambari，另一个是 Cloudera 公司的 Cloudera Manger。这两个工具都可通过一键操作部署 Hadoop 集群，难点都在工具 Ambari 或 Cloudera Manger 本身的部署上。下面以 Ambari 2.7.3 的安装为例进行说明。

通过网址 https://supportmatrix.hortonworks.com/可以查询 Ambari 产品版本的支持情况以及下载报告，如图 11-4 所示。例如，Ambari 2.7.3 支持 HDP-3.1.4、HDP-3.1.0、HDP-3.0.1、HDP-3.0.0，或者根据自己的操作系统选择合适的 Ambari 版本。

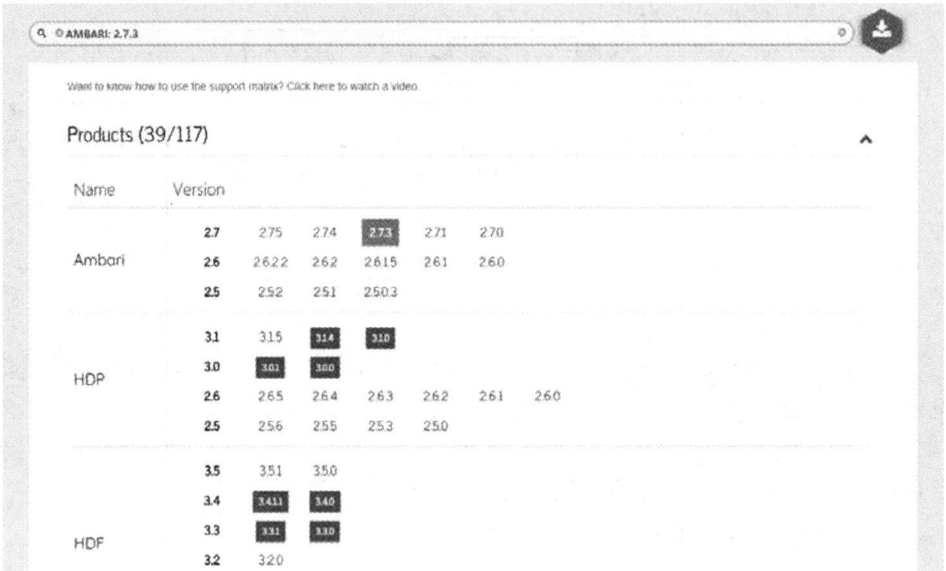


图 11-4 Ambari 产品版本支持

当安装 Ambari 时，所有依赖的安装包以及下载地址都可以从 Hortonworks 官方网站获取，Ambari 安装过程中需要的软件清单如表 11-3 所示。

**表 11-3 Ambari 安装包**

| 组件 | 安装包 | 说　明 |
|---|---|---|
| 操作系统 | CentOS-7-x86_64-DVD-1511.iso | |
| JDK | jdk-linux-x64.tar.gz | |
| Ambari | ambari-2.7.3.0-centos7.tar.gz | |
| HDP | HDP-3.1.0.0-centos7-rpm.tar.gz | HDP 是 Hortonworks 的软件栈，包含了 Hadoop 生态系统的所有项目，如 HBase、ZooKeeper、Hive、Pig 等 |
| HDP-UTILS | HDP-UTILS-1.1.0.22-centos7.tar.gz | HDP-UTILS 是工具类库 |
| HDP-GPL | HDP-GPL-3.1.0.0-centos7-gpl.tar.gz | |
| Repo File | ambari.repo<br>hdp.repo<br>hdp.gpl.repo | |

其中，Ambari 2.7.3 安装包的具体下载地址为：

https://docs.cloudera.com/HDPDocuments/Ambari-2.7.3.0/bk_ambari-installation/content/ambari_repositories.html

HDP 3.1.0.0、HDP-GPL-3.1.0.0 和 HDP-UTILS 1.1.0.22 安装包的具体下载地址为：

https://docs.hortonworks.com/HDPDocuments/Ambari-2.7.3.0/bk_ambari-installation/content/hdp_31_repositories.html

## 任务实施

### 利用 Ambari 部署、管理 Hadoop 集群

Ambari 的部署一定要从空机开始，如果节点中原来部署过 Hadoop 集群，则需要将集群服务停掉，并将不需要的环境变量注释掉；否则，即使 Ambari 部署成功，在启动某些服务时也可能会有异常现象，如 Hive 启动异常。

Ambari 对内存要求较高，可以选择两个节点，这里选择三个节点安装，多个节点安装是类似的。安装三台虚拟机，配置完成各自的 IP 地址，Hadoop 集群节点规划如表 11-4 所示。所有操作都要使用根(root)用户，且系统不要有其他用户，SSH(安全外壳协议)的密钥也都是基于根(root)用户的。

表 11-4　集群节点规划

| 主机名 | 内存 | 硬盘 | IP 地址 | 角色 |
|---|---|---|---|---|
| master | 4GB | 50GB | 192.168.200.10 | ambari-server |
| slave | 2GB | 50GB | 192.168.200.20 | ambari-agent |
| slave1 | 2GB | 50GB | 192.168.200.30 | ambari-agent |

具体配置步骤如下。

#### 1. 集群节点的安装配置

集群节点的安装配置

(1) 修改主机名。

分别将三台主机名修改为 master、slave、slave1。

修改主机名为 master：

```
[root@localhost ~]# hostnamectl set-hostname master
[root@localhost ~]# bash
[root@master ~]#
```

修改主机名为 slave：

```
[root@localhost ~]# hostnamectl set-hostname slave
[root@localhost ~]# bash
[root@slave ~]#
```

修改主机名为 slave1：

```
[root@localhost ~]# hostnamectl set-hostname slave1
[root@localhost ~]# bash
[root@slave1 ~]#
```

(2) 添加主机映射。

添加主机 master 的映射：

```
[root@master ~]#    vi /etc/hosts
```

```
192.168.200.10 master.hadoop master
192.168.200.20 slave.hadoop    slave
192.168.200.30 slave1.hadoop    slave1
```

**注意**：主机名映射采用 FQDN 格式。

```
[root@master ~]# hostname
master
[root@master ~]# hostname -f
master.hadoop
```

将 /etc/hosts 文件复制到主机 slave 和主机 slave1 上，命令如下：

```
[root@master ~]# scp /etc/hosts 192.168.200.20:/etc/hosts
[root@master ~]# scp /etc/hosts 192.168.200.30:/etc/hosts
```

(3) 关闭防火墙与 SElinux。

关闭主机 master 的防火墙与 SElinux：

```
[root@master ~]# systemctl stop firewalld
[root@master ~]#systemctl disable firewalld
[root@master ~]#vi /etc/selinux/config
SELINUX=disabled
```

在主机 slave 和主机 slave1 上分别做以上设置后，重启生效。

(4) 配置免密登录。

检查三台主机是否可以通过无密钥相互访问，如果未配置，则进行 SSH 无密码公钥认证配置。三台主机都要进行免密配置。

为主机 master 配置免密登录：

```
[root@master ~]# ssh-keygen
[root@master ~]# ssh-copy-id master
[root@master ~]# ssh-copy-id slave
[root@master ~]# ssh-copy-id slave1
```

在主机 slave 和主机 slave1 上分别做以上设置。

用 SSH 登录远程主机查看是否成功。

```
[root@slave ~]# ssh master
[root@master ~]# exit
```

(5) 禁用透明大页面。

透明大页面(Transparent Huge Pages，THP)是一种 Linux 内存管理系统，通过使用更大的内存页面，可以减少具有大量内存的计算机上的 Translation Lookaside Buffer(TLB)查找的开销。在这个过程中，对于操作内存的各种分配活动都需要各种内存锁，用于直接影响程序的内存访问性能。并且，这个过程对于应用是透明的，在应用层面不可控制，对于专门为 4k 页面优化的程序来说，可能会造成随机性能下降的现象。三台主机都要禁用透明大页面。

主机 master 禁用透明大页面：

```
[root@master ~]# echo never > /sys/kernel/mm/transparent_hugepage/enabled
[root@master ~]# echo never > /sys/kernel/mm/transparent_hugepage/defrag
[root@master ~]# cat /sys/kernel/mm/transparent_hugepage/enabled
always madvise [never]
```

在主机 slave 和主机 slave1 上分别做以上设置。

(6) 安装 JDK。

在三台主机中分别上传并解压 jdk-linux-x64.tar.gz 安装包，配置好 JDK 环境。

在主机 master 中上传并解压 jdk-linux-x64.tar.gz 安装包，配置 JDK 环境。命令如下：

```
[root@master ~]# tar -zxvf jdk-linux-x64.tar.gz   -C /usr/local/
[root@master ~]# cd /usr/local/
[root@master local]# cd jdk1.8.0_131/
[root@master jdk1.8.0_131]# pwd
/usr/local/jdk1.8.0_131
[root@master jdk1.8.0_131]# vi /etc/profile
export JAVA_HOME=/usr/local/jdk1.8.0_131
export PATH=$PATH:$JAVA_HOME/bin
~
[root@master jdk1.8.0_131]# source /etc/profile
[root@master jdk1.8.0_131]# java -version
java version "1.8.0_131"
Java(TM) SE Runtime Environment (build 1.8.0_131-b11)
Java HotSpot(TM) 64-Bit Server VM (build 25.131-b11, mixed mode)
```

将 JDK 安装目录中的/etc/profile 文件复制到主机 slave 和 slave1 上。

```
[root@master jdk1.8.0_131]#cd ..
[root@master local]# scp -r jdk1.8.0_131/   slave:/usr/local/
[root@master local]# scp /etc/profile        slave:/etc/profile
[root@master local]# scp -r jdk1.8.0_131/   slave1:/usr/local/
[root@master local]# scp /etc/profile        slave1:/etc/profile
```

在主机 slave 上测试 JDK 是否安装成功。

```
[root@slave ~]# source /etc/profile
[root@slave ~]# java -version
java version "1.8.0_131"
Java(TM) SE Runtime Environment (build 1.8.0_131-b11)
Java HotSpot(TM) 64-Bit Server VM (build 25.131-b11, mixed mode)
[root@slave ~]#
```

(7) 配置阿里开源镜像 yum 源，命令如下：

```
[root@master ~]# cd /etc/yum.repos.d/
[root@master yum.repos.d]# rm -rf *
[root@master yum.repos.d]#curl -o CentOS-Base.repo http://mirrors.aliyun.com/repo/Centos-7.repo
```

远程发送 CentOS-Base.repo 文件至主机 slave 和 slave1 上。

```
[root@master yum.repos.d]# scp /etc/yum.repos.d/CentOS-Base.repo slave:/etc/yum.repos.d/
[root@master yum.repos.d]# scp /etc/yum.repos.d/CentOS-Base.repo slave1:/etc/yum.repos.d/
```

(8) 安装时间同步服务(NTP)。

在主机 master 上安装 NTP 服务：

```
[root@master ~]# yum install -y ntp
[root@master ~]#  vi /etc/ntp.conf
```

注释或者删除以下四行：

```
server 0.centos.pool.ntp.org iburst
server 1.centos.pool.ntp.org iburst
server 2.centos.pool.ntp.org iburst
server 3.centos.pool.ntp.org iburst
```

添加以下两行：

```
server 127.127.1.0
fudge 127.127.1.0 stratum 10
```

命令如下：

```
[root@master ~]# systemctl enable ntpd
[root@master ~]# systemctl start  ntpd
```

在主机 slave 上同步 master 时间，命令如下：

```
[root@slave yum.repos.d]# yum -y install ntpdate
[root@slave yum.repos.d]#  ntpdate master.hadoop
[root@slave yum.repos.d]# systemctl enable ntpdate
```

在主机 slave1 上同步 master 时间，命令如下：

```
[root@slave1 yum.repos.d]# yum -y install ntpdate
[root@slave1 yum.repos.d]# ntpdate master.hadoop
[root@slave1 yum.repos.d]#  systemctl enable ntpdate
```

### 2. 安装 Ambari 本地源

安装 Ambari 本地源

(1) 在主机 master 上安装 HTTP 服务，命令如下：

```
[root@master ~]# yum -y install httpd
[root@master ~]#  systemctl start httpd
[root@master ~]#  systemctl enable httpd
```

(2) 在主机 master 上解压 Ambari 相关软件。

将 Hortonworks 官方网站上下载的 Ambari、HDP、HDP-UTILS、HDP-GPL 安装包上传至/root 目录下。

```
[root@master ~]# ls
ambari-2.7.3.0-centos7.tar.gz
HDP-3.1.0.0-centos7-rpm.tar.gz
HDP-UTILS-1.1.0.22-centos7.tar.gz
HDP-GPL-3.1.0.0-centos7-gpl.tar.gz
```

(3) 在主机 master 上部署 Web 服务。

将 Ambari、HDP、HDP-UTILS、HDP-GPL 安装包解压到/var/www/html/目录下。

```
[root@master ~]# tar -zxvf /root/ambari-2.7.3.0-centos7.tar.gz   -C /var/www/html
[root@master ~]# tar -zxvf /root/HDP-3.1.0.0-centos7-rpm.tar.gz   -C /var/www/html/
[root@master ~]# tar -zxvf /root/HDP-UTILS-1.1.0.22-centos7.tar.gz   -C /var/www/html/
[root@master ~]# tar -zxvf /root/HDP-GPL-3.1.0.0-centos7-gpl.tar.gz   -C /var/www/html/
[root@master ~]# cd /var/www/html/
[root@master html]# ls
ambari   HDP   HDP-GPL   HDP-UTILS
```

在浏览器中分别访问 Ambari、HDP、HDP-UTILS、HDP-GPL 目录。

```
http://192.168.200.10/ambari/
http://192.168.200.10/HDP/
http://192.168.200.10/HDP-GPL/
http://192.168.200.10/HDP-UTILS/
```

**注意**：当在浏览器访问 http://192.168.200.10/HDP/centos7/3.1.0.0-78/为空白时，需要将该目录下的 index.xml 注释掉。例如：

```
[root@master html]# cd HDP/centos7/3.1.0.0-78/
[root@master 3.1.0.0-78]# ls
[root@master 3.1.0.0-78]# mv index.html index.html.bak
```

(4) 配置 Ambari、HDP、HDP-UTILS 的本地源。

将从 Hortonworks 官方网站上下载的 ambari.repo、hdp.gpl.repo、hdp.repo 上传到/etc/yum.repos.d/目录下，并且将每个 repo 里的 baseurl 和 gpgkey 的地址修改为本地的 Web 地址。

将文件 ambari.repo 修改为：

```
[root@master yum.repos.d]# cat ambari.repo
#VERSION_NUMBER=2.7.3.0-139
[ambari-2.7.3.0]
#json.url = http://public-repo-1.hortonworks.com/HDP/hdp_urlinfo.json
```

```
name=ambari Version - ambari-2.7.3.0
baseurl=http://192.168.200.10/ambari/centos7/2.7.3.0-139/
gpgcheck=1
gpgkey=http://192.168.200.10/ambari/centos7/2.7.3.0-139/RPM-GPG-KEY/RPM-GPG-KEY
-Jenkins
enabled=1
priority=1
```

将文件 hdp.repo 修改为：

```
[root@master yum.repos.d]# cat hdp.repo
#VERSION_NUMBER=3.1.0.0-78
[HDP-3.1.0.0]
name=HDP Version - HDP-3.1.0.0
baseurl=http://192.168.200.10/HDP/centos7/3.1.0.0-78/
gpgcheck=1
gpgkey=http://192.168.200.10/HDP/centos7/3.1.0.0-78/RPM-GPG-KEY/RPM-GPG-KEY-
Jenkins
enabled=1
priority=1
[HDP-UTILS-1.1.0.22]
name=HDP-UTILS Version - HDP-UTILS-1.1.0.22
baseurl=http://192.168.200.10/HDP-UTILS/centos7/1.1.0.22/
gpgcheck=1
gpgkey=http://192.168.200.10/HDP-UTILS/centos7/1.1.0.22/RPM-GPG-KEY/RPM-GPG-
KEY-Jenkins
enabled=1
priority=1~
```

将文件 hdp.gpl.repo 修改为：

```
[root@master yum.repos.d]# cat hdp.gpl.repo
#VERSION_NUMBER=3.1.0.0-78
[HDP-GPL-3.1.0.0]
name=HDP-GPL Version - HDP-GPL-3.1.0.0
baseurl=http://192.168.200.10/HDP-GPL/centos7/3.1.0.0-78/
gpgcheck=1
gpgkey=http://192.168.200.10/HDP-GPL/centos7/3.1.0.0-78/RPM-GPG-KEY/RPM-GPG-
KEY-Jenkins
enabled=1
priority=1
```

将以上 ambari.repo、hdp.gpl.repo、hdp.repo 三个文件发送到主机 slave 和主机 slave1 上。

```
[root@master yum.repos.d]# scp ambari.repo slave:/etc/yum.repos.d/
[root@master yum.repos.d]# scp ambari.repo slave1:/etc/yum.repos.d/
[root@master yum.repos.d]# scp hdp.gpl.repo    slave:/etc/yum.repos.d/
[root@master yum.repos.d]# scp hdp.gpl.repo    slave1:/etc/yum.repos.d/
[root@master yum.repos.d]# scp hdp.repo slave:/etc/yum.repos.d/
[root@master yum.repos.d]# scp hdp.repo slave1:/etc/yum.repos.d/
```

### 3. 安装 ambari-server

安装、配置 Ambari

(1) 在主机 master 上安装 ambari-server，命令如下：

```
[root@master ~]# yum install -y ambari-server
```

(2) 安装 mariadb 数据库，命令如下：

```
[root@master ~]# yum install    -y mariadb mariadb-server mysql-connector-java
[root@master ~]# systemctl enable mariadb
[root@master ~]# systemctl start mariadb
[root@master ~]# mysql_secure_installation
```

(3) 配置 mariadb 数据库。

按 Enter 键确认后设置 root 密码，这里设置为“000000”。

```
Remove anonymous users? [Y/n] y
Disallow root login remotely? [Y/n] n
Remove test database and access to it? [Y/n] y
Reload privilege tables now? [Y/n] y
```

(4) 创建 ambari 数据库及用户，命令如下：

```
[root@master ~]# mysql -uroot -p000000
MariaDB [(none)]>    create database ambari;
MariaDB [(none)]>    grant all privileges on ambari.* to 'ambari'@'localhost' identified by '000000';
MariaDB [(none)]>    grant all privileges on ambari.* to 'ambari'@'%' identified by '000000';
```

(5) 将 ambari 数据库脚本导入数据库，命令如下：

```
MariaDB [(none)]>    use ambari;
MariaDB [ambari]>    source    /var/lib/ambari-server/resources/Ambari-DDL-MySQL-CREATE.sql
MariaDB [ambari]>    quit
Bye
```

(6) 加载 MySQL JDBC 数据库驱动，命令如下：

```
[root@master ~]# ambari-server setup --jdbc-db=mysql --jdbc-driver=/usr/share/java/mysql-connector-java.jar
Using python    /usr/bin/python
Setup ambari-server
```

Copying /usr/share/java/mysql-connector-java.jar to /var/lib/ambari-server/resources/mysql-connector-java.jar

If you are updating existing jdbc driver jar for mysql with mysql-connector-java.jar. Please remove the old driver jar, from all hosts. Restarting services that need the driver, will automatically copy the new jar to the hosts.

JDBC driver was successfully initialized.

Ambari Server 'setup' completed successfully.

#### 4. 配置 ambari-server

命令如下：

```
[root@master ~]# ambari-server setup
Using python  /usr/bin/python
Setup ambari-server
Checking SELinux...
SELinux status is 'disabled'
Customize user account for ambari-server daemon [y/n] (n)? y
Enter user account for ambari-server daemon (root):
Adjusting ambari-server permissions and ownership...
Checking firewall status...
Checking JDK...
[1] Oracle JDK 1.8 + Java Cryptography Extension (JCE) Policy Files 8
[2] Custom JDK
==============================================================================
Enter choice (1): 2        #选择自定义 JDK
WARNING: JDK must be installed on all hosts and JAVA_HOME must be valid on all hosts.
WARNING: JCE Policy files are required for configuring Kerberos security. If you plan to use Kerberos, please make sure JCE Unlimited Strength Jurisdiction Policy Files are valid on all hosts.
Path to JAVA_HOME: /usr/local/jdk1.8.0_131
Validating JDK on Ambari Server...done.
Check JDK version for Ambari Server...
JDK version found: 8
Minimum JDK version is 8 for Ambari. Skipping to setup different JDK for Ambari Server.
Checking GPL software agreement...
GPL License for LZO: https://www.gnu.org/licenses/old-licenses/gpl-2.0.en.html
Enable Ambari Server to download and install GPL Licensed LZO packages [y/n] (n)? y
Completing setup...
Configuring database...
```

```
Enter advanced database configuration [y/n] (n)? y
Configuring database...
==============================================================
Choose one of the following options:
[1] - PostgreSQL (Embedded)
[2] - Oracle
[3] - MySQL / MariaDB
[4] - PostgreSQL
[5] - Microsoft SQL Server (Tech Preview)
[6] - SQL Anywhere
[7] - BDB
==============================================================
Enter choice (1): 3          #选择安装的数据库 MariaDB
Hostname (localhost): master        #主机名
Port (3306):
Database name (ambari):
Username (ambari):
Enter Database Password (bigdata): #密码为 000000
Re-enter password:
Configuring ambari database...
Should ambari use existing default jdbc /usr/share/java/mysql-connector-java.jar [y/n] (y)? y
Configuring remote database connection properties...
WARNING: Before starting Ambari Server, you must run the following DDL directly from the database shell to create the schema: /var/lib/ambari-server/resources/Ambari-DDL-MySQL-CREATE.sql
Proceed with configuring remote database connection properties [y/n] (y)? y
Extracting system views...
ambari-admin-2.7.3.0.139.jar
....
Ambari repo file contains latest json url http://public-repo-1.hortonworks.com/HDP/hdp_urlinfo.json, updating stacks repoinfos with it...
Adjusting ambari-server permissions and ownership...
Ambari Server 'setup' completed successfully.          #安装成功
```

### 5. 安装 ambari-agent

在所有的主机上安装 ambari-agent。

在主机 master 上安装：

```
[root@master ~]# yum -y install ambari-agent
```

在主机 slave 上安装：

```
[root@slave ~]# yum -y install ambari-agent
```

在主机 slave1 上安装：

```
[root@slave1~]# yum -y install ambari-agent
```

### 6. 启动 ambari-server

命令如下：

```
[root@master ~]# ambari-server start
Using python  /usr/bin/python
Starting ambari-server
Ambari Server running with administrator privileges.
Organizing resource files at /var/lib/ambari-server/resources...
Ambari database consistency check started...
Server PID at: /var/run/ambari-server/ambari-server.pid
Server out at: /var/log/ambari-server/ambari-server.out
Server log at: /var/log/ambari-server/ambari-server.log
Waiting for server start..............................
Server started listening on 8080

DB configs consistency check: no errors and warnings were found.
Ambari Server 'start' completed successfully.
```

如果启动失败，关闭 ambari-server，重新启动。

```
[root@master ~]# ambari-server stop
```

管理 Hadoop 集群

### 7. 管理 Hadoop 集群

(1) 登录 Ambari Web 页面。

成功启动后在浏览器地址栏输入 Ambari 地址：http://192.168.200.10:8080/，出现登录界面，默认以管理员账户登录，账户为 admin，密码为 admin，如图 11-5 所示。通过 Ambari Web 界面可以自动部署 Hadoop 集群。

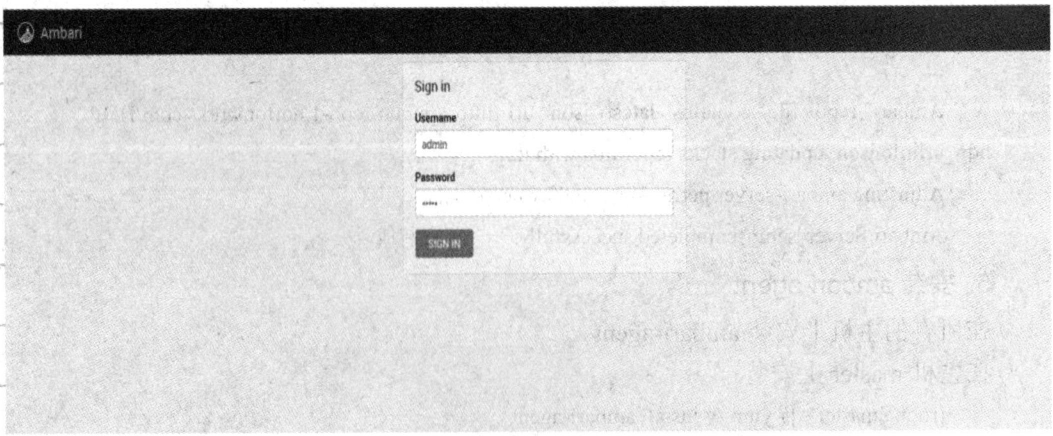


图 11-5 Ambari 登录界面

(2) 创建集群。

登录成功后，单击“Launch Install Wizard”启用安装向导创建集群，如图 11-6 所示。

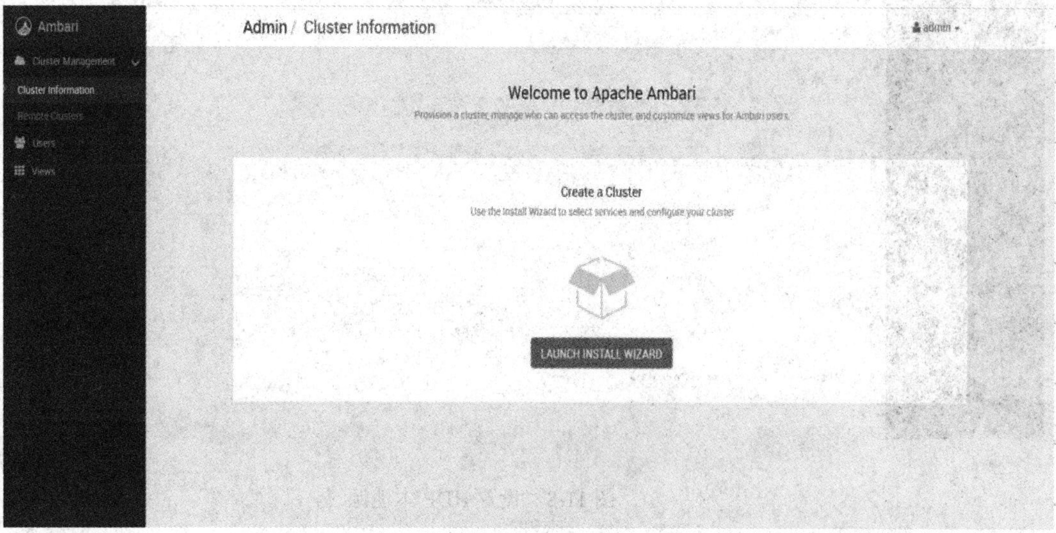


图 11-6　启用安装向导创建集群

设置集群名称为 cluster1，如图 11-7 所示，完成后单击“NEXT”按钮。

(3) 设置本地源。

选择 HDP 版本，设置本地源，只保留 redhat7，如图 11-8 所示。其中，HDP-GPL 文件较小，也可以采用默认项，这里设置了本地源，单击“NEXT”按钮。

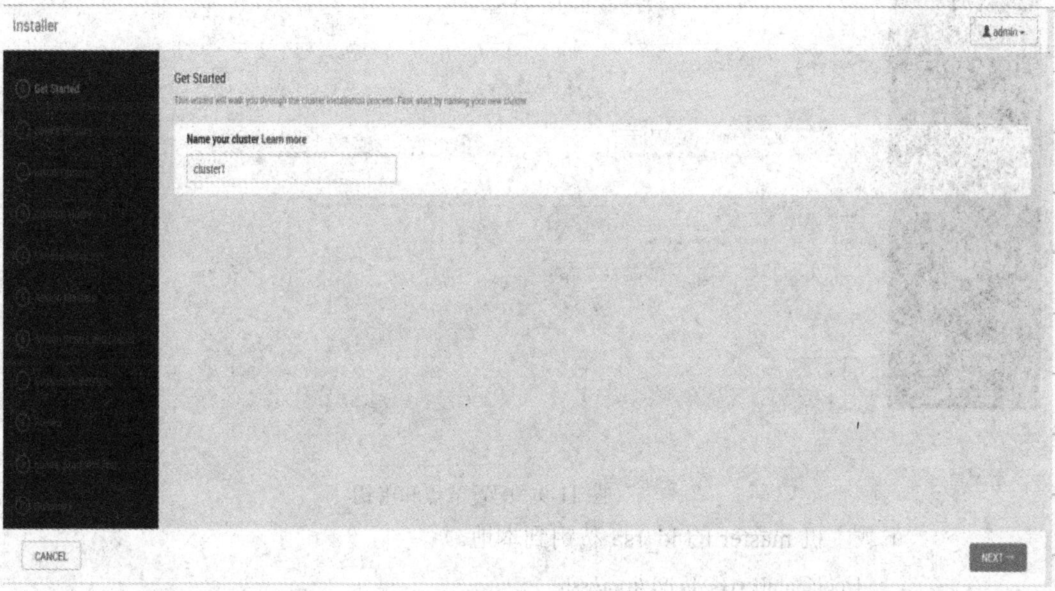


图 11-7　设置集群名称

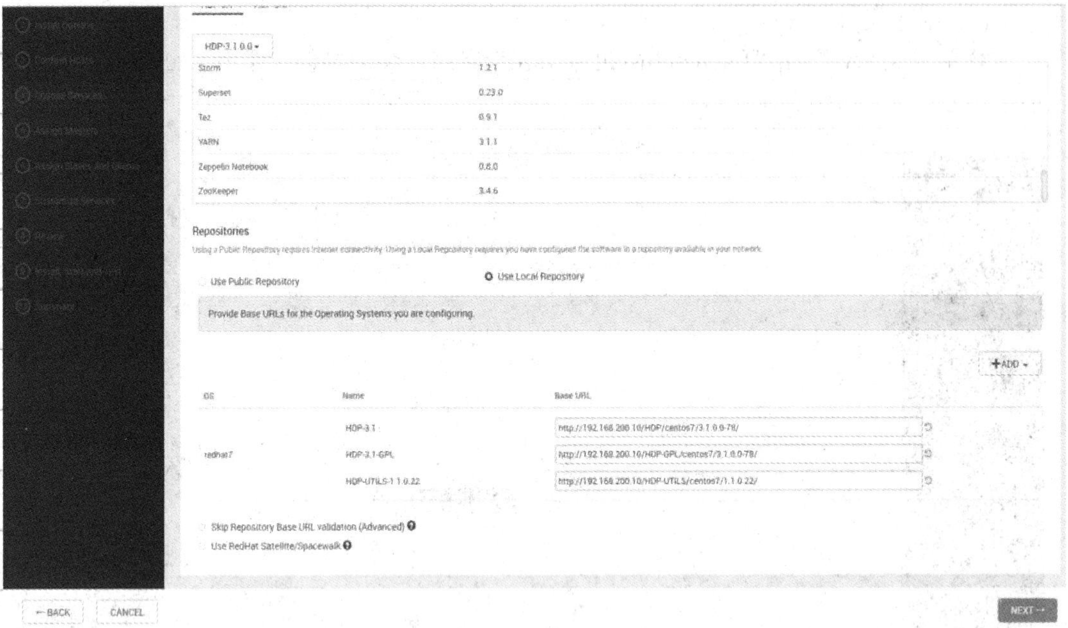


图 11-8　设置 HDP 本地源

(4) 主机确认。

将集群中每台主机的主机名(FQDN)输入 Target Hosts 文本框中，如图 11-9 所示。

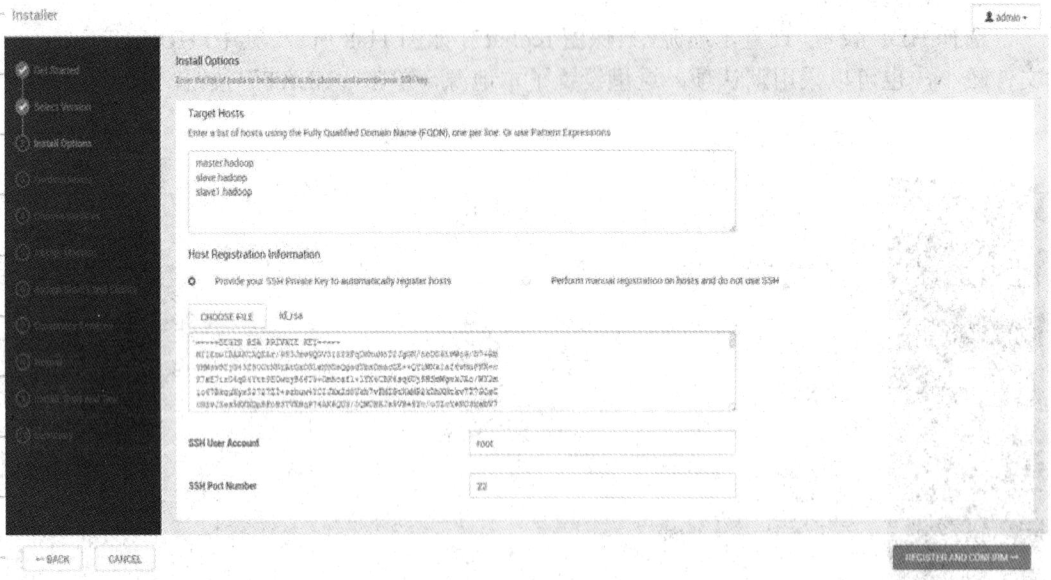


图 11-9　配置节点和密钥

下载主机 master 的 id_rsa 私钥到本地。

```
[root@ambari1 ~]# cd /root/.ssh
[root@ambari1 .ssh]# ls
```

authorized_keys　id_rsa　id_rsa.pub　known_hosts

将私钥(~/.ssh/id_rsa)文件上传或者将其内容直接粘贴在 SSH Private Key 文本框中，单击“REGISTER AND CONFIRM”选项。

确认前面配置集群中 hosts 列表中的机器是否都可用，也可以移除相关机器。在集群中机器为 Success 后，如图 11-10 所示，单击“NEXT”按钮。

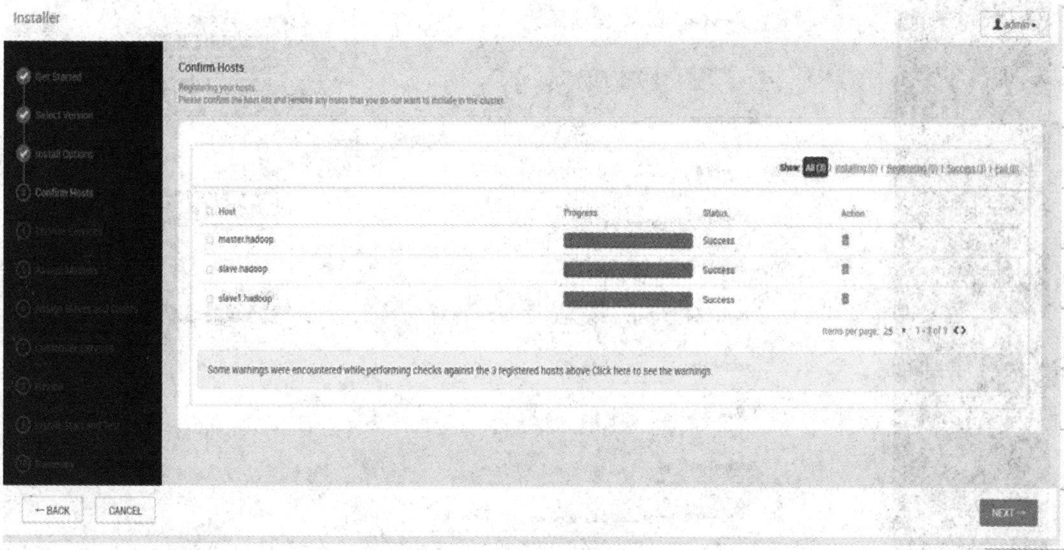


图 11-10　确认主机

(5) 选择要安装的服务。

这里只选择“HDFS”和“YARN + MapReduce2”服务，如图 11-11 所示，单击“NEXT”按钮时会提示勾选需要依赖的 Service，选择“OK”即可。

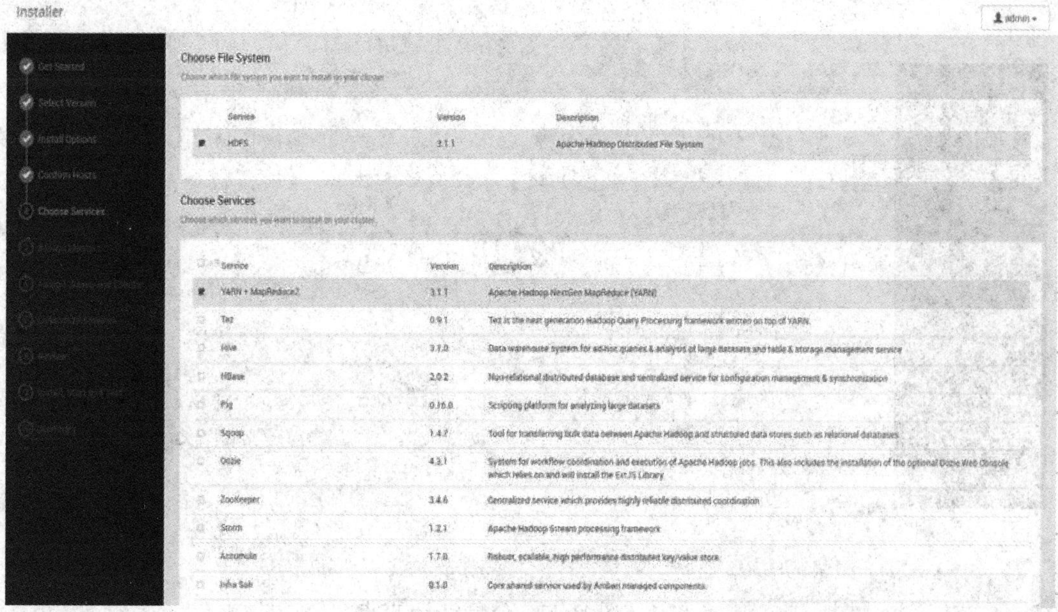


图 11-11　选择 Hadoop 组件

(6) 节点分配。

配置各服务的 master 节点，如图 11-12 所示，完成后单击“NEXT”按钮。

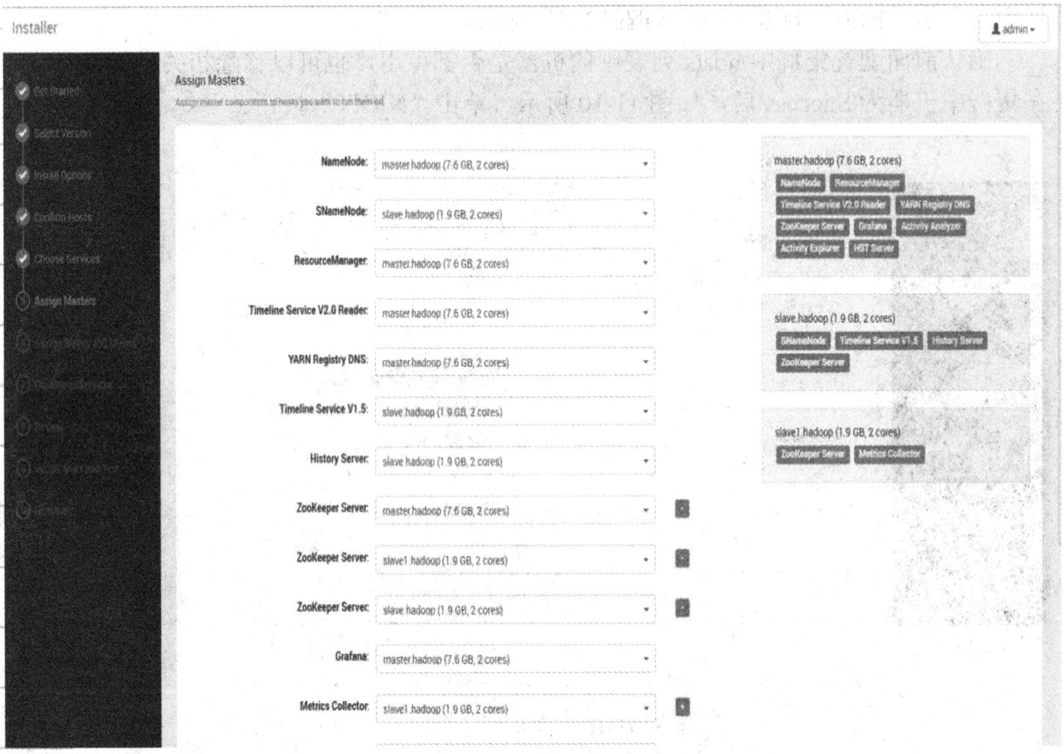


图 11-12 分配 master 节点

配置各服务的 Slaves 和 Clients，如图 11-13 所示，完成后单击“NEXT”按钮。

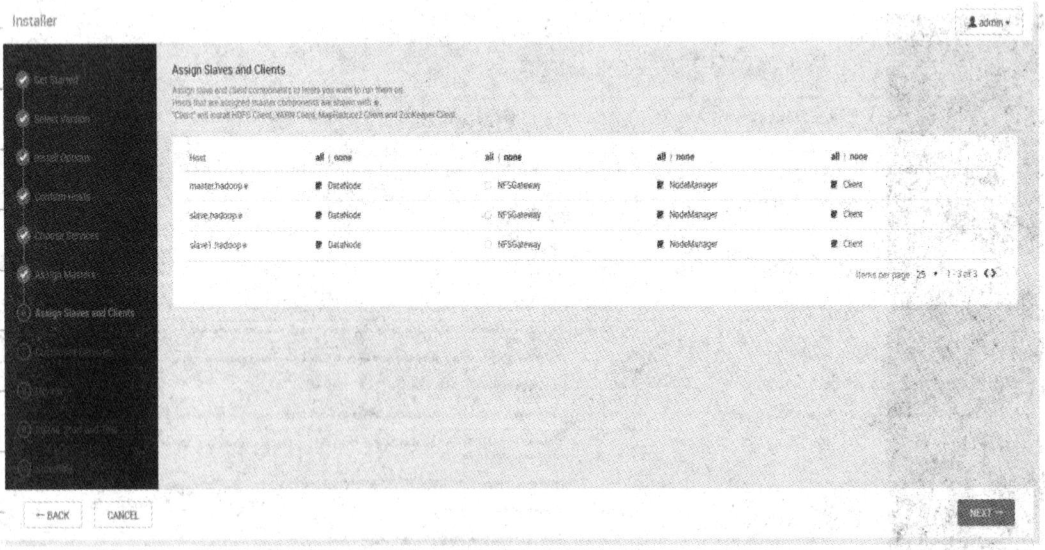


图 11-13 分配 Slave 节点

(7) 定制服务。

根据实际需要，修改各服务中配置项的值。如图 11-14 和图 11-15 所示，这里采用默认值，最后单击“NEXT”按钮。

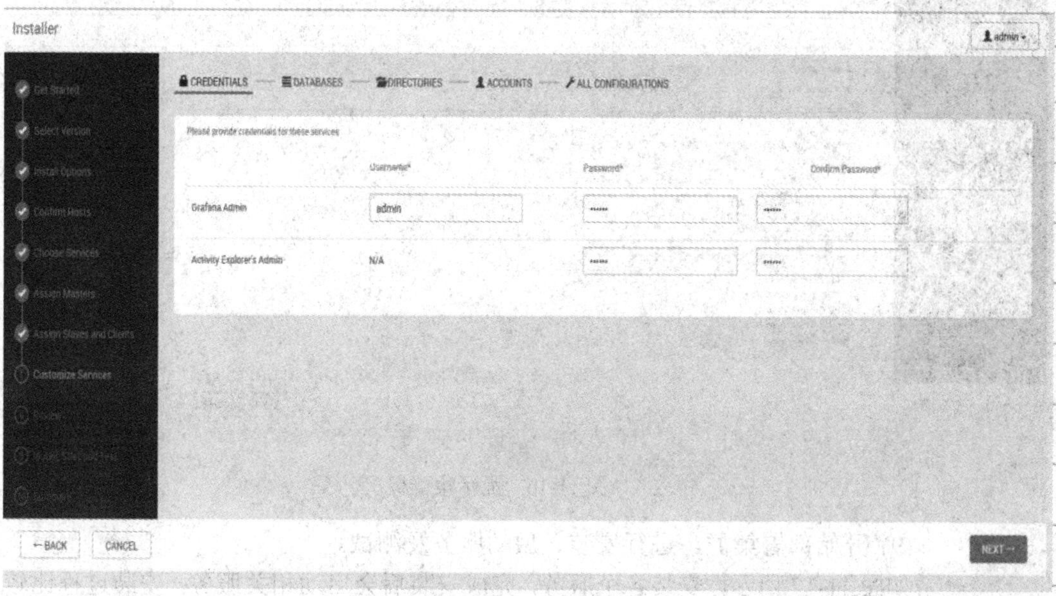


图 11-14　定制服务

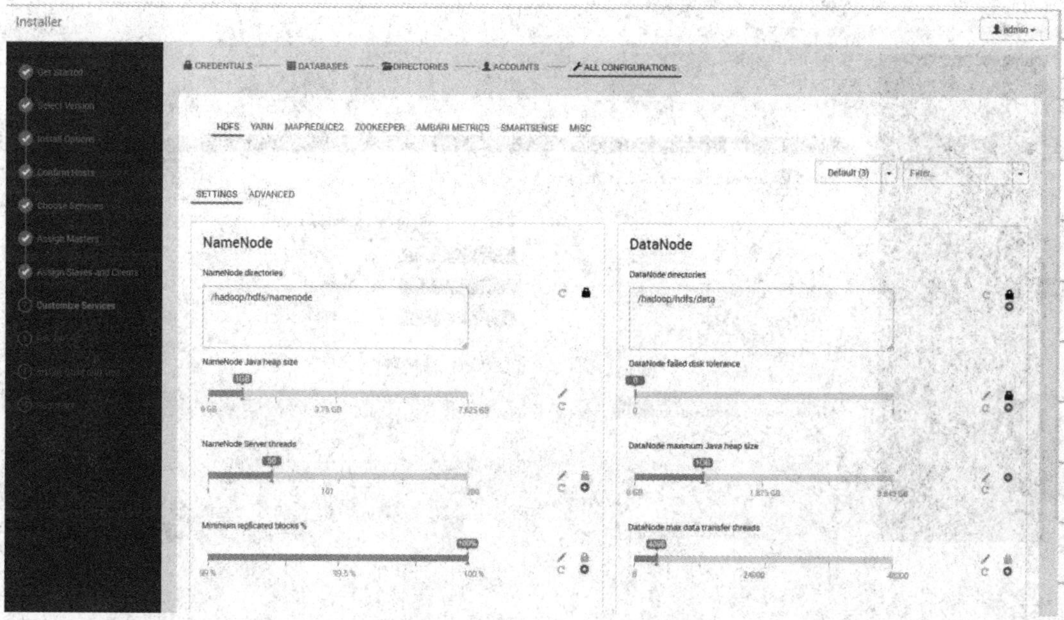


图 11-15　服务配置

(8) 显示配置信息。

显示集群整体概况，如图 11-16 所示，然后点击“Deploy”按钮。

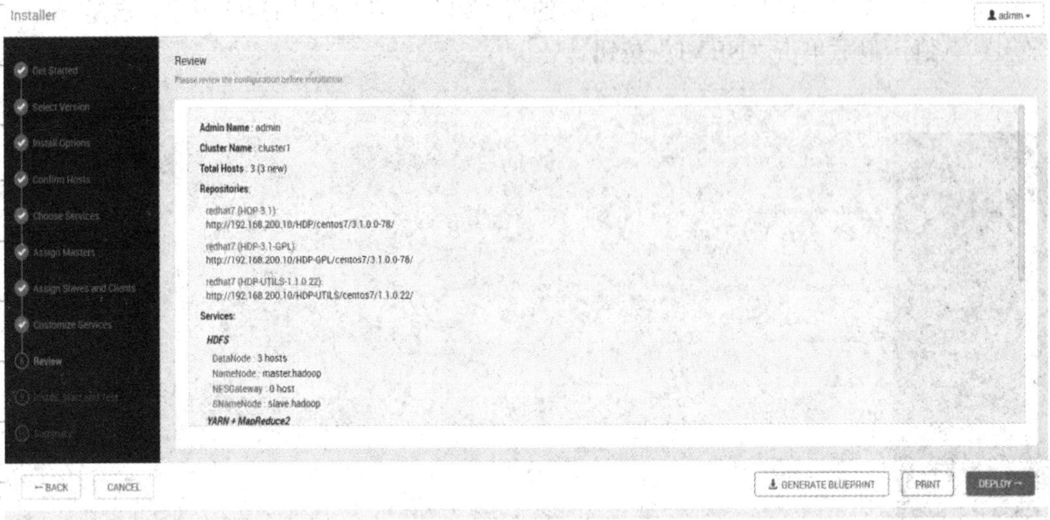


图 11-16　显示集群概况

(9) 开始部署集群，进行安装、启动服务及测试。

如图 11-17 所示，安装各个服务，完成安装后会启动相关服务，安装过程比较长。全部安装成功后，单击“NEXT”按钮。

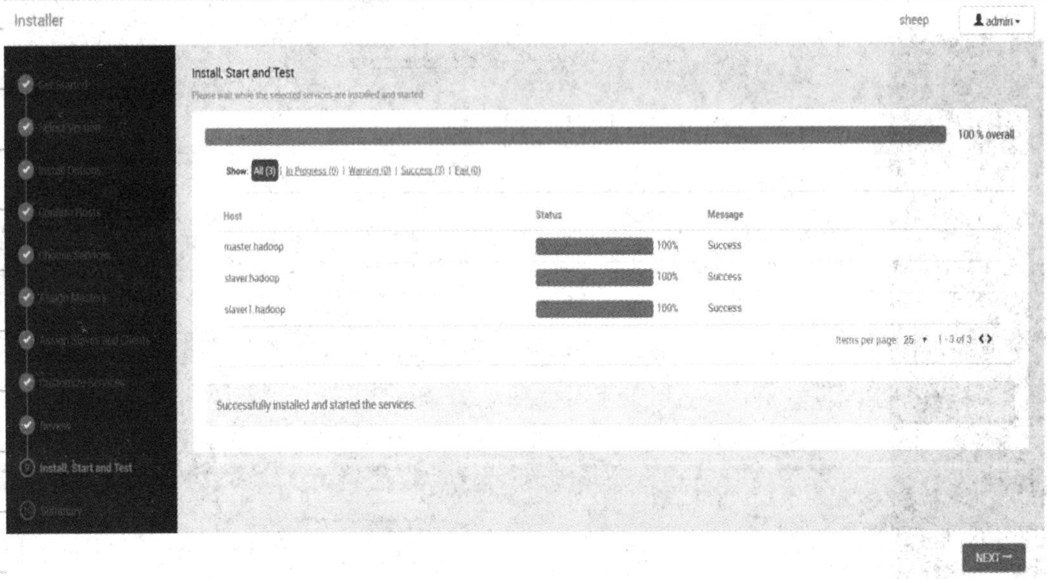


图 11-17　部署集群

在安装过程总界面单击“Complete”按钮进入 Ambari 管理界面，可以查看 Hadoop 集群状态监控信息，如图 11-18 所示。

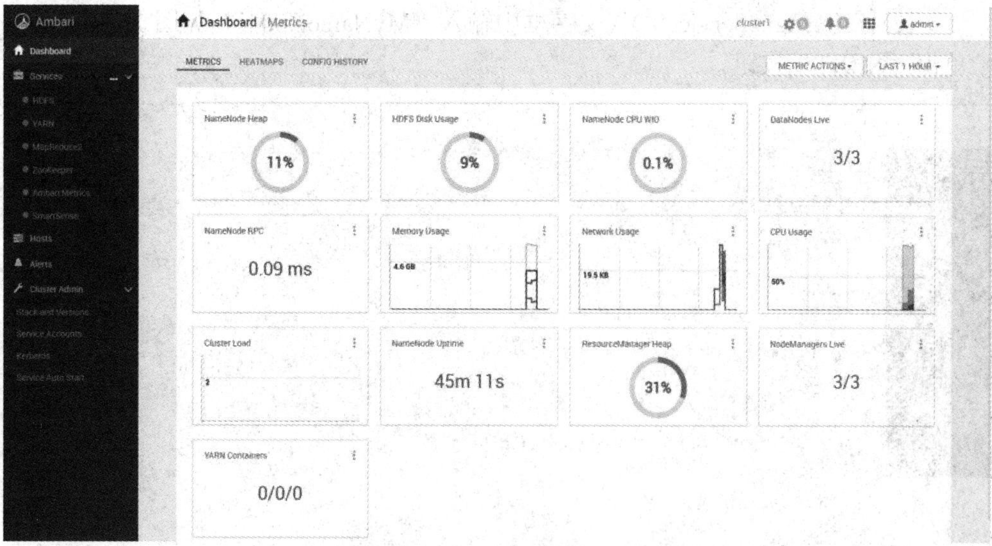


图 11-18　Ambari 管理界面

## 能力拓展　在 Ambari 中启用 HDFS 的 HA

在 Ambari 中启用 HDFS 的 HA

利用 Ambari 平台，可以自动部署 HDFS 的 HA 集群，提高集群服务质量。

(1) 在 Ambari 管理界面中选择“HDFS”项，在“ACTIONS”的下拉菜单中选择“Enable NameNode HA”项，如图 11-19 所示。

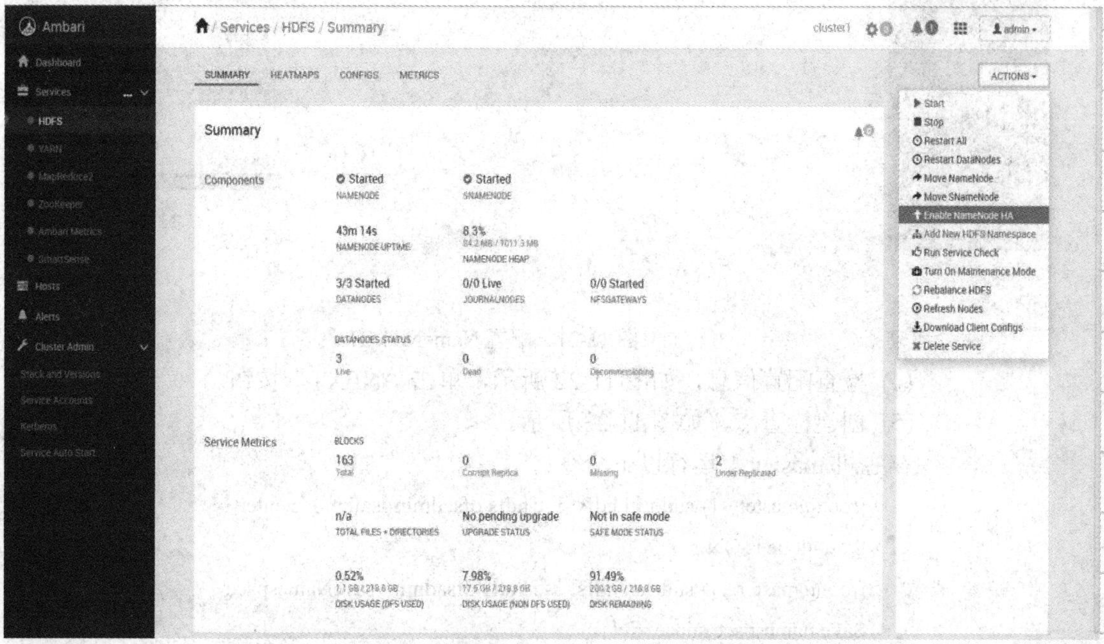


图 11-19　增加 HDFS 的 HA

(2) 在“NameService ID”文字框中输入“MyNameNode”，如图 11-20 所示，单击“NEXT”按钮。

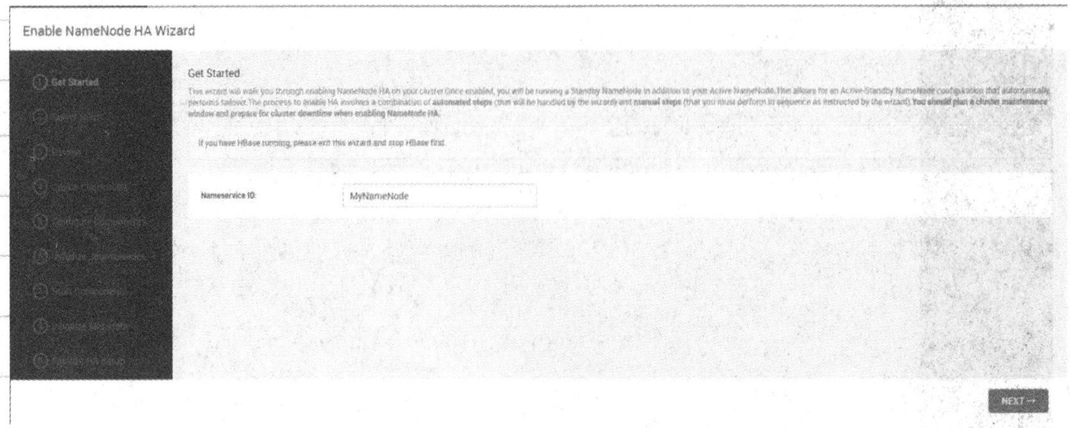


图 11-20 设置 NameService ID

(3) 配置 NameNode HA，如图 11-21 所示，默认为主机 slave，单击“NEXT”按钮。

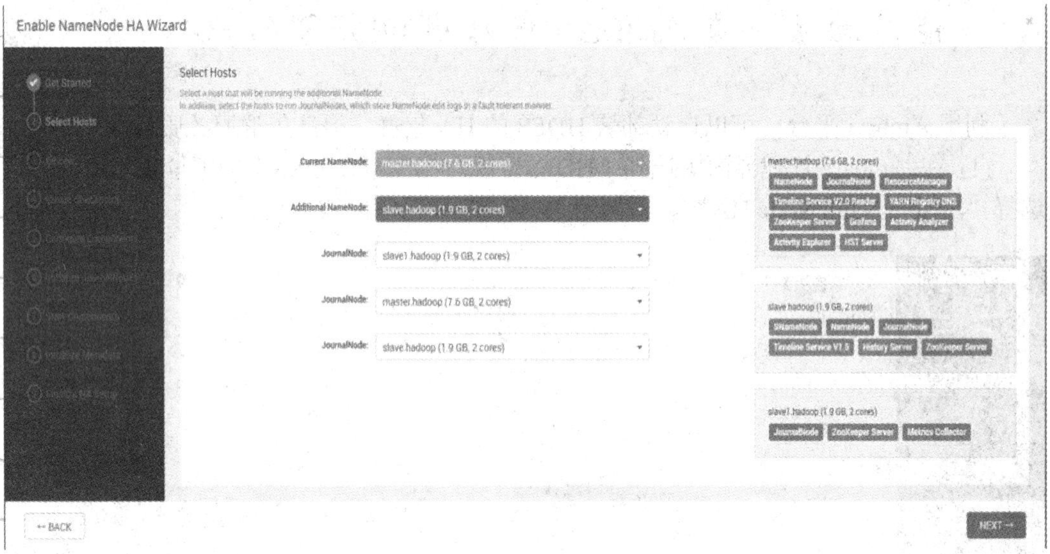


图 11-21 配置 NameNode HA

(4) 检查配置信息，如图 11-22 所示，单击“NEXT”按钮。

(5) 创建检查点，如图 11-23 所示。

在主机 master 上运行以下命令：

```
[root@master ~]# sudo su hdfs -l -c'hdfs dfsadmin -safemode enter'
Safe mode is ON
[root@master ~]# sudo su hdfs -l -c 'hdfs dfsadmin -saveNamespace'
Save namespace successful
```

完成后，单击“NEXT”按钮。

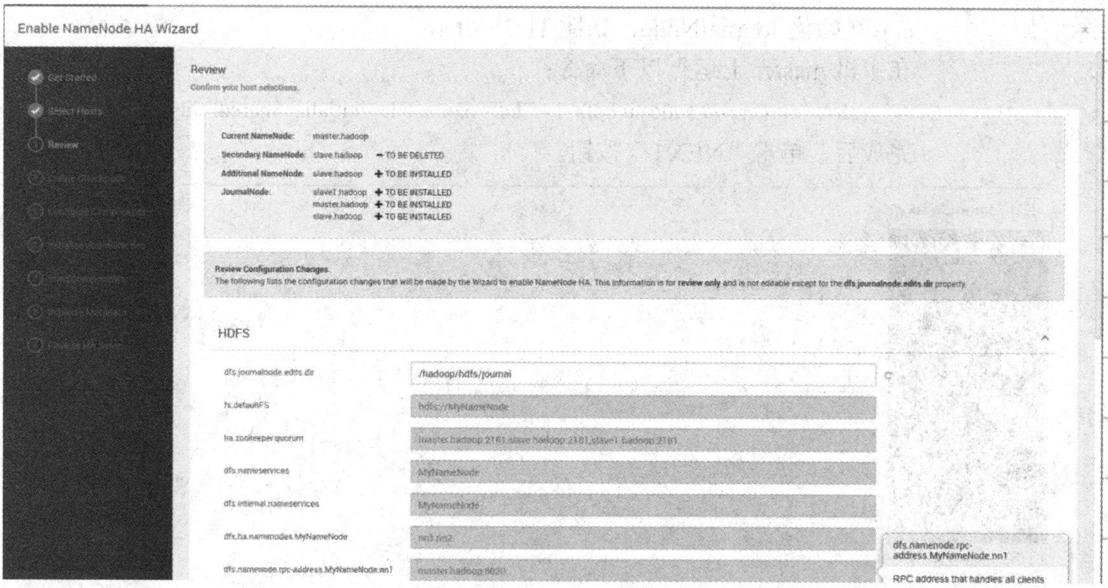


图 11-22　检查配置信息

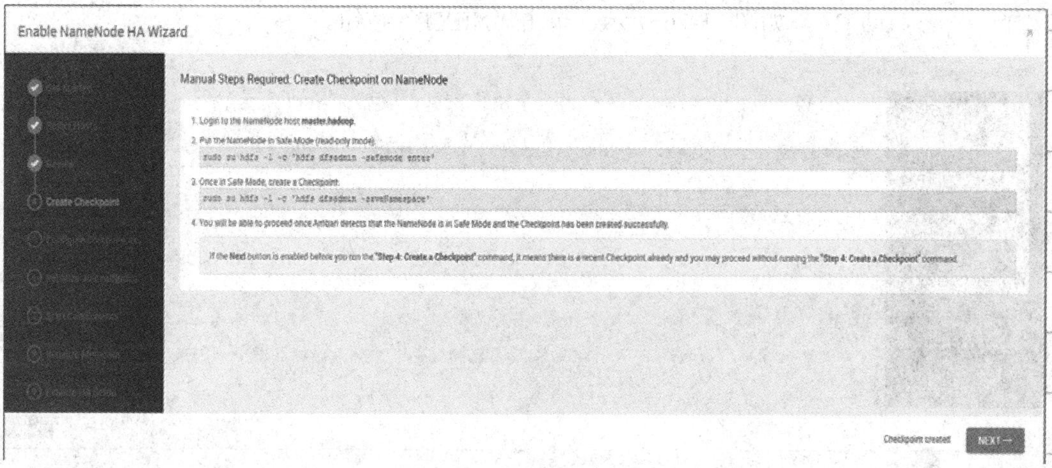


图 11-23　创建检查点

(6) 开始进行 HA 配置，如图 11-24 所示，单击“NEXT”按钮。

图 11-24　开始配置

(7) 初始化 JournalNode，如图 11-25 所示。

在主机 master 上运行以下命令：

```
[root@master ~]# sudo su hdfs -l -c 'hdfs namenode -initializeSharedEdits'
```

完成后，单击“NEXT”按钮。

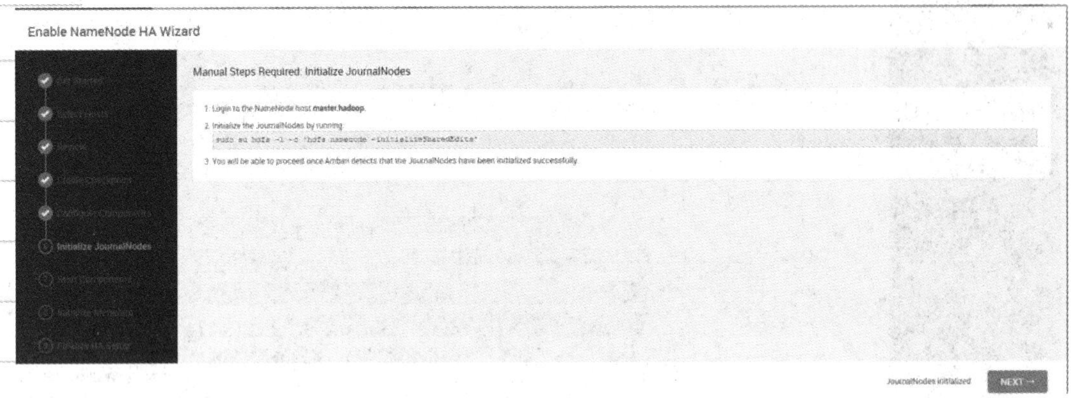


图 11-25　初始化 JournalNode

启动 HA，如图 11-26 所示，单击“NEXT”按钮。

图 11-26　启动 HA

(8) 初始化 NameNode HA 元数据，如图 11-27 所示。

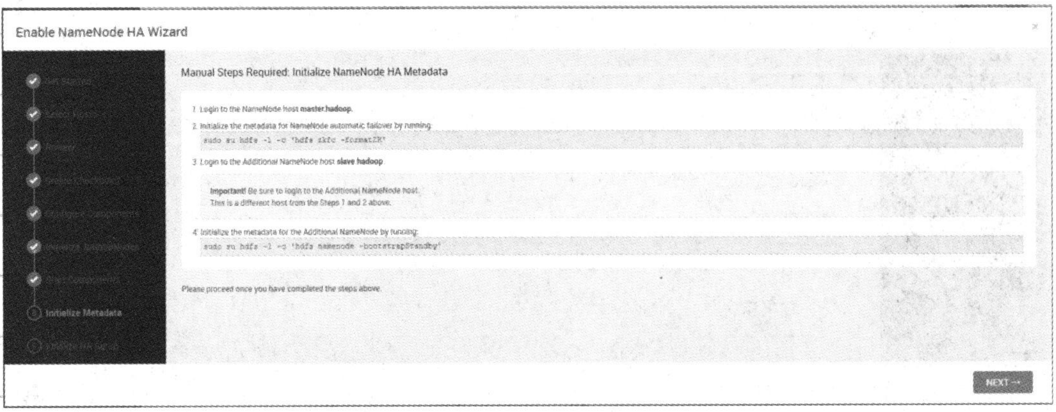


图 11-27　初始化 NameNode HA 元数据

在主机 master 上运行以下命令：

```
[root@master ~]# sudo su hdfs -l -c 'hdfs zkfc -formatZK'
```

在主机 slaver 上运行以下命令：

```
[root@slave ~]# sudo su hdfs -l -c 'hdfs namenode -bootstrapStandby'
```

完成后，单击“NEXT”按钮。

(9) 进行最后的安装配置，如图 11-28 所示，单击“DONE”按钮。

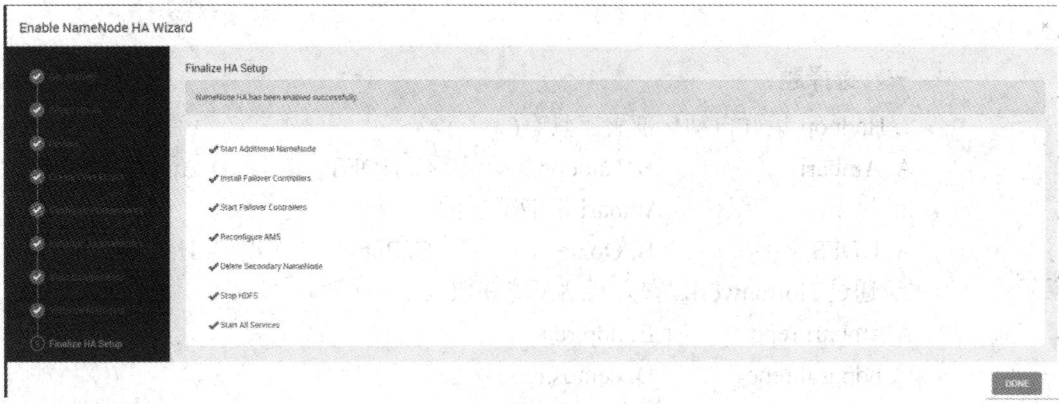


图 11-28　最后的安装配置

(10) 返回到 Ambari 管理界面，查看 HDFS 中 NameNode 状态，如图 11-29 所示。

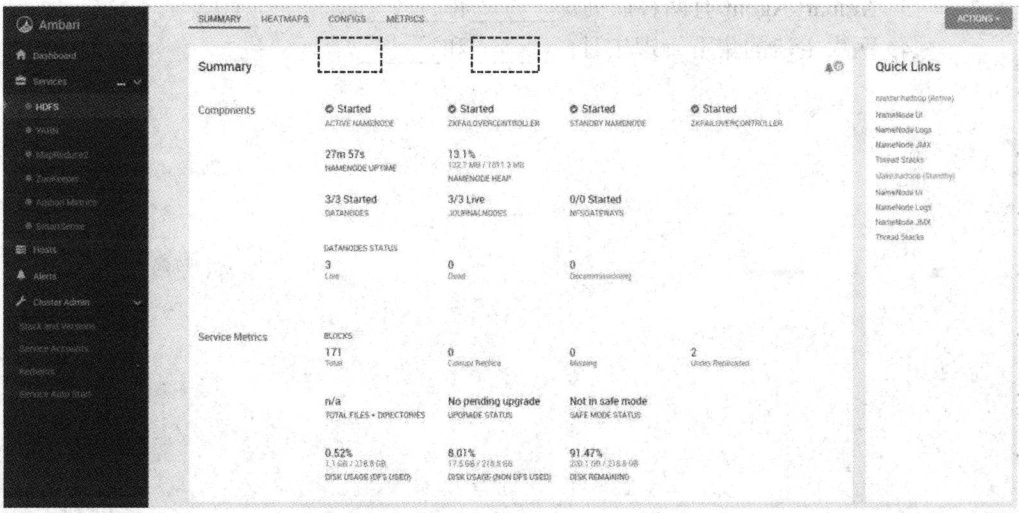


图 11-29　HDFS 中 NameNode 状态

## 项　目　小　结

Hadoop 集群分为手工部署方式和工具部署方式。手工部署方式利于理解 Hadoop 生态区各组件的工作原理，但其难度较大，因此在实际生产中一般通过工具部署方式进行自动化部署和管理监控集群。作为开源软件的 Ambari 采用分布式架构，由 Ambari Server 和 Ambari Agent 组成。借助 Ambari 可以一键部署 Hadoop 集群，并对集群进行监控和管理。在 Ambari 的 GUI 界面可以通过增加 NameNode 节点快速部署 HDFS 的 HA 集群等。

## 课后习题

### 一、选择题

1. Hadoop 集群自动化部署工具有(　　)。

A. Ambari　　B. Hadoop　　C. HDFS　　D. Apache

2. 以下(　　)组件是 Ambari 不能部署的。

A. HDFS　　B. Oozie　　C. Pig　　D. Hadoop

3. 通过 Hortonworks 官方网站不能获取(　　)文件。

A. ambari.repo　　B. hdp.repo

C. hdp.gpl.repo　　D. centos.repo

### 二、填空题

1. Ambari 是一个分布式架构的软件，主要由两部分组成：______和______。

2. Ambari Server 提供______、______、______三大方式操作集群。

3. Ambari Agent 有两种队列：______和______。

4. 两大主流的集群管理工具：______和______。

# 项目 12 大数据的未来

## 项目概述

计算机信息技术的发展为数据处理提供了高效的方法和手段，人类掌握数据、处理数据的能力实现了质的跃升，人们的生活、工作、学习的方式发生了翻天覆地的变化，尤其是近几年大数据获取、存储、管理、处理、分析等相关的技术已有显著进展，大数据技术的应用已经渗透到经济、法律、医疗、教育等各行各业。大数据相关技术、产品、应用和标准不断发展，逐渐形成了包括数据资源与API、开源平台与工具、数据基础设施、数据分析、数据应用等板块的大数据生态系统，并持续发展和不断完善。其发展热点呈现了从技术向应用、再向治理的逐渐迁移。尽管大数据技术的发展已经取得了骄人的成绩，但是其未来的发展趋势仍然是我们需要不断去探索和追寻的技术领域。

## 项目背景

大数据技术未来发展趋势探索。

## 项目演示

大数据技术在医疗、智慧城市、教育、人工智能领域的未来发展趋势。

## 思政聚焦

中国特色社会主义进入新时代，实现中华民族伟大复兴的中国梦开启新征程。党中央决定实施国家大数据战略，吹响了加快发展数字经济、建设数字中国的号角。习近平总书记在十九届中共中央政治局第二次集体学习时的重要讲话中指出："大数据是信息化发展的新阶段"，并作出了"推动大数据技术产业创新发展、构建以数据为关键要素的数字经济、运用大数据提升国家治理现代化水平、运用大数据促进保障和改善民生、切实保障国家数据安全"的战略部署，为我国构筑大数据时代国家综合竞争新优势指明了方向。

## 项目主要内容

大数据技术在医疗、智慧城市、教育领域、人工智能领域的未来发展趋势。

## 思维导图

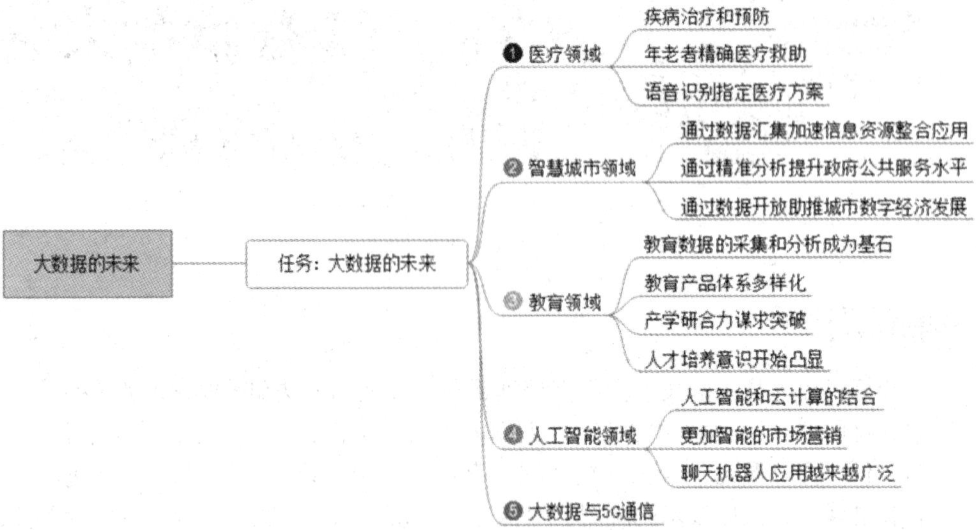


## 教学大纲

能力目标

◎ 掌握大数据技术在未来发展趋势。

◎ 掌握大数据技术未来的应用。

知识目标

◎ 熟悉大数据技术未来发展趋势。

◎ 熟悉大数据技术在各领域的未来应用案例。

学习重点

◎ 大数据技术的未来发展趋势。

学习难点

◎ 大数据技术在医疗、智慧城市、教育、人工智能领域的未来发展趋势。

# 任务 大数据的未来

## 任务描述

大数据就是将数据化的思维和先进的数据处理技术相融合，来探索海量数据之间的潜在关系。大数据是互联网发展到一定阶段的产物，且已被广泛应用到各行各业当中。虽然大数据技术的发展已经取得了骄人的成绩，但是其未来的发展趋势仍需要我们不断去探索和追寻。

知识准备

## 一、医疗领域

目前，中国医疗资源主要集中在省市区，大医院资源又主要集中在三甲医院，这样的医疗现状导致优质的医疗和医生资源过度集中。大部分患者不论疾病大小都愿意前往三甲医院就医，这样不仅增加了医院和医生的负担，还浪费了大医院的优质资源。除此之外，需要紧急治疗的患者因为不能及时享受到优质的资源，导致病情的加重和大病、急病治疗的延误，这种现状不利于百姓整体健康水平的提高。为了解决这个问题，未来的大数据技术在医疗领域的发展可以通过疾病预防、精确医疗求助和智能制定医疗方案来达到提高全民整体健康水平的目的。图 12-1 为智慧医疗具体方案图。

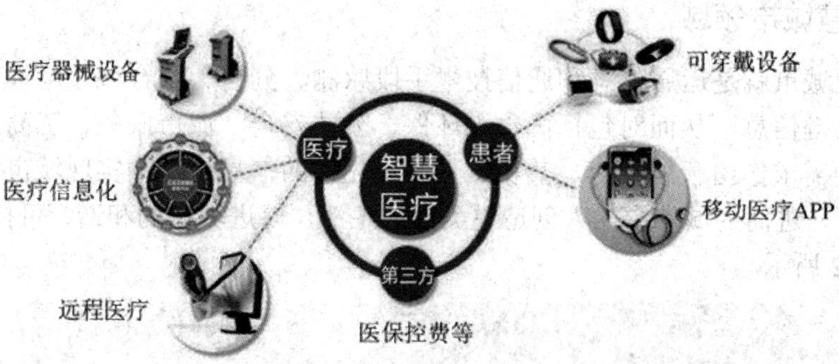


图 12-1　智慧医疗具体方案图

### 1. 疾病治疗和预防

通过健康管理软件管理用户的饮食、体重和健康情况，利用训练成熟的网络模型提取相关健康数据，并输出直观的健康数据图谱。与大数据技术整合，对用户的健康情况进行数据收集、数据挖掘和智能分析。对于身体未患某种疾病的用户，纠正他们错误的生活习惯和饮食习惯，提醒他们加强自我管理、自我预防，以减少此类疾病患病的概率；对于已患某种疾病的用户，根据其病情给用户提供正确的医疗建议和有助于疾病治疗的生活习惯和饮食习惯，有助于用户方便快捷地实现自助式医疗服务，减少病情的延误和并发症的产生。

### 2. 年老者精确医疗救助

目前，中国已经成为世界上最大的老龄化国家，60 岁以上人口达两亿多。老年人口基数大，且增长速度快，养老制度待完善，障碍问题突出，家庭支持功能弱化。如何有针对地赡养老人，或者对老人提供医疗救助服务，是如今社会面临的问题，减少老年人口患病次数和时长对于保障家庭经济收入具有重要的作用。为达到这一目的，可以专门研发年老者精确医疗救助的软件，对用户的年龄、居住地点和健康情况、疾病情况等信息进行录入，利用大数据技术对录入的有效数据进行提取、智能分析、数据挖掘等操作，将数据结果传输到相关单位，例如：社区，居委会，福利院、急救中心、医院等；相关单位可以根据这个数据提前作出规划，例如：老年患者较多的区域可以分配相对较多的医疗资源、家庭医生、志愿者等。老人可通过手机软件，简单操作发送求助信息，进行远程视频就医、药物配送到家得到针对性的医疗救助，附近的医院单位对于软件提示的有突发疾病危险的老年患者进行及时看护、治疗，防止意外的发生，不错过最佳的治疗时间。

**3. 语音识别指定医疗方案**

通过引导语音交流，判断疾病的可能性，从而提供医疗指导方案，既解决了医患比例严重不足的问题，也可以自动化处理一些小病。例如：通过语音引导第一步询问患者哪里不舒服或者哪里有疼痛，然后根据患者的回答进一步缩小范围，通过多次的询问，最终根据后台大数据系统得到可能的病例分析并给出相应的打分(比如脂肪肝 80%、肝硬化 50%等)，同时给出推荐治疗或进一步检查方案。这样既减轻小病的医生诊治，也减轻医生负担，从而合理利用和分配医院资源。

## 二、智慧城市领域

智慧城市就是运用信息和通信技术手段感测、分析、整合城市运行核心系统的各项关键信息，从而对包括民生、环保、公共安全、城市服务、工商业活动在内的各种需求作出智能响应。其实质是利用先进的信息技术，实现城市智慧式管理和运行，进而为城市中的人创造更美好的生活，促进城市的和谐、可持续成长，如图 12-2 所示。

图 12-2 智慧城市

随着人类社会的不断发展，未来城市将承载越来越多的人口。目前，我国正处于城镇化加速发展的时期，部分地区“城市病”问题日益严峻。为解决城市发展难题，实现城市可持续发展，建设智慧城市已成为当今世界城市发展不可逆转的历史潮流。大数据技术未来对于智慧城市的贡献表现在以下几个方面：

**1. 通过数据汇集加速信息资源整合应用**

首先，城市大数据平台建立了数据治理的统一标准，提高了数据管理效率。通过统一标准，避免数据混乱冲突、一数多源等问题；通过集中处理，延长数据的“有效期”，快速挖掘出多角度的数据属性以供分析应用；通过质量管理，及时发现并解决数据质量参差不齐、数据冗余、数据缺值等问题。其次，城市大数据平台规范了数据在各业务系统间的共享流通，促进数据价值充分释放。通过统筹管理，消除信息资源在各部门内的“私有化”和各部门之间的相互制约，既增强数据共享的意识，也提高数据开放的动力；通过有效整合，提高数据资源的利用水平。

#### 2. 通过精准分析提升政府公共服务水平

在交通领域，通过卫星分析和开放云平台等实时流量监测，感知交通路况，帮助市民优化出行方案；在平安城市领域，通过行为轨迹、社会关系、社会舆情等集中监控和分析，为公安部门指挥决策、情报研判提供有力支持；在政务服务领域，依托统一的互联网电子政务数据服务平台，实现“数据多走路，群众少跑腿”；在医疗健康领域，通过健康档案、电子病历等数据互通，既能提升医疗服务质量，也能及时监测疫情，降低市民医疗风险。

#### 3. 通过数据开放助推城市数字经济发展

开放共享的大数据平台，将推动政企数据双向对接，激发社会力量参与城市建设。一方面，企业可获取更多的城市数据，挖掘商业价值，提升自身业务水平；另一方面，企业、组织的数据贡献到统一的大数据平台，可以“反哺”政府数据，支撑城市的精细化管理，进一步促进现代化的城市治理。

### 三、教育领域

大数据给教育行业带来了重大影响，基于大数据的精确学情诊断、个性化学习分析和智能学习决策支持，大大提升了教育的品质，对促进教育公平、提高教育质量、优化教育治理都具有重要作用。可以预见，在未来社会，大数据与教育的深度融合已成为必然趋势，教育大数据的相关研究和应用也将获得进一步深化。

#### 1. 教育数据的采集和分析成为基石

教育数据采集与深度分析成为各应用系统的必备功能。教育信息化市场产品类型丰富，涵盖教学、管理、教研、培训等多种业务。随着教育大数据战略与应用价值的逐步凸显，越来越多的信息化应用系统将加强数据采集与深度分析方面的功能，以采集更丰富的教育数据，提升信息系统的智能性和产品竞争力。此外，为了辅助用户解读和理解数据分析结果，可视化技术也越来越流行，成为各应用系统的基础性技术。

#### 2. 教育产品体系多样化

教育大数据产品体系更加丰富、多样化。随着国家考试招生制度的改革及其他一系列教育改革的推进，应试教育将逐步转向真正的素质教育。提分将不再是广大师生和家长的唯一需求，教育的需求会变得越来越多样化和个性化。为了满足用户的多元化需求，教育大数据市场将出现越来越多提供特色服务的产品。据某机构调查，我国基础教育领域大数据产品主要的需求是学习分析、预警类产品，辅助教育管理、决策类产品，教育教学评价类产品和个性化服务类产品。

3. 产学研合力谋求突破

越来越多的企业寻求与高校、科研机构及中小学校的深度合作。教育大数据产品的成功研发与应用推广，单靠企业的力量难以完成。企业一方面需要准确把握中小学的实际教育需求；另一方面又要与高校、科研机构协同攻克关键技术难题，设计有效的产品应用模式与策略。因此，教育大数据市场将呈现企、校、研广泛合作的态势，三方优势互补、有效协同，涌现一批优秀的、接地气的教育大数据产品。

4. 人才培养意识开始凸显

高校纷纷加强大数据技术课程体系建设和人才培养。因为数据人才匮乏是影响我国大数据产业发展的重要因素。高校承担着大数据技术专门人才培养的重任，未来将有更多的高校开设大数据技术课程或者设立相关专业方向。企业也将逐步介入大数据技术专门人才培养过程，与高校协同建设更实用、更专业的大数据技术课程资源，联合培养高素质的数据人才。

## 四、人工智能领域

2020 年 7 月召开了全国互联网大会，将大数据和人工智能(如图 12-3 所示)作为未来发展的新方向。人工智能、大数据等新一代信息技术的快速发展，让人们的生活发生了巨大的改变。如今，人工智能技术正朝着人们可预料又不可预料的方向迅速发展着，而大数据的应用则为人工智能技术插上了腾飞的翅膀。在激流勇进的科技变革浪潮中，人工智能成为当下时代发展的新方向，并正在一步步影响着我们的生活。从能够帮助城市疏导交通的城市大脑，到进入千家万户的智能音箱，再到智能手机里的刷脸登录和指纹支付，人工智能技术不断刷新人们的认知。那未来大数据在人工智能领域又有怎样的发展趋势呢?

图 12-3 人工智能

1. 人工智能和云计算的结合

随着越来越多的企业采用人工智能解决方案以应对其业务困境，其中许多公司将寻求加强其 IT 基础设施，并将业务转向云端。随着大数据应用者的规模越来越大，人工智能越来越成为一种主流，随之而来的数据需求将给企业的本地服务器带来更大的负担，这意味着他们需要在别处满足他们的数据需求。

云计算非常适合帮助满足和管理这些不断增长的需求，因为内部部署的服务器和数据管理对于企业来说变得过于混乱并且成本高昂。

### 2. 更加智能的市场营销

市场营销是利用大数据的力量革命化的关键领域之一，经过梳理大量的数据，企业能够比以往任何时候都更准确地针对特定的消费者，将广告和交易直接发送到潜在消费者的邮箱或家门口。

随着越来越多的公司试图利用自动算法来分类数据以找到潜在的客户，人工智能领域将受益于行业投资的增加。而实时定位可以为正确使用的公司带来 20%以上的销售机会，这意味着采用人工智能可以获得十分丰厚的利润。

### 3. 聊天机器人应用越来越广泛

大数据技术和人工智能技术在全球范围内得到日益广泛的应用，在所有的创新中，很少有像聊天机器人这样的应用让消费者赞叹。Facebook、Skype 和 Slack 等公司都在其服务中添加了聊天机器人功能，它们对消费者来说非常有趣，包括向消费者提供法律帮助热线。这意味着它们可以为人们解析法规，通过有效的诊断来指导消费者。如果大数据技术继续以目前的高速度增长，那么预计在目前使用的社交媒体平台上将会有应用更广泛的聊天机器人。这可能比人们想象得还要快，这些由人工智能技术驱动的机器人可能会更加智能、有效地与人们聊天，人们甚至可能无法判断是否正在与另一个人进行交谈。

## 五、大数据与 5G 通信

进入 2019 年，5G 越发成为焦点，根据大部分国家的 5G 路线图，2019 年 5G 将进行商用测试。中国工信部已经向中国电信、中国移动、中国联通和中国广电发放 5G 商用牌照，这表明包括 5G 基站，网络、终端、芯片在内的 5G 产业已经成熟，5G 的特点是高速度、泛在网、低功耗、低时延。大家围绕 5G 的特点为其描述了美好的前景，更快的下载、传输速度，满足物联网时代爆炸式增长的联网设备的需求，实现虚拟现实，等等。但是 5G 和大数据之间有什么关系呢？

首先，5G 时代数据规模爆炸式增长使大数据技术中全量数据的分析、挖掘成为可能，其数据分析结果更具普遍性和通用性。其次，5G 万物互联的时代，数据种类和形式爆发增长，对于处理复杂、多样、海量的数据需要综合运用多种大数据存储、计算架构，构建混搭式的大数据处理系统。再次，传统技术环境中有限的计算资源制约了复杂分析方法和模型的建设，5G 为机器学习乃至深度学习的普及提供了发展空间。最后，5G 时代大数据开放平台正快速发展。对企业内部而言，这有助于企业数据的聚合和共享，减少了数据重复采集、处理和存储，降低了成本。对行业生态而言，打造开放共享的大数据应用生态环境有助于大数据对外变现和产业合作能力，能让数据产生更大价值。

从 5G 的产业链中可以看出，随着 5G 的到来，基础硬件设施提供商、运营商及终端设备提供商都会迎来改变；而随着数据传输速度的加快和终端设备的增多，直接产生数据量的增长，海量的联网终端意味着海量的数据。在 5G 时代，大数据的发展呈现出了四点显著变化。

第一，传统平台的架构主要作数据的抽样分析，大数据技术使全量数据的分析、挖掘成为可能，使数据分析的结果更具普遍性和通用性。

第二，在传统技术环境下，计算资源的不足制约了复杂分析方法和模型的建设，而分布式的计算架构将基本消除这种制约，为机器学习乃至深度学习的普及提供了发展空间。

第三，大数据开放平台正快速发展。对企业内部而言，这有助于企业数据的聚合和共享，减少了数据重复采集、处理和存储，降低了成本；对企业外部而言，打造开放共享的大数据应用生态环境有助于大数据对外变现和产业合作能力，能让数据产生更大价值。

第四，数据可视化相关技术快速崛起，完善了大数据的产业链，使数据从采集、处理、分析到展现形成了一个完整的生态环。

## 项 目 小 结

计算机信息技术的发展为数据处理提供了高效的方法和手段，人类掌握数据、处理数据的能力实现了质的跃升，人们的生活、工作、学习的方式也发生了翻天覆地的变化，尤其是近几年大数据获取、存储、管理、处理、分析等相关的技术已有显著进展，大数据技术的应用已经渗透到经济、法律、医疗、教育等各行各业。尽管大数据技术的发展已经取得了骄人的成绩，但是其未来的发展趋势仍然是我们需要不断去探索和追寻的技术领域。本项目主要讲解了大数据技术在医疗、智慧城市、教育领域的未来发展趋势以及与 5G 技术的相互联系。

## 课 后 习 题

**一、选择题**

1. 下列选项中，(　　)软件是与大数据技术有关系的软件。

A. Tomcat　　B. Hadoop　　C. XML　　D. MindMaster

2. 习近平总书记在十九届中共中央政治局第二次集体学习时的重要讲话中，指出(　　)。

A. 大力发展大数据技术　　B. 大数据是信息化发展的新阶段

C. 人工智能在信息发展中的必要性　　D. 走进 5G 时代

3. 本项目讲述大数据技术在医疗领域未来的发展趋势涉及了(　　)。

A. 卫星探测　　B. 智能查询

C. 疾病治疗和预防　　D. 数据传输

4. 本项目讲述大数据技术在智慧城市领域未来的发展趋势涉及了(　　)。